命运动力学

常炳功　王德奎　著

竹和松出版社

©2025 常炳功　王德奎

出版：竹和松出版社（Zhu & Song Press）

　　　Zhu & Song Press, LLC

　　　North Potomac, MD 20878

书名：命运动力学

著者：常炳功 王德奎

责任编辑：朱晓红

责编信箱：editor@zhuandsongpress.com

封面设计：竹和松传媒

出版社网址：www.zhuandsongpress.com

印刷地：美国，英国

开本：5.5 inch x 8.5 inch

字数：350 千字

印次：2025 年第 1 版

发行：全球（中国大陆除外）

ISBN-13: 978-1-950797-66-0

电子版 ISBN-13: 978-1-950797-67-7

目录

命运动力学上部

命运波函数绪论

【0、引言】

命运是宏观量子学现象，由命运波函数决定。

命运波函数，是宏观量子力学中描写宏观系统状态的函数。在经典力学中，用质点的位置和动量 （或速度）来描写宏观质点的状态，这是质点状态的经典描述方式，它突出了质点的粒子性。由于宏观命运具有波粒二象性，命运的位置和动量不能同时有确定值（见 测不准关系 ），因而命运状态的经典描述方式不适用于对命运状态的描述，命运波于宏观尺度下表现为对几率波函数的期望值。

【1、命运动力学：跃迁之毁】

在宏观量子状态下，命运有一个最低能量。在这个能量上，命运是稳定的，不会发光，也不会掉入命运陷阱中。（不考虑非常特殊的命运巨变）。并且，如果命运能量增加，只能一次吸收某些特定的能量值。这些能量值，叫做命运能级。最低的能级，叫做命运的基态。其它的叫激发态。在命运跃迁中，命运所吸收或放出的那些特定大小的能量值并不是能级（energy level），而是不同能级之间的能量差。

在宏观量子系统中，命运只有在基态是稳定的，处于上面的任何一处能级上都是不稳定的，一般会自发迁移到它下面的能级上，并以发光的形式释放相应的能量。

在命运量子宏观系统中，灵魂是基本的能级结构，在一生中，不断积累能力和道德，就会不断提升自己的能级结构。在不断提升中，自己的命运会不断跃迁。

命运中，有很多情况下，不是自己的能力决定自己的位置，而是为了某些目的，被提升到了较高的位置。其实，只要自己心中明白，知道进退，也就是说，及时退回到自己的正常的基态，就是安全的。但是，有些人，被提升之后，盲目自大，还想进一步跃迁，结果，没有跃迁成功，反而掉进命运的深渊。

林彪的命运，恰好描述了什么是跃迁之毁：

九一三事件亦称林彪事件，是自 1970 年中共九届二中全会及国家主席存废的争论引发中国共产党主席毛泽东和其副手暨接班人林彪关系恶化后，於 1971 年 9 月 13 日发生的空难。当日凌晨，林彪、叶群、林立果、刘沛丰、林彪的司机杨振刚、机长潘景寅、机械师李平、张延奎、特设师邰起良共 9 人搭机飞离山海关机场，向北飞越中蒙边境，最终坠毁于蒙古人民共和国肯特省首府温都尔汗附近的贝尔赫矿区南 10 公里（苏布拉嘎盆地），机上人员全部死亡。

失事的 256 号专机为英国霍克薛利航空公司于 1960 年代中期生产的三叉戟 1E 型中短程喷气式客机，在巴基斯坦国际航空服役期间注册编号为 AP-ATL。1970 年，巴基斯坦将该同型号的 4 架飞机作为还款的一部分交予中华人民共和国。飞机被分配给中国人民解放军空军第三十四师作为专机使用，编号分别为 250、252、254 和 256。

1、贾跃亭的跃迁之毁

五年时间他从巅峰跌入谷底，贾跃亭是怎样弄砸 1700 亿生意的？（侃见财经，2020-05-23 12:05:35 发布于陕西财经领域创作者）

经历的诸多的坎坷，贾跃亭终于在美国破产重组成功。

过去的五年里，贾跃亭经历了从天上到地上的转变，遥想当年在五棵松开发布会的场景，用高朋满座、众星云集来形容并不为过。

2016 年是贾跃亭最接近中国互联网中心的时候，也是他人生最辉煌的时候。如果不是因为手机产业链突然资金吃紧导致资金链断裂，可以预见的是，贾跃亭或许还真的能把顶层的生态打通。

人生没有如果，也不可能重来。

贾跃亭的案例是资本市场盲目扩张导致破产最具有代表性的案例，有了他的前车之鉴，企业家在企业扩张的路上或许会多添一个安全阀。

困境源于野心，这是每一个企业家前进路上的陷阱。

周鸿祎曾经评价过贾跃亭，他说："我承认贾跃亭很牛，别人都是五个茶碗三个盖子，他是十二个茶碗两个盖子，就算他手速再快也不可能成功，因为这违背商业最基本的规律。苹果那么牛也就只做了几个产品……"

孙宏斌战略入股乐视网的时候也说过："我们入股乐视之后，我查了老贾的账，他用这么少的钱做了这么多事情，真牛"。

董明珠更是直言：他就是个骗子。

从这些企业家的口中，我们可以清晰的窥探到贾跃亭失败的根源——盲目扩张。

跃迁之毁的现实例子太多了，仅再举几个例子：

诺基亚：诺基亚曾是手机行业的领导者，但在智能手机兴起时，公司未能及时跟上市场变化，仍然坚持生产传统的功能手机。同时，诺基亚还盲目扩张到其他领域，如游戏、媒体等，导致公司资源分散，无法专注于核心业务。最终，诺基亚失去了市场份额，逐渐淡出手机市场。

京东金融：京东金融是京东集团旗下的金融服务平台，曾在互联网金融领域风靡一时。然而，在快速扩张的过程中，京东金融盲目追求业务规模和用户数量，忽视了风险管理和合规问题。这导致公司陷入了一系列法律纠纷和监管问题，最终不得不进行大规模的业务调整和重组。

蔚来汽车：蔚来汽车是中国新能源汽车市场的一家重要企业，但在其快速发展的过程中，公司盲目扩张产能和销售网络，同时也在研发和创新方面投入不足。这导致公司产品质量和服务水平下降，市场份额逐渐流失。最终，蔚来汽车陷入了严重的财务困境，不得不进行重组和裁员。

万达集团：万达集团是中国著名的多元化企业之一，涉足文化、旅游、地产等多个领域。然而，在过去的几年里，万达集团盲目追求规模和速度，过度举债和投资，导致公司负债累累，资金链紧张。为了缓解财务压力，万达不得不进行大规模的资产出售和战略调整。

这些例子表明，盲目扩张可能会给企业带来严重的后果，包括财务危机、市场份额流失、品牌声誉受损等。因此，企业在扩张时应该充分评估自身实力、市场需求和资源配置，制定合理的战略规划，避免盲目扩张带来的风险。

2、如何避免跃迁之毁

《道德经》："上善若水，水利万物而不争。"

《周易·象传》："地势坤，君子以厚德载物。"

【2、命运动力学：降维打击】

时空阶梯理论认为，波函数就是暗能量，而暗能量有时空阶梯。不同的时空阶梯，就是不同的时空维度。高维度时空，可以轻松压制低维度时空，这就是降维打击。

1、第五次反围剿的失败

第五次反围剿失败的原因是多方面的，但是临时中央"左"的错误，以及在这种错误指导下制定的错误军事方针是这次反"围剿"失败的主要原因。1933年9月，蒋介石以50万兵力对中央革命根据地发动第五次"围剿"。广昌失守后，根据地缩小，军力、民力和物力消耗巨大，红军已经很难取得第五次反"围剿"的胜利了。1934年10月，中共中央和中央红军被迫撤离中央革命根据地进行战略转移，这就是长征的开端。这就是蒋介石对博古和李德的降维打击。蒋介石的波函数维度明显高于当时的红军领导人博古和李德。

2、3万突破40万包围

四渡赤水战役是遵义会议之后，中央红军在长征途中，处于蒋介石的几十万重兵围追堵截的艰险条件下，进行的一次决定性运动战战役。在毛泽东、周恩来、朱德等指挥下，中央红军采取高度机动的运动战方针，纵横驰骋于川黔滇边境广大地区，积极寻找战机，有效地调动和歼灭敌人，彻底粉碎了蒋介石企图围歼红军于川黔滇边境的狂妄计划，红军取得了战略转移中具有决定意义的胜利。

毛泽东指挥中央红军三个月的时间六次穿越三条河流，转战川贵滇三省，巧妙地穿插于国民党军重兵集团围剿之间，不断创造战机，在运动中大量歼灭敌人，牢牢地掌握战场的主动权，取得了红军长征史上以少胜多，变被动为主动的光辉战例。

这是毛泽东对蒋介石的降维打击。其实，就是相对于蒋介石，毛泽东的波函数强大，有了量子隧穿，从而用兵如神，巧妙穿插，积极走出围困。

其中，毛泽东的波函数不仅仅突破蒋介石有量子隧穿，更重要的是，在红军内部有更强大的量子隧穿：

在四渡赤水中，林彪给军委提了一个建议，在遵义西南面8点钟方向金沙县的打鼓新场，是由被红军打残了的黔军王家烈残部在守卫，可以打一打，谁让王家烈还是那个软柿子呢。

于是大家开会讨论林彪的这个计划，几乎清一色的都赞成林彪这个建议，但只有一个人坚决反对，这个人不是别人，正是毛主席。

毛主席认为，攻打金沙县城，固然能在战术层面上得到一点补充，但不能从战略层面改变任何东西，甚至会带来极大的危险。

第一，红军长处是灵活机动，不擅长攻坚战。

第二，黔军的北面是中央军周浑元部，南面是滇军孙渡部，东南面的中央军吴奇伟部，各部之间离得都不远。如果我们在金沙和王家烈死磕，万一他们赶来增援，双拳难敌四手，红军难逃覆灭。

第三，即使我们占领了金沙县城，也是守不住的，到时候我们往哪退？

然而，被老蒋大军合围的危险已经越来越近，尽管大家都知道毛主席说得有道理，可在想不出其他办法的情况下，林彪这个提议就成为了"唯一选项"，这总比坐以待毙要强吧。

于是，中央会议变成了大多数开会时都会出现的情况：

大多数人都赞成林彪的这一提议；

只有一人反对，那就是毛主席。

还有一人摇摆不定，那个人就是周公恩来，因为周公是军事决策的最后决定者，这是遵义会议的决议，只要最后他不同意，这个仗就打不起来，周公有最终决定权。

当晚毛主席又找到周公，把所有的顾虑以及可能会发生的情况跟周公详细讨论了：

此刻的老蒋为什么会故技重施，继续他第五次反围剿时的"堡垒战术"，就是因为红军一直在遵义一带的逗留，让老蒋猜不出红军下一步的进军方向，索性再来一次"结硬寨、打呆仗"。

既然如此，那么我们何不想办法让老蒋猜得到我们的进军意图呢？只有这样，我们才能牵着老蒋的鼻子走，带着老蒋去我们想让他去的地方布防。

而只有向北再渡赤水，才能坚定老蒋对我们北上与四方面军会师意图的猜测，迫使他调整部署，继续向北部长江防线调集重兵。

周公最终同意了毛主席的建议。

在第二天的苟坝会议上，经过激烈的辩论与说服，中央其他同志终于采纳的毛主席的意见。毛泽东对于林彪等一般的意见，也是降维打击。命运动力学：命运霍尔效应，越努力，越幸运。

【3、命运动力学：命运霍尔效应】

1、越努力，越幸运

命运霍尔效应，越努力，越幸运：总体解释，我们每天做一些小事，类似霍尔效应中的电流，不能断，而且做的越多，电流越大，就是命运流越大（这些命运流，可以有成果，也可以毫无结果），最后产生的霍尔电压，类似命运势的积累，而命运势高了，我们再做其他事情，就变得容易。这就是命运霍尔效应：越努力，越幸运。

假如你摆平了，守株待兔，就没有了电流，就没有了命运流，就不能产生命运势差，你的命运就很难改变。

所以，无论如何，纵使一切努力都是失败，都是毫无结果，也要继续做下去，因为这样做，可以积累命运势，等到你的命运势压积累到一定程度，你距离成功就不远了。

《论语·宪问》：子路宿于石门。晨门曰："奚自？"子路曰："自孔氏。"曰："是知其不可而为之者与？"

孔子的"知其不可而为之"，反映出他孜孜不倦的执着精神。从这位看门人的话中，我们也可以见出当时普通人对孔子的评论。

《论语》："学而时习之，不亦说乎？"和"敏而好学，不耻下问"都强调了勤奋的重要性。

《尚书》："勤能补拙，天道酬勤"。

以下是一些关于勤奋的名人名言：

"人生在勤，不索何获。"——张衡

"业精于勤而荒于嬉，行成于思而毁于随。"——韩愈

"天才就是百分之九十九的汗水加百分之一的灵感。"——爱迪生

"辛勤的蜜蜂永没有时间悲哀。"——布莱克

"勤劳一日，可得一夜安眠；勤劳一生，可得幸福长眠。"——达·芬奇

"形成天才的决定因素应该是勤奋。"——郭沫若

"人的大脑和肢体一样，多用则灵，不用则废。"——茅以升

"你想成为幸福的人吗？但愿你首先学会吃得起苦。"——屠格涅夫

"灵感不过是'顽强的劳动而获得的奖赏'。"——列宾

"贵有恒何必三更眠五更起，最无益只怕一日曝十日寒。"——毛泽东

这些名言都强调了勤奋对于成功和成就的重要性。无论是科学家、艺术家还是政治家，他们都认为只有通过不懈的努力和勤奋的工作，才能取得卓越的成果。这些名言也提醒我们，勤奋不仅是一种工作态度，更是一种生活态度，只有持之以恒地追求自己的目标，才能不断进步，实现自己的梦想。

为什么自古以来，都在强调勤奋的重要性？

我们从霍尔效应中找到了答案：霍尔效应在 1879 年由美国物理学家埃德温·赫伯特·霍尔（Edwin Herbert Hall）发现。霍尔效应（Hall effect）是指当固体导体放置在一个磁场内，且有电流通过时，导体内的电荷载流子受到洛伦兹力而偏向一边，继而产生电压（霍尔电压）的现象。电压所引致的电场力会平衡洛伦兹力。通过霍尔效应，可证实导体内部的电流是由带有负电荷的粒子（自由电子）运动所造成的。

2、霍尔效应核心

其中的电压概念是核心：电压（也被称作电势差或电位差）是衡量单位电荷在静电场中由于电势不同所产生的能量差的物理量。具体来说，电压是某一点至另一点的大小，等于单位正电荷因受电场力作用从某点移动到另一点所做的功。电压的方向规定为从高电位指向低电位的方向。

核心：电压是衡量电势差的物理量，用于描述电场中电荷移动所需的能量差。

方向：从高电位指向低电位。

命运类比：命运势压是衡量命运势差的物理量，用于描述命运场中命运移动所需的能量差。

解释：你所做的一件件小事，虽然当时一无所获，一无结果，但是，你做的每一件小事，都积累了命运势压，而这个命运势压，让你在命运场中有了更大的自由度和动力。所以说，越努力，越幸运。

3、量子霍尔效应的数学基础

霍尔效应中出现的整数是一些拓扑量子数，也被称作陈数（Chern numbers）。这些数与贝利曲率（Berry curvature）密切相关。而时空阶梯理论揭示，这里的陈数就是暗能量，就是波函数，而这里的贝利曲率（Berry curvature）与物质性的收缩有关，而时空阶梯理论揭示，物质的收缩性=暗能量的膨胀性。

解释：你所做的每一件小事，都在积累陈数，而陈数就是暗能量，暗能量大了，你就更加自由，更加具有动力。

其实，以上两个解释，可以归结为：命运势=暗能量=陈数。

总体解释，我们每天做一些小事，类似霍尔效应中的电流，不能断，而且做的越多，电流越大，就是命运流越大（这些命运流，可以有成果，也可以毫无结果），最后产生的霍尔电压，类似命运势的积累，而命运势高了，我们再做其他事情，就变得容易。这就是命运霍尔效应：越努力，越幸运。假如你摆平了，守株待兔，就没有了电流，就没有了命运流，就不能产生命运势差，你的命运就很难改变。

所以，无论如何，纵使一切努力都是失败，都是毫无结果，也要继续做下去，因为这样做，可以积累命运势，等到你的命运势压积累到一定程度，你距离成功就不远了。

【4、命运动力学：束缚态反而容易实现超越】

1、束缚态反而容易实现超越

《孟子·告子》—《生于忧患，死于安乐》：天将降大任于斯人也，必先苦其心志，劳其筋骨，饿其体肤，空乏其身，行拂乱其所为，所以动心忍性，曾益其所不能。然后知生于忧患而死于安乐也。

司马迁《报任安书》："盖文王拘而演《周易》；仲尼厄而作《春秋》；屈原放逐，乃赋《离骚》；左丘失明，厥有《国语》；孙子膑脚，《兵法》修列；不韦迁蜀，世传《吕览》；韩非囚秦，《说难》《孤愤》；《诗》三百篇，大抵圣贤发愤之所为作也。"

《孙子兵法·九地篇》："投之亡地然后存，陷之死地然后生。夫众陷于害，然后能为胜败。"

在固体材料中，电子的行为受到其所处的电子态的影响。让我们来探讨一下绝缘态和金属态的电子。

绝缘态的电子：在绝缘体中，电子被束缚在原子或晶格的位置上，无法自由移动。绝缘体的能带结构中，价带和导带之间存在能隙，电子无法跃迁到导带。这些材料通常不导电，因为电子无法形成电流。

金属态的电子：在金属中，电子处于高度自由的状态。金属的能带结构中，价带和导带之间没有能隙，电子可以自由地跃迁到导带。

这些材料具有良好的电导性，因为电子可以形成电流。

总之，绝缘态的电子受到束缚，无法自由移动，而金属态的电子则具有高度的自由度，可以自由地传导电流。

铜氧化物高温超导体的母体是反铁磁 Mott 绝缘体，通过向母体中掺入适量的载流子(电子或空穴)，可以实现高温超导电性。

时空阶梯理论揭示，高温超导的机理是：低温或者高压，让物质性收缩，暗能量膨胀。暗能量的膨胀是超导的基础，而绝缘体电子被束缚在原子或晶格的位置上，无法自由移动。电子与暗能量是一体的，电子的被束缚，让暗能量的能量不容易散发，同时，暗能量的逐渐强大，让被束缚的电子发生时空跃迁，形成暗能量，自由运动，形成超导。这里的核心是，电子因为被束缚，没有散发暗能量，而一直增加的暗能量让被束缚的电子发生时空跃迁，在更大范围内自由自在，形成超导。假如电子是自由的，容易散发暗能量，不容易形成超导。假如形成超导，必须更加低温，更加高压，就不属于高温超导了。

所以，电子的束缚态反而容易形成高温超导，同理，人生的高度束缚态反而容易实现人生的大超越。

2、置之死地而后生的例子

以下是 10 个置之死地而后生的实际例子，涵盖了历史和现实的不同情境：

1. 项羽破釜沉舟：秦朝末年，项羽与秦军主力部队在巨鹿展开大战。项羽命令士兵破釜沉舟，只带三天的干粮，以示决心死战到底。最终项羽的军队以少胜多，战胜了秦军。

2. 勾践卧薪尝胆：春秋时期，吴王夫差打败并俘虏了越王勾践。勾践给夫差当奴仆，三年后才被释放回国。为了不忘国耻，勾践在屋内悬一苦胆出入、坐卧都要尝尝，以激励自己。最终励精图治，成功复国，成为春秋时期最后一个霸主。

3. 韩信背水一战：汉高祖三年（公元前204年）十月，汉将军韩信率军攻赵，穿出井陉口，命令将士背靠河水列阵。赵军见汉军背水列阵，笑韩信不懂兵法，韩信则利用赵军轻敌，派兵偷袭赵营，从而取得胜利。

4. 二战中的斯大林格勒战役：苏联红军在斯大林格勒战役中，面对德军的强大攻势，坚守城市，最终通过艰苦的巷战，成功逆转了战局，成为二战的重要转折点。

5. 越南战争中的美莱村事件：1968年，美军在越南美莱村发生了屠杀平民的惨剧，引发了全球的抗议和谴责。然而，这次事件也成为了越南战争的重要转折点，促使美国开始考虑从越南撤军。

6. 乔布斯被苹果解雇后重返：乔布斯曾被自己创建的苹果公司解雇，但他并没有放弃，而是创立了NeXT公司和Pixar。最终，他成功重返苹果，并带领公司实现了复兴。

7. 马云创办阿里巴巴：马云在创办阿里巴巴之前，曾经多次创业失败。但他没有放弃，而是坚持自己的梦想，最终创办了阿里巴巴，成为了中国电商领域的佼佼者。

8. 特斯拉的逆境重生：特斯拉在初创期面临资金短缺、生产延误和市场竞争等多重困境。然而，通过坚持创新和不断改进产品，特斯拉最终实现了逆袭，成为了全球领先的电动汽车制造商。

9. 南非总统曼德拉的囚禁与解放：曼德拉因反对种族隔离制度而被囚禁长达27年。在狱中，他坚持斗争，最终成功获释并当选为南非总统，为南非的民主化进程做出了巨大贡献。

10. 马谡在街亭之战中的失误：马谡在街亭之战中错误地采用了"置之死地而后生"的战法，导致失败。

3、面对长时间围困或困境人

以下是 10 个现代例子中，经历长时间围困或困境后最终取得成功的实例：

1. SpaceX 的猎鹰重型火箭发射：在多次尝试和失败后，SpaceX 公司终于成功发射了猎鹰重型火箭，这是目前世界上最强大的运载火箭之一。这一成功不仅证明了 SpaceX 的技术实力，也推动了商业航天的发展。

2. 特斯拉的 Model 3 生产困境：特斯拉在 Model 3 的初期生产过程中面临了巨大的挑战，包括生产延迟和质量控制问题。然而，通过不断的改进和创新，特斯拉最终成功解决了这些问题，使 Model 3 成为了公司历史上最畅销的车型之一。

3. 亚马逊的初期发展：亚马逊在初创期面临了巨大的竞争和质疑，但创始人贝索斯坚持了自己的愿景，并通过不断创新和改进，最终将亚马逊打造成为了全球最大的电子商务平台之一。

4. Netflix 的流媒体转型：最初，Netflix 是一家提供 DVD 租赁服务的公司。然而，随着流媒体技术的兴起和 DVD 市场的萎缩，Netflix 果断转型，专注于流媒体内容的提供，最终成为了全球领先的在线视频平台。

5. 蔚来汽车的涅槃重生：蔚来汽车在初创期遭遇了资金短缺、市场不认可等困境。然而，通过调整战略、引入外部投资和优化产品，蔚来汽车成功实现了涅槃重生，成为了中国新能源汽车市场的重要参与者之一。

6. 字节跳动的全球化扩张：字节跳动在初创期主要集中在中国市场，但随后通过不断的全球化扩张，成功将旗下的抖音（国际版名为 TikTok）等产品推向全球，成为了全球最受欢迎的社交媒体平台之一。

7. 拼多多的异军突起：在电商市场已经饱和的情况下，拼多多通过创新的社交电商模式，成功吸引了大量用户，实现了异军突起。如今，拼多多已经成为了中国电商市场的重要力量之一。

8. 瑞幸咖啡的快速扩张：瑞幸咖啡在初创期通过快速扩张和创新的商业模式，成功在中国市场占据了重要地位。尽管面临着来自星巴克等国际巨头的竞争压力，但瑞幸咖啡依然通过不断优化产品和服务，实现了持续的发展。

9. 华为的逆境重生：华为在面对美国政府的制裁和打压时，经历了一段艰难的时期。然而，通过坚持自主研发和创新、调整全球供应链战略等措施，华为成功实现了逆境重生，继续在全球通信和智能设备领域保持领先地位。

10. Uber 的共享经济革命：Uber 在初创期面临着来自传统出租车行业的巨大阻力和监管挑战。然而，通过创新的共享经济模式和技术应用，Uber 成功改变了出行行业的格局，成为了全球最大的共享出行平台之一。

这些例子展示了现代企业和个人在面对长时间围困或困境时，通过坚定的信念、持续的创新和不懈的努力，最终实现成功的故事。

4、人类的谦虚低调

其实，这里的绝缘体的束缚态类似人类的谦虚低调。以下是十个关于谦虚低调的故事：

1. 杨振宁的学术态度：杨振宁，著名的物理学家，曾获得诺贝尔物理学奖。他在学术上取得了巨大的成就，但他始终保持着谦虚低调的态度。他常说："我只是一个普通的科学家，只是在做自己喜欢的事情。"

2. 邓小平的自我批评：邓小平是中国改革开放的主要推动者之一。他曾多次在公共场合进行自我批评，认为自己在某些决策上犯了错误。这种谦虚的态度，使得他能够更好地反思和改正自己的错误，推动中国的发展。

3. 梅兰芳的学艺之路：梅兰芳是中国京剧的著名表演艺术家。他在学艺之初，虽然天赋出众，但始终保持着谦虚的态度，勤奋学习，不断提高自己的技艺。他常说："我只是一个学艺的人，还有很多需要学习的地方。"

4. 居里夫人的淡泊名利：居里夫人是两次获得诺贝尔奖的科学家。尽管她取得了如此巨大的成就，但她始终保持着淡泊名利的态度。她从不炫耀自己的成就，而是将更多的精力投入到科学研究中。

5. 爱因斯坦的谦逊：爱因斯坦是著名的物理学家，相对论的创立者。尽管他的理论改变了人类对宇宙的认知，但他始终保持着谦逊的态度。他常说："我并不聪明，只是更持久地思考问题。"

6. 达·芬奇的自我提升：达·芬奇是文艺复兴时期的杰

出代表，他在艺术和科学领域都取得了巨大的成就。然而，他始终保持着谦虚的态度，不断学习和提升自己的技艺。他曾说："我没有完成的作品，只有不断尝试和改进的过程。"

7. 莫言的文学之路：莫言是中国著名的作家，曾获得诺贝尔文学奖。尽管他的作品广受赞誉，但他始终保持着谦虚的态度。他常说："我只是一个写故事的人，还有很多需要学习和提高的地方。"

8. 牛顿的谦虚态度：牛顿是物理学和数学的杰出科学家，他发现了万有引力定律和三大运动定律。尽管他的成就举世瞩目，但他始终保持着谦虚的态度。他曾说："我之所以看得更远，是因为我站在巨人的肩膀上。"

9. 海伦·凯勒的坚韧不拔：尽管海伦·凯勒天生盲聋哑，但她以坚定的信念和不懈的努力，成为了世界著名的作家、演说家和社会活动家。她始终保持着谦虚的态度，认为自己的成功来自于他人的帮助和自己的努力。

10. 姚明的体育精神：作为中国篮球的代表性人物，姚明在 NBA 取得了巨大的成功。但他始终保持着谦虚的态度，尊重对手，尊重比赛。他的体育精神和职业道德深受人们的敬佩。

这些故事展示了谦虚低调的人在不同领域取得的卓越成就和他们的品质。这些品质值得我们学习和借鉴，以更好地面对生活的挑战和困难。

5、谦卑是一种优秀的品质

在圣经中，有许多故事强调了谦虚和低调的重要性。以下是其中一些例子：

撒该的谦卑悔改：撒该是一位税吏长，但他内心空虚、痛苦、孤单。他渴望见到耶稣，因此他跑到前头，爬上桑树，以谦卑的心态寻求耶稣。

摩西的谦卑柔和：摩西是一位有学问、有本事、有地位的领袖，但他极其谦和。即使遭受毁谤和攻击，他默默忍受，谦卑地服从神的旨意。

以利亚的谦卑祷告：以利亚在胜利之后，离开兴奋的人群，俯伏在地，为同胞和土地祈求。他的谦卑和勇气一同显现。

保罗的谦卑：保罗是一位有智慧和能力的使徒，但他从不自满自大。他为主受过伤痛和苦难，却追求主的荣耀。

施洗约翰的谦卑：约翰是唯一一个在母腹中就被圣灵充满的人。他顺服神的旨意，为人施洗，为耶稣基督的到来作见证，谦卑地说："我不是基督，是奉差遣在他前面的"。

这些故事提醒我们，谦卑是一种优秀的品质，是尊重他人、内在自我标准的表现。

【5、命运鬼打墙】

命运鬼打墙和现实鬼打墙有些类似，都是在做毫无意义的类似圆周运动，或者弹簧循环运动。

所谓"鬼打墙"，就是在夜晚或郊外行走时，分不清方向，自我感知模糊，不知道要往何处走，所以老在原地转圈。把这样的经历告诉别人时，别人又难以明白，所以被称作"鬼打墙"。

以科学角度解释就是人的一种意识朦胧状态。一句话概括，就是生物运动的本质是圆周运动。如果没有目标，任何生物的本能运动都是圆周。

因为生物的身体结构都会有细微的差别，就如人的两条腿的力量和长短也存在着差别，迈出步子的距离就会有差别，比如一个人的左腿迈的步子距离短，右腿迈的距离长，这样慢慢积累的走下来，肯定是一个大大的圆圈，其他生物也是一样，都会有细微的差别。

平常我们之所以能走出直线，那是因为我们在用眼睛不断地修正方向，是我们的大脑在做修正和定位，不断地修正我们的差距，所以就能走成直线。

之所以有人会遇到"鬼打墙"是因为失去了方向感，也就是迷路了，再加上周围没有参照物，或者参照物都差不多，这个时候就会出现混淆，然后大脑和眼睛的修正定位功能就下降了很多，感觉是在按照直线走的，其实只是按照自己的本能在走，所以结果走出来的必定是圆圈。

鬼打墙实例1

还记得之前故事里那个转校生"小武"么？他就有过一次"鬼打墙"的经历，后来讲给了我，那时候听到还颇感神奇。

那是在他转校之前的一天早上。

因为已经在办转校的事情，他最后几天就没有再上课了，那天早上五点多起来送他妹妹上学；因为转学之后再见面就会比较难了，就想着多陪陪自己的妹妹。

那天下了很大的雾，能见度也就三五米，于是他只好推着自行车带着妹妹去学校。

一路上两个有说有笑的，一起聊着以前各自的美好与糗事往学校走着。

美好的时光总是短暂的，虽然是推着自行车，不过还是在半个小时后走到了学校。

看着妹妹走进学校大门的背影，小武心里说不出的难过，自己回去的时候低着头慢慢的推着车走着。

回去的时候雾好像更大了一些，就只能看到周围一两米的景象，车子也不敢骑，只能一点点小心翼翼的走。

由于心情低落，刚开始也没太在意，可走了好久后感觉不对劲了，按理说这段路慢慢走半个小时也该到家了，可他好像已经走了很久了还没到；因为没有戴手表，也不知道时间，四下看了看，都是雾蒙蒙的一片，什么都看不到，周围也没有旁人经过。

就这样又走了一段时间，还是身处浓雾当中；而且他发现了一个很重要的问题，虽然说他走的这条路不算是什么大路，可平常也是会有人和车经过的，可现在自己都走了这么久了，周身却是一个人和车都没有见到，就算是因为雾太大看不到，可声音总会有吧。

要知道那时候他也才只有十四岁；他跟我讲到这里的时候我明显看到他脸色都苍白了许多。

他说当时想到听老人们讲过的"鬼打墙"故事，跟自己现在的处境是如此的相似，越想越害怕，他想骑上车就跑，可看看四周的浓雾又犹豫了，这万一要是被车撞到或者掉到沟里那更严重了。

由于他的紧张和害怕，又在周围转圈走了走，此时已经完全分不清东南西北了，周身什么都看不到，最后出于安全的考虑，他决定就在原地待着，等太阳出来浓雾散去了再说。

于是他把自行车支了起来，放在自己前面一米外的距离，自己则是坐在了地上；可能是早上起来太早的原因，这一通紧张过后一坐下就开始犯困了，最后抱着膝盖迷迷糊糊的睡着了。

可就在他感觉刚睡着的时候，就听到一个老人的声音在身旁响起：喂，你是谁家的孩子？怎么不回家睡在地里啊？”

听到这个声音，小武机灵一下就清醒了过来，抬起头望向发出声音的位置，只见一个六七十岁的老爷爷在对他说话。

与此同时，小武发现四周的浓雾不知何时已经散去了，太阳也已经出来了，而自己则是在路旁的庄稼地里坐着。

小武赶忙站了起来，跟老爷爷大致说了一下情况。

老爷爷听后说他可能是遇到"鬼打墙"了，这种事情一般出现在身体孱弱或者情绪低落的人身上，遇到这种事情不要慌张害怕，闭上眼睛静下心往前走就能走出来了。

老爷爷说着看看吓坏了的小武，就提出说把小武送回去，小武听后头点的像小鸡啄米一样。

就这样老爷爷陪着小武把他送到了家门口，小武想请老爷爷回自己家喝口水，被老人笑着谢绝转身走了。

回到家后看到墙上的钟表，指向着八点二十分，小武算了算，自己在回来的时候本来半小时的路程，居然走了两个多小时，他感觉最多也就个把小时而已，至于什么原因，却是怎么也想不明白。

后来听到老人们讲过一个说法，说其实人鬼之间并不一定是敌对的关系，如果这个人经常做好事，就会积累福报，就有一些"好朋友"来帮你躲劫，它们会以"鬼打墙"的方式困住你，让你不能去做要做的事或者要走的路，因为这件事或者这条路会发生意外，它们就会用这种办法留住你一段时间，使得能够躲过此劫，但这些没有任何依据可言，就权当一个故事来听就行了。

不过如果你某一天要去什么地方，或者准备做什么事的时候，被什么事情或者什么人耽误了，这有可能说明这个事或者这个地方不太适合你，当然也不可全信，主要还是根据情况和自己心里的念头去做合理的安排。

鬼打墙实例2

亲身经历，那是候我还在上学，正好周六周日吃完饭晚上出来遛弯。就在家附近啊。

碰到一个姐姐管我借钱当时她说打车把钱包忘出租车上了，又赶着去机场说能不能借她点钱她打个车去赶飞机。

当时我兜里就 80 来块钱把整钱都给她了，其实当时这钱准备是去网吧玩 LOL 的，练习一下火影劫。刁德一。但是我看她不像骗我，可能那个时候也单纯吧。还留了电话说明天晚上这个时间到这里把钱给我，如果来不了就给我充话费。

后来我就接着溜达，也是家附近哈，很是熟悉，但是走着走着路上开始一个人也没有道路我也很陌生。我以为我可能想 LOL 想的太入迷了走的有点偏了不认识路。然后我就打开导航准备回家。

结果导航失灵了，根本不管用哈，一直在一个地方转圈走。当时是距离家 2000 米大概。记住这个距离哈。

这时我才意识到不对劲，当时才晚上七八点钟，不可能路上一个人没有。脑海中也突然传来一个声音"鬼打墙"！但当时还是在哪个地方绕圈，脑子中继续传来声音让我冷静下来，叫我顺着一个方向走。我就看了下导航的位置选了条回家最近的方向顺着走。

路上一片寂静，我心想刚做完好事不至于让我死这吧！我就顺着马路旁边的人行道跑了起来，是马路哈，一个汽车都没有！但是路旁的路灯都亮着。

跑了大概一个小时吧，一边听歌一边跑，跑累了我就想象自己是火影劫，怎么能因为小小的疲惫而放弃生命呢！之后我就想象后面有个两米，五层血怒的手哥开着疾跑在后面追我。啊啊啊啊！我跑的更快了。

直到我看到一个在夜跑的大爷，见我框框冲着他跑，大爷的脸上也露出些许惊讶跑步的速度也明显感觉到加快了。不过我为了提升大爷的斗志还是跑到拐角处才停下脚步。

此刻我看了一下导航结果是往家的反方向跑出了八千米，此时已经 9 点多了。没办法一个一万米的距离身上还剩下两块来钱，找了一个小卖部买了一瓶雪碧，上面还有 LOL 联名的英雄，我买了个锐雯的。喊了一声断剑重铸之日，骑士归来之时！啊啊啊啊啊啊^西内！！！

就这样我又跑回了家，不过这次很是轻松，因为身后的手哥消失在了夜色中。

人体分精气神，精就是物质，气就是暗物质，神就是暗能量。气是暗物质，是能气场，其中，气场非常重要。气场是鬼打墙的主角。神是暗能量，是一个膨胀场，是螺旋上升的，是指引我们行动的主要场。但是，在某些情况下，神场微弱，就是意识模糊了，导致我们的行动，主要受到气场的调控。

人在气场中的运动性质因其进入气场的方向而异，通常有三种情况：

平行磁场进入（v∥Q）：当人平行进入气场时，它不受能气场力的作用，因此会做匀速直线运动。

垂直磁场进入（v⊥Q）：如果人的行走速度与气场垂直，能气场力始终与速度方向垂直，充当向心力。在能气场力的作用下，人会做匀速圆周运动。根据能气场力提供的向心力，可以得到以下关系：

半径公式：

$r=v/Q$

周期公式：

$T=2\pi/Q$

时间公式：

$t=\theta/Q$

（其中，θ为圆心角）

既不垂直也不平行进入气场：在这种情况下，我们将速度分解为沿气场方向和垂直气场方向的分量。平行气场方向的速度分量为

$v\parallel=v.\sin(\theta)$，垂直气场方向的速度分量为$v\perp=v.\cos(\theta)$。人将同时做匀速直线运动和匀速圆周运动，形成类似弹簧的轨迹。

总之，人体在气场中的运动取决于其速度方向与气场的相对关系，这些公式可以帮助我们理解和计算其运动特性。

以上解释了人在现实中真实存在的鬼打墙的例子，也有了公式的详细计算，但是，我们下面要讲的是命运的鬼打墙，这是我们很少面对的问题，其实，很重要，因为我们一旦进入命运的鬼打墙，往往就是默默承受，认为一切都是理所当然。其实不然，我们可以用一些积极的方法，尽快走出命运鬼打墙。

通过以上分析可以知道，鬼打墙的主要问题，是意识减弱了，神场下降了。

当感觉到命运似乎在打转，没有任何上升时，可能是由多种因素造成的。以下是一些可能的原因：

缺乏明确的目标和计划：如果没有明确的目标和计划，就很难衡量自己的进步。

缺乏毅力和决心：即使有了目标和计划，也需要足够的毅力和决心去执行。

缺乏支持：如果感到孤独或没有得到他人的支持，可能会感到沮丧。

缺乏自信：如果缺乏自信，可能会限制自己的能力和潜力。

外部环境的影响：有时候，外部环境可能会影响我们的命运和进步。例如，经济环境、社会环境、家庭环境等都可能对我们的生活产生影响。

心态问题：心态对于我们的命运和进步有着至关重要的影响。如果我们持有消极的心态，可能会阻碍自己的发展和成功。

要走出命运打转、没有上升的感觉，可以采取以下一些步骤：

接受现实并停止抱怨：首先，要正视现实，接受当前所处的环境和状况。抱怨和沉溺于负面情绪只会让自己更加消极和无助。停止抱怨，积极面对问题，寻找解决问题的方法。

设定明确的目标：制定具体、可衡量的目标，让自己有明确的方向和动力。目标可以分为短期、中期和长期，让自己在不同阶段都有明确的追求和成就感。

培养积极的心态：积极的心态对于走出命运低谷至关重要。要保持乐观、向上的心态，相信自己能够克服困难，实现自己的目标。可以通过阅读、冥想、运动等方式来培养积极的心态。

寻求支持：寻找支持自己的人或者加入一个支持自己的团体，可以让自己感到更加有力量和信心。可以向朋友、家人、导师等人寻求帮助和建议，也可以参加一些社交活动来扩大人脉和交流。

持续学习和提升自己：不断学习和提升自己的技能和知识，可以让自己更加有竞争力和适应力。可以通过读书、参加培训、实践等方式来不断提升自己的能力和水平。

改变思维方式：有时候，我们的思维方式可能会限制我们的发展。要尝试从不同的角度看待问题，打破固有的思维模式，寻找新的解决方案。可以通过阅读、思考、交流等方式来改变自己的思维方式。

行动起来：最重要的是要行动起来，不要只是停留在想法和计划上。要付诸实践，不断努力和尝试，才能走出命运的低谷，实现自己的目标和梦想。

总之，走出命运打转、没有上升的感觉需要付出努力和耐心。要接受现实，设定明确的目标，培养积极的心态，寻求支持，持续学习和提升自己，改变思维方式，并付诸实践。相信自己的能力和潜力，坚持不懈地追求自己的目标，最终你会走出命运的低谷，迎接更加美好的未来。

最后总结：命运鬼打墙，主要是神场弱了，就是暗能量弱了，就是精神性弱了，波函数弱了。需要增加波函数，需要精神支持。而精神的核心是等角螺线的上升膨胀，而等角螺线的上升膨胀，对等的是物质性的收缩。所以，走出命运鬼打墙的时空阶梯理论建议：

1. 彻底放松，让命运的能量消耗减少到最低。这个其实就是增加能量，而这个能量，经过生命的运转，变成暗能量。

2. 丰富多彩的美食体验。这个看似吃喝玩乐，却是走出命运鬼打墙的关键步骤。生命是个庞大的巨系统，里面有各个层面，而丰富的美食体验，可能填补生命中缺少的能量，整个生命的能量增加了，暗能量也增加了。

3. 去自己最想去的地方旅游。自己最想去，就是命运中稀缺的东西，自己去了，命运最稀缺的东西，填补完整了，命运体中的暗能量部分也填补完整了。

其实，三个建议，只有一个建议，就是去自己最想去的地方旅游，彻底放松，享受美食。

【6、越单纯，越成功】

命运动力学：单纯善良更具有生命力，越单纯善良，越成功辉煌。

我们日常生活中的单纯善良，就是一种最高境界的修炼，每时每刻，都是修炼的状态，所以，真正单纯善良的人，才最具有生命力，也是最健康的，也是长寿的。

这个主题，本来是从熵增的概念中推论出来的，但是突然想到郎平的经典语录：一心只想打球，不要想任何其他东西。否则，打球会变形。

再想一想，歌唱比赛，围棋比赛也是如此，只要想多了，就容易失败。

可见，越单纯，越成功是人生的微分，但是，把这些做积分，就是人生的越简单，越成功。

曹雪芹的《聪明累》：

机关算尽太聪明，反算了卿卿性命！

生前心已碎，死后性空灵。

家富人宁，终有个，家亡人散各奔腾。

枉费了，意悬悬半世心；好一似，荡悠悠三更梦。

忽喇喇似大厦倾，昏惨惨似灯将尽。

呀！一场欢喜忽悲辛。叹人世，终难定！

通过理论分析，我们逐渐明白，熵就是复杂心机的个数的自然对数。这个心机就是思想的微观状态，而心机个数，就是思想的围观状态的个数。所以说，心机越多，熵越大，因为生命的熵与心机个数的自然对数成正比。

总起来一句话，心乱如麻就是生命的熵大了。

时空阶梯理论的解释：

心乱如麻，心烦意乱，心神不定：熵增了，气场减弱了。

心旷神怡，从容不迫，悠然自得：熵减了，气场增强了。

熵是物理学中一个非常重要的概念，尤其在热力学和统计物理学中。简单来说，熵可以看作是一个系统"混乱度"或"无序度"的度量。这里的"系统"可以是任何具有多个可能状态的事物，比如气体、液体、固体，甚至是整个宇宙。

为了更好地理解熵，我们可以想象一个由很多小球组成的盒子。如果所有的小球都整齐地排列在盒子的一边，那么这个系统的熵就很低，因为它处于一个非常有序的状态。但是，如果我们打乱小球的位置，让它们随机分布在盒子里，那么系统的熵就会增加，因为现在它处于一个更加混乱的状态。

熵与 K 和自然对数的关系主要体现在熵的定义上。在物理学中，熵通常被定义为系统微观状态数的自然对数乘以一个常数 K（玻尔兹曼常数）。这里的微观状态数是指系统所有可能的微观配置的数量。自然对数则是一种特殊的对数，它的底数是自然数 e（约等于 2.71828）。

为什么要用自然对数呢？这是因为自然对数与指数函数有着密切的关系，而指数函数在描述许多自然现象时非常有用。通过使用自然对数，我们可以更方便地将熵与其他物理量（如温度、能量等）联系起来，从而推导出各种重要的物理定律和公式。

总之，熵是一个描述系统混乱度或无序度的物理量，它与系统的微观状态数以及自然对数有着密切的关系。通过理解和应用熵的概念，我们可以更好地了解自然界的运行规律。

"Omega"（Ω）在物理和统计力学中，特别是在热力学和统计物理中，通常表示一个系统的微观状态数。这个数量通常是非常大的，因为对于大多数实际系统，可能的微观状态数是非常巨大的。

要测量或计算 Omega，你需要考虑系统的所有可能的微观配置。这通常涉及到量子力学和统计力学的知识，因为系统的微观状态通常由量子态来描述。

以下是一个简单的步骤，用于计算或估计 Omega：

1. 确定系统的微观状态：

对于一个给定的系统，首先要确定什么是其微观状态。例如，对于气体，微观状态可能涉及每个气体分子的位置和动量。

2. 考虑量子态：

在量子力学中，系统的状态由波函数描述，波函数可以分解为一系列本征态的叠加。每个本征态代表一个特定的微观状态。

3. 计算所有可能的状态：

在确定了系统的微观状态后，你需要计算所有可能的状态。这通常涉及到量子力学中的原理和公式，如位置空间的积分、动量空间的积分等。

4. 考虑对称性：

对于许多系统，不是所有的微观状态都是不同的。例如，对于气体，由于分子的交换对称性，许多状态实际上是相同的。因此，在计算 Omega 时，需要考虑这些对称性并避免重复计数。

5. 使用统计力学原理：

在统计力学中，Omega 与系统的熵、温度和其他热力学量有密切关系。你可以使用这些关系来验证或估算你的 Omega 值。

6. 实验验证：

在某些情况下，你可能能够通过实验来验证或估算 Omega。例如，通过测量系统的热容、熵等热力学量，并使用统计力学的关系，你可以间接地估算 Omega。

需要注意的是，对于大多数实际系统，直接计算 Omega 是非常困难的，因为涉及到的微观状态数量通常非常大。因此，通常我们会使用近似方法和统计力学的原理来估算 Omega。

通过以上的物理介绍，我们逐渐明白熵在生命中的位置，熵就是复杂心机的个数的自然对数。这个心机就是思想的微观状态，而心机个数，就是思想的围观状态的个数。所以说，心机越多，熵越大，因为生命的熵与心机个数的自然对数成正比。

通过以上类比的推论，我们发现了熵的致命缺陷，就是没有更多心机，你很容易被其他人利用，或者被心机多的人陷害。可见熵理论是有缺陷的。

但是，这种缺陷是可以用：害人之心不可有，防人之心不可无的简单原则来避免这种缺陷，而不是增加心机来抗衡。所以，心机多依然是生命熵的最大贡献者，我们应该依然选择单纯善良。

熵增和耗散结构是两个不同的概念，但在某些情况下可以相互关联。

熵增是热力学中的一个基本原理，它指的是在一个封闭系统中，总体熵（即系统的混乱度或无序度）会随着时间的推移而增加。这是因为在一个封闭系统中，能量转换和物质流动通常会导致有序状态的减少和无序状态的增加。熵增是宇宙演化的一个普遍趋势，反映了系统的自然演化方向。

耗散结构则是指某些远离平衡态的非线性系统中，通过物质和能量的不断输入和输出，系统能够自发地形成一种时间和空间上的有序结构。耗散结构通常出现在开放系统中，其中物质和能量可以通过边界与外部环境进行交换。这种有序结构的形成需要系统内部的非线性相互作用和外部环境的物质和能量供应。

虽然熵增和耗散结构在表面上看起来相反，但它们实际上并不是相互排斥的。耗散结构是在熵增的背景下出现的，它利用外部物质的输入和能量的供应来抵抗熵增，形成有序的结构。然而，这种有序结构的形成是暂时的，因为它仍然受到熵增的影响，最终会耗散并回到更加无序的状态。

因此，可以说熵增和耗散结构是相互关联的，它们共同描述了系统演化的不同方面，熵增描述了封闭系统中无序度的增加，而耗散结构描述了开放系统中通过物质和能量的输入和输出形成的有序结构。

熵增和耗散结构理论都是物理学中的重要概念，它们在许多自然现象和实际应用中都有体现。以下是 10 个关于熵增和耗散结构理论的相互解释的例子：

1. 热传导：当热量从高温物体传导到低温物体时，热量会从有序的高温区域流向无序的低温区域，导致整个系统的熵增加。这个过程是一个典型的耗散结构例子，其中热量耗散并转化为更无序的热运动。

2. 扩散现象：两种不同浓度的溶液混合时，高浓度溶液中的溶质分子会向低浓度区域扩散，直到浓度均匀分布。这个过程中，溶质分子的排列变得更加随机和无序，熵值增加。扩散是一种耗散过程，因为它导致溶质分子从有序分布变为无序分布。

3. 化学反应：化学反应通常伴随着能量的释放或吸收，导致系统熵的增加。例如，燃烧反应中，燃料和氧气结合释放能量，同时产生水和二氧化碳等更无序的产物。这个过程是一个耗散结构，因为它将有序的化学能转化为无序的热能。

4. 天气预报：天气系统是一个复杂的耗散结构，其中能量的流动和转换导致熵的增加。例如，热带气旋的形成和演变就是一个耗散过程，其中能量从有序的大气流动中耗散并转化为风暴的无序运动。

5. 生物进化：生物进化可以看作是一个减少熵的过程，尽管整个宇宙的熵是在增加的。生物体通过摄取能量和物质来维持其有序结构，但这个过程伴随着熵的增加。生物进化是通过自然选择和遗传变异来减少个体熵的过程，但它发生在更大的、熵增加的宇宙背景中。

6. 城市扩张：城市的扩张和发展是一个耗散结构过程，其中大量的能量和资源被用于维持城市的有序结构，如建筑、交通系统等。这个过程导致熵的增加，因为资源和能量的流动和转换产生了无序和浪费。

7. 河流流动：河流从高山流向低洼地区是一个耗散过程，其中水的势能逐渐转化为动能和热能。这个过程中，水的有序流动转化为更无序的热运动，导致熵的增加。

8. 电池放电：电池放电过程中，化学能转化为电能和热能。这个过程是一个耗散结构，因为化学能的有序结构在放电过程中逐渐消失，转化为更无序的热能和电能。

9. 风力发电：风力发电是将风能转化为电能的过程。风是由于地球表面温度差异引起的空气流动，这个过程伴随着熵的增加。风力发电利用这种流动来驱动涡轮机转动并产生电能，但在这个过程中会有一部分能量转化为热能并散失到环境中，导致系统熵的增加。

10. 生态系统：生态系统是一个复杂的耗散结构，其中生物、环境和能量之间的相互作用导致熵的增加。例如，植物通过光合作用将太阳能转化为生物能并固定碳元素，但这个过程伴随着水的消耗和二氧化碳的释放，增加了系统的熵。同时，生态系统的稳定性和复杂性也依赖于负熵流（如太阳能的输入）来维持其有序结构。

这些例子展示了熵增和耗散结构理论在自然现象和实际应用中的相互关联和解释。熵的增加通常与无序和耗散过程相关，而耗散结构则是在这些过程中形成的具有特定功能和结构的系统。

耗散结构则是指某些远离平衡态的非线性系统中，通过物质和能量的不断输入和输出，系统能够自发地形成一种时间和空间上的有序结构。时空阶梯理论揭示，能量流动和能量变化，产生气场，而气场是生命的核心。所以，对抗熵的是气场。

而通过熵的分析，我们发现，保持气场的强大，需要的就是单纯善良，而气功修炼和瑜伽的具体步骤如下：

修炼气功的步骤主要包括：

1. 找一位有经验的气功老师指导修炼，如果没有老师指导，也可以从简单的静坐、吐纳开始练习。

2. 选择一个安静、宽敞、通风良好的地方进行修炼，保持环境整洁，穿着舒适，放松身心。

3. 采用腹式呼吸，呼吸要深长、均匀、缓慢，注意呼吸与意念的配合。

4. 意守丹田，将注意力集中在丹田部位，感受气息在丹田的流动。

5. 循序渐进，从简单的姿势和动作开始练习，逐渐增加难度和时间，不要急于求成。

6. 情绪平衡，保持心情愉快，避免情绪波动和过度焦虑。

修炼瑜伽的步骤则主要包括：

1. 选择一个安静、宽敞、通风良好的地方进行瑜伽练习，穿着舒适、柔软的运动服，赤脚练习。

2. 开始前进行热身活动，如轻松的有氧运动或简单的伸展运动，以增加身体的柔韧性和灵活性。

3. 学习基本的瑜伽姿势，如山式、猫牛式、下犬式等，逐渐掌握正确的姿势和呼吸配合。

4. 在练习过程中，保持呼吸顺畅，深呼吸可以帮助放松身心，提高练习效果。

5. 逐渐增加难度和挑战，但不要过度挑战自己的身体，避免受伤。

6. 练习结束后，进行放松和冥想，感受身体的变化和内心的平静。

冥想的六个步骤如下：

1. 找一个安静的地方坐下：确保你处于一个舒适、安静的环境中，这样可以帮助你更好地集中注意力。你可以选择在地上铺一个瑜伽垫或者坐在一个舒适的椅子上。

2. 放松身体：在开始冥想之前，先放松你的身体。你可以通过深呼吸或者伸展身体来达到放松的效果。确保你的身体没有任何紧绷的感觉。

3. 闭上眼睛：闭上眼睛可以帮助你更好地集中注意力，并且防止外界的干扰。

4. 专注于呼吸：将你的注意力集中在呼吸上，感受气息在鼻腔中流动的感觉。深呼吸可以帮助你更好地放松和集中注意力。

5. 进行冥想：在专注于呼吸的基础上，你可以开始进行冥想。你可以想象一些对你有意义的图像或者词语，或者重复一些对你有帮助的咒语或者祷文。尽量保持你的注意力集中在这些事物上，如果你的注意力开始分散，不要过于强求，只需让自己的注意力重新回到这些事物上即可。

6. 结束冥想：在结束冥想之前，你可以继续保持身体的放松，感受身体的变化和内心的平静。然后，你可以慢慢地睁开眼睛，让自己逐渐适应外界的环境。

总的来说，无论是修炼气功还是瑜伽，还是冥想，都需要耐心、恒心和专注力，同时要根据自己的身体状况和需求进行调整和选择。建议在专业人士的指导下进行练习，以确保安全和效果。

其实，以上三种修炼，都是安静，清除杂念，让整个意识和谐统一。在意识和谐统一的基础上，慢慢积蓄能量，达到增强气场的目的。

由此可见，我们日常生活中的单纯善良，就是一种最高境界的修炼，每时每刻，都是修炼的状态，所以，真正单纯善良的人，才最具有生命力，也是最健康的，也是长寿的。

总之一句话，越单纯善良，越成功辉煌。

附录：

波函数是形而上时空。

理想，希望，信心等精神因素，都是波函数。

股市的市值也是波函数，巴菲特，比尔盖茨，马云的价值估计，都是波函数，不是形而下时空的物质财富,比如汽车房子等。但是，形而上波函数，可以瞬间变为形而下财富，比如马云从中提取现金买房子。

其实，我们一直生活在波函数的世界中，也就是一直生活在精神世界中，而精神世界就是波函数。

粒子有波粒二象性，所以有波函数，人有精神物质二重性，所以有波函数。

波函数是描述粒子运动的最佳方式，同样，描述人生命运的最佳方式也是波函数。

所谓波函数的塌缩，用到命运上，就是理想破灭，或者前途受到打压。我们人生受到最大的压力，首先是作用到波函数上，波函数挣扎反抗，能躲过，能抗过，生命就安全。波函数抗不过，波函数就塌缩，而波函数一塌缩，生命的物质基础，就是肉体，就会有相应的改变。这些肉体改变，包括动脉粥样硬化，老年痴呆症，癌症等。

其实，人的精神调整，就是调整波函数。

假如人的身体素质差不多，技术水平差不多，那么，两个球队的比拼，主要看两个队的平均波函数的数值大小。郎平之所以带领队伍取得世界冠军，主要功劳归功于调整队员波函数的精湛技艺。可以说，郎平是心理调整大师。郎平把每个队员打排球的波函数调整到最大，把无关疼痒的其它波函数调整到最小，集中优势波函数打击对手有些分散的波函数。

我们可以从大的方面，降到我们每个人的人生追求上，人生的成功，主要靠自己的精神调整，只有把自己的波函数调整到最好，最优，我们就能最大程度地实现自己的理想。

波函数主要特征，就是波动，而波动的本质就是有起伏，就是有时候高涨，有时候低落。高涨的时候还好，关键是如何调整低落的时候。

低落的时候，调整不过来，比如严重的抑郁症，就有可能结束生命，是非常大的悲剧。当然，这是极端。除了这个极端，也有严重的后果，就是理想受挫，从此一蹶不振，失去希望，失去信心。

（实际应用的例子）

郎平调整波函数的技巧

看郎平的采访，印象最深的她的调整队员心态的技巧。这个技巧，可以称之为调整队员的波函数。这个波函数，其实是每个人的心态。这个心态，只能与当下的活动接轨，才能发挥最好。具体说，打排球，就要有打排球的心态，要全身心注重排球的内在规律的接应，就是该接球就接球，该扣球就扣球，而且要全力发挥。也就是说，队员的波函数全是当下打排球的波函数，而没有额外的波函数与这个主要的波函数相互干扰。（相互干扰，体现了波函数的特点。）

额外的波函数，往往来自外部的影响或者干扰。比如郎平一再强调的特别想赢的心态，让自己的动作变形。这种心态可以有，但是一旦打起球来，就要被抑制，就要被屏蔽，只让打排球的心态存在，才能让自己发挥更好。任何一个预设的想法在脑中，都是一个波函数的存在。而这个波函数就要与新出现的波函数相互作用。所以，要消除这种现象，就不要预设太多在脑海中。另外一个印象，就是郎平的决定来自经验和先天直觉。有经验的地方应用经验判断，没有经验的地方用直觉。而直觉就是生命本身具有的波函数的本能倾向。心理状态就是波函数，调整心理状态就是调整波函数。如何把队员的心理状态调整最好，郎平花了心思，也得到丰硕的回报，就是取得奥运会冠军。当然，队员身体素质的挑选与锻炼，也是非常重要的。这里，突显了形而上和形而下双方面都非常重要的观点。

当然，身体的训练是个长期的过程，而且相对稳定，但是心理状态的调整，瞬息万变，要及时扑捉到，并马上调整，这样才能在激烈的对抗中快速调整，取得胜利。所以，在身体素质差不多的情况下，谁及时调整好了波函数，谁就能取得胜利。波函数就是你的命运导航仪，及时调整，可以让你快速到达目的地。

【7、老天导演的现实生活，不差毫秒 】

人类导演的，是人类要看的电影和电视剧。老天导演的，是神仙要看的人类现实生活。而且，两者有共同的自作原则：无巧不成书。

老天赏赐

你认为我们的生活，都是我们自己的工作进程，社会规则，道德意识，行为规范安排的吗？答案当然是。但是，我们生活另外一个维度，却是老天安排的。这里的老天，不同于以往的概念，这里的老天是波函数-暗能量。

时空阶梯理论揭示，人的命运是由波函数决定的，而波函数就是暗能量，而波函数其中的一项称之为虚时空，是由孔子创立的仁学决定的，简单说就是行善积德，就是德时空。而时空阶梯理论揭示，宇宙的根源是暗物质，暗物质极化产生了收缩的物质和膨胀的暗能量。

所以，这个高的德时空，必然对应相应的物质系统，而在这个物质系统中，就有姻缘这一项。

白天夜晚，我们都在进行日常生活，有时候，似乎没有人看见我们在做什么，但是，你所做的一切，都积累在你的命运波函数之中，而这个波函数，又与整个宇宙的波函数联系在一起。当宇宙波函数运动调整的时候，也会调整你的波函数，你所做的一切，都会体现在你的命运安排上，有的人得到老天的赏赐，这个赏赐，其实是自己积累的波函数，有利于自己的命运。但是，自己的命运波函数是局部的，不能马上实现，但是，当自己的波函数与宇宙整体波函数联系在一起，一起波动的时候，你应该得到的，就得到了，看起来，就是老天赏赐。

其实，这都是老天导演的现实生活，你积累了德，老天赏赐你。

简单说，就是："家有梧桐树，引来金凤凰"。

杨振宁先生是一位杰出的物理学家，他于1922年10月1日出生在安徽合肥。经过一生的卓越贡献，他已经迈入百岁之上的高龄。

杨振宁在粒子物理学、统计力学和凝聚态物理等领域取得了里程碑式的贡献。他与R.L.米尔斯合作，提出了非阿贝尔规范场理论；与李政道合作，提出了弱相互作用中宇称不守恒定律；还创立了杨—巴克斯特方程，开辟了量子可积系统和多体问题研究的新方向。此外，他也推动了香港中文大学数学科学研究所、清华大学高等研究中心、南开大学理论物理研究室和中山大学高等学术研究中心的成立 。

杨振宁先生的丰富学术贡献和卓越人生经历令人钦佩。而在他的人生旅程中，有一个特别的存在，被他称为上天赐给他的最后的礼物。这位特殊的人就是翁帆。

2004年，28岁的翁帆嫁给了82岁的杨振宁。当晚，翁帆提出了一个要求："咱们分房睡吧。"杨振宁不解，翁帆解释说："因为我晚上睡得太晚了，你睡眠又浅，我怕会打扰你休息。"于是，两人从此开始分房间睡。在这 18 年里，翁帆一直在改变自己，为了杨老，她戒掉了咖啡，跟着杨老的生活习惯早睡早起。杨老也为了翁帆的未来谋划，他们没有要孩子，就是怕自己走后翁帆一个人带着孩子太艰难。因为他希望自己百年之后，翁帆能改嫁他人，过更幸福的生活。而翁帆则说，这一生能陪伴在杨老身旁，已经圆满了，别无他求。

杨老曾说过，翁帆是上天送给我最好的礼物，于是说是上天送给他的，倒不如说是杜致礼的功劳。翁帆的故事充满了坎坷和坚持，她的选择让她找到了真正的幸福。这段感情，不仅是两人之间的美丽传奇，更是一份珍贵的馈赠，见证了爱情的力量和坚持的意义。

翁帆，你是一位善良勇敢的女孩，你的选择让人感动。愿你和杨老共同走过更多美好的岁月，继续珍惜这份特殊的礼物。

广西深山里的奇异爱情：梁二与陆红兰的忘年恋曲

在广西容县的太和村，有个叫梁二的老实人。他生于 1945 年，从小就是个没爹没娘的苦孩子，靠着百家饭长大。说起来也真是命苦，但他硬是凭着山里人的坚韧活了下来。

梁二啊，一辈子没读过几本书，也没攒下什么钱。眼瞅着村里的小伙子们一个个成家立业，他心里那个急啊，就像热锅上的蚂蚁。

可惜啊，没哪个姑娘愿意跟他这个穷光蛋。就这么一晃，晃到了 40 岁还是光棍一条。

就在大家都以为梁二注定孤独终老的时候，嘿，1994 年的一天，这老兄竟然从外面带回了一个如花似玉的小姑娘！这姑娘名叫陆红兰，那年才 19 岁，长得那叫一个水灵。

村里人一看这架势，都以为梁二这是老牛吃嫩草，肯定是使了什么手段骗来的。毕竟啊，梁二这年纪都能给陆红兰当爹了！

可陆红兰呢？她一脸娇羞地站在梁二身边，说自己就是喜欢这个老实的汉子，愿意跟他过一辈子。原来啊，两人在广东打工的时候认识的。陆红兰家里穷，早早就出来打工养家。在工地上，梁二看她一个小姑娘不容易，就经常帮她一把。一来二去，两人就好上了。

这消息一传开，村里人都炸开了锅。但梁二和陆红兰才不管那么多呢，两人甜甜蜜蜜地过起了小日子。梁二对陆红兰那是百依百顺、疼爱有加。陆红兰呢？也是尽心尽力地照顾着这个家。

但人啊，总是喜欢在背后嚼舌根。渐渐地，梁二也开始担心起来：媳妇这么年轻，万一哪天跟别人跑了怎么办？于是啊他就想了个法子来拴住陆红兰的心——多生孩子！

在接下来的20多年里啊，这对老夫少妻就像开了挂似的接连生下了15个孩子！这下可把村里人给震惊了：这梁二可真是老当益壮啊！

幸运的是，当地政府在了解梁家的情况之后，把他们一家列入了低保户。周围的村民也经常会伸出援助之手，还有不少爱心人士在听说这件事之后，送来了捐赠的物资。靠着这些救助再加上在村里种地、养猪，梁二和陆红兰愣是把孩子们都拉扯大了。

有老天赏赐，就有老天惩罚。

"头顶三尺有神明，不畏人知畏己知"出自清代的叶存仁，他为官三十余载，甘于淡泊，毫不苟取。离任时，僚属们趁夜晚用一叶扁舟送来临别馈赠，他即兴赋诗一首以拒赠："明月清风夜半时，扁舟相送故迟迟。感君情重还君赠，不畏人知畏己知。"

美国富翁自言自语承认杀人遭到逮捕

2015年3月16日

已经同自己富有的家庭断绝关系的美国纽约州千万富翁罗伯特·德斯特以涉嫌杀人的罪名遭到逮捕，此前他自言自语承认杀人的话被录制了下来。

德斯特家庭据信至少拥有40亿美元资产，2006年罗伯特·德斯特同家庭正式断绝关系时得到了6500万美元的分手费。

这位现年71岁的大亨被怀疑谋杀了自己的第一任妻子凯瑟琳·德斯特、他的朋友和发言人苏珊·伯曼和他的邻居莫里斯·布莱克。

但是，罗伯特·德斯特始终坚持自己是无辜的。

美国HBO电视台为制作一部有关罗伯特·德斯特生平的纪录片而采访了他，并且在采访中特别提出了有关苏珊·伯曼遭到谋杀的事件。

纪录片制作人发现，罗伯特·德斯特写给苏珊·伯曼的一封信同她死后通知警察受害者在家中死亡的匿名字条的字迹是一样的，而且都把"Beverly"这个词错拼为"Beverley"。

影片制作人说，罗伯特·德斯特在结束采访回到酒店房间时身上仍然带着无线麦克风。

他自言自语地说，"我干什么了？当然是把他们都杀了。"

美国联邦调查局警官根据洛杉矶检察官发出的一份拘捕令在新奥尔良一家酒店逮捕了罗伯特·德斯特，还押候审。

洛杉矶警方表示，逮捕罗伯特·德斯特是因为在过去一年的调查中出现了新的证据。

但是罗伯特·德斯特的律师说，逮捕他的当事人完全是为了配合HBO电视台的纪录片。

已经同罗伯特·德斯特断绝关系的德斯特家庭说，他们感到松了一口气，感谢每一位导致他被捕的人。

罗伯特·德斯特的第一任妻子凯瑟琳·德斯特1982年在纽约州他们的乡间住所失踪，最终被司法当局宣布死亡，不涉及非法行为。

在有关凯瑟琳·德斯特失踪的调查中，纽约警察准备前往洛杉矶询问罗伯特·德斯特的朋友和发言人苏珊·伯曼，但是她已经在警察到达之前头部中弹身亡。

2001年，罗伯特·德斯特在得克萨斯州装扮成一个哑巴女人枪杀了邻居莫里斯·布莱克，肢解并处理了尸体。

但是，他让陪审团相信，他的行动是出于正当防卫。

陈翔发文澄清出轨一事，遭毛晓彤无情驳斥。

陈翔是一位知名的网络红人和主持人，但近期他却因为一段感情纠葛而备受关注。据他自己的微博长文所述，他早在2017年6月就与女演员毛晓彤分手了。在这段感情中，他声称自己一直真心诚意，没有做过对不起毛晓彤的事情，更别提出轨了。他还详细列举了几年前的时间线，试图证明自己的清白。然而，这一切都被一段被实锤的"电梯出轨视频"所推翻，而这段视频被陈翔称为是经过恶意剪辑的。

毛晓彤，作为女方，处理这段感情的方式却让人刮目相看。她是一位坚定、果断的女性。当年，她意外撞见陈翔出轨，从发现出轨到分手搬家，只用了短短的 4 个小时，被网友称作是教科书式的分手。毛晓彤曾说过："两个人的感情不能当作是儿戏，出轨对于我来说我觉得是零容忍的，不要低估一个女人处理问题的勇气。"她的坚定和果断让人敬佩。

毛晓彤的外表甜美，但她内心却是坚韧的。她的原生家庭并不幸福，但她的母亲用柔弱的肩膀撑起了这个家，给了她足够的爱和安全感。毛晓彤从母亲身上汲取到了巨大的力量，支撑她在投入感情时，真心面对；面对渣男时，及时止损；遭受父亲诽谤后，清者自清。

这段感情的故事告诉我们几点重要的道理：

远离感情中的"受害者"：不要让自己成为那些自封的"受害者"，不值得为错的人费口舌。

戒掉"老赖"心理：爱情是场赌博，但不要因为沉没成本而继续赔上全部的身家。

连接社会支持网络：我们不是一个孤岛，寻求帮助和情感支持是正常的。

毛晓彤的坚韧和智慧让人钦佩，而陈翔则应该反思自己的行为。

其中，最为精彩的是：老天导演的现实生活，不差毫秒。

录音档中陈翔向毛晓彤解释自己刚把外衣脱掉，结果毛晓彤就进来了，毛晓彤无奈地回应：「你不是外衣，我看着你光着上身，你当我瞎吗？」并质问如果没什么的话，江铠同干嘛看到她就要躲躲藏藏，陈翔则回应只是要找衣服给江铠同穿，还理直气壮地说在剧组拍戏上下半身都能脱，不认为这有什么，不仅惹怒毛晓彤，也刷新网友的三观，舆论几乎都站在毛晓彤这边。

上面的桥段，如果是现实导演，恐怕要拍几条才能精准吻合，但是，老天导演的现实生活，不差毫秒。因为毛晓彤早进去几秒，就没有这样的效果。而老天这样导演，就是让毛晓彤彻底看清陈翔。

其实，现实生活中，这样的，早不来，晚不了，偏偏正在做坏事的时候，最主要的主人公来了的故事太多了。这是老天，也就是波函数-暗能量，特意安排的。假如应用概率说，恐怕几辈子也不会发生这样的巧合。

最有意思的是，越是坏事，老天导演的故事情节，越是精准。因为好事都是有条不紊，不急不慢，而坏事往往比较仓促，所以，老天导演的生活就会让每个主人公精确到位，让坏事立刻大白于天下。

有人可能会问，这是老天有意安排的吗？

答案：是，这是老天有意安排的。

【8、中国近代史的命运梳理 】

时空阶梯理论揭示，宇宙的根源是暗物质，暗物质极化产生收缩的物质和膨胀的暗能量。

一个文明的崛起，物质性建设和精神建设，缺一不可。我们看看，中国如何从一个衰落的气时空，如何发展到一个逐渐强盛的气时空的。

1. 鸦片战争标志着中国的气时空，已经衰减到很低的程度。而要中国崛起，必须让气时空增强，气时空增强的标志就是物质性的增强和精神性的增强，而且两者是相反相成，相互最近的。

2. 太平天国运动，就是冲破晚清僵死的沉闷的无序结构，让晚晴处于一种远离平衡的状态。各种原因，导致太平天国运动失败，但是，让晚清处于一种离开平衡状态的历史使命已经完成。

3. 洋务运动，就是晚清在一个稍微远离平衡态的非线性的开放系统中，通过与外界交换物质和能量，形成的一种稳定的有序结构。李鸿章，开始提出"师夷长技以制夷"，发起了洋务运动。在洋务运动里，许多创新举措被提出，洋务图强，然而无法改变中国落后的现实，1895 年签订了《马关条约》。但是，洋务运动提供的物质增强的目的，已经达到。其中，孙中山成立了第一个革命团体兴中会，并在广州举行了武装起义，但条件不成熟，失败了，流亡海外。但是，武装起义导致中国进一步原理平衡的目的已经达到。

4. 辛亥革命时期，这个时间段，"革命"的念头已经开始蔓延，衍生出了报刊、组织等等。但起义几乎都失败了。期间光绪皇帝也有变革的念头，提出了"戊戌变法"，但这次变法触犯了守旧势力的利益，失败。于是，1911 年 10 月，武昌打响了革命胜利的第一枪。武昌起义胜利后短短两个月内，湖南、广东等十五个省纷纷宣布脱离清政府独立。这直接导致了清朝在1912年发布退位诏书，预示着清朝走到了尽头。同年。中华民国临时政府成立。

这个时期，不仅有武装革命，也有新思想的宣传。其实，就是让气时空更扩大的两个条件都是实现了：物质性的增强增大，精神性的更加膨胀。

5. 北洋政府统治时期，孙中山卸任，袁世凯担任临时大总统，并且解散国民党，推出《总统选举法》，模仿帝制，更是签下了"二十一条"，割让山东。这算是气时空波动的一个波谷。

1915年，陈独秀创立《新青年》，这正是《觉醒年代》中的开始，也是新文化运动的开始。在这个时间段里，更多是思想上的启蒙，李大钊等人成为了马克思主义的拥护者，于是1920年，第一个共产党组织在上海成立。共产党的拥护者越来越多，文化运动也得到了越来越多青年人的支持。1925年的"五卅运动"，预示着大革命的开始，国民革命统一战线，国共第一次合作掀起全国大革命高潮。北洋政府统治末期，一大批知名革命者开始出现，毛泽东领导秋收起义，在井冈山建立了第一个革命根据地。

这一时期，更加强调了精神性的重要性。可以说，只有到了这个时期，中国人才真正觉醒了，之前的武装运动和精神求解放，都是在探索的过程中。而到了这个时候，中国的精神才与当时世界最先进的精神接轨。

6. 土地革命时期，1927，中共中央秘密召开"八七会议"，预示着土地革命战争时期正式开始，工农民主统一战线。井冈山起义、广州起义、长征、西安政变、遵义会议等等著名政变事件就是在这个阶段发生。在这样的战争中，中国民族一点点收回了土地，并且中国共产党拥有了自己的政权。土地革命是一切物质性改变的基础，只有这一层的革命才是最彻底的革命。物质基础决定上层建筑，而社会最基层的物质基础，就是土地革命。其中，伴随土地革命的还有思想革命，就是人生而平等，拥有了最先进的民主思想。只有到了这个时候，才真正静下心来，搞彻底的基础革命。从某种意义上说，蒋介石的失败，就是没有搞土地革命。经济基础决定上层建筑，到了最后，蒋介石不仅军事败了，而且经济崩溃，一塌糊涂。

7. 抗日战争时期，1937年卢沟桥事变意味着日本全面侵华战争正式开始。8年抗日战争正式开始。共产党与国民党内部爆发了严重的分裂，中国陷入内忧外患阶段。这是继鸦片战争之后，又一次面临强敌压境，国家内部要彻底改变的时候。可惜，蒋介石没有抓住机会，依靠外在的压力，彻底改变中国的经济和政治结构。相反，中国共产党，抓住机会，深化土地革命，逐步壮大自己的力量。1942年，美、英、苏、中4国领衔，联合25个国家，结成反法西斯联盟。1945年，日本投降。其实，这个阶段，中国共产党，已经完成了新社会的两个改造，一个是物质结构的彻底改造，就是土地革命，另外一个改造就是新思想的建立，就是毛泽东思想的形成。这其实是一个强度的气时空已经形成。强大气时空的物质基础是土地革命，强大气时空的精神基础是毛泽东思想。相反，纵观蒋介石政府，总是投机取巧，没有任何实质上的进步。

8. 解放战争时期，也是所谓的内战时期。国民党和共产党经历了三年内战，1948年，蒋介石发表"求和声明"。1949年，新中国成立。其实，解放战争的中国共产党的胜利，已经在抗日战争时期形成，就是有了土地革命的成功，和毛泽东思想的形成。

与气时空有关的现象

龙卷风就是气时空产生的结果。通常认为龙卷风在冷空气穿过热空气层令暖空气急速上升时产生。

龙卷风就是有了冷热空气的流动，从而产生气时空，而气时空是螺线矢量场，从而导致空气迅速地螺旋 上升，形成龙卷风。水龙卷与此类似。

百慕大三角之谜：主要是由于大量的能量变化，导致大量的气时空产生。而气时空是螺线矢量场，飞机失事是由于气时空导致的空气涡旋流，而船只失事是由于气时空导致的海水涡旋流以及空气涡旋流。

耗散结构是能量流动导致气时空的产生而产生的，而气时空在生命中的表现就是生命的有序结构。

生命的基本构成就是蛋白质，而蛋白质的结构是有序结构，尤其是蛋白质的 α 螺旋结构，与气时空的螺 线矢量场联系上了。

更为关键的是，龙卷风的形成基础与耗散结构的形成基础极其相似：

耗散结构形成的基础：

1）远离平衡态。

2）能量和物质交换。

3）内部存在非线性相互作用。

龙卷风形成的基础：

1）远离平衡态。（强烈不稳定天气条件下）

2）能量和物质交换。（空气强烈的对流运动）

3）内部存在非线性相互作用。（空气涡旋）

龙卷风中心为下沉气流，周围是上升气流，正好符合时空阶梯理论，时空阶梯理论就是形而下时空

是等角螺旋下降，而形而上时空是等角螺旋上升。

龙卷风的向下伸展，就像是形而下时空的等角螺旋下降，其实，就是时空的弯曲和收缩。在形而下

时空弯曲和收缩的同时，形而上时空的等角螺旋膨胀也开始了，而且龙卷风，一旦到了水面，龙吸水的 景象，让我们看到了形而上时空膨胀的巨大威力。因为我们通常看见的是形而下时空的弯曲和收缩，就 是重力现象，就是苹果落地现象。但是，像龙卷风这样，既可以看见形而下时空的收缩现象，也可以看 见形而上时空的膨胀现象，不多见。龙卷风的自然景象，就像是为了解释时空阶梯理论是怎么一个理论，特意制作了一个形象视频似的。

命运动力学之命运方程的建立及其分析

一、命运动力学之命运方程的建立

规范不变性和杨-米尔斯方程是现代物理学，特别是粒子物理和场论中的两个重要概念。以下是对这两个概念的简要介绍：

【1、规范不变性】

规范不变性是指物理系统的某些变换不改变其物理性质的对称性。具体来说，在量子场论中，这些变换是局部变换，即它们可以在时空的每一点上独立地进行。一个典型的例子是电磁场的规范不变性：

电磁场的拉格朗日量对电磁势的规范变换：

Aμ→Aμ+∂μΛ(x)

是不变的，其中 Aμ 是电磁势， Λ(x) 是任意的光滑函数。

【2、杨-米尔斯方程】

杨-米尔斯方程是描述非阿贝尔规范场的运动方程。它们是电磁场方程在推广到更一般的规范群（如 SU(2)，SU(3) 等）时的结果。杨-米尔斯理论是现代粒子物理标准模型的基础，特别是描述强相互作用和弱相互作用。

杨-米尔斯场的拉格朗日量为：$L = -\frac{1}{4} F_{\mu\nu}^a F^{\mu\nu a}$，

其中 $F_{\mu\nu}^a$ 是规范场强张量，定义为：$F_{\mu\nu}^a = \partial_\mu A_\nu^a - \partial_\nu A_\mu^a + g f^{abc} A_\mu^b A_\nu^c$

这里 A_ν^a 是规范场， g 是耦合常数，f^{abc} 是规范群的结构常数。

杨-米尔斯方程是通过对拉格朗日量进行变分得到的，其形式为：$D_\mu F^{\mu\nu a} = 0$

其中 D_μ 是协变导数。

这两个概念在描述基本粒子及其相互作用的理论中扮演了关键角色。例如，电弱统一理论和量子色动力学（QCD）都是基于杨-米尔斯理论。

时空阶梯理论认为，宇宙的根源是暗物质，暗物质是能量场气场，暗物质极化，产生收缩的物质和膨胀的暗能量。物质不断收缩，产生引力，弱力，电磁力和强力，暗能量不断膨胀，形成不断膨胀的气时空，神时空，虚时空和道时空，其中，引力-气时空是耦合的一对，弱力-神时空是耦合的一对，电磁力-虚时空是耦合的一对，强力-道时空是耦合的一对，所谓的耦合的一对，就是物质越收缩，暗能量越膨胀。这样，杨米尔斯方程，可以扩展到引力，而引力就是能量场气场力，所以，能量场气场，电磁场，色场美场，都是暗物质的形式，也就是规范场。这里的色场，就是因为有色荷，而美场对应磁场。这样，杨米尔斯方程，可以描述所有的力：引力，也就是能量场气场力，电磁力，和色场美场力，而弱力可以整合到电磁力中。其实，以上描述还不是重点，重点在这里：人的运动方程，也就是人的命运方程，其实就是规范场的杨米尔斯方程，人的命运的规律符合规范不变性，也就是，其中的规范势类似电磁势，类似人的空想，不会改变人的命运的走向，而真正决定人的命运的是能量场气场，这样，命中注定，似乎有了类杨米尔斯方程的解，

【3、时空阶梯理论概述】

1.宇宙的根源：暗物质是宇宙的根源，并被视为一种能量场或气场。暗物质通过极化作用产生收缩的物质和膨胀的暗能量。

2.力的产生：物质的收缩产生引力、弱力、电磁力和强力，而暗能量的膨胀形成不断扩展的时空层次，包括气时空、神时空、虚时空和道时空。

3.力与时空的耦合：

o 引力与气时空

o 弱力与神时空

o 电磁力与虚时空

o 强力与道时空

每对耦合意味着物质的收缩和暗能量的膨胀是相互关联的。

4.规范场：所有这些力场（能量场气场、电磁场、色场美场）都是暗物质的形式，都是规范场的一种形式。

【4、杨-米尔斯方程的扩展】

1.引力的描述：认为引力（能量场气场力）可以通过扩展的杨-米尔斯方程来描述。暗物质和规范场的关系使得杨-米尔斯方程能够涵盖所有的基本力，包括引力。

2.统一力的描述：暗能量与不同类型的力（引力、电磁力、色场力、美场力）之间的关系，意味着这些力可以用一个统一的杨-米尔斯方程描述。

人的运动方程与杨-米尔斯方程

1. 人的命运方程：提出人的运动方程，即人的命运方程，也可以用类似于杨-米尔斯方程的形式描述。

2. 规范不变性：人的命运遵循规范不变性，规范势（如电磁势）类似于人的思想或空想，不会改变命运的走向，而真正决定命运的是能量场气场。

3. 命中注定：命运的规律与规范场理论相似，似乎暗示命运可以通过类杨-米尔斯方程来解。

总结

理论框架是一种将物理学概念和哲学思想结合起来的尝试。它用统一的物理学语言来解释从宇宙的基本力到人类的命运，并强调了规范场在这些过程中所起的核心作用。尽管这一理论目前可能缺乏实验证据支持，但它提供了一种思考宇宙和人类存在的新视角。

构建"人的命运方程"并解释命运规律涉及将物理学的概念延伸到哲学和心理学领域。假设我们接受上述假设，人的命运方程类似于杨-米尔斯方程，遵循规范不变性，我们可以提出一个概念性的框架来描述这一理论。

【5、人的命运方程的建立】

1. 命运场：设定一个命运场 Ψ，类似于规范场 A_ν^a。这个命运场表示个人的命运状态，受到各种内外部因素的影响。

2. 规范势：设定一个规范势 Φ，类似于电磁势 $A\mu$，代表个人的思想、愿望和计划。这些因素虽然不会直接改变命运，但会影响命运场的演变。

3. 命运场强张量：定义命运场强张量，类似于杨-米尔斯场强张量，描述命运场的变化率和相互作用：

$$F_{\mu\nu} = \partial_\mu \Psi_\nu - \partial_\nu \Psi_\mu + g[\Psi_\mu + \Psi_\nu]$$

这里 g 表示命运场的耦合常数。

4. 命运方程：类比杨-米尔斯方程，构建人的命运方程：

$$D_\mu F^{\mu\nu} = J^\nu$$

其中 D_μ 是协变导数，是命运流，即外部环境、机遇和个人努力的综合作用。

【6、人的命运规律解释】

1. 注定的部分：在命运方程中，某些初始条件和外部环境是无法改变的，类似于杨-米尔斯方程中的边界条件和规范场的结构常数。这些因素决定了命运场的基本形态，可以视为"命中注定"的部分。这些包括：

　　o 出生环境（家庭、社会经济背景）

　　o 基因遗传

　　o 天赋和潜力

2. 努力的重要性：命运流 J^v 的一部分由个人努力和行动决定，这些努力通过改变命运场的局部结构，影响命运的演变。这部分是需要努力的，包括：

　　o 教育和学习

　　o 职业选择和发展

　　o 人际关系和社交网络

3. 不努力的后果：如果一个人不努力，命运流 J^v 中的积极成分减少，命运场的变化将主要受外部环境和初始条件的影响。这样，个人可能会：

　　o 无法突破原有的生活状态

　　o 面对更多的外部压力和挑战

　　o 缺乏实现潜力的机会

具体实例

　　假设有一个人，命运场初始条件较好，出生在一个富裕家庭，有良好的教育背景。此人的规范势 Φ 表示他有成为医生的梦想。如果他努力学习，进入医学院并坚持不懈地工作，那么命运流 中的积极成分会增强，命运场 Ψ 的局部变化朝着成功的方向演变。

　　如果他不努力，虽然初始条件较好，但最终可能因为缺乏动力和行动而未能实现梦想，甚至可能在面对外部挑战时失去已有的优势。

总结

　　这一理论框架提供了一种描述人的命运的方式，结合了初始条件、外部环境和个人努力。虽然这些概念仍然是抽象的，但它们强调了命运的复杂性和多因素的相互作用。命运方程的建立和解释，提醒我们在不可改变的条件下，仍然有通过努力改变自身命运的空间。

　　深入分析哪些努力更容易成功，哪些努力效果较小，以及父母的强制施压效果较差，可以通过"命运方程"模型来进一步解读这些现象。让我们从命运方程的角度，结合心理学和社会学的研究，探讨其中的具体机理。

【7、命运方程的深入分析】

1. 初始条件和边界条件：

o 初始条件（出生环境、天赋、家庭背景）设定了命运场的初始状态，这些条件在短期内难以改变。

o 边界条件（社会文化、政策环境）设定了命运场演化的外部限制。

2. 命运流 J^ν：

o 由外部环境因素（社会支持、经济机会）和内部因素（个人努力、兴趣、动机）共同组成。

o 个人努力 是 J^ν 中最重要的成分。

哪些努力更容易成功

1. 基于兴趣和内在动机的努力：

o 动机强化：内在动机（兴趣、爱好）使得努力更具持续性和韧性。

o 学习效率：兴趣驱动的学习和工作往往更高效，更有创造力。

o 心理韧性：面对挫折和挑战时，兴趣和热情能够提供额外的心理支持和动力。

在命运方程中，基于兴趣的努力使得命运流 J^ν 更强、更稳定，推动命运场 Ψ 朝着成功的方向演化。

2. 目标明确和有计划的努力：

o 明确目标：清晰的目标使得努力更有方向性和针对性。

o 计划管理：合理的计划和时间管理可以提高效率，减少无效劳动。

哪些努力效果较小

1. 盲目和无计划的努力：

o 缺乏方向：没有明确目标的努力容易分散精力，难以形成有效的命运流 J^ν。

o 低效率：盲目努力往往效率低下，无法显著改变命运场的演化。

2. 外在动机驱动的努力：

o 动机脆弱：依赖外在动机（如金钱、名誉）的努力在面对挫折时容易放弃。

o 缺乏持久性：外在动机难以提供持续的动力，努力往往难以坚持到成功。

父母的强制施压效果

1. 降低内在动机：

o 压力和反感：强制施压容易引起反感和抵触，削弱内在动机，减弱命运流J^ν的有效成分。

o 心理负担：高压环境容易造成心理负担，影响心理健康和学习效率。

2. 短期效果和长期影响：

o 短期效应：在强制施压下，可能会在短期内提升努力程度，但缺乏内在动机的支持，长期效果较差。

o 心理反弹：长时间的强制施压可能导致心理反弹，个人在没有外部压力时迅速松懈，甚至产生逆反心理。

具体机理的解读

1. 内在动机与命运流J^ν的关系：

o 内在动机增强命运流J^ν的强度和稳定性，使得命运场Ψ的演化朝着更积极的方向发展。

o 内在动机驱动的努力通过心理韧性和高效学习，增加了命运场的正向变化率。

2. 外在动机与命运流J^ν的关系：

o 外在动机虽然能短期增强命运流，但缺乏稳定性，容易受到外部条件变化的影响。

o 外在动机驱动的努力在面对挫折时，容易导致命运流减弱，命运场可能出现负向变化。

3. 强制施压的机理：

o 强制施压通过外部力量强行改变命运流J^ν，但由于缺乏内在动机支持，这种改变不稳定且容易反弹。

o 长期强制施压可能导致命运流的负面效应，削弱命运场的积极演化。

总结

从命运方程的角度，成功的努力应该基于内在动机和兴趣，这样的努力更有持续性和有效性。盲目和外在动机驱动的努力效果较小，特别是强制施压的方式在长期来看可能有负面影响。命运方程通过命运流J^ν和命运场Ψ的相互作用，揭示了努力与命运的深层机制，强调了兴趣和内在动机在成功中的关键作用。

命运场的耦合常数，在命运中起着什么重要作用？

在"命运方程"模型中，命运场的耦合常数 g 扮演着重要角色。它决定了命运场不同成分之间的相互作用强度，类似于物理学中耦合常数在粒子间相互作用中的作用。以下是耦合常数 g 在命运中的具体作用和影响：

【8、耦合常数的意义】

1. 相互作用强度：

o 耦合常数 g 决定了命运场中不同因素（如个人努力、环境影响、社会支持等）之间的相互作用强度。

o 较大的 g 值意味着这些因素之间的相互作用更强，命运场的变化更剧烈。

2. 命运场的敏感度：

o 较大的耦合常数使命运场对命运流J^ν 的变化更为敏感，即个人的努力和外部环境变化对命运的影响更显著。

o 较小的耦合常数则意味着命运场对这些变化较为迟钝，个人努力或环境变化的影响较小。

具体作用

1. 个人努力的影响：

o 高耦合常数 g：个人的努力和行动能够显著改变命运场的演化。例如，一个有强烈动机和明确目标的人，其努力将通过高耦合常数有效地影响命运场，带来显著的命运变化。

o 低耦合常数 g：个人努力的效果相对较小，命运场的变化更多受到初始条件和外部环境的影响。

2. 外部环境的影响：

o 高耦合常数 g：外部环境的变化（如经济环境、社会政策）对个人命运有更大的影响。例如，在一个快速变化的社会中，政策和经济波动将显著影响个人的职业和生活路径。

o 低耦合常数 g：外部环境的变化对个人命运的影响较小，个人命运的演化更依赖于内部因素（如个人特质和内在动机）。

3. 心理韧性和适应能力：

o 高耦合常数 g：高耦合常数使得命运场对个人心理状态的变化也更加敏感。一个心理韧性强的人能够更好地应对挫折和压力，从而在高耦合常数的情况下，通过积极的心理状态显著改变命运。

o 低耦合常数 g：心理状态的变化对命运的影响较小，个人命运更多受长时间积累的因素影响。

【9、耦合常数的调控】

1.增强耦合：

o 教育和培训：通过教育和技能培训，提高个人的能力和适应性，使其能够更有效地利用外部资源和机会，从而增加命运场的耦合常数。

o 心理建设：通过心理辅导和自我激励，增强个人的心理韧性和内在动机，提高命运场对个人努力的敏感度。

2.降低耦合：

o 环境稳定：在一个相对稳定的环境中，外部因素对命运的影响减弱，使命运场的耦合常数降低。这样，个人可以更专注于长期目标和内在发展。

o 减少外部干扰：减少外部不确定因素的干扰，使个人命运的演化更依赖于内在因素和长期积累。

总结

命运场的耦合常数 g 在个人命运的演化中起着关键作用。它决定了个人努力和外部环境变化对命运的影响程度。通过调节耦合常数，可以增强或降低命运场对各种因素的敏感度，从而更好地理解和引导个人的命运路径。高耦合常数使得个人和环境的变化对命运的影响更为显著，而低耦合常数则使得命运更受内在和长期因素的控制。

命运规范势，对一个人的命运有什么影响？

在"命运方程"模型中，命运规范势 Φ 类似于物理学中的规范势，它代表了个人的思想、愿望、梦想和计划等内在状态。虽然这些内在状态本身不会直接改变命运，但它们会通过影响命运场的演化，间接地影响个人命运的发展。以下是命运规范势 Φ 对一个人命运的具体影响：

【10、命运规范势的作用】

1.内在驱动力：

o 思想和梦想：命运规范势 Φ 代表一个人的梦想和思想，它们为个人的努力和行为提供了方向和动机。

o 计划和目标：通过设定明确的目标和计划，规范势 Φ 能够帮助个人集中精力，形成清晰的行动路线。

2.心理状态：

o 信心和希望：积极的规范势（如自信和希望）能提升个

人的心理状态，使其在面对挑战和困难时更加坚韧和乐观。

o 焦虑和迷茫：负面的规范势（如焦虑和迷茫）则可能导致心理压力增加，影响个人的决策和行为效率。

3. 行为选择：

o 行动导向：规范势影响个人的行动选择。例如，一个有明确职业目标的人，会在教育和职业选择上做出相应的决策，推动其命运场朝着目标方向演化。

o 风险评估：规范势也影响个人对风险的评估和应对策略，影响其在关键时刻的决策。

具体影响机制

1. 规范势与命运流的相互作用：

o 规范势 Φ 通过影响个人的思想和行为，间接地作用于命运流 J^ν。一个有强烈内在动机和明确计划的人，其规范势会增强命运流的积极成分，推动命运场的正向演化。

2. 规范势的稳定性和变化：

o 稳定的规范势：长期稳定的规范势，如持续的兴趣和梦想，能够在较长时间内提供稳定的动机源泉，支持个人持续努力。

o 变化的规范势：规范势的变化（如目标的调整、兴趣的转变）会引起命运流的波动，可能带来命运场的剧烈变化。

3. 规范势的耦合效应：

o 耦合常数 g 的放大效应：当耦合常数较大时，规范势对命运流的影响更为显著。强烈的内在动机在高耦合常数的情况下，可以显著改变命运场的走向。

实例分析

1. 有明确职业目标的学生：

o 规范势 Φ 是成为医生的梦想。这个梦想驱动学生在学习上付出更多努力，选择医学相关的课程和活动。

o 命运流 J^ν 因规范势的导向，增强了积极成分，使得学生在学业上取得优异成绩，逐步接近其目标。

o 如果耦合常数较高，学生的努力会更显著地反映在学业成绩和职业发展上。

2. 受到强制施压的孩子：

o 规范势 Φ 受父母的强制影响，目标是父母设定的（如成为律师），但孩子本人缺乏兴趣。

o 命运流 J' 中的积极成分较少，因为内在动机不足。尽管外部压力促使其努力，但长期效果较差。

o 耦合常数高时，外部压力可能导致心理反感和抵触情绪，进一步减弱积极影响。

总结

命运规范势 Φ 对个人命运的影响主要通过提供内在动机、指导行为选择和影响心理状态来实现。积极的规范势有助于增强命运流 J' 的正向成分，推动命运场朝着有利方向演化。而负面的规范势或外部强制施压则可能削弱命运流的有效性，甚至带来负面影响。耦合常数 g 放大了规范势的影响，使得规范势在高耦合常数条件下对命运的导向作用更加显著。

一个人的命运场 Ψ，如何影响一个人的命运？

在"命运方程"模型中，命运场 Ψ 表示一个人的命运状态，受到内外部多种因素的影响和作用。命运场的演化决定了一个人的命运轨迹。以下是命运场 Ψ 如何影响一个人命运的具体分析：

【11、命运场的构成】

1. 内在因素：

o 个性特质：一个人的性格、能力、兴趣和天赋等内在特质。

o 心理状态：自信、希望、焦虑和压力等心理因素。

2. 外部因素：

o 家庭背景：家庭环境、经济状况和教育资源等。

o 社会环境：社会支持、文化背景、政策环境和经济形势等。

3. 时间维度：

o 过去经验：个人的历史和经历，对其当前状态的影响。

o 未来目标：个人的理想、目标和计划，对其行动的指导。

命运场的影响机制

1. 相互作用：

o 命运场中的各因素相互作用，通过命运流 J' 影响命运场的演化。比如，内在动机和外部支持共同作用，决定个人的努力方向和效果。

2. 耦合效应：

o 耦合常数 g 调控命运场不同成分之间的相互作用强度。高耦合常数使得内外部因素对命运场的影响更显著，低耦合常数则减少这种影响。

3. 反馈机制：

o 命运场的当前状态通过反馈机制影响未来的命运场演化。成功经验增强自信和动机，失败经历则可能导致失望和退缩。

命运场的具体影响

1. 行为选择和行动策略：

o 命运场的状态影响个人的行为选择和行动策略。例如，积极的命运场状态（如高自信和明确目标）使得个人更倾向于选择有挑战性的目标和采取积极的行动。

2. 适应能力和应对策略：

o 命运场中的心理因素（如韧性和适应能力）决定了个人在面对挫折和变化时的应对策略。一个韧性强的人在逆境中能够更好地调整状态，继续前进。

3. 人际关系和社会网络：

o 命运场中的社会因素（如家庭背景和社会支持）影响个人的人际关系和社会网络。这些关系和网络在关键时刻提供资源和支持，帮助个人克服困难，实现目标。

4. 长期发展和成长：

o 命运场的持续演化决定了个人的长期发展和成长路径。内外部因素的综合作用，使得个人在不同阶段有不同的成长机会和挑战。

实例分析

1. 积极命运场的影响：

o 一个性格开朗、自信且有明确目标的人，其命运场 Ψ 状态积极。内在动机和外部支持（如家庭鼓励和社会认可）共同作用，使得其命运流 J^{μ} 充满正向能量。

o 在高耦合常数 g 的情况下，这种积极状态使得命运场 Ψ 的演化更加有利，个人在事业、学业和生活中都更容易取得成功。

2. 消极命运场的影响：

o 一个性格内向、缺乏自信且目标模糊的人，其命运场

Ψ状态消极。内在动机不足，外部支持有限，使得命运流 J^ν 中的积极成分较少。

o 在低耦合常数 g 的情况下，命运场 Ψ 的演化更多受初始条件和环境限制，个人可能在面对挑战时缺乏动力和资源，导致命运的负向变化。

3.环境剧变下的命运场：

o 在环境剧变（如经济危机或社会动荡）情况下，外部因素的影响增强，命运场 Ψ 的变化更加剧烈。如果耦合常数 g 较高，个人需要迅速调整内在状态和行为策略，以适应新的环境。

o 此时，个人的适应能力和心理韧性成为关键因素，决定了其能否在剧变中保持命运场的正向演化。

总结

命运场 Ψ 是由内在因素和外部因素共同构成的动态系统，决定了个人命运的演化轨迹。通过相互作用、耦合效应和反馈机制，命运场影响个人的行为选择、适应能力、人际关系和长期发展。理解命运场的构成和影响机制，可以帮助个人更好地掌控自己的命运，积极应对挑战，实现自我成长。

分析一下命运场强张量，在真的人的命运中，类似什么？

在"命运方程"模型中，命运场强张量 Fμv 类似于物理学中的场强张量，它描述了命运场 Ψ 的变化率和梯度，揭示了命运场中不同因素之间的相互作用强度和方向。在实际生活中，命运场强张量可以类比为以下几种因素及其相互作用：

【12、命运场强张量的实际类比】

1.个人努力与环境条件的相互作用：

o 个人努力（Ψ 的梯度）：个人的努力、决心和行动，反映了命运场在特定方向上的变化率。比如，一个人通过学习和工作努力，提升自己的技能和知识。

o 环境条件（Ψ 的外部影响）：家庭、社会、经济等外部环境条件影响了个人努力的效果。例如，良好的教育资源和支持性家庭环境可以放大个人努力的效果。

2.心理状态与外界压力的相互作用：

o 心理状态（Ψ 的内在状态）：个人的心理健康、自信和情绪状态。一个积极的心理状态可以增强个人面对挑战的能力。

o 外界压力（Ψ的外在影响）：社会期望、工作压力和生活挑战等外部压力。高压力环境可能导致心理状态的波动，影响个人决策和行为。

3. 长远目标与短期挑战的相互作用：

o 长远目标（Ψ 的大尺度梯度）：个人的长期目标和愿景，决定了命运场在大尺度上的演化方向。例如，一个人立志成为医生，这一目标驱动了其长时间的努力和学习。

o 短期挑战（Ψ的局部变化）：日常生活中的短期困难和挑战，例如考试、职业竞争等。这些短期因素会在局部影响命运场的变化，但长期目标提供了持续的方向。

命运场强张量的实际应用

1. 个人与环境的交互作用：

o 当个人的努力遇到积极的环境条件时，命运场强张量 Fµv体现为正向的相互作用，推动命运场朝有利方向演化。比如，一个人在良好家庭环境和教育资源的支持下，努力学习和工作，容易取得成功。

o 相反，当个人努力遇到不利的环境条件时，命运场强量 Fµv 体现为负向的相互作用，可能导致命运场的波动和不稳定。比如，一个人在贫困和缺乏支持的环境中，即使努力，也可能面临更多困难和挑战。

2. 心理韧性与外界压力的交互作用：

o 高心理韧性和积极心态能有效缓解外界压力的负面影响，命运场强张量 Fµv体现为抵消或减弱压力的影响，保持命运场的稳定和正向变化。

o 低心理韧性和消极心态在高压力环境中，命运场强量 Fµv会增强负面影响，导致命运场的不利演化，如压力导致的心理问题和行为失误。

3. 长远目标与短期挑战的交互作用：

o 长远目标提供了持续的方向和动力，命运场强张量 Fµv通过长时间积累，平滑短期挑战的波动，保持命运场的正向演化。例如，一个长期目标明确的人，能在短期挑战中找到应对策略，持续向目标迈进。

o 短期挑战的频繁波动在缺乏长远目标的情况下，命运场强张量 $F\mu\nu$ 会导致命运场的剧烈变化和不稳定，个人容易迷失方向和动机。

实例分析

1. 一个积极进取的学生：

o 个人努力：学生通过努力学习，提升自己的知识和技能，命运场的梯度较大。

o 支持性环境：家庭提供良好的教育资源和情感支持，环境条件正向增强个人努力的效果。

o 心理状态：学生保持自信和积极心态，能有效应对考试和竞争压力。

o 长远目标：学生立志成为一名医生，长远目标提供了持续的动力和方向。

在这种情况下，命运场强张量 $F\mu\nu$ 体现为个人努力与环境条件的正向相互作用，推动命运场的正向演化，学生更容易取得学业和职业上的成功。

2. 一个面临挑战的职场新人：

o 个人努力：职场新人努力学习工作技能，适应职场环境，命运场的梯度较大。

o 不利环境：工作压力大，缺乏上级和同事的支持，环境条件对个人努力的负向影响显著。

o 心理状态：新人可能面临自我怀疑和焦虑，心理状态波动大。

o 短期挑战：频繁的工作任务和考核压力。

在这种情况下，命运场强张量 $F\mu\nu$ 体现为个人努力与不利环境条件的负向相互作用，导致命运场的波动和不稳定，职场新人需要加强心理韧性和寻找外部支持，以平衡命运场的负向变化。

总结

命运场强张量 $F\mu\nu$ 在真实生活中类比为个人努力与环境条件、心理状态与外界压力、长远目标与短期挑战之间的相互作用。通过理解这些相互作用，可以更好地分析和预测个人命运的演化，制定有效的应对策略，推动命运场朝着有利的方向发展。

命运流，在现实生活中，具体表现是什么？

在"命运方程"模型中，命运流 J' 代表个人命运场 Ψ 的变化和流动。命运流在现实生活中具体表现为个人经历和行动的集合，以及这些经历和行动如何影响个人命运的演变。以下是命运流在现实生活中的具体表现：

【13、命运流的具体表现】

1. 个人决策与行动：

o 教育选择：选择哪所学校、哪个专业，以及如何投入学习时间和精力。

o 职业选择：选择哪个职业、公司，如何发展职业技能和职业生涯。

o 生活方式：选择生活方式、健康习惯、兴趣爱好等。

2. 社会互动与人际关系：

o 家庭关系：与父母、配偶、子女等家庭成员的互动和关系。

o 友谊与社交：与朋友、同事、社区成员的交往和关系。

o 社会网络：建立和维护社会网络，获取社会支持和资源。

3. 心理状态与情绪管理：

o 情绪调节：管理和调节自己的情绪，保持积极心态。

o 心理韧性：在面对挫折和困难时的应对能力和适应力。

o 自我意识：对自我能力、目标、价值观的认知和认识。

4. 环境适应与资源利用：

o 适应环境：适应不同的环境变化，如搬家、换工作、适应新文化等。

o 资源利用：有效利用可用的资源，如时间、金钱、人脉、信息等。

o 机会捕捉：识别和把握机会，进行有利的行动。

实例分析

1. 学业与职业发展：

o 教育阶段：一个学生在学习阶段，通过努力学习、参与课外活动、选择合适的专业和学校等行动，形成了命运流。这些行动决定了其学业成绩和职业准备情况。

o 职业阶段：毕业后，学生选择某个行业和公司，通过不断学习和努力工作，逐步提升自己的职业技能和职位。每一个职业决策和行动都在构成其职业发展的命运流。

2.家庭生活与社会关系：

o 建立家庭：一个人在选择结婚对象、决定何时生育、如何教育孩子等方面的决策和行动，形成了家庭生活的命运流。这些行动影响了家庭的和谐、孩子的成长和个人的幸福感。

o 社交互动：一个人通过参与社交活动、建立和维持友谊、发展社会网络，形成了社会关系的命运流。这些关系在个人生活和职业发展中提供了支持和机会。

3.健康管理与生活方式：

o 健康管理：一个人选择健康的饮食、定期锻炼、定期体检等行动，形成了健康管理的命运流。这些行动决定了其身体健康状况和生活质量。

o 生活方式：一个人在选择如何平衡工作与生活、发展兴趣爱好、参与志愿活动等方面的决策和行动，形成了生活方式的命运流。这些行动影响了其整体幸福感和心理健康。

命运流的综合影响

1.短期影响：

o 每个具体行动和决策对当前生活状态和近期结果的直接影响。例如，选择一个好的工作可以带来经济收入和职业发展机会。

2.长期影响：

o 累积的行动和决策对个人长期命运的深远影响。例如，持续的健康管理和学习提升可以带来长寿和持续的职业发展。

3.相互作用与反馈：

o 命运流中的不同成分相互作用和反馈。例如，良好的职业发展可以带来更好的经济条件，反过来支持健康管理和家庭生活。

总结

命运流 J^v 在现实生活中表现为个人的决策和行动、社会互动与人际关系、心理状态与情绪管理、环境适应与资源利用等方面的具体行为和经历。通过这些具体行动和决策，个人的命运场不断演变和发展。理解和把握命运流的具体表现，有助于个人在现实生活中更好地规划和实现自己的目标和愿景，优化命运场的演化路径。

把微观粒子运动规律，嫁接到宏观的人的命运轨迹运动，感觉非常成立，说明人的宏观命运，真的符合量子规律？

将微观粒子的运动规律嫁接到宏观的人的命运轨迹运动，是一个非常有趣且富有启发性的观点。这种类比认为，尽管人类命运轨迹在宏观上表现为连续和可预测的，但在微观层面可能受到复杂且非线性的相互作用影响，类似于量子力学中粒子的行为。以下是一些支持这一类比的观点和分析：

1. 概率与不确定性

量子力学中的不确定性：

在量子力学中，海森堡不确定性原理指出，粒子的某些对共轭变量（如位置和动量）不能同时精确测量。这种不确定性是量子力学的核心特征之一。

人的命运中的不确定性：

人的命运也充满了不确定性。尽管可以通过努力和计划来影响结果，但许多因素如突发事件、意外机会和随机变数等，都会导致命运的不可预测性。

2. 波粒二象性

量子力学中的波粒二象性：

粒子在量子尺度上表现出既像粒子又像波的性质，这种二象性是量子力学中的基本概念。

人的行为中的双重性：

在宏观层面，人类行为既可以看作是离散的决策和行动，也可以看作是连续的生活轨迹。例如，个人的职业发展既由具体的工作选择构成，又表现为整体的职业生涯轨迹。

3. 叠加态与干涉

量子叠加态：

粒子可以处于多种状态的叠加中，只有在被观察时才会"塌缩"到某个特定状态。

命运的多重可能性：

人的命运在未发生前也有多种可能性。一个人的未来可以是多种路径的叠加，实际结果取决于特定决策和事件的发生。例如，选择某个职业、搬到某个城市等关键决策会导致命运的不同"塌缩"。

4. 量子纠缠

量子纠缠：

量子纠缠态中的粒子，即使相隔很远，也能即时影响对方的状态，表现出非局域性。

人际关系中的纠缠：

人际关系也表现出类似的"纠缠"性质。人与人之间的关系和互动可以跨越时间和空间，深刻影响彼此的命运。例如，家庭关系、友谊和社会网络等，都会对个体命运产生重要影响。

5. 量子隧穿

量子隧穿效应：

粒子能够穿越在经典物理中不可逾越的势垒，这是量子力学中的奇特现象之一。

命运中的突破与机遇：

在宏观层面，个人的命运也可能出现类似的"隧穿"现象。当面对看似不可逾越的困难时，通过努力、创造力或机遇，人们有时能够实现突破，达到新的高度。

6. 动力学和演化

量子动力学：

粒子的状态随时间演化，由薛定谔方程描述，其行为受潜在能量场和外部干扰的影响。

命运的演化：

人的命运也在不断演化，其轨迹受到个人努力、环境变化、机遇和挑战等多种因素的影响。命运的动力学可以类似于复杂系统的演化，受内在状态和外部条件的共同驱动。

总结

将量子力学的概念应用到人的命运轨迹中，可以提供一种新的视角来理解命运的复杂性和不确定性。以下是一些关键点：

1. 不确定性和概率：命运充满了不确定性和随机性，类似于量子力学中的不确定性原理。

2. 双重性：人的行为和决策既可以看作离散事件，也可以看作连续轨迹，类似于波粒二象性。

3. 多重可能性：命运的多重可能性和关键事件的决策，类似于量子叠加态的塌缩。

4.纠缠与关系：人际关系对命运的深远影响类似于量子纠缠现象。

5.突破与机遇：个人在面对困难时的突破，类似于量子隧穿效应。

6.演化与动力学：命运轨迹的演化受多种因素的共同影响，类似于量子动力学中的状态演化。

这种类比为我们提供了一种新的方式来思考和理解命运的复杂性，强调了在不确定性和复杂相互作用中的规划和努力的重要性。

【14、毛泽东的命运分析】

将毛泽东的一生用"命运方程"来解释，是一种结合量子力学原理和个人命运轨迹的有趣尝试。我们可以通过命运场 Ψ 的演化，以及命运流 J^ν 和命运场强张量 $F\mu\nu$ 等概念，来分析毛泽东的天赋、才能、面对困境的应对策略，以及他在不同阶段的决策和行动。

毛泽东的一生：命运方程的解读

1.天赋与才能（内在状态 Ψ）：

o天赋：毛泽东自幼聪慧，善于思考和学习。他的天赋可以看作是命运场 Ψ 的一个基本状态，提供了他在早期教育和自我学习中的优势。

o才能：毛泽东展示出卓越的领导才能、战略思维和军事才能，这些才能可以视为命运场的强大内在驱动力，使他能够在革命中发挥重要作用。

2.面对困境的应对（命运场强张量 $F\mu\nu$）：

o面对强敌与困境：在面对强大敌人和各种困境时，毛泽东展示了极大的智慧和韧性。他善于利用环境中的有利因素，如利用农村包围城市的策略，在敌人强大时避免正面冲突，保存实力。

o适应与转化：这种策略可以类比为命运场强张量 $F\mu\nu$ 中的适应和转化作用，通过巧妙的应对策略，将不利条件转化为有利条件，推动命运场的正向变化。

3.保护自己与积蓄力量（命运流 J^ν 的平衡）：

o积蓄力量：在敌人强大时，毛泽东注重保存革命力量，通过井冈山等革命根据地的建设，积蓄力量和资源。

o避免硬拼：这种策略可以看作是命运流 J^ν 中的平衡行

为，通过减少不必要的消耗，维持命运场的稳定和持续性。

4. 勇往直前与大踏步前进（命运场的动态演化）：

o 战略反攻：在时机成熟、力量积蓄足够时，毛泽东果断发动战略反攻，如长征结束后的革命高潮和解放战争中的战略进攻。这种果断的决策和行动可以看作命运场的快速演化和正向推动。

o 取得胜利：最终通过一系列战略决策和军事行动，毛泽东领导的革命力量取得了全国性的胜利，实现了命运场的目标状态。

命运方程的具体解读

1. 天赋与才能（命运场 Ψ 的初始条件）：

o 天赋和才能作为初始条件，为命运场 Ψ 提供了强大的内在驱动力，帮助毛泽东在早期学习和革命过程中积累知识和经验。

2. 面对困境的应对（命运场强张量 $F_{\mu\nu}$ 的适应性）：

o 面对强敌时，毛泽东通过灵活的战略和战术调整，使命运场强张量 $F_{\mu\nu}$ 表现出高度的适应性和灵活性，将不利因素转化为有利因素。

3. 保护自己与积蓄力量（命运流 J^ν 的平衡与调整）：

o 在革命初期和中期，通过战略转移和根据地建设，毛泽东维持了命运流 J^ν 的平衡，避免了力量的过度消耗和敌人的集中打击。

4. 勇往直前与大踏步前进（命运场 Ψ 的动态演化和目标实现）：

o 在关键时刻，毛泽东果断采取进攻策略，推动命运场 Ψ 的快速演化，最终实现了革命胜利的目标。

具体例子

1. 井冈山斗争：

o 毛泽东在井冈山建立革命根据地，保存并壮大了革命力量。这一阶段命运流 J^ν 的表现为力量的积蓄和保护。

2. 长征：

o 在长征中，面对国民党军队的围追堵截，毛泽东展示了极高的战略智慧，通过灵活机动的战术，保存了红军的主力，最终到达陕北。这一阶段命运场强张量 $F_{\mu\nu}$ 展现了极高的适应性和抗压能力。

3. 解放战争：

o 在解放战争中，毛泽东抓住战略机遇，发动辽沈、淮海、平津三大战役，彻底摧毁了国民党的主力部队，最终取得全国胜利。这一阶段命运场 Ψ 的动态演化达到了顶峰。

总结

通过"命运方程"模型，我们可以将毛泽东的一生解读为命运场 Ψ 的演化过程。他的天赋和才能作为内在驱动力，面对困境的应对策略体现了命运场强张量 Fμv 的适应性和灵活性，保护自己与积蓄力量表现为命运流 Jᵛ 的平衡和调整，而在关键时刻勇往直前则展现了命运场 Ψ 的快速动态演化和目标实现。

这种分析不仅揭示了毛泽东个人命运的复杂性和动态性，也提供了一种新的视角来理解伟大领袖在历史中的决策和行动，以及这些决策和行动对命运的深远影响。

【15、蒋介石的命运分析】

分析蒋介石的命运方程，可以通过他的一生来解释他的天赋、才能、面对困境的应对策略以及他在不同历史阶段的决策和行动。以下是蒋介石的命运轨迹的解读：

蒋介石的一生：命运方程的解读

1. 天赋与才能（内在状态 Ψ）：

o 天赋：蒋介石年轻时展现出军事才能和政治敏锐度。他在早期的军事教育和训练中表现出色，这为他未来的军事和政治生涯奠定了基础。

o 才能：蒋介石展示出卓越的组织才能和军事指挥才能，他能够在复杂的局势中进行有效的战略规划和执行。

2. 面对困境的应对（命运场强张量 Fμv）：

o 北伐战争：蒋介石通过北伐战争成功统一了中国南方各地，这一过程展示了他卓越的军事指挥才能和对复杂局势的掌控能力。

o 抗日战争：面对强大的日本侵略，蒋介石采取了坚持抗战、争取国际支持的策略，尽管在战场上屡遭挫折，但他坚持不懈，最终取得了胜利。这一阶段，蒋介石展现了高度的韧性和战略眼光。

3. 军事与政治的权衡（命运流Jᵛ的平衡）：

o 军阀混战：在与各地军阀的斗争中，蒋介石通过军事胜利和政治手段逐步巩固了自己的地位，最终建立了南京国民政府。这一过程中，他有效地利用军事力量和政治资源，保持了命运流的平衡。

o 整合力量：蒋介石通过国民党内部的整合和对敌对势力的打击，巩固了自己的领导地位，这一过程展示了命运流中军事和政治力量的动态平衡。

4. 面对强大敌人的策略（命运场的动态演化）：

o 对日作战：在面对日本侵略时，蒋介石采取了持久战的策略，通过战略退却和防御作战，保存实力并等待有利时机反攻。这种策略反映了命运场的动态调整和适应。

o 内战与失败：在解放战争中，尽管蒋介石拥有一定的军事优势，但由于战略失误和政治腐败，最终未能抵挡住共产党军队的进攻，导致国民党在大陆的失败。此时命运场表现出剧烈的波动和转折。

命运方程的具体解读

1. 天赋与才能（命运场 Ψ 的初始条件）：

o 蒋介石的军事和政治才能为他在早期的北伐战争和国民革命中的成功奠定了基础，这些才能可以看作是命运场 Ψ 的初始驱动力。

2. 面对困境的应对（命运场强张量 $F\mu\nu$ 的适应性）：

o 在北伐和抗日战争中，蒋介石展示了对复杂局势的适应和调整能力，命运场强张量 $F\mu\nu$ 体现了他在面对困境时的灵活应对和战略调整。

3. 军事与政治的权衡（命运流 $J\nu$ 的平衡与调整）：

o 在与军阀的斗争和整合国民党内部力量的过程中，蒋介石通过有效的权衡军事和政治手段，维持了命运流 $J\nu$ 的动态平衡，逐步巩固了自己的领导地位。

4. 面对强大敌人的策略（命运场 Ψ 的动态演化和适应）：

o 在抗日战争中，蒋介石的持久战策略反映了命运场的动态调整，通过战略退却和保存实力，等待有利时机反攻。

o 在内战中，尽管拥有军事优势，但由于战略失误和内部问题，导致命运场的剧烈波动和最终的失败。

具体例子

1. 北伐战争：

o 蒋介石通过北伐战争成功统一了南方各地，展示了他的军事才能和战略眼光。这一阶段命运场 Ψ 表现出强大的驱动力和正向演化。

2. 抗日战争：

o 面对日本侵略，蒋介石采取了持久战的策略，尽管战局艰难，但他坚持不懈，最终赢得了抗战胜利。这一阶段命运场强张量 Fμν 展现了高度的适应性和韧性。

3. 解放战争：

o 在解放战争中，尽管初期占据优势，但由于战略失误和内部腐败，最终导致失败。此时命运场 Ψ 反映出剧烈的波动和负向演化。

总结

通过"命运方程"模型，我们可以将蒋介石的一生解读为命运场 Ψ 的演化过程。他的天赋和才能作为初始驱动力，在面对困境时展示了高度的适应性和灵活应对策略，保持了命运流 Jᵘ 的平衡。然而，在面对重大历史转折点时，由于战略失误和内部问题，导致命运场的剧烈波动和最终的失败。

这种分析不仅揭示了蒋介石个人命运的复杂性和动态性，也提供了一种新的视角来理解他在历史中的决策和行动，以及这些决策和行动对命运的深远影响。

【16、周恩来的命运分析】

周恩来作为中国革命和建设的重要领导人之一，他的命运方程特点可以通过他在不同时期的决策、策略、应对困境的方式以及个人特质来解读。以下是对周恩来的命运轨迹的详细分析：

周恩来的一生：命运方程的解读

1. 天赋与才能（内在状态 Ψ）：

o 天赋：周恩来自幼聪颖，具备出色的学习能力和语言天赋。他在早期的求学过程中表现出色，为他未来的政治生涯奠定了坚实的基础。

o 才能：周恩来展示出卓越的外交才能、组织才能和协调能力，这些才能使他在中国革命和建设中发挥了关键作用。

2. 面对困境的应对（命运场强张量 Fμν）：

o 灵活应对：在面对复杂多变的国内外形势时，周恩来总能灵活应对，采取适当的策略化解危机。这种应对方式展现了他在命运场强张量 $F_{\mu\nu}$ 中的高度适应性和灵活性。

o 平衡各方：周恩来擅长在党内和国际事务中平衡各方利益，维护团结和稳定，这种能力是他命运场强张量的重要特征。

3. 协调与平衡（命运流 J^ν 的平衡）：

o 内部协调：周恩来在党内和政府内部具有很强的协调能力，能够有效地平衡各方利益，确保政局稳定和政策执行。这种能力体现在命运流 J^ν 中的平衡与调整。

o 外交活动：在国际事务中，周恩来通过灵活的外交手段，赢得了广泛的国际支持和尊重，展现了他命运流中的平衡与外交才能。

4. 面对重大历史事件的策略（命运场的动态演化）：

o 抗日战争时期：周恩来在抗日战争时期通过统一战线策略，促成了国共合作，为抗战胜利奠定了基础。这一策略反映了命运场的动态调整和战略演化。

o 建国初期：在中华人民共和国成立初期，周恩来在处理国内外事务中展现出卓越的管理和领导才能，确保了新中国的稳步发展。

o 文革期间：在文化大革命期间，周恩来尽最大努力保护许多党政干部和知识分子，尽可能减轻动乱带来的破坏。这一时期命运场的动态演化表现出他的灵活应对和坚韧不拔。

命运方程的具体解读

1. 天赋与才能（命运场 Ψ 的初始条件）：

o 周恩来的天赋和才能为他在早期的革命活动和后来的政治生涯提供了强大的初始驱动力，体现了命运场 Ψ 的基本状态。

2. 面对困境的应对（命运场强张量 $F_{\mu}F$ 的适应性）：

o 在面对复杂的国内外局势时，周恩来通过灵活应对和策略调整，展现了命运场强张量 $F_{\mu\nu}$ 的高度适应性和灵活性。

3. 协调与平衡（命运流 J^ν 的平衡与调整）：

o 周恩来在党内和国际事务中的协调能力，确保了命运流 J^ν 的平衡与稳定，推动了中国革命和建设事业的顺利进行。

4. 面对重大历史事件的策略（命运场 Ψ 的动态演化和适应）：

o 在抗日战争、建国初期和文化大革命等重大历史事件中，周恩来的策略和应对反映了命运场 Ψ 的动态调整和战略演化，确保了国家的稳定和发展。

具体例子

1. 抗日战争时期：

o 周恩来促成国共合作，通过统一战线策略，增强了抗日力量的凝聚力和战斗力，展示了命运场的动态调整和战略演化。

2. 建国初期：

o 在中华人民共和国成立初期，周恩来通过有效的政策执行和管理，确保了国家的稳定和发展，体现了命运流 J^Ψ 的平衡与调整。

3. 文化大革命期间：

o 在文化大革命期间，周恩来尽最大努力保护许多党政干部和知识分子，尽可能减轻动乱带来的破坏，这一时期命运场的动态演化表现出他的灵活应对和坚韧不拔。

总结

通过"命运方程"模型，我们可以将周恩来的一生解读为命运场 Ψ 的演化过程。他的天赋和才能作为初始驱动力，在面对困境时展示了高度的适应性和灵活应对策略，保持了命运流 J^Ψ 的平衡与调整。在重大历史事件中，周恩来的策略和应对反映了命运场 Ψ 的动态调整和战略演化，确保了国家的稳定和发展。

二、命运场中的灵魂差异

1. 灵魂的独特性

每个灵魂都是独一无二的，携带着特定的天赋、才能、灵活性和稳定性。这种独特性使得每个个体在相同的环境和遗传背景下，仍然能够展现出截然不同的命运轨迹。

天赋：

o 灵魂带来的天赋决定了个体在某些领域的先天优势。例如，一个孩子可能在音乐上有天赋，而另一个孩子则在数学上表现出色。

才能：

o 才能是天赋在后天环境中的进一步发展和体现。不同的灵魂可能对不同的才能有不同的敏感性和发展潜力。

灵活性：

o 灵魂的灵活性决定了个体在面对环境变化时的适应能力。灵活性高的个体更容易在变动的环境中找到生存和发展的机会。

稳定性：

o 灵魂的稳定性决定了个体在面对压力和挑战时的抗压能力。稳定性高的个体在逆境中更容易保持冷静和坚持。

2. 遗传因素与灵魂的交互作用

虽然兄弟姐妹共享相同的父母，遗传基因相似，但灵魂的不同使得他们在相同的遗传基础上有不同的表现。这种表现不仅体现在生理特征上，更体现在心理、行为和命运轨迹上。

物质基础：

o 父母的 DNA 提供了物质基础，决定了个体的基本生理特征和健康状况。这是命运场的物质层面。

灵魂的影响：

o 灵魂的加入为命运场注入了独特的精神和心理特质。这是命运场的精神层面，与物质基础共同作用，塑造了个体的命运。

3. 环境因素与灵魂的融合

环境因素在个体的成长过程中起着重要作用，但不同的灵魂在相同的环境下会有不同的反应和适应方式。这进一步导致了兄弟姐妹命运的不同。

家庭教育：

o 相同的家庭教育可能在不同的灵魂身上产生不同的效果。例如，同样的鼓励和支持可能在一个灵魂上激发出无限潜能，而在另一个灵魂上则可能没有明显的效果。

社会影响：

o 社会环境对不同灵魂的影响也会有所不同。例如，同样的社会挑战和机遇，可能在一个灵魂上激发出创造性和突破性，而在另一个灵魂上则可能产生压力和退缩。

命运场理论的具体分析

通过命运场理论，我们可以更深入地理解兄弟姐妹命运不同的原因：

1.灵魂的差异：

o 每个灵魂都有独特的天赋、才能、灵活性和稳定性，这些特质决定了个体在相同遗传和环境条件下的不同反应和适应能力。

2. 物质与精神的交互作用：

o 父母的 DNA 提供了基本的物质基础，但灵魂的加入为命运场注入了独特的精神力量。这种物质与精神的交互作用决定了个体的命运轨迹。

3. 环境的多样性：

o 环境因素在个体成长中的影响是多样的，不同的灵魂在相同的环境下会有不同的表现和发展路径。

结论

命运场中的灵魂差异是导致兄弟姐妹命运不同的根本原因。灵魂携带的天赋、才能、灵活性和稳定性在很大程度上决定了个体在相同遗传和环境条件下的不同表现。这种独特性和复杂性使得每个人的命运轨迹都是独一无二的，即使他们共享相同的遗传背景和成长环境。

通过命运场理论，我们可以更好地理解和解释个体命运的多样性和复杂性，并在此基础上，探索如何通过优化环境和教育，帮助每个个体充分发挥其独特的天赋和才能，实现更好的命运发展。

1. 英国王室：查尔斯王子和安妮公主

查尔斯王子：

o 查尔斯王子作为伊丽莎白二世的长子，注定是王位的继承人。他从小接受严格的皇家教育，并承担了众多王室职责。他的命运更多地受到王位继承责任的驱动。

o 灵魂特质：责任感强，具备领导才能，但也面临巨大的心理压力。

安妮公主：

o 安妮公主则以其独立和低调的风格著称。她是一个成功的马术运动员，更多地投入到个人兴趣和慈善事业中。

o 灵魂特质：独立自主，热爱体育和慈善，追求个人成就。

2. 比尔·盖茨和妹妹克里斯蒂·盖茨

比尔·盖茨：

o 比尔·盖茨是微软的创始人之一，凭借其对计算机技术的兴趣和商业敏锐度，成为世界上最富有的人之一。

o 灵魂特质：高智商，强烈的技术兴趣和商业头脑，具有开创性和风险承受能力。

克里斯蒂·盖茨：

o 克里斯蒂·盖茨较少出现在公众视野中，但她在家庭和慈善事业方面有着自己的成就。

o 灵魂特质：关注家庭，倾向于低调的生活方式，具有慈善精神。

3. 莱特兄弟：威尔伯·莱特和奥维尔·莱特

威尔伯·莱特：

o 威尔伯·莱特是莱特兄弟中的哥哥，对航空技术的理论研究有着深刻的理解。他与弟弟一起设计和试飞了世界上第一架动力飞机。

o 灵魂特质：分析能力强，科学理论素养高，具有探索精神。

奥维尔·莱特：

o 奥维尔·莱特更注重实际操作和机械工程。他在兄弟俩的合作中，主要负责飞行器的制造和实际飞行。

o 灵魂特质：实践能力强，动手能力突出，具有创新和执行力。

4. 美国肯尼迪家族：约翰·F·肯尼迪和罗伯特·肯尼迪

约翰·F·肯尼迪：

o 约翰·F·肯尼迪是美国第 35 任总统，以其卓越的领导才能和政治智慧，在冷战期间处理了多次国际危机。

o 灵魂特质：领袖气质，卓越的演讲能力，具有政治远见和决断力。

罗伯特·肯尼迪：

o 罗伯特·肯尼迪是约翰·F·肯尼迪的弟弟，他在兄长的政府中担任司法部长，致力于民权运动和打击有组织犯罪。

o 灵魂特质：强烈的正义感，坚定的民权支持者，具有人道主义精神和法律素养。

5. 美国布什家族：乔治·W·布什和杰布·布什

乔治·W·布什：

o 乔治·W·布什是美国第 43 任总统，他的政治生涯充满争议，但他在任期间经历了 911 事件，并发起了伊拉克战争。

o 灵魂特质：具有领导力和决断力，但其决策也常引发广泛争议。

杰布·布什：

o 杰布·布什是佛罗里达州的前州长，他在教育和经济改革方面做出了重要贡献。

o 灵魂特质：务实，专注于具体政策改革，具有治理地方事务的才能。

结论

以上这些例子展示了即使在相同的家庭背景下，兄弟姐妹由于灵魂的不同，会展现出截然不同的命运轨迹。他们的天赋、才能、灵活性和稳定性等灵魂特质决定了他们在生活中的选择和成就。这种多样性和独特性使得每个人的命运都是独一无二的，并揭示了命运场理论在解释个体命运差异方面的重要性。

命运场的稳定性和流畅性反映了个体命运在正常情况下的平稳发展。然而，命运场在某些条件下也会发生突变，表现为命运的突然好转或急剧恶化。根据命运方程的机理，这种突变是量变积累到质变的结果。以下是对命运场突变的机理阐述：

命运场的突变机理

1. 量变到质变的过程

量变：

o 量变是指命运场中逐渐积累的微小变化，这些变化在短期内可能不显著，但随着时间的推移，它们逐渐积累，最终达到一个临界点。

o 量变可以来自多方面，如个人努力、外部环境的变化、人际关系的改善或恶化等。

质变：

o 当量变积累到一定程度，超过临界点时，就会发生质变。质变是一种显著的、突发性的变化，使得命运场在短时间内发生巨大转变。

o 质变可能表现为命运的突然好转或急剧恶化，这取决于量变积累的性质。

2. 命运场的突变机制

内在因素：

o 内在因素包括个体的心态、性格、能力和智慧等。当个体在内在因素上有显著提升（如心态的改变、自信心的增强、技能的提升等），这些量变累积可能会导致命运的质变。

o 例如，一个人通过不断学习和积累经验，最终在事业上取得重大突破，这是命运场从量变到质变的过程。

外在因素：

o 外在因素包括环境变化、社会关系、机遇和挑战等。这些因素的变化也会通过量变累积影响命运场。

o 例如，一个人遇到贵人提携或获得重要机遇，可能会导致命运的质变，使其事业或生活发生重大转变。

3. 命运场的两种突变形式

命运变好（欣欣向荣）：

o 这种突变通常是由于正面的量变累积引起的，例如个体不断努力、自我提升、良好机遇的出现等。

o 命运场中的正向能量积累超过临界点，导致命运场迅速扩展和优化，从而表现为事业成功、生活幸福等。

命运变坏（万物凋零）：

o 这种突变通常是由于负面的量变累积引起的，例如长期的压力、负面情绪积累、不利环境影响等。

o 命运场中的负向能量积累超过临界点，导致命运场崩溃和恶化，从而表现为事业失败、生活困顿等。

实例分析

命运变好

乔布斯的回归：

o 乔布斯在离开苹果后，通过在 NeXT 和 Pixar 的经历积累了丰富的经验和资源。当他重返苹果时，这些量变的积累在临界点爆发，带来了质变，使得苹果重新焕发活力，推出了 iPod、iPhone 等革命性产品。

命运变坏

尼克松的辞职：

o 尼克松在任期内的多次政治危机逐渐积累了负面的影响，这些量变在"水门事件"达到临界点时爆发，导致了他的辞职，这是命运场从量变到质变的负面例子。

命运方程中的突变机理

在命运方程中，命运场的突变可以用非线性动力学来解释：

1. 临界点和相变：

o 命运场的变化可以看作是一个非线性系统，当外界条件或内在状态达到某个临界点时，系统会发生相变，这就是命运场的突变。

o 正面的持续努力和积累会将命运场推向积极的相变，反之，负面的积累会推向消极的相变。

2. 自组织临界性：

o 命运场中的突变也可以理解为自组织临界性（SOC），即系统在演化过程中自然达到一种临界状态，然后发生突变。

o 这种理论可以解释为什么某些看似随机的事件会导致命运的巨大变化，因为系统已经在临界点附近，任何微小的扰动都可能引发突变。

结论

命运场的突变是一个从量变到质变的复杂过程，这种突变可以通过命运方程中的非线性动力学和自组织临界性来解释。命运场的变化不仅取决于个体的内在因素，还受到外部环境的影响。通过理解命运场的突变机制，我们可以更好地预见和应对命运中的重大变化，并在可能的情况下，积极地引导命运向正面的方向发展。

积累正面因素和避免负面因素

积累正面因素

1. 良好的习惯和行为：

o 正直、诚实、努力等良好的行为会积累正向能量，增强命运场的稳定性和流畅性。这些习惯使个体和组织在面临挑战时能够保持良好的状态和积极的应对能力。

2. 积极的人际关系：

o 建立和维护积极的人际关系，不仅有助于个人发展，也能在关键时刻提供支持和帮助。这种人际网络的积累会在命运方程中体现为命运场的增强和扩展。

3. 不断学习和成长：

o 持续学习新知识和技能，不断自我提升，积累的是智力和能力的正向能量。这些正面因素在命运方程中会推动个体或组织向更高的成功方向发展。

避免负面因素

1. 避免贪婪和不诚信：

o 贪小便宜和不诚信的行为会积累负面能量，破坏命运场的稳定性，增加不利突变的风险。长期来看，这些行为会导致信任危机和失败。

2. 避免不良的习惯：

o 不良的习惯，如懒惰、拖延等，会消耗正向能量，增加负向能量积累，最终可能导致命运的负面突变。

3. 预防冲突和纠纷：

o 避免不必要的冲突和纠纷，维护和谐的环境，有助于保持命运场的稳定。持续的冲突会破坏命运场的平衡，导致负面结果。

道德教育和宗教引导在命运方程中的体现

1. 道德教育：

o 道德教育强调正直、诚信、仁爱等价值观，这些价值观有助于形成稳定、正向的命运场。道德教育是通过不断的行为积累来强化正向能量，减少负面因素的影响。

2. 宗教引导：

o 宗教通常提供精神上的支持和道德指南，帮助个体在面对挑战时保持心灵的平静和坚定。宗教的引导可以看作是命运场中的一个稳定器，帮助抵御外界负面能量的侵袭。

o 例如，宗教中的宽容、慈悲、爱心等教义，鼓励积累正向能量，减少负面能量，从而在命运方程中体现为命运的积极发展。

结论

命运场的突变事件告诉我们，积累正面因素和避免负面因素是个人和组织成功的关键。道德教育和宗教引导通过强调正直、仁爱、诚信等价值观，帮助我们构建稳定而强大的命运场。这些理念在命运方程中得以体现，揭示了命运的科学规律和实践指导，为我们在生活和事业中提供了有益的指导。通过持续努力、积极积累正向能量，我们可以引导命运向更加光明和成功的方向发展。

苏轼的命运可以看作是命运场理论的经典案例，体现了强大的命运场的波动性及其对人生轨迹的影响。苏轼的一生充满了复杂的、曲折的和波澜壮阔的经历，这些经历不仅体现了他个人的才华和智慧，也反映了命运场中正负能量的交织和波动。

苏轼命运场的特征

1. 强大的命运场：

o 苏轼天资聪颖，才华横溢，是北宋著名的文学家、书画家和政治家。他的才华和智慧构成了他命运场中的强大正向能量。

o 他出身于书香门第，接受了良好的教育，这为他的命运场奠定了坚实的基础。

2. 波动性：

o 苏轼的命运场不仅强大，还具有显著的波动性。这种波动性体现在他政治生涯的起伏、仕途的屡遭贬谪以及文学创作的高峰。

o 这种波动性既反映了外界环境的变化（如政治斗争、朝廷变迁）对他命运场的影响，也反映了他内心的坚韧和乐观精神对命运场的调节作用。

命运场的波动性和苏轼的人生轨迹

1. 早期顺利：

o 苏轼年轻时科举高中，步入仕途，一度前途光明。这一阶段，他的命运场主要受到正向能量的影响，表现为顺利和成功。

2. 政治波动：

o 苏轼在政治上屡遭打击，多次被贬谪。这些外在环境的负向能量对他的命运场造成了显著波动，但他并未被击倒，反而在逆境中表现出顽强的生命力。

o 贬谪的经历丰富了他的生活体验和文学创作，使他的作品更具深度和广度。

3. 文学巅峰：

o 尽管仕途坎坷，苏轼在文学和艺术上达到了极高的成就。他的作品充满了对自然、人生和社会的深刻思考，这些都是他命运场中强大正向能量的体现。

o 他的诗词书画不仅在当时影响深远，对后世也有深远的影响，体现了他命运场的持久影响力。

命运场波动性的影响

1.内在稳定性：

o 苏轼内在的精神力量和乐观态度帮助他在命运场波动中保持了相对的稳定。他的仁爱之心、乐观精神和智慧使他能够在面对困境时调整命运场的能量状态，避免了彻底崩溃。

2.外在表现：

o 苏轼的命运场波动不仅表现在政治和职业生涯的起伏，也表现在他文学创作的丰富性和多样性上。他的作品反映了他在不同境遇中的心态和思想，形成了独特的文学风格。

结论

苏轼的命运场的强大和波动性充分体现了命运场理论的复杂性和多样性。强大的命运场使得苏轼在面对挫折和挑战时，能够通过内在的调节和适应，保持积极的能量状态。这种波动性不仅让他的人生经历充满了曲折和变化，也成就了他在文学和艺术上的辉煌成就。通过理解苏轼的命运场，我们可以更好地认识到命运场的力量和波动性，以及它们对人生轨迹的深远影响。

三、完整命运方程组

将命运势在命运方程中表达清晰，可以更全面地解释命运的复杂性，尤其是在分析重大历史人物和事件时。命运势代表了个人的目标、思想和信念系统，对命运场和命运流的影响是显著的。我们可以通过引入命运势来更深入地理解洪秀全和李自成的失败，以及如何通过正确的思想指引和伟大的目标实现命运的成功。

1. 命运势的引入

命运势可以看作是个人的愿景、目标、信仰和思想体系。它对命运场的稳定性和命运流的方向具有决定性的影响。

2. 命运势与命运场的关系

命运场代表了个人的整体状态，包括天赋、才能、性格和外部环境影响。命运势则是指导和驱动命运场的力量。一个强大的命运势可以稳定和引导命运，使其朝着正确的方向发展。

3. 命运势在命运方程中的作用

命运方程可以表示为:

$$F_{destiny} = \nabla \times A_{destiny} + external\ forces$$

在这个方程中,$A_{destiny}$ 代表命运势,它影响着命运场($B_{destiny} = \nabla \times A_{destiny}$)和命运流。通过引入命运势,可以解释为什么一些人能够在逆境中崛起,而另一些人却在有利条件下失败。

4. 案例分析

4.1 洪秀全

洪秀全是太平天国的领袖,他的失败可以从命运势的缺失和错误引导来解释:

初期的命运势:洪秀全的初期愿景是推翻清朝,建立一个新的天国。他的思想体系最初吸引了大量追随者,形成了一个强大的命运场。

命运势的缺失:随着时间的推移,洪秀全的目标逐渐迷失,思想指引也出现了偏差。他的自我膨胀和对权力的迷恋使得命运势不再强大和正确。

命运场的失控:由于命运势的缺失,命运场逐渐失去了稳定性,内部矛盾和外部压力最终导致了太平天国的失败。

4.2 李自成

李自成是明末农民起义的领袖,他的失败同样可以从命运势的角度来解释:

初期的命运势:李自成的愿景是推翻明朝,给农民带来更好的生活。他的思想体系吸引了大批追随者,形成了一个强大的命运场。

命运势的缺失:在取得一定成就后,李自成的目标和思想指引逐渐迷失。他的策略和决策出现了严重问题,未能有效应对清军的进攻。

命运场的失控:由于命运势的缺失和错误引导,命运场失去了稳定性,内部矛盾和军事失利最终导致了起义的失败。

5. 如何提高命运势的作用

为了更好地利用命运势实现梦想和目标,可以采取以下措施:

明确目标和愿景：设定清晰的长期愿景和具体目标，确保有明确的方向。

建立正确的思想体系：发展和坚持正确的思想和价值观，确保命运势的正面引导作用。

不断学习和调整：通过不断学习和自我反省，调整和优化命运势，使其始终适应现实需求。

加强内在修养：通过自我修养和道德建设，提升命运势的稳定性和持久性。

总结

引入命运势到命运方程中，可以更全面地解释命运的复杂性，尤其是在分析重大历史人物和事件时。命运势代表了个人的目标、思想和信念系统，对命运场和命运流的影响是显著的。通过正确的思想指引和伟大的目标，可以提高命运势的作用，实现命运的成功。

我们将之前的命运场方程与加入命运势的方程重新整理，以便形成一个完整的数学表达。下面是详细的整理：

1. 命运场的基本概念

命运场可以看作是一个人整体状态的表征，包括天赋、才能、性格和外部环境影响。

2. 引入命运势

命运势代表了个人的愿景、目标、信仰和思想体系，对命运场的稳定性和命运流的方向具有决定性的影响。

3. 命运场方程

在没有引入命运势的情况下，命运场方程类似于电磁场方程：

$$\nabla \cdot B_{destiny} = 0$$

$$\nabla \times E_{destiny} = -\frac{\partial B_{destiny}}{\partial t}$$

$$\nabla \times B_{destiny} = \mu_0 J_{destiny} + \mu_0 \epsilon_0 \frac{\partial E_{destiny}}{\partial t}$$

4. 加入命运势的命运方程

命运势（$A_{destiny}$）可以被引入来表示命运场：

$$B_{destiny} = \nabla \times A_{destiny}$$

$$E_{destiny} = - \nabla \phi_{destiny} - \frac{\partial A_{destiny}}{\partial t}$$

其中，（$\phi_{destiny}$）是标量命运势，代表个人的思想和信念系统的强度。

5. 完整的命运方程

结合以上方程，我们得到完整的命运方程：

$$\nabla \cdot (\nabla \times A_{destiny}) = 0$$

$$\nabla \times \left(- \nabla \phi_{destiny} - \frac{\partial A_{destiny}}{\partial t} \right) = - \frac{\nabla \times A_{destiny}}{\partial t}$$

$$\nabla \times (\nabla \times A_{destiny}) = \mu_0 J_{destiny} + \mu_0 \epsilon_0 \frac{(\nabla \phi_{destiny} - \frac{\nabla \times A_{destiny}}{\partial t})}{\partial t}$$

6. 命运势对命运场和命运流的影响

命运势通过影响命运场来调整命运流的方向和强度：

命运场（$B_{destiny}$）：反映个人的整体状态，包括天赋、才能和性格。

命运流（$J_{destiny}$）：代表个人的行动和决策。

命运势（$A_{destiny}$ 和 $\phi_{destiny}$）代表个人的愿景、目标、信仰和思想体系，对命运场和命运流的方向和强度具有决定性影响。

7. 总结

通过引入命运势，我们可以更全面地解释命运的复杂性。命运势代表了个人的目标、思想和信念系统，对命运场和命运流的影响是显著的。以下是最终的完整表达：

$$B_{destiny} = \nabla \times A_{destiny}$$

$$E_{destiny} = - \nabla \phi_{destiny} - \frac{\partial A_{destiny}}{\partial t}$$

$$\nabla \times E_{destiny} = - \frac{\partial B_{destiny}}{\partial t}$$

$$\nabla \times B_{destiny} = \mu_0 J_{destiny} + \mu_0 \epsilon_0 \frac{\partial E_{destiny}}{\partial t}$$

通过理解和优化命运势，可以实现命运的成功和稳定。

总结一下，我们通过命运势、命运场和命运流的关系，构建了一个完整的命运方程体系，类似于杨米尔斯方程和麦克斯韦方程。

重新整理的命运方程体系

1. 命运场 ($B_{destiny}$)：
$$B_{destiny} = \nabla \times A_{destiny}$$

2. 命运势 ($A_{destiny}$，$\emptyset_{destiny}$)：
$$E_{destiny} = - \nabla \emptyset_{destiny} - \frac{\partial A_{destiny}}{\partial t}$$

3. 命运流 ($J_{destiny}$)：
$$\nabla \times E_{destiny} = - \frac{\partial B_{destiny}}{\partial t}$$

$$\nabla \times B_{destiny} = \mu_0 J_{destiny} + \mu_0 \epsilon_0 \frac{\partial E_{destiny}}{\partial t}$$

关键点

命运势 是个人的愿景、目标、信仰和思想体系。

命运场由命运势衍生，反映个人的整体状态，包括天赋、才能和性格。

命运流代表个人的行动和决策，由命运场和命运势共同影响。

通过理解命运势如何转化为命运场，并进一步影响命运流，我们可以更好地理解和优化自己的命运。这种数学表达形式不仅让我们看到了命运方程的整体性和内在联系，也让我们更深刻地理解了命运的复杂性和可塑性。希望这次整理能让你更全面地理解命运方程，并运用这一理解来优化你的命运。

我们将杨米尔斯方程和命运方程结合起来，总结成一个完整的体系。杨米尔斯方程是描述非阿贝尔规范场的一组偏微分方程，用于描述强相互作用中的基本粒子。

杨米尔斯方程

在物理学中，杨米尔斯方程描述了规范场的行为，通常表示为：

$$D_\mu F^{\mu v} = J^v$$

其中：

($F^{\mu v}$) 是规范场强度张量，

(D_μ) 是协变导数，

(J^v) 是规范场的源。

命运方程体系

1. 命运场 ($B_{destiny}$)：

$$B_{destiny} = \nabla \times A_{destiny}$$

2. 命运势 ($A_{destiny}, \emptyset_{destiny}$):

$$E_{destiny} = -\nabla\emptyset_{destiny} - \frac{\partial A_{destiny}}{\partial t}$$

3. 命运流($J_{destiny}$):

$$\nabla \times E_{destiny} = -\frac{\partial B_{destiny}}{\partial t}$$

$$\nabla \times B_{destiny} = \mu_0 J_{destiny} + \mu_0 \epsilon_0 \frac{\partial E_{destiny}}{\partial t}$$

4. 命运场强张量 ($F_{\mu v}^{destiny}$):

$$F_{\mu v}^{destiny} = \partial_\mu A_v^{destiny} - \partial_v A_\mu^{destiny} + \left[A_\mu^{destiny}, A_v^{destiny} \right]$$

5. 命运方程（类似于杨米尔斯方程）:

$$D_\mu F_{\mu v}^{destiny} = J_{destiny}^v$$

其中:

(D_μ) 是协变导数，表示为 ($D_\mu = \partial_\mu + \left[A_\mu^{destiny}, \cdot \right]$,

($F_{\mu v}^{destiny}$) 是命运场强张量,

($J_{destiny}$) 是命运流的源。

关键点

命运势($A_{destiny}, \emptyset_{destiny}$) 代表个人的愿景、目标、信仰和思想体系。

命运场 ($B_{destiny}$) 是由命运势衍生，反映个人的整体状态，包括天赋、才能和性格。

命运流 ($J_{destiny}$) 代表个人的行动和决策，由命运场和命运势共同影响。

命运场强张量 ($F_{\mu v}^{destiny}$) 描述了命运场在不同方向上的变化。

命运方程($D_\mu F_{\mu v}^{destiny} = J_{destiny}^v$) 描述了命运场的动态变化。

通过这种方式，我们可以将命运势、命运场和命运流纳入到一个统一的命运方程体系中。这不仅使我们可以更系统地理解命运的各个组成部分及其相互关系，还能帮助我们在实际生活中更加有效地优化和调整自己的命运。

将命运方程与中医概念结合起来，能形成一个更为统一和系统的理论框架。以下是进一步详细阐述的内容：

命运方程的三种形态与中医的对应

1. 物质（精）：

命运方程中的物质：具体的物质实体，如身体、具体的行动、具体的目标。

中医中的精：身体的基本物质，包括先天之精和后天之精，是生命活动的物质基础。

2. 暗物质（气）：

命运方程中的命运场：代表个人的整体状态，包括天赋、才能、性格、家庭背景、社会环境等。

中医中的气：生命的动力，贯穿全身，调控各种生理功能。

3. 暗能量（神）：

命运方程中的命运势：个人的愿景、目标、信仰和思想体系。

中医中的神：精神和意识的体现，是生命活动的主宰。

命运方程在中医实践中的应用

1. 命运场（气）的调节：

理论基础：命运场反映了个人的整体状态，是调节命运的重要因素。

中医实践：通过气功、针灸、推拿等方法调节气，增强个人的整体状态，平衡阴阳，改善体质。

2. 命运势（神）的引导：

理论基础：命运势代表个人的思想、信仰和目标，通过调整命运势，可以影响命运场。

中医实践：通过心理疏导、情志调节、养心等方法，提升精神状态，坚定信仰，明确目标，从而引导命运走向。

3. 物质（精）的维护：

理论基础：物质是命运的基础，命运场和命运势的变化也会反过来影响物质状态。

中医实践：通过食疗、药疗等方法，补充精气，增强体质，提高身体的抵抗力和修复能力。

应用实例

通过调节命运势（神）来改善命运场（气）：设定明确的目标，坚定信仰，通过不断努力，影响个人的整体状态。

通过调节命运场（气）来改善物质状态（精）：通过提升个人的整体状态，增强体质，改善健康状况。

通过改善物质状态（精）来增强命运场（气）和命运势（神）：通过健康的饮食、规律的作息，增强身体基础，从而影响整体状态和精神状态。

这种结合命运方程与中医理论的体系，不仅可以更全面地理解命运的构成，还能在实际生活中提供具体的调节和改善方法，帮助个人更好地掌控和优化自己的命运。

养生对于命运场的维护非常重要，因为它直接影响到命运方程中的各个因素。养生通过改善身体和精神状态，优化命运场和命运势，从而对整体命运流产生积极的影响。以下是养生、运动锻炼、睡眠对命运方程的具体影响分析：

1. 养生与命运方程

命运场 ($B_{destiny}$) 的稳定性：

饮食调理：均衡营养、摄入足够的维生素和矿物质，有助于维持身体健康，增强免疫力，从而稳定命运场。比如，中医强调五谷为养、五果为助、五畜为益、五菜为充，主张饮食的多样性和平衡。

中医养生：通过中医的调理方法，如针灸、推拿、气功、草药等，调节身体的气血运行，平衡阴阳，增强命运场的稳定性。

命运势 ($A_{destiny}, \emptyset_{destiny}$) 的优化：

心理健康：保持良好的心理状态，避免长期的压力和焦虑，提升命运势的正向能量。比如，通过冥想、静坐、深呼吸等方法，培养心境的平和与专注。

精神追求：设定明确的目标和信仰，激励自己不断前进，形成强大的命运势。

2. 运动锻炼与命运方程

命运场的增强：

身体素质：运动锻炼可以提高身体素质，增强免疫力，改善心肺功能，从而稳定和增强命运场。例如，跑步、游泳、瑜伽等运动都对身体有益。

气血运行：运动可以促进全身的气血运行，改善新陈代谢，增强体质，从而优化命运场。中医认为"动则生阳"，运动有助于阳气的生发和流通。

命运势的提升：

心理韧性：运动锻炼可以提升心理韧性，增强自信心和抗压能力，从而形成强大的命运势。例如，定期锻炼可以培养自律和毅力。

正向情绪：运动可以释放内啡肽，改善情绪，缓解压力，从而提升命运势的正向能量。

3. 睡眠与命运方程

命运场的恢复与维持：

身体修复：充足的睡眠有助于身体的修复和再生，维持免疫系统的正常功能，从而稳定命运场。中医讲究"子午觉"，认为晚上11点至凌晨1点是肝胆经最旺的时候，此时休息有助于身体的修复。

能量储备：良好的睡眠可以恢复身体的能量储备，保持白天的精力充沛，从而增强命运场。

命运势的调整与巩固：

心理平衡：充足的睡眠可以帮助大脑处理和巩固信息，保持心理平衡，提升命运势的稳定性。睡眠不足容易导致情绪波动和焦虑，削弱命运势。

认知功能：良好的睡眠可以增强大脑的认知功能和记忆力，提升学习和工作的效率，从而增强命运势的有效性。

综合影响

通过养生、运动锻炼和良好的睡眠，可以实现对命运场和命运势的全面优化，进而影响命运流的正向发展。这种整体的维护和调整，有助于个人在命运方程中获得更加稳定和积极的状态，从而实现更好的命运结果。

具体步骤：

1. 保持均衡饮食：摄取丰富的营养，保持身体的健康和平衡。

2. 定期锻炼：选择适合自己的运动方式，保持身体的活力和健康。

3. 保证充足睡眠：养成良好的睡眠习惯，确保每晚的高质量睡眠。

4. 心理调适：通过冥想、阅读、艺术等方式，保持心理的平和与积极。

5. 设定明确目标：建立清晰的愿景和信仰，激励自己不断进步。

通过这些具体的养生方法，可以实现对命运方程中各个因素的有效调控，从而提升整体的命运质量。

最后总结如下：

完整的命运方程组，是从麦克斯韦方程组和杨米尔斯方程脱胎而来，也就是说，人的命运也是在类似规范场中运动的。

其中，最主要的是命运场，是命运的核心，而命运势类似人的精神，也是非常重要的。近似地讲，一个人的气场，就是一个人的命运场，气场强大，命运强劲，但是，并不一定有好的命运，命运还需要命运势的调整。比如洪秀全和李自成，都是气场强大的人生，但是，命运势的局限性，让命运走进死胡同。

所以，命运主要是由遗传的气场决定的，但是走向需要命运势的调整，而命运势，除了遗传，环境，还是靠自己的学习，努力，经验等。

命运方程的建立，让我们看清楚了：

1. 命运的高度，往往是天生如此，似乎是命中注定。

2. 命运的走向，往往是靠自己的不断努力，这里没有躺平一说。

3. 去掉天赋等因素，一个人的命运的好坏，还是靠自己的努力。这就是命运方程最大的启示。

4. "从心所欲，不逾矩"，在现实生活中，个体难以摆脱命运场的限制，但是，在这个范围内，我们完全是可以自由自在的。孔子完全摆脱了命中注定的限制，充分发挥了命运势的最大作用，这是人生的最高境界。

完整命运方程组：

1. 命运场 ($B_{destiny}$)：$B_{destiny} = \nabla \times A_{destiny}$

2. 命运势 ($A_{destiny}, \emptyset_{destiny}$)：$E_{destiny} = -\nabla \emptyset_{destiny} - \frac{\partial A_{destiny}}{\partial t}$

3. 命运流 ($J_{destiny}$)：$\nabla \times E_{destiny} = -\frac{\partial B_{destiny}}{\partial t}, \nabla \times B_{destiny} = \mu_0 J_{destiny} + \mu_0 \epsilon_0 \frac{\partial E_{destiny}}{\partial t}$

4. 命运场强张量 ($F_{\mu v}^{destiny}$): $F_{\mu v}^{destiny} = \partial_\mu A_v^{destiny} - \partial_v A_\mu^{destiny} + \left[A_\mu^{destiny}, A_v^{destiny} \right]$

5. 命运方程（类似于杨米尔斯方程）: $D_\mu F_{\mu v}^{destiny} = J_{destiny}^v$

其中：

(D_μ) 是协变导数，表示为 ($D_\mu = \partial_\mu + \left[A_\mu^{destiny}, \cdot \right]$),

($F_{\mu v}^{destiny}$) 是命运场强张量，

($J_{destiny}$) 是命运流的源。

关键点

命运场 ($B_{destiny}$) 反映个人的整体状态，包括天赋、才能和性格。

命运势($A_{destiny}, \emptyset_{destiny}$) 代表个人的愿景、目标、信仰和思想体系。

命运流 ($J_{destiny}$) 代表个人的行动和决策，由命运场和命运势共同影响。

命运场强张量 ($F_{\mu v}^{destiny}$) 描述了命运场在不同方向上的变化。

命运方程($D_\mu F_{\mu v}^{destiny} = J_{destiny}^v$) 描述了命运场的动态变化。

命运动力学中部

主权国境央地夏商与明清相似当今世界

----中华文明与世界是失落远古盆塞海洋文明的文明

【0、引言】

成就宇宙有暗物质、暗能量，可统称暗信息，那么成就人类社会也有暗物质、暗能量，也可统称暗信息----2024年也许可算觉醒之年----明白人类社会的暗信息为，中华文明与世界是失落远古巴蜀盆塞山寨城邦海洋文明的文明。为啥这样说？此话怎讲？

这个启示来自2024年1月号《环球科学》杂志，发表的《成就宇宙的暗能量》一文中说："25年前，科学家发现了促使宇宙加速膨胀的神秘组分----暗能量。时至今日，他们仍在努力理解暗能量的本质"。可见2024年才觉醒理解人类社会的暗信息为，"中华文明与世界是失落远古巴蜀盆塞山寨城邦海洋文明的文明"，也不算迟。

一是"远古巴蜀盆塞海洋"早已经不存在；二是远古巴蜀盆塞海洋干涸消失神秘遗迹难寻；三是2024年开年后上海观察者网发表的多篇，联系有关"主权"、"国境"、"央地"概念认识的学者文章，对当今世界之乱，究竟是怎样的相互作用驱动着相互抗衡，促成了如今世界的模样，涉及中华文明与世界是失落远古盆塞海山寨城邦海洋文明的文明为人类社会暗信息，知之甚少，这也为人类社会的现状笼上了一层迷雾。但这层迷雾是什么？它与每个人的命运相关吗？

相关！虽然每个人有自己选择爱好和兴趣的自由，但为啥有时一个人会遇到睡不着觉？因为他或她除生病外，也许是生活或工作中还遇到一些困扰的问题难处理。这也许又与一个的命运相关，而每个人的命运，实际有时是暗中与国家和世界相联系的，即使这其中与自然灾害相关，而与人祸关系不大。但如果国家和世界的变化趋于正常和变好，那么个人命运中生活或工作遇到的困难也会相对减少一些。

但这与把中华文明与世界是失落远古巴蜀盆塞海山寨城

邦海洋文明的文明，称为人类社会的"暗信息"有关吗？有关。因为"远古巴蜀盆塞海山寨城邦海洋文明"，研究的是人类社会文明大爆炸的"钟形图"----类似宇宙大爆炸的"钟形图"----即研究类似宇宙命运动力学的规律。那么人类社会文明大爆炸的"钟形图"也涉及人类命运动力学的规律吗？如果有，当然也涉及个人的命运。

2024年2月19日，美国纽约州立大学州南部医学中心常炳功教授给我们来信，提出了一个"命运动力学"概念。他说："命运动力学初探不是泛泛而论，而是有具体的理论推理，让每一个人的命运走向，看起来合情合理。可以应用牛顿力学，量子力学和广义相对论，庞加莱猜想，耗散理论等等。价值应该是个体命运分析的合理部分，对每个人都会有参考价值"。他说得很好，我们想参与他的一些研讨。

和平与发展是时代主题的这一智慧是从哪里来的？应该说，从巴蜀远古盆塞海山寨城邦海洋文明，开创多元一体的国家模式远古联合国起，到今天总部设在美国的联合国，都联系着这一永恒的主题。

华夏自古就有的"世界大同"、"天下莫非王土"、"大同王土"之说，揭示了远古华夏族开创全球多元一体国家模式实践的理想，也揭示了远古科技、经济、文化的交流与进步，改变了战争的形式，其结果也改变了政权及政权人物现象的特征。而"命运动力学"也许可以谨慎而探索性地翻开了这一进程的第一页。

【1、夏商朝王国的命运动力学之谜】

1、《中华远古史》一书为代表的故事

中华文明与世界是失落远古盆塞海山寨城邦海洋文明的文明，这种人类社会暗信息联系"主权"、"国境"、"央地"等　概念，对应当今世界之乱的相似性，约100万的中国哲学社科工作者清楚吗？

2024年2月1日上海"观察者"网发表的《中国有100万哲学社科工作者，为什么"没有本事讲好中国的故事"？》文章，是著名的中国人民大学重阳金融研究院执行院长、中美人文交流研究中心（教育部）执行主任王文教授，因2023年10月商务印书馆出版了他的新书《思想坦克：中国智库过去、现在与未来》，观察者网专访了他的报道。王文教授以自己十年智库生涯为例，提出"哲学社会科学百万大军"、"智库与学术异同"、"平视美国智库"、"全球思想价值链"等观点及深度论述。他对观察者网记者说："21世纪的全球话语重塑，也需要从工业革命以来的西方话语中挣脱，从假定西方崇高、典范、发达的元叙事中跳离出来，并进行'去西方中心化'地重新解释非西方世界的实践。中国知识界、智库界、媒体界应当花大精力，像破解'哥德巴赫猜想'那样，形成釜底抽薪的解构力量。正如许多美国学者的论述都能影响中国决策者，中国学人也应有志向与雄心影响白宫、克里姆林宫、爱丽舍宫等；撬动中国哲学社会科学'百万大军'投入到提升国际话语权的事业中"。

很不幸，也许王文教授自己也不知晓"中华文明与世界是失落远古盆塞海山寨城邦海洋文明的文明，为人类社会的暗信息"。这种不幸，也许来自我国记载传统文化大部分思想，萌芽于殷商、西周时期，或者已是成熟期的春秋战国时期，以及更是秦汉时期。这种不幸，也许与殷商、西周时期的思想，跟丧祭密切相关----有人说："很不幸，整个学术界在玩命的批判'商周唯祭论'。请问100万的中国哲学社科工作者，你能够讲好中华文明与世界文明大爆炸的钟形图吗？"

新中国建国后的40多年中，科学殿堂内坚持的中华远古史研究，搞的不是国际公认的"王表年表"方法。我国一批专家称的唯物史观，是属于母系、父系及旧石器、新石器的断代方法。以我国著名先秦史专家王玉哲（1913-2005）教授2000年出版的《中华远古史》一书为代表，他积数十年心力沿袭的这种"以苏解马"的教条，对中华远古史研究，造成长期不讲王表、年表极大破坏性的影响。

按美国著名历史学家斯塔夫里阿诺斯的侵略与遏止史观，所谓的国家，其实就是强势集团依据某一地域对内对外实行的生存保障或侵略。从这一定义出发，不管掌权者的时期的长与短，邪与正，强与弱，在没有新替代者较量取胜之前，都可以近似代表此时的顶尖优势。

所以中华远古王朝时期的国家模式，不是王玉哲教授困惑的夏朝王国那种实际占领控制的版图模式。因为这种版图很小，就连王玉哲自己也难相信夏朝在中华民族国别史上是一个王朝。这被称为"王玉哲悖论"。因为王玉哲的这种看法，用的是秦以后的国家专制更为集中，更为统一的疆域概念，使中华远古史王朝的疆域，并不成其为是中华远古实际的疆域。他说的西南没有了，东南没有了，西北没有了，东北没有了，而只剩下中原偏东部分。实际这只是王玉哲教授个人的想法，真实的夏朝王国的"主权""国境"并不是这样。

2、夏朝王国的命运动力学主权、国境有多大

因为秦以前的国家观念，应看作仍然传承有中华远古海洋文明和山寨城邦文明期多民族的远古联合国的影子。即王朝的传承，是以顶尖优势的阶段性较量为标志；局部地区的二级政权，有的也如此。

以此理解中华民族的远古版图，才更为完整、真实。当然这种困惑，即使今天28年加起来的中华文明探源工程和夏商周断代工程，如果把"央地"当作"主权""国境"看待，田野考古也难以解决。那么夏朝王国的命运动力学的"主权""国境"有多大呢？这联系大禹治水的故事，大禹到过九州。在古籍《尚书·禹贡》《史记·夏本纪》等记载中都有上古时期，黄河、长江等泛滥，传奇人物大禹经过13年的治水后，将天下划分为九州。九州----冀州、兖州、青州、徐州、扬州、荆州、豫州、梁州、雍州，是真有其事；也是其主权国境。

1）冀州：大概包括今天的河南省北部、河北省、天津市、北京市、山西省、山东省、内蒙古及东北辽宁等部分地区。

2）兖州：大概包括今天的山东西北、河北的东部。

3）青州："海岱惟青州"大海和泰山之间的区域叫青州。

4）徐州：泰山往南到淮河，往东到大海的安徽、江苏都是徐州境内。

5）扬州：北起淮河东南到大海的江苏、浙江。

6）荆州：包括今天的湖南、湖北以及河南、广西、贵州、广东的一部分，一直到五岭。

7）豫州：包括河南省的大部分，北到淮水、东南到海一

带。

8）梁州：大概包括四川盆地、重庆及云贵高原的一部分。

9）雍州：推断应该是在今天的青海、甘肃以及宁夏一带。

2020 年四川美术出版社出版的《大禹传奇（禹王立夏）》书中说，大禹平定天下水患，舜帝封大禹为夏伯。大禹辅佐舜帝管理天下 18 年。舜帝去世后，大禹将天子位授予舜帝的儿子商均，自己离开都城，迁到阳城居住。但百姓们不愿跟随商均，都跑到阳城来投奔大禹，希望大禹能按舜帝的遗愿承袭天子位，大禹终于答应，百姓称他为禹王。继位后，禹王在涂山召开部落联盟首领会议。公元前 2070 年定国都在安邑，建立王朝称为夏朝。禹王将所辖区域分成上面说的九州，将全国兵器收缴国库，铸造成九个大鼎置于都城大殿前面。

公元前 2062 年大禹去世，享年 66 岁。禹王死后，大家推举他的儿子做了国君。2010 年中国华侨出版社出版万永勇教授，主编的《中国通史》书中说："公天下制度被大禹的儿子夏启破坏"，从此开创了子继父位的世袭制度。2006 年同心出版社出版柏杨教授的《中国人史纲通史》书中，提到安邑在"山西夏县"。但至今考古发掘，没有发现山西夏县为大禹公元前 2070 年定的国都在安邑的遗存。

柏杨教授也是一个不知"中华文明与世界是失落远古盆塞海山寨城邦海洋文明的文明"的人，他的《中国人史纲通史》书中把盘古和五氏----有巢氏、燧人氏、伏羲氏、女娲氏、神农氏，称为"神话时代"；把黄帝王朝称为"传说时代"；把夏商王朝称为"半信史时代"。万永勇教授的《中国通史》书中虽然没有这样说，但他把夏、商和西周以前的历史，称为"远古文明"，包括传说中的三皇五帝及大禹治水。万永勇教授说，直到元朝元世祖时期的 1275 年，欧洲罗马的威尼斯人马可·波罗到中国来，整整住了 17 年，回国后他讲述的中国事，被纪录编成一本《马可·波罗游记》（一名《东方闻见录》）的书，称颂中国的富裕和文明。这本书一出版，便激起了欧洲人对中国文明的向往。从那以后，中国和欧洲人、阿拉伯人之间的来往更加密切。

可见 13 世纪元朝蒙古人建国，西至多瑙河的欧亚大陆，都是中国元朝的"主权""国境"；那时的战争没有枪炮，扩展谈不上侵略，更不是什么"黄祸"。2012 年江苏人民出版社，出版美国教育家 M•希利尔教授的《希利尔讲世界史》一书，书中《文明古国----中国》讲："在古代世界中，中国是孤立存在的……那时统治中国北部是商朝"。外国人写不对中国远古历史，不怪外国学者，只怪中国人都不知中华文明与世界是失落远古盆塞海山寨城邦海洋文明的文明----这是中国的悲剧，也是世界的悲剧，是命运动力学的使然。这后面再论。

3、二里头遗址仅为夏朝王国央地命运动力学之一

国家"九五"期间的重大科研项目，夏商周断代工程重点是要理清夏商分界与夏代的历史脉络，最后结论是夏始于公元前 2070 年。

《文史杂志》2000 年第 2 期发表的《"绵阳第一碑"与盘古王表石》和王立教授发表的《盘古王表读》，列出的"大同王土时期"和"夏朝时期"的年表认为：（八）大同王土时期，约公元前 2230-2070 年：1、黄帝有熊氏（共 3 代），2、颛顼，3、帝喾，4、尧，5、舜。（九）夏朝时期，公元前 2070-1600 年：1、禹，2、启，3、太康，4、仲康，5、相，6、少康，7、予，8、槐，9、芒，１０、泄，１１、不降，１２、扃；１３、廑，１４、孔甲，１５、皋，１６、发，１７、癸。这与大禹治水成功后建立的夏朝王国（公元前 2070-1600 年），和夏商周断代工程的最后结论较符合。

这与王玉哲教授出版的《中华远古史》一书中说的夏王朝或夏文化----指夏族人在商汤灭夏以前的历史发展阶段中所创造的文化，涉及夏代的年代公元前 2137-2165 年，有所推后。其次与王玉哲教授说的夏墟所记夏地，连同所考的禹都对象包括山西、河南、山东、河北等区域，也较大，更广。当然 1959 年考古在河南偃师发现的二里头遗址，王玉哲教授已经是很看重的，这与随着中华文明探源工程和"夏商周断代工程"的开展，通过碳 14 测年、文献记载、考古地层学等方面的综合研究，二里头文化主体部分为夏文化已被大多数人所接受，是一致的；这也是一种历史与考古的命运动

力学释然吧。但无论是考古发现夏文化积年，还是尧舜时代遗址的年代，都反映出二者相隔一段时间，也许以后会有新的结论，所以这里不作改变。

中国社科院考古研究所二里头工作队队长许宏教授认为，暂时不知道二里头"姓夏"还是"姓商"，并不妨碍我们对二里头遗址在中国文明史上所具有的历史地位和意义的认识。即二里头的价值不在于最早也不在于最大，而是在这个从多元到一体的历史转折点上，从考古学本位看，这些已足够了。

中国社科院考古研究所二里头工作队领队赵海涛教授介绍，之所以判定二里头遗址为夏都，主要出于三方面的科学考量：首先是通过考古地层学、类型学来判定二里头所处的相对年代，它处在龙山文化和商朝文化之间。其次是通过碳14年代测定法，测定二里头遗址至今3800到3500多年之间，年代跟史书记载的夏朝中晚期比较吻合。

此外赵海涛教授说：二里头遗址所处位置是河南省西部，这也符合史书记载的夏朝主要活动区域；"更为重要的是二里头遗址出现了一系列王朝气象的内涵"。只讲"王朝气象"，不讲远古中华民族"天下莫非王土"的"主权"、"国境"，也许正是中华文明与世界是失落远古盆塞海山寨城邦海洋文明的文明特征。如今二里头夏都遗址博物馆是国家"十三五"重大文化工程项目，馆址位于河南省洛阳市偃师区斟鄩大道1号，占地面积246亩，总建筑面积3.2万平方米。

博物馆于2017年6月11日奠基动工建设，2019年10月19日建成开放。二里头遗址，中华文明探源工程首批重点六大都邑之一。遗址上最为丰富的文化遗存属二里头文化，其年代约为距今3800～3500年，面积不少于3平方公里，相当于古代文献中的夏、商王朝时期。作为全国重点文物保护单位，二里头遗址对研究华夏文明的渊源、国家的兴起、城市的起源、王都建设、王宫定制等重大问题具有重要的参考价值，学术界公认为中国最引人瞩目的古文化遗址之一。

1959年夏，中国著名考古学家徐旭生先生率队在豫西进行"夏墟"调查时，发现了二里头遗址，从此拉开了夏文化探索的序幕。经考古工作者对二里头遗址数十次的考古发掘，取得了一系列重大收获，1977 年，夏鼐先生根据新的考古成果又将这类文化遗存命名为"二里头文化"。2022 年 9 月 16 日国家文物局"考古中国"重大项目重要工作进展会，在北京发布河南洛阳二里头遗址考古发掘新成果。经过进一步探索，二里头夏代都城遗址的考古发掘已持续了四十多年，遗址内发现的二里头文化遗迹有宫殿建筑基址、平民居住址、手工业作坊遗址、墓葬和窖穴等；出土的器物有铜器、陶器、玉器、象牙器、骨器、漆器、石器、蚌器等。遗址的中部发现有 30 多座夯土建筑基址，是迄今为止中国发现的最早的宫殿建筑基址群。

　　自二里头遗址发现后，新中国的学者们也为此争论了 40 年，经"夏商周断代工程"多学科的交叉研究，新的考古发现与史书的相互印证，主流专家们才认定：夏文化持续时间大约在公元前 21 世纪至公元前 16 世纪，后来被商朝取而代之。这意味着如今才几乎可以从二里头遗址摸索到中华文明的起源，明确写出孔子和司马迁没有搜寻到的中华"家谱"。这就是实证了距今 3800 年前后的偃师二里头遗址，为夏王朝晚期的都城遗址吗？但关于二里头遗址与夏文化之间的关系仍有两种意见：一是二里头一期至四期均为夏文化，四期的部分时期或者全部为夏遗民遗迹；另一种意见认为遗址的第一、二期是夏文化遗址，第三、四期是商汤都城的遗址。一般认为第一、二期是夏文化遗址，第三、四期是商汤都城的说法是受夏商周断代工程年表的影响，因为根据 2005 年、2006 年中国考古学院利用系统测定法，将二里头遗址的碳 14 测年限制在前 1750 年～前 1500 年（绝大部分测定的时间落在了前 1730 年～前 1720 年之间），这样第三期的上限就是前 1600 年，四期就是前 1560～1520 年，但是由于二里头的一期起步，二期发展，三期繁荣，四期衰落，一到四期连贯发展，中间没有断层，所以二三期作为夏商分界点不合适。

　　有人说，很显然夏商分界点在四期，这样结合《古本竹书纪年》商朝共 29 王 496 年（两汉都不止 12 帝，但是史书上都是用前汉十二帝、后汉十二帝来介绍两汉皇帝，对于商朝少了一王，可能是传抄的失误，也可能是有一王不被承认），从前 1046 年商周分界上推 496 年到前 1542 年，正好落在了四期中间，非常符合二里头遗址考古的遗址，所以二里头意义非凡，既可以找到夏朝自太康到夏桀共 12 世 15 后的夏邑遗址，也可以从中找到夏商分界的合理年代。

【2、明清朝王国的命运动力学之谜】

1、以朱元璋农民起义能打仗为代表失落了啥？

如果说夏朝在司马迁《史记·夏本纪》中算有古文献记载，之前因长期没有考古实证而颇受质疑，那么如今 60 多年来二里头及周边一系列遗址考古发掘研究，证实夏朝历 14 代17 王 471 年，也算让二里头这个都邑遗址成为中华文明，从古国迈入王国的一个重要标志，但这就能让中华民族和人类命运共同体安心了吗？

如果说元末朱元璋农民起义能打仗，建立了明朝以来，中华民族历史上明清朝王国的王表年表，胜过夏商朝王国的王表年表清楚，没有了相似，然而相似的仍然是只讲"王朝气象"，不讲远古中华民族"天下莫非王土"的"主权"、"国境"，也许正是中华文明与世界是失落远古盆塞海山寨城邦海洋文明的文明特征，后遗症直到今天还影响世界和中国的安定团结，可谓主权国境央地夏商与明清相似当今世界。我们小时候看连环画册元末农民起义，朱元璋和陈友谅两支农民起义特别能打仗，看得流连忘返，至今记忆难忘----元朝末年，大大小小的起义军数不胜数。与其他任何朝代的农民起义军模式一样，当各自实力发展到瓶颈的时候，难免就要开始互相攻伐了，通过不断的兼并战争，天下诸多起义军中，最强大的仅剩三人。这三人分别是陈友谅、朱元璋和张士诚；论地盘和实力，陈友谅拥兵应该是超过百万的，在牵制了大半元朝兵力的情况下，还能率 60 万军队和朱元璋决战鄱阳湖，可见非同一般。张士诚虽然地盘最小，但却是最富有的。

朱元璋，论实力不及陈友谅，论财富不如张士诚，为何最后偏偏是朱元璋夺得天下？有人说是得天时、地利、人和-----这是失落远古盆塞海山寨城邦海洋文明特征的传统说法。即陈友谅因杀戮太多，且得位会不正，谈何争夺天下？朱元璋采纳谋士朱升的"高筑墙，广积粮，缓称王"的平定天下战略方针，至今受称赞。但只不过是避免了过早的和蒙元主力交战，即所谓朱元璋夺取天下的关键是低调，才能扮猪吃老虎。而张士诚的命运动力学是运气最差吗？他在与弟弟张士德、张士信率盐丁起兵，攻下泰州、兴化、高邮等地后，不久就在高邮称诚王，国号周，并率军渡江攻取常熟、湖州、松江、常州等地。

有人又说他建国过早，和蒙元主力最接近，犯了蒙元的大忌----面对凶猛的平叛大军，张士诚败了，败得都毫无悬念，被迫降元。但不久后他又公开反叛元朝，继续扩占土地，割据范围南到浙江绍兴，北到山东济宁，西到安徽北部，东到海。这里三支农民起义军都不谈远古中华民族的"主权"、"国境"，只盯着建立自己的"央地"----即所谓的"最关键"。但　陈友谅虽地盘大，但却处于四战之地，蒙元用大半的兵力剿灭陈友谅，压力之大可想而知，也幸得陈友谅也颇有能耐，不仅能坚持下来，还能东拼西凑60万大军去进攻朱元璋；但是水军，不是看谁兵力多就能赢的。

朱元璋的命运动力学运气是西面有陈友谅做屏障，而北面有张士诚抵挡，与蒙元实力交错的地方并不多，而且都不是很强，压力极小，因而能实施"高筑墙，广积粮，缓称王"的战略----兵精粮足富足安康。建立自己的"央地"陈友谅和张士诚都建国称帝过早，建国称帝有利有弊，陈友谅还有这份能耐，但张士诚则是悲催。朱元璋的战略最完美，等蒙元反应过来时他的势力已是一统半壁江山的庞然大物。

所谓朱元璋低调发展多年后，在与陈友谅的鄱阳湖一战中，近乎全歼陈友谅60万大军，并射死了陈友谅，然后一举吞并了陈友谅的全部势力，将"快、准、狠"完美的演绎出来；而张士诚根本没消耗朱元璋什么心力，直接碾压过去就灭了……在吞并陈友谅这个最强大的政权和张士诚这个最富有的政权后，在诸多农民起义军中，朱元璋已经没有了对手，顺手就让汤和把割据浙东多年的方国珍给灭了。在完成这一切之后，朱元璋又命徐达和常遇春这两个左右手率25万大军北伐。北伐中发布《谕中原檄》的文告中，提出"驱逐胡虏，恢复中华，立纲陈纪，救济斯民"的纲领。

但这只不过失落文明的招牌，目的是感召北方人民起来反元。朱元璋对北伐又作的部署，提出先取山东，撤除元朝的屏障；进兵河南，切断它的羽翼，夺取潼关，占据它的门槛；然后进兵大都，这时元朝势孤援绝，不战而取之；再派兵西进，山西、陕北、关中、甘肃可以席卷而下。而北伐大军也按计而行，徐达率兵先取山东，再西进，攻下汴梁，然后挥师潼关，朱元璋到汴梁坐镇指挥。

有人说："如果说常遇春是第一名将，那徐达就是第一名师，而朱元璋则是第一战略家"。其实在完成这一系列的战略计划后，朱元璋是登基称帝，建立自己的"央地"————大明，并不想巩固元朝的"主权"、"国境"、"央地"。即使他建国后不久，把元朝大都给拿下，同时所谓丢失400的燕云十六州也被收回。看似奇迹，但这一切又都是失落远古巴蜀盆塞海山寨城邦海洋文明特征，早就谋划好的，如"主权"、"国境"、"央地"的选址等。所谓"不得不佩服，千古一帝中，应该加上朱元璋的名字"，是当今世界之乱开始的悲哀。因为至此给中华民族戴上"黄祸论"的帽子，而正是如今普京要让人学习。

蒙古人是"黄祸"吗？其实元朝建国后，为了很好地控制中原土地，他们开始进行"汉化"，就此内部也出现了矛盾和分层————有人说那些靠北边的蒙古人，还带着传统的蒙古思维方式，巴不得所有地方都是他们的草场。而居住在南边，以及中原的蒙古人，被汉文化影响很大，开始讲究礼仪，讲究程序，就连元朝廷也提倡"以儒治国"。在14世纪上半叶，蒙古内部就出现了各种分裂的苗头，比如1323年的元英宗被刺杀，1328年的两都之争。不过1340年元顺帝上任后，20岁年轻的小伙子面临元朝，还是想干出点业绩，稳固统治。元顺帝启用脱脱等名臣，做一些改革，这段时期被称为"至正新政"。

元顺帝勤奋了几年，累得和狗似的，但元朝的辉煌还是没有被创造出来，因为苛捐杂税的影响，加上币种改革失败造成严重的通货膨胀，还有黄河发洪水，百姓的日子过不下去了。1351年爆发了大规模的元末农民起义。元顺帝有脱脱，派出去灭火去了，他在家玩起了那个世上最古老的游戏，流连在花丛之中。脱脱虽然种族主义严重，国内改革不成功，但还是有本事在南下平乱过程中，发挥不错，把个张士诚打得差点背过气去。元朝内部不团结，那边脱脱在外打仗，这边有人进谗言，先是被贬，到1356年哈麻（礼部尚书，脱脱的政治对手）矫诏毒杀了脱脱。脱脱的死，说明元顺帝的脑袋已经坏了，完全对元朝的暗流涌动视而不见，天天拜倒在女人的石榴裙下，除了喝酒就是享受。这样的元朝如果不亡，好像命运动力学也没有天理。

朱元璋和陈友谅争霸时，元朝正在内战。元末起义军，当时主要就是红巾军，红巾军最早是以白莲教、明教、弥勒教等宗教结合民间发展起来的。最早发起人是韩山童和刘福通，被称为颍州军。后来，崛起于两淮的郭子兴、孙德崖等人也是打的红巾军旗号。而长江流域的徐寿辉、彭莹玉等人，打的也是红巾军的旗号，总之，全国的起义者纷纷打出红巾军的旗号。当时的红巾军遍布"天下"，但两支最厉害，一支是韩山童这一派，一支是徐寿辉那一派，其他都依附在这两派。后来的张士诚是个例外，他不打红巾军的旗号；一起兵，起义两年就称帝，结果被元朝当典型打，不得投降元朝，后来又叛出。

红巾军起兵后，迅速扩张，他们将诛灭元朝作为己任，不仅在南方攻城略地，也到了中原，甚至北方和元军对抗。在解决北方各地红巾军的过程中，元朝出现了各路军阀，最强两组是：一组是：察罕帖木儿、王保保父子；另一组是答失八都鲁（1358年死了）、孛罗帖木儿父子。也活该元顺帝倒霉，为了努力修炼"双休之术"，他竟然将权力交给了皇太子。于是皇太子和奇皇后，在使用权力的过程中，就有了心思了，他们渴望早日掌握真正的权力。可怕的是最强两军阀，一方拥护元顺帝（孛罗帖木儿这一组），另一方拥护皇太子（王保保这一组），这就形成对立了。从1360年开始，双方就开始大打出手，互相抢地盘，到了1363年的时候，王保保这一方占了上风。而在1362年的时，王保保的舅舅察罕帖木儿也死了。就此，主要成了王保保（蒙古名叫扩廓帖木儿）和孛罗帖木儿两位年轻人的对垒了。

王保保和孛罗帖木儿打得不亦乐乎的时候，朱元璋和陈友谅也掐上了，如果元朝两大军阀不是在内战，这两方也不容易掐起来。王保保和孛罗帖木儿大战的时候，朱元璋和陈友谅在1363年在鄱阳湖水战，最后朱元璋获胜。可见失落远古盆塞海山寨城邦海洋文明的特征，是相似当今世界之乱的内部地方武装和政府武装互相打仗都厉害。

1364 年太子党要求元顺帝撤孛罗帖木儿的官职，派出王保保等人讨伐。元顺帝还没下令，孛罗帖木儿已经出其不意地来了，皇太子等人仓皇出逃，去找王保保。受过中原文化的王保保，在经过一年多的和孛罗帖木儿的对垒，将对手打得完全招架不住，最后，元顺帝一看这个情况，就暗暗命人把孛罗帖木儿在 1365 年咔嚓了。只是他错误地估计了形势，在没有元朝"骚扰"的情况下，朱元璋和陈友谅进行了生死对决，最后朱元璋是迈向了巅峰，陈友谅走向了地狱。朱元璋和张士诚打仗时，元朝还在内战。1365 年王保保护送着皇太子前往大都，而元顺帝封王保保为中书左丞相。此时，元朝下面最彪悍的军队基本都有王保保掌控。1365 年朱元璋发起了对张士诚的攻击，王保保选择了没动----1365 年元顺帝封王保保为"河南王"，让他到中原督战。但王保保没有让自己的军队去和朱元璋的军队对垒，而是调关中四军阀李思齐、张良弼（思道）、孔兴、脱列伯的军队去和朱元璋火拼。这些汉人军阀他们坚决不从命。于是王保保准备把这四个军阀打服，自己独自占陕西。这是有着建立自己"央地"的目的。

于是朱元璋那边在揍张士诚，王保保这边在收拾关中四军阀，打得那叫一个热闹。朱元璋历经两年，把张士诚彻底打败，还把小明王沉了江。而王保保，没有拿下四军阀，还被元顺帝撸掉了官职和爵位，这下王保保就成了元朝的敌人。此时已是 1367 年年底，元朝的内战还未平息，朱元璋派出双子星徐达和常遇春，带领 25 万大军北伐。徐达和常遇春一路北进，所向披靡。1368 年朱元璋建立自己"央地"登基称帝，建都南京；当年徐达和常遇春攻下元朝"央地"大都。

就此元顺帝北逃，蒙元基本寿终正寝。然而元顺帝放弃北平后，在漠北延续元朝 170 多年，这段历史中国人不爱提及。原因内斗，同为起义领袖，无论是朱元璋，还是陈友谅，两者也都是贫苦出身。虽然当时已经成了叱咤风云的农民起义军领袖人物，可两者原本也都同属于红巾军阵营，都是以推翻元朝的统治为旗号，为何元朝未破，朱元璋和陈友谅却先斗了起来呢？1363 年朱元璋调兵 20 万支援洪都，与此同时，朱元璋的对手陈友谅担心腹背受敌，同样率领着 60 万水军进驻鄱阳湖。与朱元璋展开了一场长达 36 天的激战，史称鄱阳湖水战。这场水战爆发是元朝末年，正是天下大乱之时。而且元朝虽然此时已经式微，可天下依旧还是元朝的，整体军事实力并不弱。

　　就好比朱元璋于 1368 年建立明朝以后，光是为了清剿蒙元残余势力，都还耗费了近 30 年的时间，前后共计进行了八次北伐。如此一来，也就等同于朱元璋和陈友谅在鄱阳湖斗得热火朝天的时候，元朝便完全有机会成为那最后的"黄雀"。所以这就要看朱元璋和陈友谅内斗的意义又在哪里？干革命跟内耗没什么区别吗？

　　也许是，当时元朝做那最后的黄雀的机会不大----元朝的朝堂内部其实并非铁板一块，而是形如一盘散沙。各个势力党派都在为了自身利益而斗得热火朝天，如比当时元朝廷相对强大的两支力量，扩廓帖木儿（也称"王保保"）以及孛罗帖木儿，其中"王保保"在 1362 年继承了察罕帖木儿的地位和兵马以后，独当一面，打着清君侧的旗号，卷入到了元朝廷内部党争以及军阀混战行列。加上早在 1360 年以来，王保保就和孛罗帖木儿互相攻伐于山西一带，抢夺地盘，截止 1362 年察罕帖木儿遇刺身亡，虽然中间也有元顺帝的多次调和，可事实却是仇恨程度更甚，已然是成了宿敌，根本就无法调和，偏偏元顺帝在政治上还较为偏向孛罗帖木儿，所以，为了保证自己的政治地位，王保保只能是选择联合跟元顺帝存在争端的皇太子爱猷识里达腊，也就是后来的元昭宗。如此一来，也就直接导致明面上相对较弱的皇太子一方实力直线上升，甚至一度与元顺帝陷入了对峙局面，双方势均力敌，几乎谁也奈何不了谁。

　　所以，对于朱元璋和陈友谅而言，他们那看似只会内耗的斗争，根本就不用担心出现什么螳螂捕蝉黄雀在后的局面，反而正是躲过元朝打击，统一南方的大好机会。当然朱元璋和陈友谅这两者，也可说是失落远古盆塞海山寨城邦海洋文明特征的内耗，"攘外必先安内"，想要打击外部敌人，那么首先自身内部先得保持安定。所以干革命别看朱元璋和陈友谅当时都是农民起义领袖，代表的是农民起义军的意志，而且还曾同属于红巾军阵营。可两个人的政治观念差异巨大，正如张廷玉曾说过的"友谅性雄猜，好以权术驭下"。而朱元璋在建立明朝之前，则是不断网罗人才，走的是"广积粮，缓称王"的仁义路线。光是失落远古盆塞海山寨城邦海洋文明特征的这个政治观念的差异，就已经让两人没有了协同合作共同抗原的可能。

再加上从陈友谅自立汉王、发动应天之战、洪都之战等诸多事迹来看，很明显在陈友谅的眼中，当时的朱元璋已然是他的头号敌人，或者说是统一南方的绊脚石。朱元璋那边也是同理。即两者如果不通过战争来分出个高低的话，那么因元朝内部党争所产生的统一南方，趁机拉低与元朝实力差距的机会可就白白错过去了。所以，在这种都面对着同一个相对强大的外部敌人之时，既然没有办法求同，也就是不能强强联合，继而降低与外部强敌的实力差距，那么也就只剩下了"存一"这一条路可以选，也就有了朱元璋和陈友谅的斗争。

2、明继元朝王国的命运动力学主权、国境有多大

前面讲过：13 世纪元朝蒙古人建国，西至多瑙河的欧亚大陆，都是中国元朝的"主权""国境"；那时的战争没有枪炮，扩展谈不上侵略，更不是什么"黄祸"。M•希利尔教授的《希利尔讲世界史》一书，书中《文明古国----中国》讲："在古代世界中，中国是孤立存在的……那时统治中国北部是商朝"。外国学者写不好中国远古史不怪他们，只怪元末朱元璋农民起义不知中华文明与世界是失落远古盆塞海山寨城邦海洋文明的文明----造成中国的遗憾、世界的遗憾，是命运动力学的使然吗？

历史上所谓黄祸论是指成形于 19 世纪的一种极端民族主义理论，该理论宣扬黄种人对于白种人是威胁，白种人应当联合起来对付黄种人。主要原因是，由于历史上蒙古曾经西征欧洲，19 世纪末 20 世纪初，"黄祸论"甚嚣尘上。这主要指欧洲人炮制出的第三次"黄祸"，发生在 13 世纪元朝蒙古人建国，西征在欧洲大地引起一片恐慌。那么元朝王国的命运动力学主权、国境有多大？这要说到蒙古第二次西征，攻占布达佩斯后，前锋攻至维也纳附近的诺伊施达，主力渡过多瑙河，攻陷格兰城。即元朝王国的主权、国境，西面可至布达佩斯、维也纳的诺伊施达、多瑙河的格兰城。明朝继元朝王国建国，应该继承元朝王国的主权、国境，即明朝王国

的主权、国境，西面可至布达佩斯、维也纳的诺伊施达、多瑙河的格兰城。

所谓朱元璋的低调，所谓实施"高筑墙，广积粮，缓称王"的战略————兵精粮足富足安康。建立自己的"央地"，陈友谅和张士诚都建国称帝过早；朱元璋的战略最完美，等蒙元反应过来时他的势力已是一统半壁江山的庞然大物。即元朝末年大大小小的起义军，数不胜数，都能打仗，但力都用在自相残杀上。1368 年朱元璋建立自己"央地"登基称帝，建都南京。本来非常著名的常胜将军徐达和常遇春，当年已经攻下元朝"央地"大都北京，但朱元璋并没有想到继承元朝王国的主权、国境，而是派自己并不喜欢的儿子老四朱棣去镇守曾经的元大都北京北京。明清相似当今世界，胜过主权国境央地的夏商。

2023 年 6 月 20 日广东网友在百度网发表的《朱元璋定都南京，朱棣却迁都北京，他们谁更有眼光》一文，可知结果改正有多难？

该文说的是：明太祖朱元璋被誉为一位智勇双全的皇帝，选择在南京建立了国都，他儿子朱棣却展现出了与父亲不同的"雄心壮志"————朱棣与父亲的关系并不十分融洽，他渴望成为一个独具影响力的皇帝。于是决定采取一种前所未有的行动迁都北京。朱元璋定都南京，朱棣却迁都北京，他们谁更有眼光？其实都没有"一截遗欧，一截赠美，一截还东国。太平世界，环球同此凉热"的眼光。

未来人类的命运、世界的命运、中华民族的命运，公元1368 年朱元璋是站在这种伟大命运动力学的十字路口。他选择国都，眼前展开的一幅中华文明与世界是失落远古巴蜀盆塞海山寨城邦海洋文明的文明的地理图谱————为啥长安城废墟的残垣断壁，仿佛向他述说着唐朝的辉煌？洛阳城的遗迹为啥诉说着宋朝的昌盛？开封城跃然纸上，为啥展示着北宋的繁荣————这些心仪的都城，曾承载了一代又一代君王的雄心壮志；干革命，就是为了个人掌权吗？然而朱元璋只深知，这些城市的荣耀，已随着岁月的流逝而消退。

南京走进了朱元璋的视野，他认为历史的车轮是南方带入的繁荣，即使北方的沧桑衰败，应是大明王朝力图改变的现实。朱元璋的心中没有继承元朝王国命运动力学主权、国境的智慧，他对南京情有独钟的是，地处长江之滨，长江如一道天然的屏障，环绕着南京城，长江是他统治天下的利器。他所谓的北击蒙古、保卫疆土，使得南京成为一座坚不可摧的城堡，只是一种宣传。他心中的智慧是，定都南京可以远离北方的纷争，稳固大明的根基。

作为大明的国都，南京见证了王朝的兴衰。后来国民党蒋介石定都南京，见证南京的繁荣了吗？朱元璋的继承者朱棣，也不是没有继承元朝王国命运动力学主权、国境的智慧，这是遗传；当他的父亲朱元璋去世后，朱允炆削藩的行动使朱棣深感不安，他觉得自己干革命，为个人掌权受到了威胁，于是毅然决然地挑战朱允炆的皇权。

相似当今世界之乱一样，朱棣带领着忠诚的军队踏上了进军南京之路，目标终极是皇位的宝座。有人问："南京这座文化繁荣的城市为何不再是朱棣的选择？"他的自答说得很好："因为他无法忍受建文帝的阴影，朱棣审视了历代南方建都的命运，发现这些王朝往往命运多舛，要么短命，要么被边陲所困"。朱棣深知北方游牧民族的威胁，决定将首都迁至北京，直面这些威胁。朱棣真的是期望能有更好的抵御效果吗？如果有，也是一种宣传。因为这个人其中的自答也说得很好：朱棣"知道自己的子嗣并不众多，如果按照封藩王的传统，这些王子必然拥有庞大的权力，对朝廷来说将构成巨大的威胁。他决定亲自率领文武百官和士兵前往北京，朱棣的决策，不仅仅是为了自身的利益，更是为了巩固皇权"。"迁都北京的决策，还让朱棣有机会审视大臣们的忠诚度。迁都后的朝堂，重新开始，过去的纷争与权谋都已成为过眼烟云。朱棣相信，新的起点将让他更好地加强自己的皇权"----北京成为了朱棣重塑帝国的象征。

朱棣奠定了自己的王朝基业，是将将帝国的辉煌推向巅峰吗----这个人其中的自答说：大明王朝初建之时，朱元璋睿智而果断地选择了南京作为首都。在那个时候，北方各地遭受着战乱的折磨，元朝残余势力仍在威胁中原地区的安定。因此，朱元璋不得不选择南京作为安身立命之地，以确保帝国的稳定和繁荣。随着时间的推移，朱元璋也曾想过将首都迁至长安。然而，他的计划因太子的突然去世而被迫搁置，巨大的悲痛笼罩着他的心头。然而，这个艰难的决定最终由朱棣来承担。朱棣的选择被视为一场冒险的赌局，将皇家财政和大量人口引入北方，必然给当地百姓带来沉重的负担。

朱棣是坚定地与蒙古对抗，将首都迁至北京，深信自己的智慧和勇气足以在北方建立起稳固的帝国吗？今天人们对于朱棣的迁都决策充满了认同和赞美，看到这位皇帝的决心和远见为大明王朝开创了新的未来，对他的迁都决策充满了敬佩和钦佩；朱棣展现出的领袖气质，他的故事鼓舞着创造属于自己的辉煌篇章吗？

3、来自远古巴蜀盆塞海山寨城邦海洋文明的记忆

1）民主选举----林河命运动力学

把主权、国境、央地夏商与明清相似当今世界之乱，说成中华文明与世界是失落远古盆塞海山寨城邦海洋文明的文明，只说三点。因为这不是说完全失落，而是时常有记忆的，如古人说："大同世界"、"天下莫非王土"----和平与发展的时代主题从哪里来，就是从它来。

因为天下莫非王土的"王"字，不是指"国王"，而是应作全球化"统一"解读。如果宇宙的起源，发生于137忆年前宇宙大爆炸，科学家们连宇宙大爆炸时的万分之一秒一秒的事情，都能搞得很清楚，那么中华文明的起源不过一万年，人类文明大爆炸的钟形图也是能搞清楚的。例如1992年四川《丝绸经济》杂志第2期上，发表的文章《缅怀蚕丝嫘祖的传说》中讲，在远古巴蜀盆塞海快干涸之前，远古联合国除了以发明创新作为竞选头人的标准外，还有出海到很远的其他部落去寻找王储的惯例。例如，世界有影响的人类文化和民俗学家、湖南省文史研究馆研究员林河（1927--2010）教授，1994年在广西艺术研究所主办的《民族艺术》季刊第3期发表的《黄帝是哪里人？》一文中说："在人类的早期社会，领袖可不像现在这么好当，许多对领袖的严厉惩罚和禁忌，常使人对领袖的位置望而生畏……由于许多人都怕当领袖，原始社会的领袖需要去抢人来当……既然这是一种历史事象，中国当不会例外"。

对远古联合国以发明创新，作为竞选头人的标准的远古盆塞海山寨城邦海洋文明的民主选举，林河教授评说："说黄帝是南方人，是不是四川人的地方主义呢？也不见得。如

果是地方主义，四川人完全可以把黄帝说成是四川人，不必把这个人情送给广西，让广西来分享这份殊荣。因此，黄帝时代的游牧民族到南方农耕地区去抢能人来当领袖，把南方文化融为一炉，从而大大地改变了中国的文化面貌，是完全有可能的。说不定嫘祖故乡的传说，倒是人们在祖祖辈辈口头传承中无意识地传承了历史的真实呢"。

这是林河教授，无意中创立了黄帝"命运动力学"：民主是不流血的战争，战争是流血的民主。盐亭的嫘祖和黄帝传说，在全国实属少见----那还是在远古巴蜀盆塞海快干涸的后期，西陵部落在作为远古联合国执政。不同部落之间有冲突，但远古联合国竞选头人还是以发明创新作为标准。嫘祖乃盘古、伏羲之后，夸父、精卫之女；传说的著名医生岐伯乃嫘祖的舅父。夸父卸任远古联合国头人之后远走东北方探险，精卫因治水壮烈牺牲之后，岐伯夫妇成为嫘祖的养父养母。

远古联合国除了以发明创新作为竞选头人的标准外，还有出海到很远的其他部落去寻找王储的惯例。岐伯也当过远古联合国的头人，他卸任后渡远古巴蜀盆塞海到了南方广西一带，以行医作掩护明察暗访，数年后他带回一位患有腿疾的青年，此人就是5000年前炎黄时代有名的轩辕黄帝----传说在中原炎帝部落和黄帝部落发生冲突期间，炎帝的生母在战乱中随人群单身流落到南方广西一带，后来与一位工匠结婚又生下轩辕，即是与那时炎帝是同母异父兄弟。轩辕年少时患有腿疾，却发明了圆轮、杠杆、车辆等工具。岐伯慧眼识得发明创新才干超群的轩辕，医治好他的腿疾带回西陵，企图说服部落的人们推荐轩辕参加远古联合国头人的竞选。但人们十分冷淡，只有嫘祖很同情理解他们。所以轩辕和嫘祖，在盐亭很早就结下了婚缘和姻缘。

正当岐伯、嫘祖满怀信心送轩辕去参加远古联合国头人竞选的盛会时，年青的轩辕和岐伯被北方中原黄帝部落潜伏在西陵部落的人员抢走了。这次突发事件给嫘祖以很大的刺激，她奋起以自己推广女娲时代起就养蚕治丝的成就参加远古联合国头人的竞选，并孕育她产生了中华大民族、大统一、大文化、大实事的思想。

幸运的是轩辕到了中原，腿疾很快被岐伯用针灸完全治好，并且他发明的粮车、战车、指南车等在北方的平原上发挥了很大作用；抢走他的北方中原黄帝部落，调查了解他的身世后，让他继承了皇位。盐亭流传千古的"金二伯射黄帝的传说"，就是后来嫘祖要把她当远古联合国头人的位子，让给来寻访她的原来岐伯带回的轩辕。这引起玉龙衣落山观天司金二伯等一部分人想不通，干的愚蠢事。

林河教授（原名叫李鸣高）对研究人类文明大爆炸钟形图贡献之一，是他认为："猜想和推论是科学之母，科学从不排斥猜想和推论，著名的'哥特巴赫猜想'就是一例。达尔文、爱因斯坦这两大科学家的好些理念一开始也是猜想和推论，是在数十年后才为别人所证实的。关键的问题是猜想和推论必须建立在科学的方法论之上，而不是建立在空想之上"。后期林河教授做学问，受盐亭《嫘祖研究》一书影响很大。如他想写的《中华民族是人类海洋文化的主要缔造者》、《中华为什么叫'华'》等工作。《华胥文化----民族大家庭纪事》网记者李建辉有采访他的报道，有说对了，也有说的并不真实。原因多方面，如网站要生活也需要钱----如看网络论坛文章，有的要收费。

湖南和广西属于接近远古盆塞海山寨城邦海洋文明等的省份，同属远古巴蜀盆塞海山寨城邦海洋文明，是很好理解的。但记者报道把"远古盆塞海山寨城邦海洋文明"，直接说是以良渚、海南岛等靠近太平洋海岸文化，探源寻千年文明之根讲解林河教授的"命运动力学"选举制，以为只要是海洋文化，终生制和民主制都一样。错了。

如记者李建辉说："如果这一异于传统史观的观点，林河先生经过多年研究认为：人类海洋文化不是西方文明的产物，而是中华农耕文明的结晶，我中华民族是人类海洋文化的主要缔造者"，似乎认为林河教授说的选举法是"终生制胜过民主制"。其实，不流血的战争选择民主制，为的应付今后流血的战争；流血的战争选择终生制，也会迎来不流血战争的民主----这就是终生制与民主制的区别。

海洋文化不是西方文明的产物，而是中华农耕文明前的结晶。以"武统"捍卫"和平"，类似上海交通大学上海高级金融学院院长朱宁教授花了10年思索，写成的《刚性泡沫：中国经济为何进退两难》，认为从全球范围来讲，"民主是不流血的战争，战争是流血的民主"两种状况，政府的担保或支持非常重要。朱宁教授说：第一种是在经济发展的初期，如何推动社会资源的整合和信用的集聚，促进经济发展，政府必须要发挥一定的示范或者推动作用。第二种，就是出现像2008年全球金融危机、2020年-2022年全球新冠疫情等类似重大危机时，政府的刺激政策和信用担保非常重要。回头看中国的改革开放史，很多人尤其是年轻的朋友可能已经忘记了，我们是从"以阶级斗争为纲"、"割资本主义尾巴"的社会中走出来的。

朱宁教授接着说：改革开放初期，政府提出以经济建设为中心，强调"发展是硬道理"、"不管黑猫白猫，抓住老鼠就是好猫"等等，这都是中国政府在全社会层面给老百姓做出的一种担保，就相当于告诉大家，你可以发挥自己的聪明才智，通过自己的勤劳来发家致富，来推动经济的发展。中华民族采用"终生制"，应该说是嫘祖"越千古的设计"----其实这中间从选举民主制过渡到终生制，还有一个"禅让"阶段----嫘祖是把远古联合国的头人位置禅让给轩辕黄帝的，直到尧、舜、禹三代都还保存着"禅让"阶段。从大禹儿子夏启开始才是"终生制"，因为这时中华民族的"央地"，已经完全"农耕文明结晶"化了。为啥林河"命运动力学"只有"民主制"？

这就要说到为啥只有远古巴蜀盆塞海山寨城邦海洋文明，才最早采用选举法是"民主制"？就因为它不是纯粹的海洋文明，也不是纯粹山寨大陆文明。它不是被海洋分割成了各个孤岛，而是被海洋连结成了命运共同体，远古联合国各国人民是安危与共。

远古巴蜀盆塞海中，被海水淹没露出的山梁之背----梁州各山寨城邦选出的头人、寨主、城主、老板，在安危与共之际要召开大会议事，他们不是走路、骑马、坐车，而是划船----驾着独木舟或竹筏，来到一处围着山湾湖面展开。这里不像陆地开会排座次，民主展现这里，是最不满意者，可以驾着自己独木舟或竹筏离开，最后是大家商量办事。林河教授对文明大爆炸钟形图的贡献之二是：

林河教授生前，十分关注远古巴蜀盆塞海山寨城邦海洋文明研究，如《中华为什么叫'华'》----我们是拟设"贡嘎山雪人（贡嘎山人）"，约 200 万年前到非洲，其杂交后代约 20 万年前从非洲，沿陆路和海路走出已进化的现代人种。此期的分子人类文明起源杂交迁徙图，实为围绕青藏高原与巴蜀盆塞海的起落，周期流转，与后来盆塞海溃坝彻底干涸后的迁徙也有区别。这个"远古联合国"时期存在的事实，可解答中国"多地区起源"和"非洲起源"的争论，也可纠正现代人种与中国类人猿不分的错误。因为远古巴蜀智人的后代，不但可以在 20 万年前走出非洲，回到东亚故土，重建人类进化的第二个孵抱期----远古联合国巴蜀盆塞海山寨城邦海洋文明。而且还可以早在 200 万年前，就走进非洲，加入到非洲人类进化的第一个孵抱期的建设和杂交。所以虽有人说人种基因、语言基因、神话基因等三大原创，都起源于非洲，但反过来也能证明与第二个孵抱期有关。

原因是巴蜀盆塞海古智人，不但因他们是来自青藏高原的雪山，有不怕严寒和耐氧的基因，而且更重要的是，他们是最早吃熟食的古人，如吃烧烤的笋子虫。而烧烤的"苏、苏"声，使巴蜀盆塞海古智人兴奋得常学着"苏、苏"叫嚷。这是人类语言起源原语中的一个集体语音。"蜀"人----吃"熟"食的人-----吃"苏"食的人----脑子会变得聪明的人----这就是类似联系最早的苏美尔人和最早最高苏美尔文明的起源----而"蜀"人、"熟"人、"苏"人，与"丝"、"瓷"的古读音相近----"丝"人与嫘祖养蚕联系；"瓷"器与陶器联系盘古陶场文明大爆炸等。所以当后来古蜀人的非洲杂交后代，成为全球移民、世界贸易，以及神话与宗教等交流的领跑者，是其原因的所在。

林河教授说"中华"为什么叫"华"？也从"华"字原生含义的自然现象，如"日华"、"月华"、"光华"、"瓜华"、"花华"、"果华"之类，，说每次遇到可食用的食物，就发出"华，华！"之声，而大家听到"华，华！"之声，就会联想到发现了食物，这个"华，华！"之声就成了一个有固定含义的语言符号，具备了语言功能，而这个会说"华，华！"之声的族群，当然就是第一个以特定语言为自己命名的民族——"华族"了。

其次林河教授说："我的一己之见，很可能还有其它的研究途径。我真诚地希望有更多的历史爱好者共同来各抒己见，通过比较研究求得最后的结果。只有大家都已提不出更新的解释，才能最终地证明谁的研究成果是正确的"。历史上的有巢氏、燧人氏等原始民族，文化水平太低，自己还不懂为自己命名，他们的名字是后人根据她们的文化特征代她们命名的。华胥氏这个名词却是自己为自己命名的，这件事的本身就是人类文化史上的一大飞跃。从这个意义上讲，华胥氏既是中华各民族中首先运用语言手段为自己命名的民族，也是中华民族语言文化的开创者，是中华民族的第一位人文始祖。

炎帝号神农氏，又叫做魁隗氏、赤帝、烈山氏等，跟黄帝同时代。华人将炎帝与黄帝共同尊奉为中华民族人文始祖，并自称炎黄子孙。炎帝的故里目前有六种不同的说法，分别是：陕西宝鸡、湖南会同县连山、湖南株洲炎陵县、湖北的随州、山西高平、河南柘城。一般都认为陕西省的宝鸡市，则因是炎帝的故里在宝鸡市有炎帝祠和炎帝陵等建筑，是祭祀炎帝的场所。林河教授认为，用现代自然科学的方法论去研究，关键是首先要广泛收集有关的信息以供研究，这就叫"信息论"。然后在"历史座标图"上给她定位，这就叫"系列论"。如在横座标上，她应定位于"野蛮时代"的中期，这就叫"控制论"。定位准确了，我们就可以用文化人类学的一些研究方法来推论了。

2005 年林河教授为神农氏炎帝出生地，专程到湖南会同县进行了考察，考察后并在《怀化日报》上发表了《炎帝故里在会同》长达 17000 字的文章。文章首先从"信息论、系统论、控制论"入手证明陕西宝鸡说等是"无稽无谈"；接着用大洪江高庙遗址等考古资料，证明了炎帝故里在会同的可能性。林河教授说，会同的连山与《山海经》所述的"多金、银、铁，多桔柚"的地貌相同，会同的连山很有可能就是"炎帝连山氏"的故里；"会同县是我们最需要关注的地方之一"；"我对阳国胜先生等的研究表示支持，这不仅是对会同负责，也是对中华民族的历史负责"。但林河教授把陕西宝鸡说认为是"无稽无谈"，也许过于了。历史上的炎黄时代，有两期崛起。前期是 5000 年前，后期 4000 年前。轩辕氏黄帝陪同湖南会同县的炎帝，应是前期。有熊氏黄帝陪同陕西宝鸡的炎帝，应是后期。

2）团结救灾----汉族命运动力学

人类文明"第二孵抱期说"认为：在围绕青藏高原和古四川盆塞海经历的海洋文明自然灾害，如超强大地震、大火山、陨石、海啸、台风、龙卷风、暴雨、泥石流等，造成地质的山崩地裂、天翻地覆的磨练，团结抗灾，才奠定了团结救灾中心活动地区的"远古联合国"，和形成了以"多数"原则的"汗牛充栋"族群中华的"汗族"之来历。

以此在原始群落内，团结救灾命运动力学多数规则，应用于一个广泛的群体决策的和谐社会方法，翻译成现代科学语言也有"汉族"，或"群体决策可能性多数规则"的意思。在远古的华夏语言中，"汉族"有"汗毛"---形容多的意思，载以"多数规则"的信息。即"汉"字包含从"汗"音以及"汗牛充栋、大汗长流"等意思的劳苦、劳累、勤劳、下层大众，两者都宝藏"多数原则"、"大汉、汉族"等引申。

如果说"大多数原则"，是对一种提案或选举表决的判定程序，那么它同中华民族在世界上是人类中的最"大多数"群体，是有文化基因关联的。这个关联起源于约公元前6390 年开始的法天法地时期，支持国家共同体模式的政权及政权人物的多数邦族、邦国、部落。这个远古模式可称为"世界原始共产社会联合国"，或简称"古联合国"。它不同于今天的"联合国"，但是更具有统一国家的权威性。这个远古国家共同体模式的政权，就是所谓的"盘古开天地"。

八千多年来，经过无数次内部社会大的改朝换代，这种"多数规则"至今都没变。"汉族"和古氏羌族、古彝族、古苗族等，从"盘古开天地"起，就是中华民族。那些所谓古氏羌族、古彝族、古苗族等等少数民族，是远古华夏国家共同体政权之外民族的说法，都是不实之辞；相反，他们还可能是"古联合国"的铁杆群落，不改类似居"山寨"之古志，才反有今天的"少数民族"现象。

3）龙凤经济----双赢命运动力学

从解放前到解放后直到今天，我们听到的名词：根据地、保家卫国、经开区科创园工业园，其实早在远古盆塞海山寨城邦海洋文明的地方就产生过----盘古时代，玉龙梓江河坝有 99 座烧土陶窑场。嫘祖时代，盐亭境内有 99 座缫丝织绸山寨城邦及土陶场；都类似高科技。

巴蜀远古盆塞海虽干涸，但巴蜀远古盆塞海山寨城邦文明的大围坪地貌还存在。说"龙凤经济"之魂，可举例远古的绵阳市梓潼县内的大庙七曲山。《绵阳日报》2002 年 2 月 4 日第 3 版发表的《龙牵凤绕梓潼山》一文介绍，古代图腾和传说的"龙"，是中华民族的图腾。有人说，中华民族是一个大陆性的民族，自古以来对于海洋都没有多少想法，更何况中国人历来对天空比较崇拜，中国帝王既是真龙，又是天子。在我国古人的描述中，龙是可以腾飞的。但龙没有翅膀，所以大家都认为龙是古人想象出来的；有些相信龙存在的人，认为龙可以适应任何地方压力……没有具体地址，这些都没有必要去深究。

但 5000 多年前梓潼县大庙七曲山地区，失落的远古巴蜀盆塞海山寨城邦海洋文明考古追溯----从陕西到四川直到云南的堰塞湖地质有多处，这是由于历史上的地质灾变，发生山崩地陷产生的。如川北叠溪的海子，川南的邛海；云南的抚仙湖等。这些灾变跟四川远古盆塞海产生一样惊心动魄。百度检索梓潼县张育、张亚子、张恶子等传说或神话，其中不管是他们率众抗敌而战死，还是地陷邛都或水打许州救父母，或五丁曳蛇崩山等，都可见绵阳上古海洋文明产生中的灾变与人祸的影子。而文昌文化是梓潼县人文景观中独具特色的奇葩，洞经音乐是文昌文化中最有感染力的艺术珍品。

七千多年前至四千多年前，四川盆地由于有女娲突变纪和大禹突变纪两次地质灾变，而形成过盆塞海；灾难把盘古文明推进到了远古海洋文明和山寨城邦文明的阶段，由此绵阳城邦贸易与商业活跃。那时梓潼县成了一处"香格里拉"，真可称它"文明昌盛"。这里山上产有多种名贵木材、香料，特别是梓树，是海上贸易可造容数十人大舟的好材料。因为七曲山林间飞翔的朱雀之毛，也为最高珍宝。

由它而产生的羽毛镶嵌、羽绣工艺闻名四海。因为梓潼城邦人用类似鹦鹉、野雉、火鸡等朱雀的五彩羽毛，制成各种衣饰、摆设，可以作城邦国家盛典中的高级礼品和做旗帜。七曲山周围半山腰上的大围坪城邦，其作坊店铺和居民住宅栉比鳞次。梓潼先民靠着海上的航行与外界发生广泛的联系，同时也造成了工商业与航海业的发达。海，造就了他们的冒险精神与创新精神；海，使他们去超越陆上那有限的生存空间；海，诱惑他们去从事正当的海上贸易和海外探险。据传说，此时梓潼城邦的国王、城主和邦君，已被称为"文昌大帝"或"文昌帝君"，并且是后文昌帝君时代的美好追求和洞经音乐产生的基础----山上的竹筒可做笛子。龙凤文化的真传----因为从凤，能联系梓潼城邦文明用五彩羽毛制成的各种衣饰，广而推之是商品生产，以及商品经济需要的是多样性，体现的是多元化。那么龙，也能联系蛇、联系独木舟，再联系梓潼山寨城邦用梓树造船，推动海洋文明的对外开放与交流贸易，广而推之是市场经济，以及市场贸易需要的经合规则，体现的是全球化，它的典型模型就是当代的世贸组织或互联网，而不是政治上简单的一体化。其次民主也可以有多样性，民族习俗和宗教信仰也应该得到尊重，但这也应以承认科学的统一价值为前提。

所以说与时俱进的龙文化和凤文化，今天代表的就是人类命运共同体全球化和多元化，市场经济和商品经济，科学和民主。也许有人问，绵阳大地海洋终究不见了，哪里还能激起对远古文明的热情？

这不对，因为类似大海的蓝天，和赛博空间，凭着绵阳南郊机场和绵阳宽带网开通的平台，正在向我们张开。要想把自己的时代看清楚，必须站得远些进行观察。七曲山水呼唤的龙凤起跑线，就是绵阳远古文明启迪中国科技城建设的永恒魅力之所在。

【3、金灿荣命运动力学画今日世界之像】

1、失落远古盆塞海山寨城邦海洋文明之果

2024年1月30日"观察者"网，发表年终秀期间采访中国人民大学国际问题专家金灿荣教授的文章《金灿荣：左的更左右的更右，2024我们要做最坏的打算》。金灿荣教授说："现在各国左右对立都非常厉害，左的更左右的更右，右的被叫做民粹主义，左的叫白左。不仅是内政的对立，各国的外交也越来越容易极端化，这对世界的和平稳定和健康发展都不是很有利，某种意义上这也是一种必然"。

金灿荣教授类似举例失落远古盆塞海山寨城邦海洋文明之果的现象，如2024年开年中东危机扩散，胡塞武装打击和以色列相关的船只引发英美报复，现在新的关注点还有朝鲜半岛南北对立正在上升，俄乌冲突在延续，中东冲突在扩大，东亚的潜在风险也在上升。但他没有说是，失落远古盆塞海山寨城邦海洋文明之因。

金灿荣教授说的今日世界之乱象，原因是："因为过去我们经历了一轮四十几年的全球化，全球化的同时伴随着市场化，市场化的好处是通过竞争提高了效率，但一定会带来一个后果，那就是分化，而分化的结果必然就是社会对立。所以这次我们面对一个乱象，就是选举后各国左右对立很厉害，我们可以看到世界范围内很多极端的言论和思潮，包括现在阿根廷正在进行的实验，可以说是非常极端"。这也许是他也不知，有远古巴蜀盆塞海山寨城邦海洋文明存在过吧。

2、以欣克尔为代表的左

2024 年 1 月 31 日观察者网发表《反对乌克兰，"炮轰"以色列，崇尚"共产主义"----这位到中国的美国小伙到底什么来头？》一文，报道地地道道的美国人、24 岁的美国政治评论员和社交媒体影响者杰克逊·欣克尔，在美国被描述为"美国保守马克思列宁主义者"。

他阅历丰富，2010 年代末就开始了政治活动，高中毕业后一年就参加了选举。2019 年他参加了圣克莱门特市议会特别选举，在这场运动中，他主张圣克莱门特市拥有自己的警察部门，他坚决反对卖淫合法化，并提议打击该地区核废料的存在和影响。虽然他最终输掉了选举，但也赢得了将近三分之一的选票，此后他参与了许多政治辩论和电视采访。如今看欣克尔取得的成就，确实可以说是年轻有为，也许有一天他的信仰真的能在美国实现。

观察者网报道他在抵达中国后，欣克尔不仅参观了中国共产党第一次全国代表大会会址，还受到邀请成为了美国颁布禁令后第一批访问华为的美国人。欣克尔在中国并没有任何个人账号，一直活跃在国外平台，他在社交账号中甚至很少提及中国。此次他之所以来到中国，是因为他本人特殊的信仰。他本人不仅多次公开表示崇尚"共产主义"，还曾经号召他的粉丝不要给"反对中国"的人投票。

在美国不仅有共产党，而且他们成立的时间比我们中国共产党还早两年。20 世纪上半叶，美国共产党是美国最大和最有影响力的政党。只不过由于自身内部问题，加上资本主义的打压，如今党内成员还剩下 5000 人左右。在中国旅行期间，欣克尔分享了数条称赞中国的贴文，"捅了马蜂窝"，也遭到许多西方博主和反华势力的围攻。

由此可以看出，欣克尔这种亲近中国，宣扬"共产主义"的行为，在西方媒体把控的国外自然是很不受待见的，但他依旧这么做了。因为欣克尔能在 X 平台（马斯克收购的推特）有 200 多万的粉丝，谈到欣克尔发表的言论，简直是西方舆论环境中的一朵"奇葩"。正当欣克尔"有力没处使"的时候，正是世界首富马斯克，以 440 亿美元的价格收购了国外最大的社交平台之一推特，也就是当初特朗普被网友调侃"推特治国"所用的平台，改名成了如今的"X"平台。马斯克收购推特的理由就是觉得如今美国的"言论自由"太过虚伪，他要自己打造一个真正包罗万象，实现自由言论的超级应用。

有了 X 平台这个全新阵地，欣克尔彻底放飞了自我。现在有马总在后面撑腰，凭借着与西方截然不同的言论风格，他在 X 平台的粉丝数量显著增长，从最开始几万涨到了几十万，最终在"巴以冲突"爆发后达到了顶峰，飞速增长超过了两百万。他平均每条贴文都有百万以上的阅读量，一跃成为如今"X"平台上最有影响力的博主之一。

早在俄乌战争爆发时期，欣克尔就发声称乌克兰总统泽连斯基正在将乌克兰建立成一个"法西斯、反乌托邦国家"，他认为乌克兰和泽连斯基持有"新纳粹意识形态"，俄罗斯的"入侵"是在迫不得已的情况下做出的选择，泽连斯基会遭受和本拉登相同的结局。"北约是混乱的缔造者，这个组织不该存在！""叙利亚总统巴沙尔是临危受命的英雄！"当以色列炮轰加沙，欣克尔忍无可忍站出来发声："是你们对巴勒斯坦人民的所作所为才导致了今天的结果。"他展示了在废墟中艰难求生的加沙平民；展示了以军在加沙肆无忌惮地破坏和劫掠；展示了在加沙医院整齐排放着的孩童尸体；展示了失去亲人的孤儿，抱着孩子尸体痛哭的父母……在巴以冲突中，西方媒体很少会对加沙的真实画面进行报道时，多亏了马斯克的 X 平台。

西方这种"民主"，按林河教授的命运动力学，"为的应付今后流血的战争"。不然为啥美国共产党从美国最大和最有影响力的政党，相信"以苏解马"，到如今党内成员才剩下5000人左右？也许欣克尔如金灿荣教授一样，不知远古巴蜀盆塞海山寨城邦海洋文明。

3、以米莱为代表的右

不知远古巴蜀盆塞海山寨城邦海洋文明，2023年11月19日阿根廷总统大选结果出炉，获得55.95%的选票以绝对优势当选总统的哈维尔·米莱，他的不靠谱，与欣克尔为代表的左相反，代表的是右。

2024年2月6日塔斯社，援引阿根廷总统米莱接受阿根廷《号角报》的采访报道称："宁可支持全世界也要支持乌克兰法西斯势力战斗到最后一个乌克兰人"。2024年2月5日阿根廷总统米莱，第一站就是访问以色列，承认耶路撒冷是以色列首都。据《参考消息》援引巴西环球在线网站2月7日报道，米莱6日抵达以色列，在会见以色列外长伊斯雷尔·卡茨后宣布，将阿根廷驻以色列大使馆迁往耶路撒冷。目前，阿根廷使馆位于特拉维夫。

米莱的"去管制、私有化和美元化"等经济议题，是进行的右的更右实验，他将几乎所有的经济决策权交给大企业和资本家，以市场为导向，完全摒弃了政府的影响力。米莱的政治观点和执政纲领，令人咋舌，他主张撤销阿根廷央行，使用美元作为国内法定货币；废除最低工资和最高工时标准，是因这限制了企业用人和劳动者择业的"自由"；米莱承诺要废除一切养老福利，至于大幅度削减税率和政府开支，这就属于基本操作。他对选民承诺，一旦当选，就会把政府部门从十八个削减至八个，被废除的部门将包括教育部、科技部、卫生部、公共交通部等，米莱相信私营企业将会承担提供教育、医疗、公共交通等服务的责任。他还主张要将警察、监狱全都私有化，尤其是要取消对一切监狱的拨款，让监狱开设工厂、农场自负盈亏，由犯人充当劳动力。同时他也主张严惩腐败、严厉打击毒品交易，还要建立全国性的通缉犯数据库和人脸识别网络。阿根廷已宣布，不会按照原计划加入金砖国家。FT中文网撰稿人陈稻田教授说，这来自造"庇隆和庇隆主义"的反。陈稻田教授的意思是什么呢？

　　他说：20 世纪 20 年代之前是阿根廷经济发展历史上的黄金时代，当时的人均收入达到了美国的 80%，高于法国和意大利，位居世界前十。二战之后阿根廷经济增速显著降低，如果不是完全停滞的话，到 2023 年人均 GDP 已经只有美国的不到 20%。阿根廷经济的长期停滞，原因要追溯到 80 多年前庇隆和庇隆主义。庇隆 1946 年第一次当选总统，此后还有两次，他的基本主张（及其不同分支）长期主导了阿根廷的社会经济政策。起因是在二战早期，庇隆作为高级军官去意大利和德国观摩学习法西斯主义，形成了后来被称为庇隆主义的基本主张：这个主张包括关键产业的国有化，广泛的经济管制（降低对国际贸易的依赖，经济独立）；提高社会福利，搞用强大的工会对私营企业高度管制的社会正义主义等。具体数字更生动的说明，是到 2022 年，阿根廷总就业中的正式雇员共有 1300 多万人，其中三分之一在政府和国有企业工作。　米莱的阿根廷实验，最触动的是这部人的利益；公共部门工会，也是最近罢工的主力。

　　米莱是一个不折不扣的"政治素人"，1970 年出生，是阿根廷高级学府阿根廷托尔夸托·迪特拉大学的经济学硕士。在取得硕士学历之后，米莱曾在多家企业担任顾问或其他高级管理人员，还曾主持过财经新闻。2018 年，靠着社交媒体和移动互联网发展的东风，米莱开始在网上发表各种对经济局势和政府政策的评论，获得了许多民众支持。2019 年有了巨大影响力的米莱，加入了自由党并成为主席，并于 2021 年将其改组为自由前进党。现在阿根廷正在进行的实验，可以说是非常极端。但为何大多数阿根廷人民，还是选择米莱呢？

　　有人说是阿根廷持续数十年的糟糕的经济状况，让阿根廷人民产生了"破罐子破摔"的心理。最近三十年来，阿根廷走马灯般的换了十位总统，几乎将各种经济学派的理论都用了一遍，却仍未能将阿根廷从经济泥潭中拯救出来，这就让不少阿根廷民众，尤其是年轻人感到绝望，而米莱疯狂的政治观点，就吸引了这些陷入绝望的阿根廷人民。绝大多数阿根廷人民认为，反正经济状况已经不可能更糟糕了，与其再选出一个看起来中规中矩的政客，让其执政四年或者八年，最终没有任何改变，倒不如让这个疯狂的米莱来尝试一下，起码他的言谈举止和其他的政客完全不一样。所以现在拉美出现了两种截然不同的社会思潮，一种是新左翼思潮，其代表人物是巴西总统卢拉、智利总统加夫列尔·博里奇，委内瑞拉总统马杜罗，他们摆脱美国的控制。

另一种就是以阿根廷总统米莱、巴西前总统博索纳罗为代表的极右翼思潮。有人说，不管怎么说，米莱的当选终究是阿根廷人民的选择，尽管他的治国纲领存在巨大的问题，但也只能尊重阿根廷人民的选择，并祝愿阿根廷人民好运----这也许是林河命运动力学的使然。

【4、大俾路支斯坦命运动力学之雾解难】

1、主权国境央地命运动力学

2024年1月29日上海观察者网发表"乌鸦校尉"的《巴基斯坦和伊朗在玩一种很新的"联合反恐"？》一文，研究人类社会文明大爆炸的钟形图，理解中华文明和世界是失落远古巴蜀盆塞海山寨城邦海洋文明的文明的人，值得一读。

平常一个普通家庭的人，生活能过得去，是不需要考虑关心国家大事"主权"、"国境"、"央地"等问题的。但社会只要集合成群体，是需要有"领头人"或"领袖"的。狮群有狮王，猴群有猴王，人群也会"人王"。人类命运动力学的规律选举办法，是"人王"选得好，大家相安无事。"人王"选得有差错，普通家庭的平民，也会有麻烦。远古巴蜀盆塞海山寨城邦海洋文明时期的人群，称为"远古联合国"，它是团结救灾、抗灾中形成的。

林河教授说："在人类的早期社会，领袖可不像现在这么好当……由于许多人都怕当领袖，原始社会的领袖需要去抢人来当"。远古联合国是以发明创新作为竞选头人的标准，盘古时代的土陶窑场烧制是高科技，嫘祖时代的养蚕缫丝织绸是高科技，但高科技也有一个尽头，就像今天的陶器、瓷器、丝绸也会不吃香一样。因为从嫘祖到现在，我国养蚕，一条蚕只有一个基因在吐丝。上世纪80年代《自然杂志》报道，法国科学家研究成功，一条蚕可以有四个基因在吐丝；当年栽桑，就能养蚕缫丝织绸，但我国没有引进。远古联合国时代，各国为了有重大发明创新，有的在海外寻找能人，是有可能的。

　　我国古代夏朝夏启之前的禅让制、联邦制，从夏启开始的终生制、诸侯制，实际到秦始皇时代领导的主权、国境、央地的命运动力学方法，开创改为的郡县制已为我国惯例。这已不是嫘祖时代之前的联合国制、民主制，稳固发展到清朝鸦片战争年代，战争的工具从古代的大刀、长矛、战马军车木船，八国联军已发展到长枪、大炮、军舰。虽然清朝在甲午中日战争之前，也已部分引进过长枪、大炮、军舰等工具，但不是从体制上全面作自然科学的基础教育普及，技术上也没有做到工业化；随着西方的工业化，出现了马克思列宁主义命运动力学。毛主席在1949年6月30日写成的《论人民民主专政》一文中有一句名言：“十月革命一声炮响，给我们送来了马克思列宁主义”。实际马列主义与中国革命实践相结合，到今天华为成为我国芯片工业的领头羊，是有“以苏解马”和“进攻性马”的阶段的。

　　2020年5月11日华为公共及政府事务部，在华为心声社区发布2020年3月24日任正非接受《南华早报》的采访纪要《我们一直在做6G，与5G同步》的摘要，把“进攻性马”被总结为“自己图强，也让别人图强”的战略----中国早在1911年四川保路运动就有成立共产党的准备，是自己图强，也让别人图强；别人先要争强，就让其实践----1911年保路运动就让辛亥革命去建立政权；等到1920年在重庆才成立中国共产党，因十月革命是世界潮流，又让给1921年来上海帮助建组的“以苏解马”。以“进攻性马”角度看马克思列宁主义命运动力学，马克思和恩格斯时期起就十分关注中华民族伟大复兴的“主权”、“国境”、“央地”等问题，并成为马列主义的一部分。

　　首先马克思和恩格斯，不是自己最早有成立共产党的行动。但不争先，并不等于不能写出《共产党宣言》。为啥鸦片战争之前一直保留有郡县制、进贡制，在成功实现强大历史进程中，却走到清朝时会陷入内忧外患的黑暗境地----中华民族才遭受到前所未有的劫难呢？

　　有人说，黑龙江省哈尔滨市等东北地区毗邻苏俄，中东铁路贯通其间，旅俄华工最先接受十月革命思想。第一次世界大战期间，被招募到欧洲做工的数十万中国工人先后经中东铁路返回祖国，其中不少人留在了东北，留在吉林的就有近 2 万人。他们当中的许多人参加过十月革命的战争，经受过革命洗礼，由于沙俄占据中东铁路，中、俄工人早有接触，东北工人接受俄国共产党的影响早于全国其他地区。

这不错。2023 年 1 月 31 日北京西陆军网发文说：俄罗斯自古以来之所以敢于"亮剑"，相比于文明源远流长的我们，沙俄 400 多年时间里膨胀 400 多倍的领土扩张实在太过迅猛。今天看俄罗斯的地图，面积也有中国三个大还多。这些土地从哪里来？百度搜索有文章《其它被蒙古帝国征服过的国家有没有在史书上承认蒙古帝国是他们的一个王朝？》中说："蒙古从成吉思汗亚洲(部分欧洲)建立了四个汗国：钦察汗国从 1243 年一直延续到 1420 年前后，主要在东欧。察合台汗国，1241 到 1346 年，主要在西亚。伊利汗国，在十三世纪中叶至十四世纪中叶统治波斯一带。窝阔台汗国时间较短，范围主要在新疆一带。他们中的大多统治时间很长，对本国造成了深远的影响，如印度的泰姬陵就好像是一个蒙古的皇帝建造的，因为莫卧儿王朝就是蒙古人的汗国"。

其实这是元末农民起义领袖，成功者朱元璋见证"自己图强，也让别人图强；别人先要争强，就让其实践"。中国"吃亏"了吗？我们先来看"列宁命运动力学"：列宁能读懂马克思包容增长的全球化思想从哪来？也就是从被沙皇流放在西伯利亚时期产生的----西伯利亚汗国的领地，西至乌拉尔山，东至鄂毕河，向北直达北冰洋，其统治中心正位于额尔齐斯河一带，受其影响和归宿之地，正是《世界境域志》所述人类文明第二个孵抱期巴蜀远古联合国盆塞海山寨城邦文海洋文明时期形成的国境。列宁在在西伯利亚流放之时，看到中国 10 万多劳工为俄修筑西伯利亚铁路受尽凄凉，亲身感悟到马克思从中国鸦片战争研究远古联合国文化和全球通史的睿智。于是列宁埋在心里，这也才是他亲身感悟到的远古联合国文化的伟大和全球通史。

列宁于此设计了未来联合国的远景：他要把俄帝国侵占的比中国本土还大的西伯利亚拿出来，交给新联合国共管。这可以安置全球因战争、恐怖、天灾、革命等，产生的数以千万计的难民、灾民、饥民、移民。而富国、强国、责任国等，按能力和国家利益的平衡，分配出资帮助这类难民、灾民、饥民、移民的家园重建，天下才能把花在战备、战争上的钱，用来保本土平安和民生，联合国才像联合国，而不是"分好国"。十月革命胜利后，列宁提出建立欧亚联合国的设想：依法治国，国家不分大小一律平等；进出由人民自决。

列宁的设计非常英明，不愧为是马克思的学生。74年后的1991年12月25日，苏联依法解体，这是马列主义的胜利，也是中国特色社会主义的胜利。我们崇拜列宁，也因他有全球化理想。例如，我们读中学，语文课文中有列宁讲：只有用全人类的知识武装头脑的人，才能成为一个合格的共产主义者，深受影响。列宁的思想从哪来？是从被沙皇流放在西伯利亚时看到中国10万多劳工为俄修筑西伯利亚铁路受尽凄凉产生的。这正是中华文明的"有得有失"。

我们再来看"马克思命运动力学"----很多人认为马克思主义就是讲阶级斗争，消灭私有制，建立公有制。不错。产生马克思主义的不仅是近代西方基础科技的兴起，迎来西方工业革命，资本主义私有制对西方工人阶级的剥削和压迫，看到了公有制的光明。但资本主义工业的发达需要原料、市场，必然要侵略和奴役国外人民。实际是，马克思早已在欧洲亲眼见到和了解，近代工业的兴起，中国从18世纪开始，输送到美国、加拿大、西欧、俄国、日本等国家去打工的华工，安分守本，吃苦耐劳，却比这些国家内部的工人阶级，受苦受难还多，从而丰富了他写《资本论》和《共产党宣言》怎样去建设全球化蓝图的认识。因为在国外数十万中国下层的劳苦大众，不但受尽欺凌，还把生命和一生的幸福，都献给了这些列强的经济建设和人们。

反过来他们自己的祖国，却不断遭受到侵略和压迫，公理、正义何在？马克思从1850年流亡伦敦起，到1857年他差不多每天去大英博物馆图书阅览室，为更好完成《资本论》做准备，阅读和摘录大量的资料。他阅读过的书籍有1500多种，所摘的内容和整理的笔记有100余本，而且是广泛收集资料。16世纪俄帝国搞扩张时，美英法德日意等后期列强，还远远没有唱主角。在18世纪日后的路上，曾给予俄帝国迎头痛击的清帝国，也终于在鸦片战争之后迅速衰落。唯有俄帝国，在战火与变局中，艰难地维持了下来。这下一次的扩张，被俄帝国末代沙皇尼古拉二世，赋予新的名称

"黄俄罗斯计划"，那便是从海参崴到乔戈里峰那条长长的直线。《尼布楚条约》之后的清朝地图，那条红色的直线就是"黄俄罗斯计划"。

针对资本主义国家的"发家史"和民族性剖析"基督救赎"各教派，包括俄国东正教的核心思想，马克思在《18世纪外交内幕》中指出：它把主子的野心与奴才的狡诈撮合在一起，使其对外行为表现为惯于欺诈和扩张的特征。马克思在《鸦片贸易史》中讲："联军全权代表强迫中国订立新条约（注：1858年天津条约）的消息，看来引起了以为贸易将有大规模扩展的狂想，同第一次对华战争结束后1845年时商人们头脑中产生的狂想完全一样；即使彼得堡的电讯所传属实"。可见马克思不但关注欧美新闻，也同时在关注"彼得堡的电讯"。这是何等地对"中国疆域"走向的倾心。所以，列强侵略的所有这些负面，应该说不但与马克思主义和共产党有区别，而且也是无任何关系的。马克思主义奠基人对于我们这个古老而又伟大的民族的历史命运，一直予以高度的关注。

在第二次鸦片战争期间，马克思、恩格斯曾在美国《纽约每日论坛报》上发表了22篇关于中国事件的评论。这组不朽的檄文，无情地揭露鸦片贸易的卑劣，严厉地谴责西方殖民者的海盗行径，热情讴歌了中国人民的英勇反抗，科学预见了中国革命的光明前途。鸦片战争起因于鸦片贸易，为什么完成了工业革命的英国，不向中国输出工业品，而向中国贩卖印度的鸦片？马克思在《鸦片贸易史》一文中，详细分析了"这种不寻常的贸易产生和发展的概况"：在长期的中英正常贸易中，英国一直处于入超地位。英国工业品在中国没有市场，而中国的丝、茶，却是欧洲市场的抢手货。当时的中英贸易，主要就是英国用白银买中国的丝、茶。1840年的鸦片战争，英国侵略者用大炮轰开了万里长城。以武力打开了天朝同尘世往来的大门，拉开了充满血与火、奋斗与牺牲的中国近代史的帷幕。古老的中华帝国，经受不住突如其来的欧风美雨的猛烈袭击，第一次鸦片战争是"中国疆域"历史的又一转折点，也是中国近代史的开端。

而19世纪中期马克思、恩格斯，深刻地揭露了英国以维护鸦片贸易为目的，以中国禁烟是对英国的"侵略"为借口

发动了第一次鸦 片战争。又以拓展对华贸易为目的，以中国在"亚罗号"事件中违背无中生有的外交礼节，而发动了第二次鸦片战争。马克思、恩格斯关于中国两次鸦片战争发表的许多精辟评述，170 多年后的今天来学习，仍然有着重要的现实意义。即"中国疆域"的困境，为马克思和列宁提供了丰富的素材，反过来马列主义命运动力学也能照亮"中国疆域"的主权、国境、央地研究。

2、命运动力学中的向俄罗斯学习

也许今天大家都向俄罗斯高层学习，能更好----2024 年 2 月 14 日观察者网发表的《薛凯桓：被通货膨胀震得不轻，我在白俄罗斯也消费降级了》一文，白俄罗斯国立大学国际关系硕士生薛凯桓讲他 2023 年 9 月在白俄罗斯，心知他即将完成学业要带白俄罗斯女友回国领证、生孩子的事，他的岳父岳母开始频繁提起对中国的印象：

"你们那个中国，我知道，以前还是我们的小老弟，再好能好到哪里去"（岳父原话）。薛凯桓硕士说他："岳父岳母都是明斯克汽车制造厂的骨干技术员工（岳母已退休），行事风格和思维方式都非常老派，非常有白俄罗斯老一辈人的特色"。

"十月革命一声炮响，给我们送来了马克思列宁主义"。薛凯桓硕士说：也给我们送来一顶"小老弟"的帽子----薛凯桓硕士讲命运动力学的相似说："外国人不存在人情世故？我现在告诉读者们，不仅存在，而且还不是很好玩转！'酒文化'和'礼文化'在白俄罗斯同样不遑多让。大家聚会不喝点伏特加，老师生日没有礼，那可是'不懂事'的表现哦……由于总统卢卡申科就是依靠'反腐斗士'的形象成功竞选总统，因此白俄罗斯是一个对腐败零容忍的国家。包括大学老师、工作人员在内的公职人员通常绝不敢收受金钱贿赂，但巧克力、茶叶等友谊性质的小物品就无所谓了。在白俄罗斯，如果你想让你的导师更关心你一些，或是想让你的事情办的更有效率一些，送一盒巧克力给他们表示你的友好准没错。以我的导师为例，逢年过节她每次都能收到一些诸如小瓶酒、茶包茶叶（中国茶叶在白俄罗斯非常受欢迎，是送礼的上佳之选）和纪念品。在她生日时，我赠与她秦亚青老师的《权力·制度·文化》一书，到现在还陈列在她办公室的书柜内"。

前苏联是世界第一个成立社会主义的国家，我们是1949年才成立社会主义的国家，但这全是中国被称为"小老弟"，苏联被称为"老大哥"原因。"十月革命一声炮响，给我们送来了马克思列宁主义"不是"东扩"。中华民族接受"马列主义"、接受"社会主义"，因为中华民族来自失落远古巴蜀盆塞海山寨城邦海洋文明，那是人类文明大爆炸钟形图的开始，当时的远古联合国的组织形式，可称为民主制原始共产主义或原始社会主义，远古联合国头人选举民主制，重视发展生产力的发明创新，和团结救灾、抗灾。"盘古王表年表"不说嫘祖、女娲、伏羲这些有发明创新著名的传说人物，就是"有巢氏"、"燧人氏"这些叫法的传说人物，也因他们有发明创新著名才留传下来，这在世界其他国家历史传说中没有这么系统过。

所以我们讲"马列主义"、"社会主义"、"共产主义"，总要联系中华民族的历史。但文扬和张维为教授等学者说的"天下"型国家、"天下"型定居文明，因为他们不知道有远古巴蜀盆塞海山寨城邦海洋文明，只联系到中华民族在后来中原时期的历史，实际"太平世界，环球同此凉热"的民主制原始共产主义或原始社会主义的精神，在失落远古巴蜀盆塞海山寨城邦海洋文明后，并没有完全失落。所以与我们1949年成立社会主义的国家是一拍即合，不存中国是"小老弟"，苏联是"老大哥"。在新中国成立后称苏联为"老大哥"，是苏联派出大批专家援助我们的工业化建设，如武钢的建设，我们在读武汉钢铁学院时就很清楚的。实际俄罗斯组织管理邦联制用东正教手段，即使在苏联时期曾取消过"东正教"，在基层也从没有消失过。

苏联派出专家援助我们的工业化建设，是斯大林去世后，赫鲁晓夫为了赢得新中国对他掌权的支持，他第一次来中国访问时才开始的。赫鲁晓夫掌权后，曾大力发展西伯利亚的机械化农业，应该说也做得对。但他没有坚持下去----如果他像今天俄罗斯卖石油、天然气收钱，再用于支持西伯利亚的机械化农业生产，是能搞下去的。

为啥没有？2024年2月15日观察者网发表网名"平原公子"的《穿越回20年前，普京会对自己说什么？》一文中说："我们很多人对俄罗斯民族缺乏了解……俄罗斯从彼得大帝开始一次次靠近欧洲，不惜改变自己的服饰、文化、饮食，娶了一个又一个欧洲女人，救了欧洲一次又一次"。"平原公子"说的也许是应该向俄罗斯学习的地方————其实斯大林不是俄罗斯人，赫鲁晓夫不是俄罗斯人。18世纪中后期叶卡捷琳娜二世统治时期，俄罗斯达到鼎盛。叶卡捷琳娜二世也不是俄罗斯人，而是一个"德意志小公主"。

2019年我们在俄罗斯旅游，看到博物馆仍在正面宣传叶卡捷琳娜二世。她的命运动力学是啥？1745年，叶卡捷琳娜与彼得结婚并皈依东正教，改名叶卡捷琳娜。1762年7月8日清晨叶卡捷琳娜发动政变，推翻了彼得三世的统治。彼得三世被软禁在一座城堡里，并在几天后被暗杀。当叶卡捷琳娜站在宫殿前面向民众宣布自己成为俄罗斯女皇时，"万岁"的欢呼声响彻云霄。叶卡捷琳娜大帝从此开始了她长达34年的执政生涯，后世尊称其为叶卡捷琳娜大帝，是俄罗斯罗曼诺夫王朝第十二位沙皇俄罗斯帝国第八位皇帝。叶卡捷琳娜二世也是俄罗斯历史上唯一一位被誉为"大帝"的女皇，她曾经自信地说过："假如我活到200岁，全欧洲都将匍匐在我的脚下！"。

这句话虽然有些夸张，但也反映了她的野心和志向。她不仅改变了俄罗斯的政治、经济和文化面貌，还影响了整个欧洲的格局。英国历史学家乔治·肖-勒费弗尔称她是历史上最杰出的女性之一，也说她是一个品位低俗的女人：她风流成性，放纵声色；她野心勃勃，渴望为俄国开疆拓土，她善于为实现长远目标谋划，并能坚持不懈地为实现这些目标而努力。远东政策就是叶卡捷琳娜二世实行独立自主外交政策的重要内容；远东政策的核心是中国政策，解决中国问题是打开西太平洋、入主东北亚、进入全球争霸的重要一环。

初期她沿着前任沙皇的政策，继续在西伯利亚侵略扩张。1763年叶卡捷琳娜二世登基不久，就开始着手对中国采取武力进攻，她改变了原有的边界军事体制，授权军事委员会下设的特别军办事处全权处理中国边界事务。同年，叶卡捷琳娜二世还命米勒尔起草了《关于对华战争的意见》，该文件宣称黑龙江流域原为俄国所有，为自己的侵略扩张找到合法的外衣；300多年来中国真被她这类人制服了。

　　1764 年土耳其战争结束，叶卡捷琳娜二世又开始制定针对中国的侵略计划。叶卡捷琳娜二世的外交策略"在很大程度上走的是一条老路"，她在继承彼得改革事业的同时，也基本上继承了彼得的外交思想，即在陆地上实行地域性蚕食体制，在水域上夺取出海口，两者相互结合，以此来夺取世界霸权。这种外交思想指导了叶卡捷琳娜二世一生的外交实践。1768 年--1774 年和 1787 年--1792 年，进行了两次俄土战争。叶卡捷琳娜二世在进行对外战争的同时，还不断地扩大俄国在世界上的影响。在美国独立战争期间，叶卡捷琳娜二世以自己及自己同盟者的名义首先提出了《武装中立宣言》，要求限制英国在海上的权利。这是国际法的一个重要文件，也是现代海战法的原则之一。它标志着俄国外交已走出狭小的圈子，走向了世界的范围。

　　经济改革进行的同时，叶卡捷琳娜二世也推动了教育领域的改革。出于巩固统治地位的考虑，叶卡捷琳娜二世大力发展贵族教育。她以自己的智慧、勇气和魅力，为俄罗斯带来了一系列的改革和发展，使俄罗斯成为了欧洲最强大的国家之一。叶卡捷琳娜大帝的改革涉及了政治、经济、文化、教育、军事等各个方面，她的目标是让俄罗斯走向现代化和开放化，与欧洲其他国家接轨。她推行了一些启蒙思想，如法治、人权、自由、平等等；她废除了一些落后的制度，如农奴制、死刑等；她建立了一些新的机构，如参议院、立法委员会、学院等；她鼓励了一些新的活动，如出版、科研、艺术等。

　　她利用自己的外交手段和军事力量，与欧洲其他国家进行了多次战争和谈判，从而扩大了俄罗斯的领土和影响力。她先后征服了波兰、瑞典、土耳其等国家的部分地区，使俄罗斯获得了对波罗的海和黑海的控制权，同时也打开了通往地中海和东方的通道。她还与普鲁士和奥地利结成联盟，对抗法国和英国的势力，维护了欧洲的平衡。

　　以上可见东正教的威力----外国人来俄罗斯，只要帮助扩大领土成功，即使杀丈夫和花心，也没有什么不雅谅。中国古代的郡县制，核心是忠君----宋朝的岳飞即使保卫国土打击侵略者有功，也被君主杀害，所以宋朝被元朝灭亡。2023 年有位在俄罗斯读博士的中国留学生说，到俄国东正教地区去做实习调查，因为他的中国名字，受东正教的房东周围的邻居的轻视。房东教他改了一个东正教的名字，才得以完成在该地的实习任务。东正教和伊斯兰教相似————当地人家的孩子，普遍是出生不久就要行入教"洗礼"，不给人选择的余地。旧社会中国内地的信佛教不同，自愿入教这一般是成年了的事；小孩除非有病，大人为保护孩子，有的家长才主动到庙上拜佛或请求收徒。

这也是俄罗斯"老大哥"的命运动力学，为啥后来居上胜过我国秦始皇时就开创世界的郡县制和朝贡制，会一跃成为世界大国的秘诀。而且俄罗斯基层民众信仰"东正教"，也帮忙了俄罗斯的统治阶级。例如，"平原公子"的文章后有一个"张广才"的跟帖说："一个大国，文化和思想，比飞机大炮原子弹更重要。苏联完蛋以后，俄罗斯的立国合法性，只能倒向传统……即所谓，俄罗斯精神。这个，俄罗斯精神，分两块，一个叫东正教理想，第三罗马。一个叫西方化全盘西化。选择极为有限"————今天只要把"俄乌冲突"和"巴以战争"结合起来看，就能看出"郡县制和朝贡制"解决不了"宗教邦联制"的问题————所谓"第三罗马"就是要当老大，重新定义命运动力学中的"老大哥"的阶梯；"以苏解马"包容俄罗斯精神，才是真。

"命运动力学"中的"命运"，传统认为是"封建迷信"。1999年出版的《现代汉语词典（修订本）》中解释"命运"————①指生死、贫富和一切遭遇（迷信的人认为是生来注定的）：悲惨的～｜～不济。②比喻发展变化的趋向：关心国家的前途和～。本文是想讲科学————讲"命运"的基因组学和暴露组学————有机生命物质来自无机生命物质，最终复归无机生命物质，命运不可抗拒。这里有宇宙大爆炸钟形图和人类文明大爆炸钟形图结合，与"时空阶梯"也有相似————"阶梯"有"上和下"的区别，但阶梯的"上和下"是可以来回的，在不同的"阶梯"可以重新定义开始。而宇宙大爆炸钟形图和人类文明大爆炸钟形图是没有来回箭头的，虽然开头和结束本质相同，宇宙也许有轮回，但大爆炸钟形图的开头始终是开头。而东正教理想的"第三罗马"是个人政权的命运，凌驾于整个人类的命运之上，行得通吗？

2024 年 1 月 24 日网易网报道：普京的竞选口号：俄罗斯没有边界；据 BBC 驻莫斯科记者报道，普京最近在一则电子广告牌上宣称："俄罗斯的边界不会在任何地方结束"。俄罗斯前总统、安全会议副主席梅德韦杰夫表示，如果俄罗斯和北约之间发生战争，俄罗斯将别无选择，只能使用核武器来进行回应。梅德韦杰夫在俄乌冲突爆发以来，已经数次进行核灾难警告了，这次却是他迄今为止最强烈的警告："为了保护俄罗斯的领土完整，将使用带有特殊弹头的弹道导弹和巡航导弹。这将是众所周知的世界末日，一切都结束了"。

2024 年 1 月 23 日参考消息等多家媒体报道，阿拉斯加的归属目前成了俄罗斯向美国进行历史问题追责的一个重要的方面。尽管有传闻说普京总统已经签署法令，当年卖阿拉斯加是非法的，但是实际上签署文件和阿拉斯加相差甚远。梅德韦杰夫说，"如果收不回来，就通过战争手段来解决问题"，实际上要在美俄之间埋一颗定时炸弹，随时有可能对美国后院构成重大威胁，战略博弈在全纵深进行，在历史方面也出现了大的进步和转变。梅德韦杰夫对于阿拉斯加的收回态度，是否值得我们学习----把与叶卡捷琳娜二世以来，跟俄罗斯签订的不平等条约，放弃的东北西伯利亚领土收回来，认定不平等条约是"非法的"？当然这与东正教"第三罗马"精神是背道而驰的。

2024 年 2 月 11 日观察者网，发表薛凯桓硕士的《美国制定了"2024 乌克兰战略"，却不提钱和人从哪里来》一文中说："2024 美国政客继续要求乌克兰守住前线，但又丝毫不提人和钱从哪里来，这就令人非常费解了"。其实回想《觉醒年代》、《问沉浮》等电视剧说的大革命时代，领头干革命的人，钱从哪里来？也涉及"十月革命一声炮响，给我们送来了马克思列宁主义"，什么是"马列主义"、"社会主义"？从"命运"基因组学来说，它们不但与阶级斗争、消灭私有制有关，也有维护人类文明第二个孵抱期巴蜀远古盆塞海山寨城邦海洋文明，远古联合国开创"太平世界，环球同此凉热"的民主制原始共产主义或原始社会主义的"主权"、"国境"、"央地"有关，而不是东正教第三罗马精神重新定义引领世界的阶梯为大----当然正如"张广才"的跟帖所说："一个大国，文化和思想，比飞机大炮原子弹更重要"。1917年十月革命后，苏联搞社会主义，列宁与斯大林和赫鲁晓夫不同，跟沙皇时代遗留的宗教邦联制之争有关，以及也跟为啥目前社会主义国家的治理方法根据国情有不同，有关。

如朝鲜可以实行终生制和先军政治，没有市场经济，住房、医疗、教育全免费等幸福指数高是政府的钢需。列宁干社会主义，唱的是《国际歌》，实践了社会主义在单独一个资本主义国家内获得胜利，实行无产阶级专政，全部工业实行国有化，实行新经济政策增强了众多农民建设社会主义的信心；鉴于俄罗斯多年的东正教扩张，列宁批评"大俄罗斯沙文主义"，维护马克思的关注中华民族伟大复兴的"主权"、"国境"、"央地"，1920年派马林到中国成立中国共产党。

1920年3月12日"重庆组织"的成立，和列宁选派在印尼已有建党经验的马林到中国建党是英明之举----在马林1921年6月来华之前，早在1920年春苏俄已派维经斯基以学者身份掩护，来华与李大钊等联系建党。为啥中国共产党是在苏俄主持的共产国际（第三国际）帮助下开始建党工作的，然而最早他们正式派出的代表却是一个以"马林"之名活动的荷兰人？目前俄国公开的资料披露，"维经斯基"实际是远东共和国俄共（布）中央远东局领导的情报局成员。

马林（1883-1942）是随东印度公司到印度尼西亚，1914年在印尼组织过共产党。他接受列宁的指示，因回国荷兰耽误，1921年6月初才到上海。共产国际直接资助一大召开的差旅费用，"钱由马林拿出来，张国焘用"，发函给各地共产主义小组，请每地派两位代表赴上海开会（每位代表附寄路费100元，回去时又每人送50元）。

2010年1月29日凤凰网历史综合发表《杨奎松：共产国际为中共提供财政援助考察》一文，杨奎松教授说："中共自成立之初就不能不依靠共产国际（实际上主要是从苏联）定期提供的经费援助开展活动，这种情况一直延续到30年代初中共建立起南方根据地，中共中央由上海迁往中央苏区，才有了根本性的转变。而定期获得经费的情况虽然就此改变，中共依据自身的实际需要，不定期地向共产国际提出申请，进而获得相应的财政援助的情况却一直延续到共产国际解散之后"。1924年列宁去世，接班的斯大林维护了列宁主义，第二次世界大战中斯大林领导苏联红军，保卫了社会主义，功不可没。

斯大林，格鲁吉亚人，出身寒微，父亲是农民出身的皮鞋匠，母亲是农奴的女儿。在斯大林的领导下，俄国从一个犁耕手种、积贫积弱、备受欺压的国家，一跃成为拥有原子弹和全面工业化的超级大国，令全世界都为之颤抖。2024年是列宁逝世100周年，搞社会主义既有马列主义的基因组学，也有暴露组学----如放弃列宁的新经济政策，苏联工业化以牺牲农民利益为代价，导致了乌克兰大饥荒和哈萨克大饥荒。所以马列主义与中国的具体实践相结合，其中也包含有探索。

斯大林纵容李森科主义，以及1930-1953年间，根据由苏联国家政治保卫总局、内务人民委员部等机关起诉的刑事案件，有3778234人受到镇压。其中包括杨明斋----他协助1920年3月以维经斯基为代表的远东情报局成员到中国活动，1921年6月又陪张太雷赴莫斯科出席共产国际第三次代表大会，没开完会就立马返回北京，担任马林的翻译和协调马林作张澜解散"重庆组织"工作的，1921年9月陈独秀由广州回到上海任中共中央局书记，成立的党支部成员杨明斋（1882--1938）。他生于山东青岛市平度马戈庄，1938年在苏共肃反中被错杀。与他同期遇害的，还有苏联共产党早期领导人布哈林。1989年苏共中央为受害者平反，杨明斋才被平反"恢复"名誉。

1939年8月23日苏联和德国在莫斯科签署了《苏德互不侵犯条约》，背后隐藏着对侵略扩张的畏战、避战和纵容，也标志着苏联沦为只顾私利、丢弃大国责任的国家。而这一切的根源，是东正教--基督教各国的贪婪和恶行。最终1941年6月22日德国撕毁条约，向苏联发起突袭。赫鲁晓夫（1894-1971）是在乌克兰出生的一位鞋匠的儿子，列宁、斯大林之后，经过与马林科夫等的政治斗争，1955年2月成为苏联的第四任领导人。1956年2月苏共第20次代表大会在会上，赫鲁晓夫又作对斯大林批判的题为《关于个人崇拜及其后果》的秘密报告，在东欧国家引起了强烈反响。匈牙利总理纳吉呼吁匈牙利退出《华沙条约》组织，1956年10月苏军进入匈牙利，11月4日引发了重大社会动乱的纳吉被处决，至今匈牙利还害怕。

赫鲁晓夫又独揽党、政、军各方的大权，他在领导岗位上度过的11年，既充满了改革的冲动，又伴随着争议和政治风暴。1964年10月赫鲁晓夫被推翻下台，1971年9月赫鲁晓夫病逝于医院中。

俄罗斯出版的《20世纪祖国史》一书，对赫鲁晓夫评价："赫鲁晓夫在苏联历史上的作用，就像他的黑白两色大理石的墓碑，具有两面性"。1991苏联的解体名亡于戈尔巴乔夫，但马列宁主义仍然是社会主义命运动力学基因组学和暴露组学的指路明灯。

3、巴、伊双方互帮反恐说反政府民兵武装

为啥说马列主义仍然是社会主义的指路明灯，因为懂得今天世界乱成一锅粥----为啥欧洲有俄乌冲突、中东有巴以冲突和红海危机等，并不容易。东乌顿涅茨克最先有反政府民兵组织，也门胡塞武装是反政府的民兵组织，黎巴嫩的真主党武装和巴勒斯坦的哈马斯等也可算是地方民兵武装……东正教、伊斯兰教+政府，地方民兵武装算啥？

这里再提前面《巴基斯坦和伊朗在玩一种很新的"联合反恐"？》一文，作者"乌鸦"说："如果说也门胡塞武装对驶向以色列的货船发动袭击，甚至在美英武装力量卷入后直接将攻击目标指向美军舰只，还算是巴以冲突的外延事件的话，这段时间密集发生的'跨国武力袭击'事件，实在让人摸不着头脑"。他接着说："与伊斯兰世界加沙危机下的团结相反，这段时间中东各国似乎互相打成了一锅粥。挨打最惨的毫无疑问是叙利亚，好像所有邻国都在炸它，伊朗炸完以色列炸，以色列炸完土耳其炸，甚至，约旦也袭击了叙利亚……"。

"乌鸦"作者说："长期处在一个安定、和平以及全国较为协调一致、政令上通下达的主权国家环境里，站在我们习惯的视角上看其他国家，很多事情就会难以理解：虽然都是人类，虽然都是'国家'，但这个世界的真相并不只有一种----乌克兰武装部队炮击顿涅茨克商店、市场所在的繁忙地区……乌军方评论是：'顿涅茨克是乌克兰的，俄罗斯必须为夺取乌克兰人的生命负责'。这不矛盾吗？要么俄罗斯搞'公投'，你说顿涅茨克已经'投敌'，打死的是'叛徒'；要么你说顿涅茨克还是我乌克兰的，为'误伤同胞'----自己的军队打死自己的国民，人命还得算在俄国头上，这脑回路怎么看都不太正常"。

"乌鸦"作者提到伊朗的三面出击----在空袭叙利亚、伊拉克一天后，用导弹和无人机对巴基斯坦俾路支省的"恐怖组织正义军"发动袭击的新闻。巴基斯坦和伊朗是邻国，分别作为逊尼派和什叶派的穆斯林大国，两国关系还相当平和，不像伊朗同其他逊尼派穆斯林邻国那般剑拔弩张。伊朗"悍然空袭"巴基斯坦要干什么？他说："乌鸦之前给大家介绍过巴基斯坦的'俾路支问题'，那里是巴基斯坦闹分裂、搞恐袭最为突出的地方，更因其由于印美资助，频繁向与巴官方友好的中国企业、投资、人员下手。伊朗空袭的，是巴方的'反政府地区'，这到底是'打巴基斯坦'还是'帮巴基斯坦'？"

那伊、巴双方的反应，令人感到玄机重重的啥？"乌鸦"解释的是："巴、伊两国这一系列行动是有默契的，他们在玩一种很新的'联合反恐'----让对方上自己家来打击本国的分裂势力和恐怖组织，省得我在本国'平叛'还要被西方指控'平叛'云云。有网友玩梗，说这个套路咱们中国跟巴基斯坦是'老铁'，而在对抗美西方等问题上，日渐跟伊朗走近，他两国若是真掐架对中国不利，所以中国网友才做出这种对中国利益有利的阴谋论解释吧。乌鸦看了下巴基斯坦国内的情况，针对网上流传的关于巴基斯坦事先了解伊朗的行动，'此次袭击是在与巴政府谈判过后发动'的说法，巴官方专门进行了辟谣"。

作者"乌鸦"以上解释，能是马列主义照亮社会主义的指路明灯吗？巴基斯坦闹分裂、搞恐袭最为突出地方的反政府民兵武装，频繁向与巴官方友好的中国企业、投资、人员下手，仅仅是"由于印美资助"，因为中国跟巴基斯坦是"老铁"，日渐跟伊朗走近，他两国若是真掐架对中国不利，闹出反政府民兵武装的命运动力学之因吗？

其次，俄罗斯在顿涅茨克搞"公投"，能普遍推广吗？如我国的台湾地区单方面搞"公投"，我们的党中央能同意吗？

中国企业在巴基斯坦投资，是帮助巴基斯坦搞经济建设，共商项目投资、共建基础设施、共享合作成果，包括道路联通、贸易畅通、货币流通、政策沟通、人心相通，携手实现共同发展繁荣，如卡拉奇--拉合尔高速公路（苏库尔-木尔坦段），是 2015 年中国建筑股份有限公司与巴基斯坦国家高速公路管理局正式签署的中巴经济走廊早期收获项目，全长 392 千米，是推进"一带一路"项目取得重大实质性的成果。又如卡洛特水电站，是 2016 年三峡集团开工承建在距离巴基斯坦首都伊斯兰堡 50 多千米处的吉拉姆河畔的水电主体工程……这值得巴基斯坦地方民兵武装仇视吗？

马列主义普遍真理与中国革命实践具体相结合，"枪杆子里面出政权"----武装夺取政权，"农村包围城市"，我国在解放前和解放后一段时间里，为了建设和保卫社会主义，我们也重视过搞民兵武装。但我们是党指挥枪，不是枪指挥党，而且到现在我国枪支管控很严。

美国是当今世界上最为发达的国家，然而也是枪支最为泛滥的国家，所以美国的枪击案频发。枪支泛滥是暴力犯罪的催化剂，所以美国社会很多人提出要仿效中国，对枪支实施严格的管理。然而被资本控制的美国政府，已经成为军火公司的代言人，美国根本不可能禁枪成功，这是美国依旧枪支泛滥的根本原因。

新中国成立前，民间拥有的枪支非常多，这些枪支主要掌握在土匪和民团手里。中国在民国时期土匪横行，在有枪就能称王的年代，枪支就是发言权，所以全国各地有数百万土匪，这些土匪占山为王，成为一个独立的王国，土匪的危害太大了。新中国成立后，由于枪支泛滥，政府要求各地收缴个人枪支，但是对猎枪的管理得比较松，由于国民党还留下了很多敌特，各地的土匪也没有完全肃清，国民党还不时空降特务。所以各国营单位都有保卫部门，保卫部门都配有枪支，而且基层都建立了民兵组织，也都配有枪支，有的还配备了机枪。

要想使敌人陷入人民战争的汪洋大海，就必须要武装人民群众，东南沿海不时有敌特偷渡上岸，只要一被发现，往往不需要解放军出手，民兵就能把敌特抓获。随着国内的土匪被剿灭，大量的敌特被抓获，社会也逐渐安定下来，当时认为核大战的风险仍然存在，各级都兴起了练兵热潮，民兵的训练非常频繁，动枪动弹也是常有之事，国家对枪支的管理还是不甚严格。有人说有一件事件引起中央的重视，开始大规模禁枪----1966 年 2 月 2 日一声碎响，人民大会堂北侧的一块玻璃被打破了，原来是一颗子弹击穿了两层玻璃，而子弹还留在两层玻璃之间。公安部当天就成立了专案小组进行调查，后来查到一个小孩子拿家里的步枪打院子里的鸟，却打到人民大会堂的玻璃窗。

这一事件使官方对民间枪支的管理重视起来，开始了大规模的收缴活动，根据当时的统计，收缴的枪支达到 200 多万支，子弹 3 亿多发。这次收缴使民间枪支泛滥的问题基本得到了解决，不过民间还有大量的猎枪和运动步枪。那时交通不发达，环境闭塞，还不会造成多大的社会危害。随着改革开放的不断发展，交通改善，相对封闭的社会环境被打破，大量的农民工进城，不同习惯、不同的观念在激烈碰撞，争吵和冲突也就不断爆发，随后就可能升级为暴力冲突，这时就有人动刀动枪了。就在这时，在北京发生了一起严重的枪击事件。

1992 年 3 月 11 日中午，北京市公安局得到信息，有一个被通缉的犯罪分子王连平正在北京西直门大街的一家餐馆和几个年轻人聚餐。令人没有想到的是，公安员将王连平按在地上时，他的同伙竟然开猎枪射击，公安人员遭到不同程度的伤害。犯罪分子后来被一一抓获，但猎枪管控不严造成的危害引起了政府的重视，于是开始对猎枪收缴。当时猎枪之所以泛滥，很重要的一点是做猎枪的生意比较赚钱，一把猎枪的成本不过二三百元，但是在黑市上可以卖到 2000 多，接近 10 倍的利润驱动着很多机械工厂生产猎枪。

猎枪的结构比较简单，对射击精度要求也不高，一个手工小作坊就能生产，甚至一些铁匠铺都能搞出来，由于不是正常生产的猎枪，当然也就没有合法手续了，这些枪出事以后，连来源都没有办法追查。1996 年国家颁布了《枪支管理法》，这标志着国家已由运动式的禁枪模式，一下转变为法律支撑下的常态化禁枪模式，所有的猎枪也要收缴。从那以后民间基本没有猎枪了，对于一些必须用枪的场合，比如警察执行任务，武装押运等，都需要经过审批，而一些有执照的靶场，其管辖权都提高到了省一级。而且，对于涉枪的案件，从上到下都非常重视，对于非法持有枪支，一经发现就会立即抓捕并判刑。

目前我们是枪支管理最为严格的国家，这大大减少了犯罪率，使社会治安环境大为好转，事实证明，禁枪是一件利国利民的好事，这一点已成为全社会的共识。从中国对枪支管理的历史可以看出，中国禁枪成功得益于一个强有力的政府，可以排除一切干扰，这是其他政府做不到的。所以，中国才是没有战争的民主，美国的民主搞的是战争，这与世界东正教和伊斯兰教等宗教+邦联制的地区，不研究人类社会文明大爆炸的钟形图，理解中华文明和世界是失落远古巴蜀盆塞海山寨城邦海洋文明的文明，就难说清有所谓的正义。

为啥马克思和列宁等伟大革命导师关注中华民族伟大复兴的"主权"、"国境"、"央地"，并成为马列主义的一部分。而且它说明远古巴蜀盆塞海山寨城邦海洋文明的远古联合国地理图形，与今天联合国整个世界地形的海洋与大陆漂移后的板块分布结构高度相似，即今天的联合国是远古联合国的投影----那时重视发展生产，团结救灾、抗灾，可以说是今天的联合国发展的方向。如2020年初到2022年底三年中，全球抗击新冠肺炎病毒疫情的暴发，从2020年初开始程度空前的"隔离病毒，但绝不会隔离爱"----"外防输入、内防扩散"的"封城、隔离、隔断、封闭"，我国的大、中、小学，都停止学生到校上课，改为上"网课"。国内、国际的大型重要会议，要开，也是采用"视频连线"方式的"解封"……口罩、核酸、扫码、隔离----这很多经历，使人难忘？为啥俄乌冲突、巴以冲突……不是关于第三代两极世界进程谁胜谁负的问题，而是要不要让马列宁主义照亮世界人民道路的问题----人类文明大爆炸不理解失落的远古巴蜀盆塞海山寨城邦海洋文明，就没有什么社会主义，也没有什么马列宁主义。

4、宇宙能大爆炸为啥人类文明不能大爆炸

2020年电子工业出版社出版万维钢教授的《万万没有想到：用理工科思维理解世界》一书中，万维钢教授说魏格纳的"大陆漂移说"的故事，1912年德国地球物理学家魏格纳提出大陆漂移假说，认为非洲大陆与南美洲大陆是不是曾经贴合在一起，是由于地球自转的分力使原始大陆分裂、漂移，才形成如今的海陆分布情况的。

他从地球物理、地质、古生物及大气候等方面进行论证，可以解释一些此前人们想不通的问题。但这最多只能算间接证据，而一个论断想要被科学界全面接受，除了要有超乎寻常的证据，还必须有一个机制。一直到魏格纳去世30年后，板块构造学说席卷全球，人们终于承认了魏格纳学说在现代地质学中应有的地位。

翻过来看，命运动力学的机制虽然早就可以明确，是宇宙能量有大爆炸为啥人类文明不能大爆炸研究？而且有从远古联合国盆塞海山寨城邦海洋文明地形，与今天联合国整个世界地形海洋与大陆板块分布结构高度相似的证据，可以解释一些人们想不通的问题，但关键还是后来"高质量共建'一带一路'，携手实现共同发展繁荣"主题的践行，才让科学界和全世界有了全面的了解和接受----丝绸之路经济带：重点畅通中国经中亚、俄罗斯至欧洲（波罗的海）；中国经中亚、西亚至波斯湾、地中海；中国至东南亚、南亚、印度洋。21世纪海上丝绸之路：重点方向是从中国沿海港口过南海到印度洋，延伸至欧洲；从中国沿海港口过南海到南太平洋。

由于贯穿亚欧非大陆，一头是活跃的东亚经济圈，一头是发达的欧洲经济圈，中间广大腹地国家经济发展潜力巨大，超越了"以苏解马"对外援助以及走出去战略，给21世纪带来的新理念是，10多年来中国与150多个国家、30多个国际组织签署了230多份共建"一带一路"合作文件，有了致力于亚欧非大陆及附近海洋的互联互通，建立和加强沿线各国互联互通伙伴关系，构建全方位、多层次、复合型的互联互通网络，实现沿线各国多元、自主、平衡、可持续的发展，增进沿线各国人民的人文交流与文明互鉴，让各国人民相逢相知、互信互敬，共享和谐、安宁、富裕生活的事实。这都超越了"以苏解马"对外援助以及走出去战略，给21世纪的国际合作带来新的理念。

"一带一路"为全球治理提供了新的路径与方向，为新时期世界走向共赢带来了中国方案；找到了各国共同利益的最大公约数----不同性质、不同发展阶段的国家，其具体的战略诉求与优先方向不尽相同，但各国都希望获得发展与繁荣，这便找到了各国共同利益的最大公约数；为全球均衡可持续发展增添了新动力，提供了新平台----涵盖了发展中国家与发达国家，实现了"南南合作"与"南北合作"的统一，有助于推动全球均衡可持续发展。

　　作为今天世界的镇海神针，从远古联合国盆塞海山寨城邦海洋文明地形，到今天联合国整个世界地形海洋与大陆板块分布结构高度相似，民心相通是社会根基。正如写下《丝绸之路：一部全新的世界史》一书的英国历史学家彼得·弗兰科潘所说："曾经塑造了过去的世界，甚至塑造了当今的世界，也将塑造未来的世界"；作为和平、繁荣、开放、创新、文明之路，"一带一路"必将会行稳致远，惠及天下。

　　但为啥推进"一带一路"建设，单纯说传统全球化由海而起，由海而生，沿海地区、海洋国家先发展起来，陆上国家、内地则较落后，会形成巨大的贫富差距？而且连接亚洲、非洲和欧洲的古代商业贸易和文化交流的大通道，实际是有陆路和海路之分的。今天能传承和提升使古老通道重焕生机的丝绸之路的两极分裂的全球化理念，即使在乌克兰、以色列等问题上的秉持客观公正立场致力于劝和促谈，为啥也难见成效？难道"劝和促谈"是"以苏解马"精神的命运动力学？

　　我们来看 2024 年 2 月 22 日观察者网发表的《王文｜深度调研俄罗斯 21 个城市：西方不可能"肢解"俄罗斯》一文及其后面的跟帖，可以说是俄罗斯命运动力学的研讨。王文教授说他"自 2022 年 9 月起，赴俄罗斯深度调研莫斯科、圣彼得堡、叶卡捷琳堡、符拉迪沃斯托克、车臣、克里米亚、勘察加等东、南、西、北、中 21 个代表性城市，历时 58 天，与 200 多位俄相关人士交流座谈，还曾当面提问普京总统、拉夫罗夫外长。此后他分别在 2023 年 4 月、6 月、9 月先后 4 次赴俄罗斯各地交流与调研……挖掘到可转化为中国崛起新动能的诸多俄罗斯潜力"。像王文教授这种掌握主流话语权的学者，目前真很多，他能为我国挖掘到些啥呢？

　　王文教授说："看待俄罗斯，中国人长期被近代以来的历史记忆以及苏联时代的革命情怀所影响，形成了一'左'

一'右'两类截然不同的对俄态度……事实上，新时代的中国应以平视眼光看待俄罗斯的实力现状，自信地知晓中国综合国力已超越俄罗斯的客观现实，谦逊地挖掘俄罗斯仍有值得学习借鉴吸收的巨大优势，务实地推动与俄罗斯的新时代全面战略协作伙伴关系之路……从世界政治角度看，俄罗斯仍是当下世界最重要的行为者之一，若能妥善处理对外冲突，善于配置全球资源，协调好国家与市场、能源与经济、东方与西方的结构矛盾，俄罗斯重新崛起是高概率的事件"。这说得很对。

其实王文教授自己也是一个偏"左"的学者。他说："俄乌冲突是 1812 年反抗拿破仑东征、第一次世界大战、二战反抗希特勒入侵以来的第四次卫国战争……俄乌冲突正在持久战化，很可能出现'印巴化'的趋势"----王文教授如果生活在沙皇等侵略中国的年代，他能唱响《国歌》吗？2024 年 2 月 22 日观察者网等据俄罗斯卫星社、塔斯社报道称，目前担任俄联邦安全会议副主席的俄前总统梅德韦杰夫 22 日说："俄罗斯军队可能会抵达乌克兰首都基辅。基辅由以美国为首的俄罗斯的敌人控制"。2023 年 10 月 5 日中国驻乌使馆紧急提醒，"俄军导弹满天飞，基辅很危险"----俄罗斯军队对乌克兰的导弹袭击，波及包括首都基辅在内的多个乌克兰城市，战场一片凄惨。

2024 年 2 月 1 日西陆军事观察网报道："俄乌这一轮战争下来，整个乌克兰至少多了 3000 万颗地雷，造成永久性的威胁。如果要把这些地雷清理掉，就算找上几万个工作人员，也至少要 50 年才能排干净。乌克兰终于从全球最肥沃的黑土地，变成最大的雷区"。俄罗斯"第四次卫国战争"，怎么 50 年才能排干净的地雷，埋在乌克兰？俄乌冲突可能出现'印巴化'的趋势，是否也有"俄中化"的趋势？近代日本侵略朝鲜、法国侵略越南、沙俄侵略蒙古，中国军队也应该打到这些国家的首都？中国从朱元璋起，是"俄中化"吗？

王文教授说："从 15 世纪以来，俄罗斯民族先后打败了蒙古帝国，吞并喀山汗国、克里米亚汗国、西伯利亚汗国等，向西伯利亚和远东地区扩张，近代又打败拿破仑和希特勒，作为世界上领土面积最大的超级大国，与美国并肩……

俄罗斯资源（石油、天然气、煤炭、粮食等）潜力仍是世界最充足的国家之一（这是它本身的吗）。门捷列夫元素周期表中的所有元素，在俄罗斯都能找到。俄罗斯成年人的大学生比率高达 58%，高于美国的 40%，更远远高于中国的 10%左右。俄罗斯年轻人的基础素质、知识面、思考能力，总体上略高于笔者所接触的中国'985 大学'本科生。俄罗斯是获诺贝尔奖最多的六个国家之一，尤其是物理奖，1991 年以来有6 位俄罗斯物理学家获诺贝尔奖。'数学界诺贝尔奖'的菲尔兹奖自 1936 年首次颁发至今共授予 60 人，俄罗斯（包括前苏联）共 9 人获奖。俄罗斯外交、资源、人才领域仍是全球领先，拥有 194 个少数民族的俄罗斯国家认同，集体凝聚力仍是牢固的"。王文说的是事实，那薛凯桓说的是啥？

薛凯桓硕士讲他的白俄罗斯岳父岳母，至今对他说的是：中国"是我们的小老弟"。但他的岳父岳母不是一般的普通的白俄罗人，是高级知识分子。薛凯桓硕士替其圆场解释是："岳父岳母都是明斯克汽车制造厂的骨干技术员工（岳母已退休），行事风格和思维方式都非常老派，非常有白俄罗斯老一辈人的特色"----薛凯桓解释更能使人想起上世纪 50 年代，"苏联老大哥"的专家帮助我们搞武钢建设。

1965 年考上武汉钢铁学院，我们从四川偏僻山区来到武汉，9 月 1 日开学后的入学教育，第一个是参观汉口苏联专家撤走后的"苏联专家接待楼"。那面里布置的是中共中南局书记兼湖北省委书记王任重领导的"四清运动"成果展览。看"苏联专家接待楼"建得很气派，有老师给我们说：苏联老大哥帮助搞武钢建设，我们不能像自己一样勤俭节约接待：苏联专家每周星期六晚上，都要在"苏联专家接待楼"举行舞会。大学里部分老师、同学有的还能回忆陪跳的舞姿。

白俄罗斯和俄罗斯至今一体化，是苏联的成员，薛凯桓说他的白俄罗斯岳父岳母"非常老派"，称中国"是我们的小老弟"，也许还不仅是上世纪 50 年代苏联专家的气派，也不是薛凯桓说的白俄罗斯"老一辈人对中国的了解远不如年轻一代，对中国的印象还停留在再好能好到哪里去（岳父原话）的过去式"，而是白俄罗斯老一辈人比年轻一代更了解中国人被制服的真像：学今天俄罗斯的用语，如"东扩"、

"俄乌冲突"、"颜色革命"等不走样，真像"小老弟"。

5、宗教+邦联制大俾路支斯坦命运动力学

前面说的白俄罗斯国立大学国际关系硕士生薛凯桓，并不明白为啥他的白俄罗斯岳父岳母"非常老派"————原苏联时期的高级知识分子（明斯克汽车制造厂的骨干技术员工），仍称中国"小老弟"？以及为啥中国人中也有一些学今天俄罗斯高层的用语不走样？

自觉自愿甘做"小老弟"的高层新闻从业人员————原因有如 2022 年 12 月 26 日我国媒体据俄罗斯媒体报道称："普京表示俄罗斯的目标并非加速冲突，而是结束这场战争。这是 10 个多月以来，普京首次用'战争'字眼形容俄乌冲突。而在之前，这种形容在俄罗斯是非法的，普京甚至亲自签署法令，将'俄乌战争'列为误导性用语，一旦定罪最高可被判 15 年监禁"————我们高层新闻从业人员，也怕说成"俄乌战争"，要判 15 年徒刑，不值得；即使普京改成说"战争"也改不了。有人说这是出于"俄罗斯若败，下一个西方将对付中国"的唇亡齿寒感；中国显然意识到了向俄罗斯学习的必要性与紧迫性。

说这些，也许很多人不相信和中华文明与世界是失落远古盆塞海山寨城邦海洋文明有联系，以及与国家命运动力学有关系。讲明道理，这里就来说当今世界之乱，实质上是在打击我国的"一带一路"。

这与前面说的《巴基斯坦和伊朗在玩一种很新的"联合反恐"？》一文中，作者"乌鸦"讲的宗教+邦联制大俾路支斯坦命运动力学，能够得到一些启发————在东正教、基督教存在的东欧、中欧有俄乌战争。在伊斯兰教、印度教、犹太教等存在的中东、中亚、非洲，有巴勒斯坦加沙地方武装哈马斯、黎巴嫩的真主党武装、也门的胡塞武装等，与以色列政府军的战争。包括中东地区反美武装准同盟的伊朗民兵、伊拉克人民动员力量、叙利亚政府军等伊朗系或亲伊朗武装，也在打响对以色列战斗；而埃及，土耳其，沙特等国家也在严厉警告以色列。东正教存在的地区和穆斯林伊斯兰教、基督教、犹太教等存在地区，发生的战争，相互残杀，这是做命运动力学游戏，还是真打？

分析"乌鸦"文章提出的"俾路支地区"（大俾路支斯

坦）概念，联系贯穿命运动力学的机制的自宇宙能量能大爆炸，人类文明也能大爆炸，以及从远古联合国盆塞海山寨城邦海洋文明的地形，与今天联合国整个世界地形海洋与大陆板块分布结构高度相似与区别，也许能解答一些人们想不通的难题，而为回到和平与发展的时代主题出力。

作者"乌鸦"说：2023 年 12 月向巴基斯坦政府投降的"俾路支民族主义军"头目，说自己得知原来组织是印度在暗中支持，信仰崩塌才投降。其实印度的支持不只这一家，俾路支各路武装，背后都有印度的身影……巴基斯坦确实是在借（伊朗之）刀杀人的话，被揍的就是印度支持下的反巴反华的俾路支各分裂势力，但印度竟然是为自己扶持的势力被揍而鼓掌，也算是十分幽默了。也许在印度的认知里，"俾路支"是独属于巴基斯坦的问题吧，可事实却并非如此。

"乌鸦"说："俾路支问题"是一个国际问题，至少应当说是一个区域跨国问题。类比的话，可以说俾路支问题就是一个西南亚交界处的"库尔德斯坦"问题。俾路支地区，实际分布在三个现代主权国家范围内----伊朗（约 140 万俾路支人口）、巴基斯坦（约 700 万）和阿富汗（约 60 万）。与库尔德人类似，"俾路支区"，也就是在三国交界的位置。这个分布的由来，在 15 世纪，曾经存在过一个跨现伊朗和巴基斯坦国境的"俾路支王国"。而在进入西方殖民时代后，1896 年，英国人划定的"戈德米德线"将西俾路支划分给波斯，而剩下的东俾路支斯坦划给英国。1893 年由英国人划定的"杜兰线" 则将俾路支北部划给阿富汗，从而成为英属俾路支（后来的巴基斯坦俾路支）和阿富汗的边界。但"俾路支人"可不一定认你这个边界。早在 1932 年 12 月 25 日，"俾路支统一组织"在其出版的周刊中，第一次公开出版了"大俾路支斯坦"的地图。这一地图显示"俾路支斯坦"的领土包括卡拉特邦、英属俾路支斯坦，以及波斯、旁遮普、信德的一部分俾路支领土。这样的主张，至今在该区域仍有市场。

"乌鸦"说：这显然会惹到所有相关的主权国家。就拿伊朗来说，虽然在伊俾路支人分裂倾向并不像巴基斯坦的俾路支那么突出，但即便在当年被吹捧为"自由时代"的巴列维王朝时期，也对"大俾路支斯坦"苗头严加防范，由政府严格限制国内俾路支人与巴基斯坦、阿富汗俾路支人的跨国联系和运动。边境地区从来是统属上最为混乱，各方势力最为交错之地，即便是像我国这样国家的边境上，也活跃着不少的犯罪集团和敌对势力，更不要说诸多深受旧殖民体系"埋雷"，多民族多宗教大量跨国分布的国家了，不管这次巴基斯坦和伊朗到底是不是真的在变相搞联合反恐，我们都希望他们能够协调一致去解决边境的隐患，实现真正的和平稳定。

1）宗教+邦联制大俾路支斯坦之乱

"乌鸦"说：巴基斯坦和伊朗这一系列"冲突"后，美国谴责伊朗，而印度则直接根据"与巴基斯坦为最大宿敌"的思路，站队伊朗，上演一出"敌人的敌人就是朋友"的最直观戏码。然而那真是"敌人的敌人"吗？什么叫五大流氓，什么叫主权国家三个半。

巴基斯坦是一个只有部分主权的国家。哪怕俄罗斯、美国佬在它内部能力也是不容小觑的。巴基斯坦这样一个地缘利益十分重大的国家，美国对它的渗透，操控能力是十分巨大的。别说巴基斯坦，哪怕是民国时期，苏美也严重影响中国的政治生态。不是蒋光头站稳了苏美的支持，他凭什么牢牢掌控国民党……世界各国都在一门心思振兴经济，增强国力，这类国却连年窝里斗，政府无能，地方武装势力泛滥，真是扶不起的阿斗？穆斯林都是伊斯兰国的人，有着以一切方式建立伊斯兰国的义务，在清真寺（穆斯林军营）进行军训的义务。伊斯兰教是个政治、军事组织，唯独不是宗教，它没有进出（信仰）自由，没有思想自由、生活自由，没有宽容、只有教法（伊斯兰国宪法-古兰经）。以上巴基斯坦问题图论----巴基斯坦和伊朗玩的那种很新的"联合反恐"游戏，虽然世界的真相"因国而异"，虽然这段时间的中东各国似乎自己先互相打成了一锅粥，但以"国别"而言，挨打最惨的毫无疑问是叙利亚，为啥？叙利亚之前也强大，可以暗杀黎巴嫩总理也不在乎。这类政权的起家多是军事政变，大家一个样……

2）伊朗伊斯兰革命图论

以色列对叙的空袭就不必多说，而说伊朗伊斯兰革命卫队于 2024 年 1 月 15 日晚，使用弹道导弹对叙发射两轮空袭，消息由伊国家通讯社 IRNA "官宣"。作者 "乌鸦" 说：最令人 "意外" 的恐怕是约旦。叙利亚媒体消息，约旦对叙南部发动空袭，造成包括儿童在内的约 10 人死亡……说回叙利亚，虽然一说起来上述各国都在袭击 "叙利亚"，但它们的袭击对象，又是完全不同的东西。

对于较为熟悉叙利亚内战以来局势的人来说，不用详细查询，都能很轻松地捋清楚：伊朗炸的是在叙以色列情报人员和渗透势力；以色列炸的是伊朗作为 "什叶之弧" 盟友的支援力量和叙利亚的亲伊朗势力；至于土耳其嘛，自然是针对叙利亚的库尔德区了。而大家较为陌生的约旦，据报道是在叙打击与 "叙政府、黎巴嫩真主党和伊朗支持的民兵组织" 相关的 "毒贩"，实际上也体现着伊斯兰教逊尼派与什叶派政权的矛盾，要知道在这轮中东和解之前，这一众逊尼派阿拉伯国家可是已经跟叙利亚阿萨德政府断交许久了……类似的情况也发生在伊拉克。大家知道，与叙利亚正好相反，伊拉克是一个什叶派人口居多，却长期由逊尼派掌权的阿拉伯国家。

自打美英 "三打萨达姆" 把这个强势的逊尼派世俗政权搞掉之后，后来的伊拉克政府一直较为弱势和松散，对全国的控制能力大大下降，反而在这些年给了什叶派领袖伊朗的势力深入渗透的机会，现在经常袭击美军基地的，就是伊朗扶持下的伊拉克什叶派民兵组织，而两伊政府之间如今彼此的态度也十分暧昧。可最近伊朗军方却对 "伊拉克" 这个 "自家人" 也发动了袭击。就在空袭叙利亚的同一天，伊朗伊斯兰革命卫队向伊拉克发射多枚弹道导弹，具体目标是哪里呢？伊拉克库尔德区首府……伊拉克方面，还对此做出了外交回应，表示此次袭击公然侵犯伊拉克主权，违反睦邻友好原则和国际法，威胁地区安全，并召回了驻伊朗大使。但这个外交事件似乎至今没有什么下文，反而是 "让美军离开" 成为了伊拉克外交当前的绝对核心……

"乌鸦" 说：如果说像伊拉克、叙利亚这样被美西方要么入侵，要么挑动内战，导致国家对版图内失控的国家，对于来自邻国的各种袭击，根本没有能力做出有效反应的话；那么若是对两个五五开的国家，遇到对方的袭击给不出有力反应，那就太没面子了。

3）大俾路支斯坦图论

与伊朗和巴基斯坦在霍尔木兹海峡和波斯湾地区，举行联合海军演习，"旨在提高两国军队互动水平、促进双边军事关系"的同时，又在作为"报复"----巴基斯坦第二天也反过来"武装侵犯伊朗主权"，对伊朗东部萨拉万市附近进行了数次空袭。目标，那都是咱们的"老熟人""俾路支解放军"（BLA）和"俾路支解放阵线"（BLF）。

"乌鸦"说：可能是我们对"报复"这个词的理解能力有限，一般不应该是报复"肇事者"吗？但有一点可以确定，巴基斯坦和伊朗在这个边境区域确实面临着共同问题。有跟帖说：自伊拉克战争结束后，一个所谓的"反恐"或类似口号，就可以成为践踏所有相关地区国家主权的理由。血仇的当事方----以巴基斯坦俾路支省为基地的恐怖分子，以叙利亚西北部遭土耳其仆从军实控区为据点的极端组织，以及为极端组织和伊朗国内反对派提供帮助、位于伊拉克库区的摩萨德 CIA 的安全屋与指挥协调中心，就理所当然成为伊朗对外打击行动的目标。即伊朗对于伊拉克和叙利亚领土上的恐怖分子与割据武装的袭击，并没有引发两国不满，还对恐怖分子背后的势力起到敲山震虎的作用。这对于叙利亚危机的全面解决、伊拉克摆脱以美军为首的"国际联盟"的占领，均能起到不小作用。

有跟帖还说：阿富汗与伊朗边境的俾路支系武装尽管比较活跃，但实力相当有限，且主要资金大头其实来自印度，所以对他们的空袭无法伤及其根本。既碍于与美国的关系，也因为伊斯兰世界"地方自治"的古老传统，巴基斯坦军队至少在短期内不可能对本国的俾路支省进行军事清剿行动，更不要说铲除对自己和伊朗的威胁了。

而根据中亚多国政府的国策与"一带一路"倡议的结合，在不久的将来，该地区会建成一张联结乌兹别克斯坦、阿富汗、巴基斯坦与伊朗的客货两用铁路和公路的巨大网络，并最终向东连接到中国，向西延伸至欧洲。这无疑需要一个整体稳定的大环境才能推进下去，但当地目前仍不太平，各地的恐怖组织、试图影响与破坏建设的外部势力代理人，依旧蠢蠢欲动。如果地区各国无法通力合作清除这些毒瘤，那么这张网络的推动效率将大打折扣，无法达到各方预期。

有人说：伊朗属于什叶派，巴基斯坦到属于逊尼派，两家说不上友好，但也没有到大打出手的地步。俾路支分离运动是共同威胁，两家唱双簧都不好说。巴基斯坦是中国的重要盟国，伊朗也与中国关系良好，只有中国有资格出面调停，中国也在需要确保两国继续保持友好，主动调解伊朗和巴基斯坦在俾路支地区的冲突。

【5、当今世界之乱是在打击"一带一路"】

1、"一带一路"为啥在东方？

1）卡尔森采访普京信息让东方吃惊

上节提及"乌鸦"文章《巴基斯坦和伊朗在玩一种很新的"联合反恐"？》，只提供了穆斯林伊斯兰教、印度教、犹太教等存在的中东、中亚地区一些表面的事实；再联系基督教、东正教存在的东欧、中欧等地区的相似新闻，能补充值得研究和分析的观点是些啥？

2024 年 2 月 26 日北京西陆网军事观察，发表作者"如松"的《普京，揭开最后的谜底！东方大吃一惊？》一文，他一开头就说："普京接受美国保守派记者卡尔森采访时，说了这样一句令整个世界摸不着头脑的话，大致意思是这样的：是乌克兰向俄罗斯发动进攻，进而引爆了战争……明明 2022 年 2 月 24 日普京指挥俄罗斯大军攻入了乌克兰，普京是想胡搅蛮缠吗？今天希望通过一个独到的视角，研究一下普京的这句话，这只是个人见解"。

如果说多极化命运动力学就是战争，历史上战争能夺取资源，今日战争能发财，那么要写好《命运动力学》就是一项庞大的工程。

正如有人说："一个大国，文化和思想，比飞机大炮原子弹更重要。苏联完蛋以后，俄罗斯的立国合法性，只能倒向传统……即所谓，俄罗斯精神。终极之问：这个世界是不是只能这样继续下去？其实双方都是玩话术，俄罗斯数百年来开疆辟土，怎么可能不是帝国主义"----所以整个"人类社会命运动力学"，不只是"多极化命运动力学"，而是应该追寻和平与发展是时代主题的这一智慧，是从哪里来的？

应该说，从巴蜀远古盆塞海山寨城邦文明和海洋文明来的。我们研究过"远古盆塞海山寨城邦海洋文明"，联系到和"一带一路"是紧密相连，是"龙文化和凤文化————龙凤经济文化————市场经济和商品经济；要团结救灾、抗灾；要保家卫国；要建立根据地……"。

与"盆塞海山寨城邦海洋"类似的部分，是作者"如松"文章中，说他个人见解提到："经济全球化之后就会形成产业转移……这是欧亚大陆国家与海洋国家的经济模式所决定的。欧亚大陆各国的文化虽然有所不同，但都是大陆文化，相对海洋国家来说，最大的特点就是政府掌握着更大的权力，掌握着更多的社会资源。这种情形在今天依旧有所体现，法国、俄罗斯等都有数量庞大的国有企业，涵盖能源、电力、交通运输、钢铁、军工等基础行业，这就让政府更有力量。英美知道自己国家的管理模式、经济模式与欧亚大陆国家之间有本质的差异……全球化已经导致各国综合实力的此消彼长，当美军撤出之后，欧亚大陆的地缘矛盾就会迅速激发，战争周期就会到来"。

在文章最后，作者"如松"说："普京很清楚美国需要一场战争，推动美国经济的车轮适应未来战争的需要，所以在普京眼中这也是一场属于美国的战争。但普京抓不到真凭实据就无法将战争的罪责扣在拜登头上，最终就只能扣在乌克兰头上，指认乌克兰发动了这场战争……经过2年的俄乌战争之后，普京占领了乌东四州大部分土地，部分实现了他的战略目标……拜登也基本达成了自己的战略目标。普京为什么要对卡尔森说是乌克兰发动战争哪？或许他要告诫拜登，美国的目的既然已经达到了，就应该聚焦于自己的对手，不要再拿俄罗斯练拳。所以，普京在接受采访时还说到，美国的主要对手在东方，不要继续浪费纳税人的钱不依不饶地和俄罗斯过不去。普京这些话会不会让东方大吃一惊？我不知道，但我们希望东方能够更清醒这场战表面看起来是俄乌之间的战争，但真正的目标更像是东方"。

为啥作者"如松"说："希望东方能够更清醒这场表面看起来是俄乌之间的战争，但真正的目标更像是东方？"也许这类似有人说的："专家实际上享有一种只管说，不管做，也不需要对任何后果负责的超级特权；由于只有政治领导人，才是政治决策的最终责任人和后果的最终承担者，所以这进一步刺激了大大小小的'国际问题专家'们，用各种过激的政策方案影响政治领导人"。

2）中国劝和促谈是"一带一路"正确态度

即使有人说："俄罗斯整个精英阶层，自认为自己是西方；他们不论是地理位置还是文化也都是西方的，整个远东地区是抢来的，奉行着亲西方政策只是失败了，要不转向东方现在大概率会被肢解。现在中国帮忙也不是没有代价————中国把手伸到远东和中亚；这些地方以前他们自己开发不了，但也要一直护着不能让别的势力插手"。

即使我们明白：基于基督教罗马帝国的传统，美国、俄国、德国和英国都有建立世界帝国的野心，西方文明不是一个整体。但我们中国的态度劝和促谈，不会下场调解，无论中东巴以还是欧洲俄乌，欧美想拉中国下水下场，白日做梦；美欧想解套上岸，也是白日做梦。

这种独特的"默契"，一如有中国常驻联合国代表张军，在安理会审议乌克兰问题公开会上发言时强调："中国不是乌克兰危机的制造者，也不是当事方。中方没有隔岸观火，更没有借机牟利。乌克兰危机延宕至今，呈现长期化、复杂化、扩大化态势，令人痛惜，也值得深刻反思。国际社会应共同努力，积极寻求公正合理方案，推动危机政治解决，让和平早日降临"。

二有中国外交部发言人汪文斌，阐释中方有关基本立场主张，涵盖尊重各国主权、摒弃冷战思维、停火止战、启动和谈、解决人道危机、保护平民和战俘、维护核电站安全、减少战略风险、保障粮食外运，停止单边制裁、确保产业链供应链稳定、推动战后重建等方面。在乌克兰等问题上，始终秉持客观公正立场，积极致力于劝和促谈。

三有中国外交部长王毅，在出席慕尼黑安全会议并访问西班牙、法国后接受中国媒体采访时说："乌克兰危机长期化、复杂化、扩大化不符合国际社会共同利益。历史经验证明，任何冲突的终点都是回到谈判桌。这场危机的来龙去脉、是非曲直历史自会有公论，当前最紧迫的是恢复和平。我们认为政治解决是唯一出路。只要和平还有一线希望，就应不放弃促和努力。过去 100 多天来，巴以冲突持续升级，已造成近 3 万平民丧生，约 190 万人流离失所。任由加沙战事延宕，将会造成更严重人道主义灾难。21世纪的今天，国际社会怎能面对这样的人间悲剧而无动于衷、无所作为？冲突的根源在于巴勒斯坦始终未能实现建国梦想，几代人颠沛流离而无法回归家园。中国的立场很清楚，一是立即停火止战，二是确保人道救援，三是释放所有扣押人员，四是召开国际和会，重启'两国方案'，最终实现巴以两国和平共处、阿拉伯和犹太两民族和谐共存"。

2、"一带一路"主张劝和促谈为何正确

1）命运动力学之谜与大爆炸--暴胀模型

宇宙自然与生命社会，演化本是同根生的，"一带一路"为何出在东方？在宇宙学的发展历程中，大爆炸模型和暴胀理论两个主要的理论框架，联系贯穿命运动力学的机制来自宇宙能量能大爆炸，人类文明也能大爆炸，以及从远古联合国盆塞海山寨城邦海洋文明地形，与今天联合国整个世界地形海洋与大陆板块分布结构高度相似与区别，也许能做解释的是命运动力学之谜与大爆炸--暴胀模型的合一。

是国家和人民培养了我们上大学，有了理解高等数理化生天文地理知识的能力，而很早就把四川盐亭家乡盘古故里传说的远古"盘古王开天地"，看成宇宙大爆炸类似的人类文明大爆炸----现在宇宙学的奠基人是爱因斯坦，1917年爱因斯坦根据广义相对论对宇宙学所作的考察，提出了人类历史上第一个宇宙学的自洽的统一动力学模型：爱因斯坦认为，宇宙的的演化是由引力所支配。

"引力"对人来说类似啥？在广义相对论看来，质量大的物体，其周围引力场强，实际上相应空间弯曲程度最大。而什么是宇宙？宇宙就是时空。常炳功教授提出的"时空"，是一种"阶梯"的理论。

而成为现代宇宙学基石之一的"时空"，是爱因斯坦发现如果附加两个条件：宇宙的物质分布均匀，且各向同性，则其宇宙学方程就很容易得到一个动态解：可能是膨胀的宇宙，也可能是收缩的宇宙。描述这一模型的场方程到1922年，苏联物理学家弗里德曼又将广义相对论应用在流体上也得出。弗里德曼类似广义相对论方程的结果是认为，宇宙的物质总量有一个临界值；如果宇宙物质总量少于临界值，则宇宙的膨胀会永远持续下去。这种宇宙叫"开放"型宇宙。

宇宙中物质若大于此临界值，则物质的引力会足够强，以致造成物质空间很大的弯曲，从而促使膨胀停止。这种类型的宇宙叫"封闭"宇宙。

弗里德曼的解，显示宇宙在膨胀，这个膨胀过程被美国物理学家哈勃在 1924 年到 1929 年通过观测发现证实，从地球到达遥远星系的距离，正比于这些星系的红移。这一膨胀宇宙的观点也在 1931 年，被比利时物理学家勒梅特在理论上通过"宇宙蛋"求解弗里德曼方程而提出；这个解后来被称作弗里德曼-勒梅特-罗伯逊-沃尔克度规。

到 1934 年弗里德曼的一个学生伽莫夫，也是一个宇宙学家，他对弗里德曼的结果大力推广，认为宇宙最初是一个温度极高、密度极大的由最基本粒子组成的"原始火球"。根据现代物理学，这个火球必定迅速膨胀，它的演化过程好像一次巨大的爆发。由于迅速膨胀，宇宙密度和温度不断降低，在这个过程中形成了一些化学元素(原子核)，然后形成由原子、分子构成的气体物质。气体物质又逐渐凝聚成星云，最后从星云中逐渐产生各种天体，成为现在的宇宙。

但第一个直接称呼"大爆炸"一词的人，是霍伊尔。他一直坚持自己的稳恒态宇宙模型，1949 年霍伊尔在 BBC 的一次广播节目中，使用"大爆炸"本意是嘲笑的伽莫夫模型----在他看来，大爆炸模型最初的"奇点"难以令人接受。反之后来人们把伽莫夫模型称为"热大爆炸模型"----高能粒子物理、有限温度场论、量子引力等基本物理理论，在描述这一系列演化过程中，起着极其关键的作用。

即到 1980 年代根植于人们头脑中的宇宙热大爆炸模型，把膨胀的过程沿着时间轴回溯 138 亿年，整个宇宙就会收缩到一个点上，这个就是大爆炸的起点----大爆炸模型首次提出于 20 世纪初，通过对宇宙早期演化过程的推断，揭示出宇宙的起源和常数----基于爱因斯坦的理论提出的大爆炸模型，假设宇宙起源于一个高密度、高温度的点，经过一个爆炸过程，整个宇宙逐渐扩张并冷却。这个理论得到了很多实验的验证，比如发现了很多背景辐射和重元素。

特别是 1964 年微波背景辐射的发现，及宇宙中轻元素丰度的测定极大地支持了热大爆炸模型。随着技术的发展，科学家们可以使用更灵敏的天文仪器来观测宇宙的细节，从而更好地研究大爆炸模型————宇宙是在过去有限的时间之前，由一个密度极大且温度极高的太初状态演变而来的，并经过不断的膨胀与繁衍到达今天的状态。

然而，热大爆炸模型也存在一些明显的缺陷，如宇宙结构的形成速度过快，宇宙的同质性难以解释：宇宙演化起源于一个奇点，在那里，所有物理学定律都失效；此模型无法解释宇宙大尺度的均匀性和小尺度的非均匀性；无法解释宇宙空间平坦性；无法解释所谓的视界问题，即现在观测到的均匀宇宙是由早期许多非因果关联区域演化而来，这违背基本物理学定律；无法解释超重质量粒子稀少等问题。

1980 年美国麻省理工学院古思教授，提出宇宙暴涨理论一举解决了大爆炸模型中许多无法克服的困难。古思认为，早期的宇宙不是像现在这样以递增的速率膨胀，而是存在着一个快速膨胀的时期————大爆炸的状态是非常热和相当紊乱的；这些高温表明宇宙中的粒子具有极高的能量。在如此的高温下，强相互作用力、弱相互作用力和电磁力都被统一成为一个力；当宇宙膨胀并变冷，力之间的对称性由于粒子能量降低而被破坏，强力、弱力和电磁力变得彼此不同。

这就好象液态水在各个方向上性质都相同，而结冰形成晶体后，就变成了各向异性，水的对称性在低能态被破坏了。即当宇宙暴涨时，它所有的不规则性都被抹平，就如同吹涨一个气球时，它上面的皱摺都被抹平一样。按照这种思路，那么在现在的宇宙中观测到，来自宇宙一切方向的背景辐射所对应的温度基本一致，也就不足为怪。

按照暴胀宇宙论，宇宙初期的这种急剧膨胀就是"暴胀"。宇宙暴胀或暴胀理论是指在早期宇宙一段快速膨胀的过程，从大爆炸之后的 10-36 秒开始持续到 10-33 到 10-32 之间。在负压力的真空能量驱使下，宇宙的加速度膨胀使其半径在远远小于 1 秒钟的时间里，增大了至少 10 的 78 次方倍。这种暴涨的急剧程度，是暴涨结束以后宇宙继续进行的那种膨胀的速度完全无法比拟的————在宇宙大爆炸之前，宇宙经历了一个极短暂的指数级膨胀阶段。在这个阶段，宇宙的尺度因子以极快的速度增长，使得原本微小的空间区域被迅速拉伸到宏观尺度。

通过这种指数级膨胀，暴胀解决了空间扁平度问题和因果视界问题。当然，初期宇宙曾经发生过膨胀速度高到无法想象的超急剧膨胀，地点不同，温度会有所不同。但是如果只考虑初期宇宙中极小的一块区域，则可以认为这个小区域具有均匀的温度。如此小的一块区域，在它还来不及非均匀化的一瞬间，如果就急剧膨胀为很大的宇宙的话，那么在这个宇宙中的温度自然也就是基本均匀的。即在宇宙创生之初存在一个高能的暴涨场，使宇宙在极短的时间内急剧膨胀。

在宇宙暴胀之后宇宙继续膨胀并冷却，物质开始聚集形成了星系、恒星、行星等宇宙结构。随着时间的推移，物质越来越复杂，宇宙也越来越稳定。目前我们所处的宇宙时代被称为"暗能量时代"，宇宙正在以逐渐加速的速度膨胀。自 1991 年美国 COBE 卫星首次观测到源于宇宙早期密度扰动的各向异性后，越来越多、越来越精确的天文观测支持了暴胀模型。尤其是在 2014 年，宇宙微波背景辐射探测器在宇宙微波背景辐射上的测量结果，为宇宙暴涨理论提供了可观的证据。科学家们还发现了引力波，这是宇宙暴涨理论的又一个预言。

即宇宙暴胀理论是大爆炸模型的一个重要补充和延伸，它不仅深入解释宇宙暴胀的起源和演变过程，还发展了参数化方法、引力波扰动和物理宇宙学，推进了宇宙学领域的不断探索，并且展示了引力波在认识宇宙演化中的重要作用。当然即使宇宙微波背景辐射的观测强有力地支持了暴胀模型，可是在粒子物理的标准模型里，还未找到能充当暴胀场的标量场，这使理论物理学家产生更"疯狂的"新思想。近十年来，膜世界绘景、外维度、超弦理论中的稳定和非稳定延展物体（膜）等新思维，为构造一个成功的暴胀模型提供了理论基础。总之宇宙暴涨理论，为我们提供了一个全新视角来理解宇宙演化过程。

3、远古盆塞海山寨城邦文明暴胀有何痕迹？

回答成都胡万宝教授说命运动力学需要论证和实证，我们说首要的是应懂得远古盆塞海山寨城邦文明的暴胀。下面是简要的几方面说明。如 2024 年全国"两会"期间，全国人大代表、科大讯飞董事长刘庆峰教授，建议制定国家《通用人工智能发展规划》，不断缩小中美差距。这个建议好。因为如今人工智能通用发展，呈现出的智慧涌现能力，无论是

ChatGPT 的诞生，还是 Sora 引发全球科技竞争焦点的关注，不亚于多用途个人计算机（PC）和互联网诞生改变的产业形态和竞争格局，而且也是中美科技博弈和战略竞争的必争之地。

但该新闻报道文后有跟帖说："无须推动，只要放开"。能放开吗？世界多极到来，两极冲突、战争不断，而且此起彼伏，阻挡"一带一路"、"人类命运共同体"的正当发展，保密说来也很重要。

2024 年 2 月 27 日十四届全国人大常委会第八次会议通过新修订的保守国家秘密法，自 2024 年 5 月 1 日起施行。联系我国为啥要先禁谷歌，也禁美国的 Facebook、推特、YouTube、INS 等，就因这些美国西方利用人工智能工具，不遵守我国法律，破坏安定团结。而且可以说不是中国禁谷歌，是谷歌不愿意遵守中国法令，自己退出的。中国一贯要求中国的公司遵守所在地的法令规定，随行就市，而美国却要求别国屈就美国公司，谷歌就是一例。

反之，美国封杀和制裁华为，不是因为华为违反了美国的政策和法令，而是因为华为的 5G 研发超过了美国，美国不能容忍，才以国家安全的借口封杀华为，只是至今拿不出一丝证据；相反华为的 5G 基站至今在世界，仍然占多数；包括美国在内的用户，仍然要向华为缴纳专利费用，说明科技自身搞过硬，"金子总是要发光的"。

远古巴蜀盆塞海山寨城邦文明的暴胀，为啥类似保密？为何要解密？如果说远古巴蜀盆塞海山寨城邦文明暴胀的"奇点"，在盘古王故里的四川盐亭玉龙天垣梓江榉溪河山区一带，那么目前在这一代农村，生活过十多年有记忆的约 80 岁以上人，也许不到 10000 人左右；我们正是这之类的人。我们不反对常炳功教授用"文心一言和 chatGPT"帮助写《命运动力学》文章，因为我们从童年开始，是目睹过一些盘古王故里痕迹的人----现在很多都是出生在解放后的人，不知曾经搞破"封资修"的运动，把有些属于远古巴蜀盆塞海山寨城邦文明痕迹自然的东西，也过度牵涉进去，"保密"也成了一种文科传统。反之这正好也是巴蜀盆塞海山寨城邦痕迹，能留存一些的原因。

如 2024 年初盐亭县原文化馆馆长王贤君，约原《绵阳日报》社办公室主任任启乔和我们在绵阳三江半岛码头游船游玩。王贤君馆长和中国社科院院长高翔院长是盐亭中学同学，他说他年前在绵阳还见过高翔院长，大家对盐亭的经济振兴有信心。我们在交谈中，谈到宋朝的盐亭人诗书画大师文同，王贤君馆长微笑着说："盐亭人不知道文同还被称为'石油之父'"。而我们知此，是 1993 年看到《科学(Scientific American)》杂志第 10 期上，德国海德堡大学傅汉思（Hans Ulrich Vogel）教授发表的《中国的千年盐井》一文。

其中傅汉思教授说："历史上的记载表明，深钻法是 11 世纪出现在井研一带的，这个地区在四川首府成都以南约 130 公里处。文同是最早提及使用深钻法的人之一，他是视察井研地区的一位上级官员"。傅汉思教授还说："井研地区的制盐人制出的盐很便宜，能与官营竖井相竞争。文同似乎担心这种不受控制的新行业会削弱国家对该行业的垄断。他也希望能在日益增多的外来工人间，建起一种规章制度。也许正是由于这些原因，文同把井研看成'一个复杂而重要的官营商埠，极需适当的管理'"。

1）远古盆塞海山寨城邦工业园的暴胀

傅汉思教授很早就开始关注中国历史中的矿业、盐业，他 1993 年提供的这些资料，使我们才注意到远古盆塞海山寨城邦文明的工业园暴胀，还有很多痕迹。傅汉思 1979 年回到祖国瑞士，进入苏黎世大学继续攻读博士学位。1983 年他来到四川井研地区作十余年的科学考察，担任过李约瑟主编《中国科学技术史》盐业卷执笔人。

井研县是四川乐山市辖下的一个历史悠久的古县，是亚洲第一大恐龙————井研马门溪龙的发掘地；考古发掘表明四万多年前，"资阳人"已经在此活动。井研县东北面就是盐亭县，公元前约 6390-6210 年的法天法地时期，在盐亭玉龙--天垣地区的盘古故里，已兴起类似今天的工业园、经开区、科创园的雏形，如有 99 座烧制古陶器的窑场作坊，和用竹架吊锤重孔钻小口径深洞打盐水井烧制盐巴的作坊。

公元 1071 年北宋陵州（四川仁寿）知州文同，在井研巡访看到与家乡盐亭用"竹筒井"打盐水井，烧制盐巴相似。以及了解到烧制盐巴的主要是外来工人，打井方法还落后，就非常热心给予协助指导和提高，受到烧制盐巴的外来工人的喜爱。由此了解到当时四川的旱情严重，加之官营盐井和私营盐井竞相剥削工人，朝廷又禁止在四川大部分地区建造钻孔井，干涉四川人经营烧制盐巴生意，整个地区大有灾民暴动之势。文同一方面给朝廷官员大送"画竹"书画，加深联络感情，表明竹子与制盐多的意义，使"王安石变法"更合民情。另一方面为平息灾民暴动，向上隐瞒让外来工人承包官营盐井，使其多劳多得，反而使他管理的地区上交国家的税收增加，且暴动之势缓解。

这些高明作法是要"保密"的；文同把"竹筒井"写成"卓筒井"，也是有此意的误记。但"文科"社会的中国，却真当做文同误记，把"卓筒井"这一名称沿用下来。也许文同的命运动力学不同----傅汉思教授在井研县作十余年考察后，发现用楠竹固定井壁的"竹筒井"钻井技术，早于国外石油钻井技术，他的文章中似乎要把文同说成"石油之父"（实为"世界石油钻井之父"）。但他文章中同时提到当时记载这种"中国绳钻法"技术的人，还有苏轼和宋朝胡元质。其次，最早提出"石油"一词，是根据北宋沈括在所著《梦溪笔谈》中根据这种油"生于水际砂石，与泉水相杂，惘惘而出"而命的名。为啥傅汉思教授却独钟于文同？更为奇怪的是，今天的盐亭文人，为啥绝大多数都闭口不谈文同的"治研理政"有"世界石油钻井之父"的成就？

如原为盐亭文化馆馆员，后为盐亭党史办主任、县政协委员，也是县内外公认的文同研究专家的刘泰焰，2009 年他和他儿子出版的《文同评传》一书，也没有提到文同，有被人称"世界石油钻井之父"的成就。人们热衷谈文同，只说他是北宋时期闻名的诗人、书法家、画家，也是成语"胸有成竹"的主人公。称赞文同有四绝：诗一、楚词二、草书三、画四。文同首创"以墨深为面，淡为背"的竹叶画法，形成墨竹一派，有"墨竹大师"之称，又称之为"文湖州竹派"。

所以王贤君馆长与我们谈到宋朝的盐亭人诗书画大师文同，说"盐亭人不知道文同还被称为'石油之父'"时，他要微笑。也许他笑的是盐亭县内外很多人不知中华文明是失落过远古盆塞海山寨城邦海洋文明；之后在中原崛起的从秦始皇开创郡县制到改革开放前，中国也许可称为"文科"大国。这使我们又想到 2020 年电子工业出版社修订和增补出版的《万万没想到：用理工科思维理解世界》一书。

该书作者万维钢教授在开篇的《科学作家的理想》序文中说："'理工科思维科学'是个有中国特色的概念，它是相对'文科思维'而言。'文科'是个现代中国才有的概念……这些学科要做严肃研究，就必须使用和物理学、生物学一样的科学方法，包括使用并不简单的数学"。万维纲教授毕业于中国科技大学，现为美国科罗拉多大学物理系研究员。他认为中国在很长的一段时间里，把学生分成文科生和理科生，以至于让那些畏惧数学的人，把学习当作死记硬背，把研究当作以某种思想为指导的文字游戏。但不管是理工科还是文科，只要你想讲"理"，就要尊重科学的方法。而现在文科讲理的套路，比如"四大论证"方法：举证论证、道理论证、对比认证和比喻论证，就很不科学。在《科学作家的理想》一文最后他说："有一分热，发一分光，就令萤火一般，也可以在黑暗里发一点光，不必等候炬火"。

而与万维钢教授的《万万没想到》有相似联系的是，我们听到 2024 年 3 月 5 日下午十四届全国人大二次会议重庆代表团举行开放团组会议，审议政府工作报告，在记者提问环节最后一个问题，外媒提给全国人大代表、重庆市委书记袁家军的"设计宇宙飞船和管理重庆哪项工作更有挑战性"提问，袁家军书记的回答："启用在企业工作过、在一线工作过、在复杂系统工程工作过的理工背景干部，是大好事"----有人说："这是个理工科书记，文科的没法这么回答"。

袁家军，1962 年生，吉林通化人，研究员。曾任中国航天科技集团副总经理。1980-1987 北京航空学院飞机设计与应用力学系、航空航天部第五研究院空间飞行器设计专业工学博士学位毕业。1998 年享受国务院颁发的政府特殊津贴，2000 年获"全国十大杰出青年"称号，2001 年获全国优秀科技工作者， 2003 年获求是杰出成就奖，2004 年获中国青年科技奖，2008 年获曾宪梓载人航天基金奖。袁家军书记还说："你刚才的问题问我设计宇宙飞船和管理重庆哪个更复杂，我要给你讲，共性都是复杂性，按照系统工程的划分，都是复杂巨系统，但设计飞船是一个封闭巨系统；做社会管理工作，是开放复杂巨系统，因为我们是跟人打交道。开放复杂巨系统最大的问题是今天你说好了，明天变了，变了你怎么办？实际上是复杂系统更多了，但它也符合系统工程原理"。

有人评说说："古今中外到现在，文科的主要工作是管理理科。去看看哪个国家的司法行政系统不是文科？一个企业的财务人事业务等管理核心层不是文科？最典型的军事，制造武器的是理科，但决定制造什么武器及使用武器的是文科。就算理工科出身当了书记，也要放弃原专业现学文科，否则没法管理。对着宇宙飞船，无论说外语，还是普通话，都不会产生民情、民意的反馈。利用系统工程学理论解决社会治理问题，确实是一种创新和挑战"。

2024年3月1日"观察者"网发表的《郑喆轩：三星堆与金沙遗址联合申遗条件已成熟》一文后，有跟帖说："全国人大代表、四川省文物考古研究院旧石器考古研究所所长36岁的郑喆轩，长期从事旧石器时代考古。近年来，他带领团队新发现并发掘了四川稻城皮洛遗址、资阳濛溪河遗址、遂宁桃花河遗址等重要旧石器时代遗址，成果颇丰。三星堆的来龙去脉还在探索，是大规模迁移行为还是祭祀？他们的生活遗迹在哪里？国之大事，在祀与戎，三星堆为何没有实战兵器？是说不清道不明人类活动，是说不清行为目的的遗址"。

还有跟帖说："　有个小西八博主一本正经的说过，三星堆是朝鲜民族'迁徙'过程中留下的遗迹。1.3亿年前，小西八发源于亚特兰蒂斯的海沟里，他们分成了5支队伍，一只去了南美洲，玛雅文明就是他们的后裔；一只去了耶路撒冷，创立了各种各样的教派；一只去了北欧，创造了诸神黄昏；一只去了印度，开辟了梵天；还有一只途径昆仑、蜀地、岭南、长白山最后进入朝鲜半岛，开创了大寒蚊冥"。又有跟帖说："小西八，一词源于韩语。在韩国话中，西八是骂人的意思，或感到震惊、愤怒时说出的话语"。"推荐个国创动画经典精品电影《梦回金沙城》，结尾体现的中华文化的传承生命之火的那个信仰与现实，生生不息守望相助。古代，玩火玩到极致尊为炎帝，观天象搞出农耕尊为黄帝，这两棵科技树，现在还是绝对的核心领域。三星堆、金沙遗址展现出跨文明生态性质，某些物件居然能在金字塔，玛雅文明找出相对应的，所以个人认为西方一些伪史是过于假"。

"万万没想到"远古盆塞海山寨城邦工业园的暴胀，我们快满80岁的人能"有一分热，发一分光"，使用和物理学、生物学一样的科学方法，解密远古盆塞海山寨城邦文明暴胀"奇点"地方的盘古文明是啥？盘古文明工业园的暴胀命运动力学，可以说就类似"一国两制"。这里的"两制"，不是如今说的"社会主义和资本主义"，而是指："组织领导"和"竞争开放"两种方法。四川盐亭上世纪80年代"改革开放"后，已经出现文明暴胀"奇点"的祖先人物嫘祖、岐伯、盘古等研讨。但数"盘古"考证最难："文科"都是找史料说嫘祖、岐伯、盘古，"理工"要用和物理学、生物学一样的科学方法，嫘祖、岐伯还有蚕丝、中医药可谈，"盘古"是啥？

盐亭"古王氏"人家有个类似生物学的证据，是其他传说是盘古故里的地方没有的。盐亭那时搞嫘祖研究的王映维，说自己是嫘祖家族的传人，但他说他的"王姓"来源"三槐王氏"，即属太原王氏的分支。查遍天下王姓族谱世系渊源以及由来，没有四川盐亭玉龙天垣地区盘古故里"古王氏"人家的一个特别传说标记："马桑树儿万丈高，离地三尺要弯腰"----这不说的生物"获得性遗传"，而是基因遗传中选择性区别，即类似砍伐乔木马桑树留下灌木马桑树种类使然，与袁家军书记说的是"开放复杂巨系统最大的问题"，这里类似盘古工业园文明暴胀"组织领导"和"竞争开放"两制如何处理求衡？

马桑（Coriaria nepalensis Wall.）是马桑科马桑属的灌木，除了4种产于亚洲，9种产于大洋洲，还有1种产于地中海沿岸，2种产于中南美洲。我国云南共有两种马桑分布：草马桑 Coriaria terminalis、马桑 Coriaria napalensi。灌木马桑树长得快却长不高，在《世界自然保护联盟濒危物种红色名录》中虽属无危，但结的红色漂亮果实有剧毒，不能吃。而我们为啥要用马桑树为盘古文明暴胀作证呢？

原来在盐亭天垣传说盘古出生的"袖头山"下老窝垭芳草沟王家坪竹林中，目前还保留有一座纪念盘古诞生和功绩的残存祠堂。我们小时候据老年人讲，那里祠堂四周的四根主要立柱，从盘古王时代起就用马桑树做的，以后赔补修建也如此。现在看已至少有上百年历史，柱头直径有1尺多粗，底部有较大的裂痕，树的质感比较粗，一看就是速生树种的痕迹，但它看上去很结实，不知经历了多少风吹雨打，见证了多少人间沧桑，仍然屹立不倒。而周围房子后来用柏木建的，大都垮塌了，只有马桑树柱子的房子至今顽强坚守着。时过境迁沧海桑田，马桑树柱子或许成为见证盘古文明暴胀传说的一种深沉印迹。

估计在我国其他传说盘古出生的地方，见不到这样的马桑树柱头建造的家庙祠堂兼用"存古学堂"的。当然在西南地区和华中的湘西鄂北（广义的西南），也广泛流传有过去马桑树是高大乔木的传说，据说古代人多用马桑树做柱头砌屋造梁，修造庙宇。西南许多古墓棺材也被说成是用昔日高大、耐腐的马桑树做成。湖南桑植土家族民歌《马桑树儿搭灯台》里，有歌词表达了远赴征战的桑植战士对家乡爱人的思恋。又如广西苗族南丹县传说从前马桑树是树中之王，长得最大最高，别的树都比不上，其中有一棵马桑树四季长青，夜放光芒，那些金鸡呀，孔雀呀，凤凰呀都到这棵树上筑巢做窝；只是近两三百年才变成又矮又弯的簇生灌木。在西南地区马桑树取代了其他"桑"与神树而专一司职于通天神树，为啥马桑树有高大乔木的传说？

是的，马桑树有一种高大乔木的品种，为落叶乔木，产于中国云南、贵州、四川、湖北、陕西、甘肃、西藏等省地。乔木马桑树的果实含有天然糖类成分，被人体吸收后能快速转化成能量，加快人体内多种酸性物质代谢，促进体力恢复，提高抗疲劳能力。叶子、树枝以及根、树皮都能入药，是药用价值较高的中药材，具有止痛止痒、活血化瘀、疏通经络、祛风除湿，清热解毒，有治疗风湿麻木、痛疮肿毒、风火牙痛、跌打损伤等功效。马桑树根具有一定的美容功效，含有的黏液蛋白能增强皮肤的抗氧化能力，并能促进胶原蛋白再生。但全株有毒，可做土农药；也可用来防治水稻负泥虫、稻螺、稻青虫等 。马桑可用于饲养马桑蚕；叶含单宁和氮、磷、钾，可提制烤胶，制作绿肥；种子油可制油漆、油墨等。但为啥高大乔木的马桑树消失？

　　这正是与盘古文明暴胀失落或备受打击有关，在天垣盘古故里的传说有很多版本。其一是说修房建屋要用；烧制土陶的窑场，煮茧造丝、炼铜打铁的工场等，烧火要用。二是说盘古文明中的"组织领导"是属"人王"，这对后来中外、东西方的各种宗教和世俗帝王统治，宣传神权王权皇权"天命观"、"受命于天"、"神权神授"、"君权神授"、"遵天命"、君主是上帝的代表，是"上帝的影像"；法老被视为神的化身，统治着整个国家，神权与君权紧密联系，国王都被认为是神的后裔或代表，拥有神圣的权威等思想内涵，是一个巨大的冲击。所以流传盘古经历的地方，代表盘古形象的乔木马桑树被逐渐砍伐殆尽。如1958年大跃进天垣"袖头山"坡的青杠树，被当地村民逐渐砍伐，这里高大的青杠树现在已看不见了。

　　三是说盘古文明中的"竞争开放"，不利于"嫘祖宣传"、"岐伯宣传"等后来的文明"组织领导"。如盐亭上世纪90年代成立了"嫘祖文化研究会"，我们向会长赵均中先生建议："可以适当联系一些盘古文明的研讨吗？"赵均中会长说："不行，这会影响嫘祖宣传竞争，影响我们的工作"。但后来王堂甲先生还是与他竞争，成立"嫘祖文化促进会"，使"嫘祖文化研究会"解散。

　　当然大家都没有消沉，各搞各的。如现在成立的"音乐家协会嫘祖乐团"，走诗词书画歌曲舞蹈表演和"文同文化研究会"、"嫘祖文化促进会"的"文科"道路一样，搞得有声有色，也不错。

　　2）盘古文明工业园命运动力学初探

　　盐亭天垣"袖头山"下老窝垭芳草沟有马桑树柱的"古王氏"祠堂，即使"马桑树儿万丈高，离地三尺要弯腰"，历经沧桑，传说用"存古学堂"发扬盘古文明，已前仆后继数千年。这难以深信不疑吗？

　　如相传远古时代，巴蜀因地质变动曾几度出现内陆海，干涸数万年后又出现盆塞海，是东南西北中的原始部落放逐异己的好地方----在8000多年前远古的法天法地时期，黄河又一次流入四川，下段西陵河与现在绵阳市盐亭县玉龙镇境内的梓江河同道，也流经西仔山左侧的梓江河坝，并在这里绕了一个特大的"U"字形的弯弓。正是由于这一点，这里搭救起许多从上游用木筏放逐下来的战俘、犯人、叛逆者、奴隶和被排斥的西方游客。"西仔山"就因住有大批西方来客而得名。渐渐地这个地方繁华起来。在那时，西部川、青、甘三地因高度的文明已催生了部落联盟，梓江河坝已成了一处规模宏大的陶器工场，因此后来这里叫"祠窑坝"。而陶器场工业园的竞争开放，鼎盛时期坝上建有99座陶窑的陶器交易，遍天下供不应求，促使盆周及北部川、青、甘、陕、豫也产生了极高的文明。但"超过100座定要出乱子"的传言，也使盘古出生前的组织领导者们大为作难。

这些都难以考察，再则即使近代中华古文明科学研究方法的开创与文物的发掘，也是由于有国外专家、学者和资金的介入才取得很大进展的，如北京人头盖骨的发掘发现和仰韶文化的开拓。而且外国学者的参与还应是多国的才行，只是单一的传统的意识形态一边倒，恰恰对中华古文明研究是有害的，例如西安半坡遗址纪念馆，我国建国初人才缺乏，请前苏联专家帮助塑造半坡人像。但直到上世纪末改革开放，我国才允许不同意识形态的西方学者进入大陆考察古文明的研究，这批学者中有人指出半坡人塑像属白种古人，我国学者还不以为然。到９０年代，美籍华人学者回国再次指正，半坡人塑像才得以改变。中国有的学者爱面子，他们维持的不太真实的中华古文明历史研究的框架，在国内已造成影响和冲突。

我们是抗日战争胜利那年前后，出生在玉龙榫溪河畔这处贫瘠山乡的天垣场街上和乡下的孩子。童年和少年时期给我们留下的一些有纪念的印象至今难忘，解密提供的资料，如果省、市、县人民政府能积极向中央政府呈报开辟盐亭嫘祖文化与经济建设特区，允许多国科考队引领自筹海内外资金，像德国海德堡大学傅汉思教授在井研考察文同制盐一样，数年或数十年长期深入盐亭作应用性研究，与我国专家及国家投资的实用性研究配合起来，也许会有参考价值的帮助。

如新中国虽是1949年10月1日成立，但到盐亭全县解放已经是1950年初了。那时我们虽人还很小，才5岁左右，也还能亲眼看到天垣场这条狭长不到半里，人户不到20家的小街，最显眼的就有董连周的调味品生产厂、董怀德家的染布厂、王永祥家的面粉厂等。

在天垣场乡下农村，解放前后办的有名气的烤酒厂有多家。如董家河坝酒厂、申家湾酒厂、董家山青龙嘴黄家酒厂等。而且解放后烤酒归国家统一管理后，这些酒厂里的20多名烤酒农民，很多收编为玉龙区酒厂、盐亭县酒厂、柏梓区酒厂的工人。解放前后天垣场周围附近乡下还有寇家坡的榨油厂，何家坪的纺纱片区、姚家湾的纺纱与织布片区、文家观的纺纱片区等。这类民族小手工业和家庭"工业作坊"，虽然规模、产品，与改革开放后到21世纪现在绵阳市各县市区城镇及周围普遍开办的"科创园"、"工业园"、"经开区"比起来，又小和又初级，但它是当时贫穷山区农村解决"生产自救"的实际产物。即使到1956年后农村合作化运动，和1958年后开始的农村公社化运动，以及公私合营，天垣场99%的人变成农业户口，乡下私人小手工业和家庭"工业作坊"绝迹。

到目前，当年那些调味品厂、染布厂、面粉厂、榨油厂、烤酒厂、纺纱织布作坊等，时过境迁，已不能再恢复。但农村合作社和农村公社化初期，和在三年自然灾害后恢复期间集体办副业中，在国家政策允许的范围内，也仍然还利用过原有的有经验的农民和现存的工具，零星办过大队的榨油厂、造纸厂，做醋、做酱油、做红苕粉丝，派社员走村串户担着产品去叫卖，以解决生活困难。现在回忆起来，当年那些调味品厂、染布厂、面粉厂、榨油厂、烤酒厂、纺纱织布作坊等类似的土"工业园"、土"经开区"实践探索，对出生在盐亭天垣、玉龙那一带的人们及后代，还是留下影响。

如我们小时候听大人讲：天垣"古王氏"用"袖头山"下芳草沟祠堂办"存古学堂"，周围都是住的王姓人家，而且王氏祠堂关联八里多路远的"小风洞"山冯家坪的王姓人家，学生却没有王姓人家的孩子，而是让附近董家山董姓人家的孩子，和天垣场北面寇家山寇姓人家的孩子，在"存古学堂"读书。为啥？

董家山及天垣董家河坝的人家，办的烤酒厂、调味品厂、染布作坊等，寇家山寇姓人家办的榨油厂、面粉厂、纺纱织布作坊等类似的"工业园"，在天垣地区都很出名和兴旺。而王氏祠堂人家大多都是做土地和外出打工的，虽曾也有过极个别的人出外经商、当警官、教书的，都死的死，亡的亡，有的还杳无音信。无数的铁的事实提醒"古王氏"王姓人家："马桑树儿万丈高，离地三尺要弯腰"----"工业园"、"经开区"、"科创园"的竞争开放，人的智慧、知识、经验总是有差别的。在相对平等的情况下，与其窝里斗，不如"自己图强，也让别人图强；别人先要争强，就让其实践"。"古王氏"王姓人家让董姓和寇姓"工业园"两家大户来盘古王家庙"存古学堂"办学，既解决了他们请老师讲学的经费，发扬了盘古创业的传统，也让王姓穷人家的孩子能旁听和受到启发。

从天垣"小风洞"山冯家坪后"目角寨"山，到天垣桦溪河石垭子河坝，有近五里路长的山脊梁山，是荒山茅草坡，没有住人家，解放前只有靠赵家沟这面山坡半山腰一处坪地，建有一座"存古学堂"类似的小学，供赵家沟、冯家坪、黄家山、张家河坝的孩子上学，解放后停办。据说这里整个荒山茅草坡，都属于"古王氏"人家的柴草坡场。小时候我们跟大人在这里砍材草，见到处是一些倒塌的坟墓。大人说是"古王氏"人家的。可见数千年的风雨，"古王氏"人家也曾为发扬盘古文明奋斗过。我们曾听说解放后出生的芳草沟"古王氏"人家孩子中，有人想写《王氏族谱》；他作过一些考察，受"湖广填四川"传言的影响，他听说这里的王姓来自附近射洪县。有人说，这只是部分事实----也许是芳草沟王氏祠堂"存古学堂"周围的"古王氏"人家，遭到生存失败，人烟减小或消失，而以前从这里逃出或走出的"古王氏"人家后代，又有迁移回来继承传统的。

这种前仆后继成为这里盘古文明工业园命运动力学传统，这里再说一个现代"何开堂--赵康伦--王云白"的故事。何开堂是上世纪70年代天垣公社的党委书记，类似焦裕禄氏的好干部。1970年10月我们大学毕业回家乡天垣农村看望父母，听说何开堂书记组织领导全公社各大队的群众，到"目角寨"山至桦溪河石垭子河坝那近五里路长的山脊梁荒山茅草坡，开辟茶树园。他是三星公社人，解放初期的老干部，他身先士卒，吃苦耐劳，感动群众，在那些年头终于把那整片山脊梁茅草坡开荒种上了外地茶树。他已经早去世了，虽然那整片山脊梁茶树园不适合当地的土质和气候条件，丢弃了，但他那种改天换地、斗天斗地的精神，仍留在我们的心中。

在何开堂书记之后，是1953出生在那片山脊梁左面赵家沟的农民赵康伦。他上世纪80年代当选为赵家沟的一个生产队长，据说是他组织领导赵家沟的人，到榉溪河石垭子河坝，把那里榉溪河上的木板桥，改造修成了高大结实石墩的能够过小拖拉机的石板桥----这是一个数千年来的改变。我们家就住在天垣场附近，知道榉溪河石垭子河坝渡河，从早年的淌水走分开搭的石墩，到解放后搭的简易木板桥。由于年年夏天涨水，有时木板桥被大水冲走，有时年年都要重新搭木板桥。这里是永兴乡场连接天垣乡场的必经大路，应该说修这种结实石墩的石板桥，是石垭子河坝所在大队或乡政府办的事，而且也干了搭简易木板桥的事，但没彻底解决问题。当然赵家沟的人到天垣乡场办事，过桥是必经的路，但赵康伦作为一个小小的生产队长，主动站出来带头办好事，还是让我们感动。他的故事还有两件。

上世纪90年代赵康伦已经不当生产队长了，他看到何开堂书记组织领导全公社开荒的那片山脊梁茶树园，已经荒废多年无人过问。他就从赵家沟左面的村落，独自一家人搬到那片山脊梁左面一处坪地修房安家。后来听说他居然一家人把那些抛荒茶园地，种上西瓜。当年他收获的西瓜堆积如山，但绝大多数卖不出去，因为即使盘古故里的玉龙镇的市场，规范也很小。到本世纪21世纪初，盘古故里的天垣盘垭村口发掘出"盘古王表龟碑"的地方，建起一座砖瓦纪念盘古的祠堂庙宇，据说又是赵康伦的主意----盘古命运动力学在哪里？

以何开堂书记为代表的盘古故里人，解放后翻身为共同富裕顽强奋斗过。类似土"工业园"、"经开区"、"科创园"的实践，即使到县区大办丝厂、氮肥厂、酒厂等乡镇企业，但都逐渐疲软停办。2024年春节前，从南非回到绵阳的盘古故里玉龙三星场的王云白先生，我们遇见了非常高兴。王云白先生原是盐亭县丝厂的老工人，他儿子是绵阳市氮肥厂的年青工人。丝厂和氮肥厂先后停办后，听说他和儿子在21世纪初就到南非打拼，在全球新冠肺炎病毒疫情暴发前，他们在南非与在国内江浙联合办厂，生产厨房金属餐用具制品，干得不错。

1995 年我们在绵阳他买的房子里见到他时，他的儿子正在谈恋爱还没有结婚。这次见到时，他说他的大孙女去年在南非高中毕业，同时考起南非和英国的著名大学，他大孙女想选择英国的名校。我们问经济有困难没有？他说他儿子没有。1995 年他是盐亭县丝厂停办到绵阳来开了个小饭馆，不久也办不下去。他儿子工作的绵阳市氮肥厂也停办，回到家中。后来他儿子和爱人到南非帮一位熟人生意，先后有了三个女儿，王云白和爱人在国内帮助儿子带孙子。

儿子在南非能独自走上路做生意后，他们也带孙子一同到南非生活。这时王云白帮儿子料理在国内的业务----在江浙沿海联系企业生产厨房金属餐用具制品，然后转运到南非交给他儿子。有一次他坐飞机回绵阳，我们偶然遇上他办事。他说很忙。我们问为啥不就在绵阳找企业生产厨房金属餐用具制品？他说绵阳内地出国运输不方便，需要配合的企业也不多。我们才知道盘古文明"工业园"、"经开区"、"科创园"的实践，和世界是一个整体，类似"一带一路"、"一国两制"命运共同体。

3）远古盆塞海山寨城邦海洋文明金融手的暴胀

盘古文明命运动力学的思考，远古盆塞海山寨城邦海洋文明工业园的暴胀，不是"空手套白狼"。众所周知，嫘祖养蚕治丝就是远古联合国当时的一项"高科技"。其实把"养蚕治丝"类比今天的水稻育种栽培，嫘祖只相当于袁隆平的杂交水稻育种栽培推广造福全世界，女娲氏才是远古联合国开创"养蚕治丝"的第一人。

"嫘祖教民育蚕"的民间传说，与远古历史真实"科商"进程的区别，这里要把"嫘祖教民栽桑养蚕缫丝织绸"，类比成袁隆平院士引领着我国杂交水稻技术发展的"科商"来研讨：即约公元前 5070-4170 年立足山海的女娲氏时期，已发明桑蚕缫丝，并使用帛币，但还不是很普遍。正如中国水稻栽培已有七八千年的历史，然而袁隆平院士从上世纪七十年代发现一株野生的雄性稗育稻开始，引领着我国杂交水稻技术的发展，22 年间为我国突破增产 3300 多亿公斤粮食，仍不失为一位水稻发明家，而被誉为"杂交水稻之父"。

5000 多年前的嫘祖在女娲之后普及发明桑蚕缫丝，正类似今天的袁隆平院士。按"科商"定义，追寻前沿科技原理思考，要么是有理论创新研究的提出，要么是有组织应用收获的实在。从后者说，袁隆平院士和嫘祖元妃都有"科商"。再说古籍《淮南子》，在《淮南子•说林篇》中有："桑林生臂手，此女娲所以七十化也"----这里桑林代指市场交易使用帛币。用现代的话讲：就是货币助长了经济的无形之手；这些功能的发挥，所以女娲王对万事都能理顺。

传到约公元前 4170--3150 年城邦之美的嫘祖时期，更是达到了鼎盛。因为我们如果联系在远古连尼加拉瓜和拉伊尔的历史，都流传在这些地区虽然未使用通常意义上的货币，但已采用纺织品作临时货币。因为他们的先民有的懂得，用石头打制树皮等植物纤维，纺线织网做衣服；有的懂得用棕榈叶纤维，织成精致的贡布。如古埃及 6000 多年前已出现了麻布；古印度 5000 多年前已出现了棉布。

我们再用"货币"贸易，来作第二特征概括远古盆塞海山寨城邦海洋文明金融手的暴胀，是联系"摇钱树"说法对栽桑养蚕缫丝织绸的提升。1999 年 10 月 7 日《绵阳日报》第 3 版发表的《绵阳丝绸话沧桑》一文，说的是嫘祖发明养蚕缫丝把"科商"提升到了高科技竞争的层次----从"桑林生臂手" 意指"货币"，意指龙凤经济贸易----八千多年前至五千多年前，巴蜀盆地由于女娲突变纪等地质灾变形成过盆塞海；灾难把盘古文明推进到了远古海洋文明和山寨城邦文明的阶段，由此绵阳城邦贸易与商业活跃。古籍"桑林生臂手"----这里桑林对社会有拉动作用的影响，为啥女娲氏的"桑林"意指"货币"？

因为当时的养蚕抽丝织出的绸布，类似今天金融界的"黄金"作用。如四川三台郪江地区的回民祖先，自古就有长途跋涉跨地域贸易的习俗，自然明白"桑林生臂手"。如果桑林表明代指市场交易使用帛币的道理，联系从女娲--嫘祖时代发明蚕桑、丝绸到黄金、货币，再到今天手机二维码，如支付宝、微信等金融服务开始的支付表现，"滴"一声完成所有交付流程，这种"科商"最明显的改变是，去一个国家，不用再兑换成这个国家的货币。

拿着类似支付宝用人民币结算----让全世界的货币都可以在支付宝上高效的流通，无国界、无种族、无宗教。这种如把原本只能读取纸质车票的自动检票机全面大改，实现可一秒读取支付宝的二维码，是在女娲--嫘祖"科商"时代的基础上，再创新科商"全球付"。

这类支付宝已覆盖全球超 200 个国家和地区，服务着这个地球上超 8 亿的人口----支付宝每天十亿、百亿的货币流通，背后的本质是千千万万陌生人正因此建立信任----货币流通驱动信用流通，这样的中华文明科商模式一旦从中国复制到全世界，类似的支付宝将成为全球人民的"移动世界银行"。这里还可补充一点的是，上古神话"女娲氏造人烟"的传说，也好理解了：相传女娲以泥土仿照自己抟土造人，还创造了山川湖海、飞禽走兽等情景，实际是对栽桑养蚕缫丝织绸而来，"桑林生臂手"市场交易使用的帛币绸面上的图案描述，就像有些少数民族地区妇女，做绣花手绢一样。

4）远古盆塞海山寨城邦海洋文明文教化的暴胀

盐亭天垣盘古故里发掘的《盘古王表年表》龟碑记载："（六）城邦之美时期，约公元前 4170-3150 年：1、仓帝史皇氏，2、柏皇氏（共２０代），3、中皇氏（共４代），4、大庭炎帝氏（共５代），5、粟陆氏（共５代），6、昆仑氏（共１１代），7、西陵氏（共５代：文昌、夸父、歧伯、金二伯、嫘祖）"，其中西陵氏第一代有关远古联合国的政权人物"文昌"，也许同时还是四川梓潼山寨城邦的国王、城主和邦君。远古发明的丝绸，就类似今天的生物工程高科技，嫘祖是以发明丝绸当选远古联合国的政权人物，文昌也有创新。

如"文昌"时代造就远古盆塞海山寨城邦海洋文明文教化的暴胀影响后世到如今的文教美好追求及洞经音乐故事传说：民间和道教把"文昌"作为是保护文运与考试、掌管文章科举士人功名禄位的神祇，称文昌帝君、文昌星、道教神明。文昌文化与普通民众社会生活的紧密结合，还漂洋过海，传播至朝鲜、日本、东南亚及欧美等国家。

如文昌信仰，沿着梓潼山"商旅兵贾密如烟"的金牛蜀道，传播至全国各地，使文昌文化源远流长、内容丰富，涉及文章、学问、伦理道德、科举教育、文学艺术、民风民俗、中医中药等诸多领域。

同时文昌也是刻字、书店、文具店、说书、抄纸的行神；表现形式也多种多样，既有宫庙、善堂、碑刻、铸像等有形载体，也有酬神祭祀、敬惜字纸、刊行经文、诞日庆祝等民间习俗。历代借"文昌"之名作封号，如在周朝为张仲，在汉朝为张良，在晋朝为凉王吕光，在五代为蜀王孟昶，在后秦之世为张亚子。古代士人仕进以科举为途径，修筑大量的文昌宗庙，昔日书商公会也叫做"文昌会馆"。农历二月初三为文昌帝君圣诞。其实，这中间包含的封建迷信是糟粕。

说正事，今天英文和中文汉字之争，英文压中文，远古盆塞海山寨城邦海洋文明文教化的暴胀命运动力学，其实是可以解决的。人类文明古国最早使用的文字，与第二个孵抱期的远古巴蜀盆塞海山寨城邦海洋文明及其立足起的"远古联合国"，并不是无关。远古盆塞海山寨城邦海洋文明称为远古"太极"期，理性、逻辑思维被分为"藏象论"和"藏数论"。象形文字属于藏象论，字母文字属于藏数论。

这里说的远古联合国的字母文字卦爻，这是《易经》最早的基本符号文字。继而查证类似远古巴蜀盆塞海山寨城邦海洋文明及类似易经、卦爻太极文字起源等传说，会在当地部分人们的口中一代一代记忆流传。如从《山海经》、《淮南子》注意到《易经》介绍的远古卦爻文字————卦爻是《易经》最早的基本符号文字，由横线的阳爻"—"和横线中空白的阴爻"– –"两种爻象组成。但把阳爻"—"减去阴爻"– –"等于一个"点"（———=•），类似可显示在电脑上一样，如果保留"•"点子显示的卦爻，按每卦三爻重选排列，可构成 26 种卦爻基本符号，恰好对应 26 个汉语拼音文字类似的 26 个英语字母，而具有集注音、注义、编码、缩写等于一体的功能，可承担起传递上古语言和信息的任务。这就是所谓远古联合国广泛使用的太极语卦爻文字，由此回答了西方拼音文字和东方象形文字溯源的统一。

古《易经》、《黄帝内经》中有提到远古卦爻文字的地方，可以说是人类文明史上最古老、最伟大的经典杰作创作，始于约公元前 6390-公元前 3151 年，是远古联合国的见证。现在所见的《易经》，是不要"•"点子显示的卦爻，按每卦三爻重迭排列构成八卦，即乾（三阳爻）、坤（三阴爻）、震（下一阳爻上二阴爻）、巽（下一阴爻上二阳爻）、坎（上下皆阴爻中一阳爻）、离（中一阴爻上下皆阳爻）、兑（上一阴爻下二阳爻）、艮（上一阳爻下二阴爻）。八卦再重迭，构成六十四卦。原因是早于"文昌时代"的人文始祖伏羲，在教人结网捕鱼，遇到湖塘水面上的旋涡；教人制土陶生火做饭，看到锅中沸水的翻滚，已领悟和觉察到了圈态的线旋。为了表达和传授这一数学概念，他动了不少脑筋。例如，他把摆卦爻用的草节茎棍，带来的蓍茅草叶，圈起来扭转比划----正是这种发现，出现类似墨比乌斯圈的太极图、八卦图等有趣智慧时，可推进发现 26 个卦爻，能供拼音作集注音、注义、编码、缩写等功能于一体的太极语卦爻文字。

这种卦爻字母文字，是远古联合国集大成的远古文化科学之一，可以说是人类文明史上最古老、最伟大的经典杰作创作。因为这是人类文明第二个孵抱期的远古巴蜀盆塞海山寨城邦海洋文明，显示高度的特征。和苏三教授在《发现文明》书中说的 5500 年前--3250 年前，出现的西亚文字、中国甲骨文字，古埃及文字、克里特线性文字、迈锡尼线条文字、汶查文字、腓尼基字母等，仅是一些刻符或记号，难读难认，且只掌握在上古人群的上层极少数人中，并不流传通用等不同，卦爻文字是能普及的，如在老木匠、石匠中，都有会用的。

联系郭沫若先生说："半坡彩陶上每有一些类似文字的简单刻划……刻划的意义至今虽尚未阐明，但无疑是具有文字性质的符号"，卦爻文字更是一种早先的进步。据《嫘祖研究》一书中的《上古的语言文字》研究，中华民族上古文字最初应是结绳文字，发展到草节注义、注音文字，即卦爻太极文字，再到天干地支文字----上古人把摆卦爻用的草节茎棍推进发现卦爻，有 26 个可供拼音的集注音、注义、编码、缩写等于一体的功能----卦爻是《易经》最早的基本符号文字，由横线的阳爻"—"和横线中空白的阴爻"--"两种爻象组成。

如今把阳爻"—"减去阴爻"--"等于一个"点"（———--=•），类似可显示在电脑上一样，如果保留"•"点子显示的卦爻，按每卦三爻重迭排列，可构成 26 种卦爻基本符号，恰好对应 26 个汉语拼音文字类似的 26 个英语字母，而具有集注音、注义、编码、缩写等于一体的功能，可承担起传递上古语言和信息的任务。这就是所谓远古联合国广泛使用的太极语卦爻文字。盆塞海干涸后才是甲骨文字，接着才开始史后文字时期的那种顺序。神奇的是，在 5000 年前巴蜀盆塞海干涸前，远古联合国时期也打造有这类由点"•"及横线阳爻"—"和横线中空白阴爻"--"等三种爻象组合的太极语卦爻文字。

只是随着盆塞海的干涸，和四分五裂大迁徙的人类社会进入实质性的游团部落酋邦时期，它就失落了。《易经》和象形文字及注音文字，只保留了远古联合国卦爻文字部分功能。文字的统一使用与说话不同，而与政权的更替，执政者的选择、规范、强制、推行分不开。

因为四大文明古国最早的象形文字----汉字的甲骨文；古巴比伦的楔形文字；古代埃及的象形文字，包括祭祀体、世俗体、科普特体；以及古印度的印章文字等，有统一的起源吗？有。它们都与远古古盆塞海山寨城邦海洋文明及"远古联合国"时期，各游团、部落、酋邦组织，以及众多密集山寨城邦，划分势力范围，最早兴设立的"界碑"有关----这也许是从动物世界流传保留下来的划界习惯。界碑分木头和石头两类质料，和有字迹、刻画和无字迹、刻画两类标识。为保留长久，界碑一般是界石和有字迹、刻画类型。

界石是一种边界标记物，是用于辨别一个地区与另外地区之间的边界位置和走向，保留至今。例如，国家、省、州、市，甚至是农场和社区的边界。在两地区之间的边界走向，发生方向性改变时，界碑尤为有用，可以作为指示边界走向的标志。界碑在直的边界上也可作为仅表示边界所在位置的标记物，作地界标志的石碑。

盐亭发现 4000 多年前的古界碑，1995 年北京大学出版社出版何九盈教授等人的《中国汉字文化大观》一书，披露王襄搜集的盐亭县距今约 5000 年前的一块完整的界碑，上面刻有 50 多行类似文字的符号，与半坡彩陶刻划符号相类似，并公布了其中的 25 个字符。随着界碑文字的出现，因界碑的神圣和庄严，使文字及其载体的意义，也变得神圣和庄严，这就是字库文化的产生和兴起。

我们童年时代在家乡盐亭印象最深的是，不准写有字的纸或印有字的纸当手纸，废书、废报、废纸也不行；小孩子用了要挨打。这种保护文字的风俗，也许与《中国汉字文化大观》说的约 5000 年前以来的界碑文化有关。让人真切地感受到弥漫在巴蜀大地上的书香气息，感受到巴蜀民众自古以来对文字的敬惜，对科学的敬仰，对知识的崇拜。今天在盐亭还活着的 80 岁以上的老木匠手艺人中，也许还有知道修房造木屋打孔架梁，用墨斗和笔头扁平开细齿的竹签笔，写类似卦爻文字的说明记号，而不是写汉字----这种手工简易、慢动作的机械化，是远古盆塞海山寨城邦海洋文明文教化暴胀的回光返照。

反之它的失落，是那时没有出现类似今天电脑这类自动机械化的发明。如果有这类发明，也许远古盆塞海山寨城邦海洋文明文教化的暴胀，中国搞科学的人头上不会压上三座英文大山。这可用类似美国摩尔斯发明电报机的点、横线电码文字来说明。1832 年摩尔斯把 26 个字母的信息传递方法加以简化，这样电报机的结构才会简单一些。

用什么符号代替 26 个英文字母呢？摩尔斯画了许多符号：点、横线、曲线、正方形、三角形。最后，他决定用点、横线和空白承担起发报机的信息传递任务，为每一个英文字母和阿拉伯数字设计出代表符号，这就是由不同的点、横线和空白组成的为每一个英文字母和阿拉伯数字，设计出代表符号的电信史上最早的编码----"摩尔斯电码"。也终于在 1837 年他制造出了一台电报机。按下电键，便有电流通过。按的时间短促表示点信号，按的时间长些表示横线信号。

这样由电磁铁控制的笔也就在纸上记录下点或横线。此后摩尔斯的电报机经过许多改进，被迅速推广应用。神奇的是，约在 5000 年前巴蜀盆塞海干涸前，远古联合国时期也打造过这类由点"•"及横线阳爻"—"和横线中空白阴爻"--"等三种爻象组合的太极语卦爻文字。2020 年 10 月 19 日《华西都市报》发表的《盐亭：中国字库塔之乡》一文报道：字库塔，也称字库、惜字塔、焚字炉、敬字亭等，是古时焚烧字纸的塔式建筑。古人认为文字神圣而崇高，字纸

（写有文字的纸张）不应随意丢弃，哪怕废纸也应洗净焚化。敬惜字纸的信仰，是伴随发明造纸有文字书写而产生的。四川是全国字库塔存留最多的省份；盐亭县堪称"中国字库塔之乡"，至今保留着 32 座字库塔，分布于 17 个乡镇。盐亭县是中华人文始祖盘古、岐伯、嫘祖的故里，历史悠久，惜字崇文的优秀文化，在这块土地上绵延不绝。

盐亭人还保留修建字库塔的优良传统，足以证明盐亭人历代崇尚中华传统文化、倡行文明风尚。在外形上，字库塔虽然和普通风水塔、文昌塔、景观塔相似，但又有不同。字库塔最为明显的标识是侧重于实用、又便于焚烧字纸。字库塔一般建在场口或路口，如玉龙镇的玉龙字库塔、龙潭字库塔等。培植风水的字库塔，往往建于河边或山边，如榉溪乡华严村的榉溪笔塔、富驿镇努力村字库塔和梨园村字库塔、县城盐亭笔塔等 。2016 年第 7 期《中国国家地理》杂志报道：盐亭县现存字库塔可谓中国字库存量第一的县，堪称一绝。到盐亭，你能触摸到华夏 5000 年前文明。对以上类似字库塔、古山寨、戏楼、寺庙、寨堡、祠堂古建筑房梁等处，新中国解放初，还可见到写有建造缘由和出资人等墨书记载，或石刻界碑记载，曾经留下的文字信息。

5）远古盆塞海山寨城邦海洋文明商贸流的暴胀

盐亭天垣盘古故里发掘的《盘古王表年表》龟碑记载："（五）立足山海时期，约公元前 5070-4170 年：1、浑沌氏（共 7 代），2、葛天氏（共 4 代），3、女娲氏，4、伏羲氏，5、赫胥氏，6、东户氏（共 1 7 代），7、皇覃氏（共 7 代），8、启统氏（共 3 代），9、吉夷氏（共 4 代）"，其中的"女娲和伏羲"是远古盆塞海山寨城邦海洋文明商贸流的暴胀，最为有关的远古联合国的政权人物。

远古盆塞海山寨城邦海洋文明商贸流的暴胀命运动力学，是能联系龙凤经济贸易的----八千多年前至五千多年前巴蜀盆塞海山寨大围坪城邦，作坊店铺和居民住宅栉比鳞次。如绵阳梓潼山上，产有多种名贵木材、香料，特别是梓树是海上贸易可造容数十人大舟的好材料。林间飞翔的朱雀之毛，如类似鹦鹉、野雉、火鸡等朱雀的五彩羽毛，镶嵌、羽绣制成各种衣饰、摆设，可以作城邦国家盛典中的高级礼品和做旗帜。广而推之是商品生产，以及商品经济需要的是多样性，体现的是原始海洋文明的工业化。再联系巴蜀盆塞海的海洋文明用樟梓树造船，推动海洋文明的对外开放与交流贸易，广而推之是市场经济，体现的原始海洋文明追求的科学和民主化。

由此四川阆中，有伏羲母亲的传说和有关伏羲、女娲的汉砖画像发掘；川西雅安碧峰峡，有女娲的传说；甘肃天水，有伏羲、女娲故乡的传说。从甘肃天水到四川阆中、雅安的可行性，是在"立足山海时期"的公元前5070-4170年，属于远古巴蜀盆塞海山寨城邦海洋文明的代表人物伏羲和女娲，类似远古联合国秘书长，也是盆塞海商船队伍的头人、大老板；城邦邦主、山寨寨主。在这类顶尖优势文明产生的前后，盘古、夸父、嫘祖、蚕丛等先王，已经在巴蜀盆塞内陆海及四周城邦之间，演习操练远古商品经济和市场经济---即龙凤经济或龙凤文化多时了。此时的先民，靠着海上的航行与外界发生广泛的联系，同时也造成了工商业与航海业的发达。

更有启发的是，航海商贸需要"望远镜"，而四川盆地就有需要独天得厚的材料----如川北平武等地有水晶矿石，浙江学者钟毓龙教授的《上古神话演义》一书认为，上古黄河曾因地震地裂从剑门关流入四川；可以设想在形成盆塞海之前，随河流冲涮水晶矿石，造成有大小鹅卵石类似水晶镜片，被伏羲和女娲的航海商队人员收购获得，有水晶镜片和竹管，做望远镜不难。

所以有个北京专家王红旗教授，在2002年第1期《文史杂志》发表的文章中说：三星堆遗址的两个"祭祀坑"里，出土有54件青铜纵目人像及面具，它们或两眼角向上翘，如同竖眼一般，或眼球向外突出极度夸张----对那直径13.5cm，凸出眼眶16.5cm。前端略呈菱形，中部还有一圈镯似的箍，宽2.8cm，眼球中空的纵目青铜人像，他分析认为：有人解释为某种眼疾的病态再现，有人猜测是某种未知习俗的夸张等，都不对，而应是远古蜀人关于望远镜的使用和崇拜。

为啥？王红旗教授的道理是：这种用在眼睛上的测量仪器，用今天的话来说即是古代真的望远镜，已经被发掘出来却没有被认出来。《庄子·秋水篇》就记有"有管窥天"的说法。《淮南子·泰族训》称："欲知远近而不能，教之以金目则射快"。冯立升教授在《中国古代测量学史》中指出，"金目"在汉代又称"深目"，并推测"金目"可能也是窥管一类的测望工具。它是一种有刻度的两节窥管，能够自由伸缩的用于测量距离远近和山峰高低的仪器，它的前身应当就是三星堆青铜面具上的纵目。事实上中国远古时代的测量仪器，可以追溯到伏羲、女娲手中持着的规和矩，如伏羲画卦可能也与方位的判断有关；所谓女娲用绳"造人"的绳，实际上也是一种长度测量尺。

远古盆塞海山寨城邦海洋文明商贸流暴胀命运动力学发展到今天，当今世界之乱是在打击"一带一路"，也许让人难以相信，但看一点新闻媒体报道的"白旗论"即可知。2024年3月11日"观察者"网记者陈思佳报道："俄乌冲突两周年之际，罗马教皇方济各在接受瑞士媒体采访时称，乌克兰应该要有'举白旗'的勇气，通过谈判结束与俄罗斯的军事冲突"。方济各是在瑞士接受的采访，主持人向方济各提问："在乌克兰，有些人认为基辅需要有投降和举白旗的勇气。你的看法是什么？"方济各回应说："我相信，更强大的是那些能认清形势、为民众着想，有着'举白旗'和谈判的勇气的人。当你意识到自己被击败，事情进展不顺利的时候，就要有勇气去谈判"。

记者陈思佳报道说："尽管这已不是方济各首次呼吁俄乌双方回到谈判桌前，但他有关"白旗"的言论引起了乌克兰方面的不满。据路透社3月10日报道，乌克兰总统泽连斯基在当天的讲话中暗示，方济各正在进行'毫无实质意义的调解'"。那巴以冲突是啥呢？

2024年3月11日"观察者"网转发央视新闻客户端报道：巴勒斯坦伊斯兰抵抗运动（哈马斯）当地时间10日发布消息说，哈马斯政治局领导人伊斯梅尔·哈尼亚发表讲话，其中哈尼亚表示，"哈马斯方面正在跟进巴勒斯坦内部局势的安排，希望在'正确合理的基础'上，重建巴勒斯坦的政治和领导组成部分。这包括，在领导层面，通过进行巴勒斯坦全国委员会的选举，在巴勒斯坦解放组织（巴解组织）框架内重建巴勒斯坦民族权力机构。二是达成协议，组建一个临时的、承担特定任务的民族共识政府，直至巴勒斯坦立法与总统选举，以及巴勒斯坦全国委员会完成组建"。没有冲突的国家，又如何呢？

2024 年 3 月 11 日"观察者"网记者熊超然报道："当地时间 3 月 10 日，刚刚同特朗普在海湖庄园会面的匈牙利总理欧尔班，接受匈牙利 M1 电视台（国家电视一台）的采访，继续对这位同为保守派的美国前总统大加赞扬。欧尔班还认为，在特朗普当选美国总统后，美国有机会和中国达成一项重大贸易协定"。但如何"在'正确合理的基础'上"写命运动力学，下面是两位专家提供的文本，可供参考。

4、多极世界之战是一带一路的方向吗？

1）王湘穗俄乌冲突命运动力学

2024 年 2 月 26 日观察者网发表的《王湘穗：中俄要做美国打不败的对手，才会成为他们最尊敬的朋友》一文，是北京航空航天大学教授、战略问题研究中心主任王湘穗教授，2023 年 10 月去俄罗斯考察回来后，接受观察者记者采访讲出一些思考。

如他回答记者问：您如何分析俄乌冲突？他说："经此一战，俄罗斯正在重塑大国形象与地位，将会成为未来多极世界中令人敬畏的重要一极。因而，我认为，从长远看俄罗斯可能会成为这场冲突真正的、长远的大赢家。俄乌冲突是多极世界的揭幕之战。根本目标是反对单极世界体系的霸权体系，推进多极世界体系的建立。所以，我把俄乌冲突称之为是通向多极世界的揭幕战。美国挡不住，欧洲也挡不住。欧洲现在要做的就是顺应潮流而行，努力成为多极世界中的一极，而不是去帮着美国维持旧的单级世界。俄罗斯的这一场走向多极化、开辟多极化道路的揭幕战，对于中国肯定是有利的。

中国和俄罗斯是战略伙伴关系，我们应该有理有利有节地支持俄罗斯的反霸斗争，共同推进多极化世界的进程"。那么中欧的局势，有和作者"乌鸦"等人说的中东、中亚局势俾路支分离运动唱双簧类似的地方吗？从王湘穗教授文章中说的看，有。

如他说："目前最大的赢家好像是美国。它成功使欧洲的金融资产和资本流向了美国，使得美国在疫情期间仍得到流入资本的支撑，使美国成为是目前发达国家中经济表现最好的经济体……让能源对外依赖严重的欧洲经济遭受重创，而自己发了战争财"。翻过来他也说："打了两年仗，被48个国家施以近两万项制裁的俄罗斯，2023年GDP还增长了3.6%。俄乌两军现有的总兵力对比为4:1，预备役对比为2:1，大型装备俄军火炮是乌军3倍，坦克是6倍，装甲车是7倍，战斗机与直升机为10倍，拥有压倒性优势"。

他还解释说："俄罗斯为什么这么抗打？经互会组织（1949年苏联联合东欧国家成立的经济互助委员会，1991年解散）的核心前苏联工业化的老家底还在；俄罗斯的自然资源禀赋很优"。但俄罗斯禀赋很优的自然资源，从哪里来？他没说从西伯利亚来。

他只说："我去俄罗斯访问的时候就发现，莫斯科的国际关系学院专门有一个中心，有许多学者在集中研究西方的制裁和应对策略。所以俄罗斯人自己说，这次不仅仅是军事上对抗西方的打压，在经济上也是卢布起义，俄罗斯摆脱了美元的制约，不再受美元体系的剥削了。俄罗斯之所以能够有效应对西方制裁，还跟它重视统一战线有关。俄罗斯加大了与中国、印度以及南方国家的合作，因此跟西方断裂脱钩之后，俄罗斯的经济活动并没有受到太大冲击"。

观察者网发的王湘穗教授这篇文章，有162576个读者，后有9页跟帖。其中有个跟帖观察员叫"改个名字好难"的人，总结该文中心思想说："俄乌冲突的意义：军事上，打击了西方；经济上，卢布起义；战略上，多极世界的揭幕之战"。俄美演双簧，一路一带背锅。

有个跟帖叫"张外"的人说："山人认为，在俄乌战争中，一是俄罗斯率先开战；二是乌东四州公投入俄，坐实了领土侵占，明面上俄罗斯失了道义，所以中国不能明显支持俄罗斯。但美国一直在打压我们，只有中俄联手，才能扛住美国泰山般压力，所以我们又不能直接谴责俄罗斯。所以现阶段中俄关系如何处理？确实比较棘手。应由中、法、德、匈、土、印等国组成止战联盟（欧洲大多数民众有强烈停战意愿），力劝普京恢复战前状态，退出乌东领土，维护乌克兰主权及领土完整。一是挽回国际信誉；二是俄罗斯安抚国内伤痕累累之民众；三是我们打破铁板一块西方联盟，与美争夺俄乌战争话语权；当然现时普京是不会答应撤军的，因为俄罗斯还有战力，还要面子，有一种不服输的赌徒心态。不过俄乌战争持续下去，其实对中国并没有坏处，暂时使得美国不敢开辟第二战场"。

还有跟帖问："不一带一路了？"他的自我回答说："中俄美的特性：中国想要（以"一带一路"构建"人类命运共同体"）引领世界；俄美（骨子里）都是想要称霸世界----各方实现的条件：中国只有在和平的全球化状态中才能实现（俄美联合起来都不是中国对手）；美俄只能靠战争（说好听点：革命）把世界分裂成阵营才能称霸！中国拨乱反正，改革开放----融入并主导全球化：40年综合国力高质高速发展----民富国强！中国崛起！成为世界第2大经济体！----如果世界一直保持和平的全球化状态，中国成为第1大经济也是指日可待（所以：林毅夫才信心满满的和尼尔•弗格森打赌）！当然这种和平的世界状态对美国不利；对俄罗斯更不利（这种世界和平状态使俄掉出世界经济体前10）----只有战争俄美才能成为世界霸主（当然不是全世界的霸主，而是：美苏冷战时的阵营霸主）！美国又不想主动挑起战争----俄罗斯却急不可耐的主动发起抢夺乌克兰土地的战争，以显示霸王的能耐并以此形成新冷战----并想达到：正如王湘穗所称：'中俄要做美国打不败的对手'----达到这一步俄美梦想的：新冷战形成！俄美都成了各自阵营的霸主！我们只有在提升国家综合实力和增强使用力量能力上，都要更下功夫、争取更大长进，才能屹立于世界民族之林，成为多极世界体系中得到广泛尊重的一极"。

也有跟帖说："俄罗斯人自认为是高贵的欧洲人，文化上宗教上就自认为比中国优越，怎么可能和低等的东方人混在一起？现在只是没办法，美国不让他加入俱乐部，暂时和中国应付应付。　现实也是如此，中国已经和周边多个国构建命运共同体，但从未有构建中俄命运共同体这一说法"。以及"'极'不是'结'，也不是'杰'，更不是'阶'。乱七八糟地排一大堆，让'极'很尴尬的"。

读《王湘穗：中俄要做美国打不败的对手，才会成为他们最尊敬的朋友》一文，我们想到王湘穗教授和国防大学乔良教授合写的《割裂世纪的战争》一书。该书2016年，由国防大学出版社和长江文艺出版社联合出版。该书序言《迟到十六年的纪念》中说："1950年6月25日爆发的朝鲜战争，属于朝鲜和韩国；同年10月25日之后的抗美援朝战争，则属于中国。我们赞同徐焰将军的观点：'朝鲜战争本不该打，抗美援朝战争却不得不打；朝鲜战争是平局，抗美援朝战争却是胜利'……为实现逆转屈辱历史的这一结果，先后有18万中国人献出了生命，仅阵亡的中国人民志愿军军人就有11万人……。阵亡吹响了军人永久的熄灯号，但并不是所有的阵亡者都能获得永久的荣耀"。读书中《第三次战役(1950年12月31日-1951年1月7日)史蒂柯夫大使要彭德怀"把敌人赶下海去"》一章，感到有点像"抗美援朝命运动力学"或"彭德怀国防部长命运动力学"。

　　抗美援朝第三次战役彭德怀服从了毛泽东的决定，但也不讳言自己对战局的看法，尽管这看法与当时的胜利气氛和克里姆林宫及平壤的见解不是很协调。史蒂柯夫是苏联驻中国大使大使，彭德怀与史蒂柯夫大使清醒不同。在书中说：1950年"彭德怀于12月8日给毛泽东发电报，提议部队暂不过三八线，开始转入休整，做好充分准备，来年开春再战。他说史蒂柯夫大使曾经担任过苏军驻朝鲜集团军的司令，也许是将军出身，史蒂柯夫对彭德怀在二次战役的指挥感到不满，他认为美军正在迅速向三八线撤退，志愿军应该乘胜追击，像苏联红军打关东军一样，十几天解决战斗。像志愿军这种打打停停的战法，在世界战争史上也没有见过。对这类的指责，彭德怀可以说早有领教。还在红军时期，军事顾问李德就像是共产国际派来的钦差大臣，对中国的内战不断进行外行式的指手画脚。在高虎垴战斗中，彭德怀就当面痛骂过热衷打阵地战拼消耗的李德，是'崽卖爷田心不痛'。对史蒂柯夫大使的看法，彭德怀认为他最大的问题是搞错了对象，美国军队不是关东军，志愿军也不是苏联红军。朝鲜战争不可能速胜。即使现在看来，彭德怀的各项分析都极其清醒、极其准确，绝非史蒂柯夫之辈所能企及"。王湘穗教授和乔良教授说得很对。

　　王湘穗，1954年生于广州一个军人家庭。1970年底参军，退役空军大校。先后就读于空军政治学院、中山大学研究生班。但有人读该书后说王湘穗教授："我最早知道他，是他和乔良合写的《超限战》，可惜了，现在年龄上来了，反而还瞻前顾后了"。这是啥活？

　　也许如今俄联邦国防部防长绍伊古，读过王湘穗教授的《割裂世纪的战争》一书。绍伊古，大将军衔，蒙古族人。1955 年出生在西伯利亚现俄罗斯图瓦共和国的柴旦市（恰丹市）。1988 年至 1989 年任苏共阿巴干市委第二书记。绍伊古的父亲是蒙古人，出身兽医，曾担任过苏共图瓦州党委书记、图瓦共和国的书记和部长会议副主席；绍伊古的母亲是俄罗斯人。绍伊古算是"官二代"，青少年时候亲眼见赫鲁晓夫指挥在西伯利亚搞粮食生产大建设开发，但没有坚持下去，觉得可惜。2012 年总理梅德韦杰夫推荐绍伊古出任国防部长；对我国类似"彭德怀国防部长命运动力学"之类的书，他自然注意。

　　据俄卫星通讯社消息，俄联邦国防部防长绍伊古在会见国家科学院西伯利亚分院科学界人士时表示，我国有必要考虑迁都西伯利亚，并在那里建设五座新城市，人口规模要达到百万级。他说，西伯利亚地区虽然异常的寒冷，但是这里的森林面积是非常广阔的，而在西伯利亚地区的南部也有着大量的土地可以进行开发，这对于后续俄罗斯的粮食出口有着非常重要的意义。更何况西伯利亚地区拥有着非常丰富的石油天然气资源，而其他各种类型的矿产资源更是数之不尽。

　　西伯利亚地区非常丰富的石油天然气等资源，是俄罗斯东正教思维用战争夺得 13 世纪蒙古族人建立的元朝的"主权"、"国境"、"央地"来的。在他看来，俄罗斯就靠买西伯利亚的资源，俄罗斯也能够过得很好。再加大对于西伯利亚的开发力度，自然可以进一步解决俄罗斯目前的困境。绍伊古的方案，不是历史上列宁和马克思曾经想过的蓝图。其实绍伊古的真心话，也许他内心清楚：俄乌冲突只是迟早，俄罗斯先扔核武器也只是迟早。但如果对家还手，核武器自然是炸莫斯科和圣彼得堡。因此他想的是，早迁都，可减少今后损失。

　　但中国学者想的是啥？2012 年 3 月 9 日《 环球时报》报导清华大学吴大辉教授，在与该报记者采访中说："与俄罗斯打交道，不吃亏就是占便宜。在外交工作当中太多的斤斤计较，它会为了坚持自己的一个原则到了那种钻牛角尖的地步，不会轻易退让的，不吃亏就是占便宜，这是我对俄罗斯的基本认识"。吴大辉教授如果说的是事实，那就是沙皇把西伯利亚作为流放地，走出了列宁、斯大林和门捷列夫等伟大人物，中国和世界都"占了便宜"。

吴大辉教授经常在电视上亮相，受到大家的关注。2023年10月30日，他在第十届香山论坛上发表"俄乌双方何时进行谈判"为主题的演讲中说："从乌克兰采取的反制措施和俄罗斯无法接受的态度来看，似乎不可能有一个和平条约"。有人评说："俄罗斯问题专家吴大辉教授，就认为乌克兰是弱势的一方，理应接受屈辱的城下之盟，割地赔款来换取所谓的和平。并且必须是乌克兰主动的割地，否则国际社会包括中国，都不会承认俄罗斯非法占领的土地的。即使用武力胁迫的非法公投的结果，也是无效的"。国防部长绍伊古当然明白吴大辉教授的"俄乌冲突命运动力学"，而且吴大辉教授与王湘穗教授的"俄乌冲突命运动力学"也有相同的地方。

但绍伊古的方案，可知他学王湘穗教授的"抗美援朝命运动力学"或"彭德怀国防部长命运动力学"，更有进退考虑————他明知普京表态不同意将首都迁至西伯利亚，因为普京说无法解决目前俄罗斯所面临的各种难题，但他也要"不讳言自己的看法"————这是学抗美援朝第三次战役彭德怀既要服从毛主席，也要维护克里姆林宫的决定，但也不讳言自己对战局的看法。也许绍伊古对俄乌冲突早有预测；即使当国防部长，冲在前。即使绍伊古和吴大辉教授、王湘穗教授一样，不知道中华文明和世界是失落远古巴蜀盆塞海山寨城邦海洋文明的文明，但他明白学中国的改革开放————把深圳、珠海拿出来，作市场经济的试点，取得资金和经验，用于大后方的建设，国家会变得更好。即如果把莫斯科和圣彼得堡拿出来，作市场经济的试点，取得资金和经验，用于西伯利亚等后方的大建设，俄国会变得更好。

2）徐坡岭俄乌冲突命运动力学

2024年2月27日观察者网发表的《徐坡岭：经历两年制裁俄罗斯没被打败，靠的是什么?》一文，是中国社科院俄罗斯东欧中亚研究所俄罗斯经济室主徐坡岭教授，2023年6月考察莫斯科、圣彼得堡；2023年11月去哈巴罗夫斯克和叶卡捷琳堡----两次一共考察五个地方，没有感觉到正在经历战争磨难社会写出的"俄罗斯命运动力学"新篇。即他说的："俄乌冲突，相当于给一个虚胖的人注入了激素，让它强健，变得更加有活力"。这是为我们深度解读俄罗斯经济韧性背后的逻辑，以及中国可以借鉴的经验教训吗？

是的，不知道中华文明和世界是失落远古巴蜀盆塞海山寨城邦海洋文明的文明的人，也许都是这类大同小异的看法。

徐坡岭教授说："普京总统在宣布'特别军事行动'之后，提出了三个原则：第一，将战火控制在俄罗斯境外，不往俄罗斯国土蔓延；第二，战争所造成的财政负担不能影响居民的基本生活；第三，战场上尽量避免平民和士兵的大规模伤亡"。俄乌战争好得很吗？

徐坡岭教授说他看到的是："居民实际可支配收入同比增长5.4%（剔除物价因素），工资实际增长7.6%。居民实际可支配性收入达到了2013年高点的98.6%。在战争背景下，居民生活水平没有受到很大影响，实际收入反而在增加，消费在增长"。原因他说的是："俄罗斯出台的三个反制裁措施：一是超过1万美元的现金不允许贷出去，对外欠款暂停偿还。二是俄方规定，2022年1月1日之后签订的外贸合同的外汇收入金额的80%要卖给央行，三是规定5000卢布（当时折合人民币400多元）换1克黄金，将卢布与黄金挂钩"。

徐坡岭教授说："天然气卢布结算令"是一个妙招，俄罗斯就将卢布的价值用天然气锚定，卢布汇率迅速就回升。俄罗斯的基础科学实力比较雄厚，俄罗斯的科技发展潜力很大。苏联解体之后，经历了一段时间的人才流失，俄罗斯不断改革科研机构，提高研究效率，增加或至少维持了对科研机构的财政拨款，这也是俄罗斯能够成功应对制裁，并在俄乌冲突中保持经济正常运行的原因。

徐坡岭教授说：俄罗斯不是军工在拉动经济增长，而是资源部门。

他类似说："多极化就是战争，战争发财"。当然徐坡岭教授不会这么明说。他说："苏联有什么遗产的话，肯定在财政方面没有太多的遗产。苏联解体的一个很重要原因，就是债务扩张，俄罗斯在转型开始时继承了前苏联 996 亿美元的天价债务；制裁之前，俄罗斯核心主权外债，就是由联邦中央负责偿还的外债。在 2021 年之后，为了应对疫情和国家项目建设，财政才开始变得积极。实际上是资源部门在俄罗斯经济中占据重要位置。2022 年 11-12 月，普京、梅德韦杰夫和绍伊古相继视察军工企业之后，国防订单才开始大幅度提升，俄罗斯才全方位把经济资源投入到军工复合体中。俄罗斯不是军工在拉动经济增长，而是资源部门。而且军工订单在 2022 年下半年曾呈现出爆发式增长，但到 2023 年 4 月份之后就缩减了"。

徐坡岭教授的解释是："我们甚至有个推论，可能普京总统不着急结束俄乌冲突。因为这场冲突中的军事订单引发的投资增长已经扩展到非军事领域，为社会提供了更好的劳动机会和挣钱机会，使得俄罗斯社会变得更加活跃。从 2023 年第二、三季度的数据我们发现，跟军品生产相关的行业，包括皮革、机械制造、电子这几个领域的投资快速扩张，导致俄罗斯固定资产投资在第二季度投资增速达到 12.9%，第三季度达到 13.3%。全年总积累（包括库存）19.8%，净固定资产投资增长 10.5%。其中，计算机、电子和光学产品生产增长了 32.8%，金属加工产品增长了 27.8%，其他车辆和设备增长了 25.5%，食品行业也增长了 5.9%。为生产服务的仓储运输也增长了 12.8%。这些快速增长的部门可能与军工密切相关实际上这是从军工领域往下游的投资扩散"。

原因他说的是："俄乌冲突之后出现的制造业的扩张，轻工、机械制造和电子信息领域的工资增长特别快，通过工资薪酬实现的一次分配产生了非常强的劳动激励。军工企业的生产规模扩大之后，对下游企业的设备和材料、零部件需求大幅增加，机械设备投资需求增大，工业生产也从纯军事军品扩展到与军品生产相关的其他加工制造业。能源出口成为俄罗斯贸易盈余的主要来源，国家从能源部门获得税收，获得石油美元流入之后，通过财政转移和社会政策支出，注入到社会公共部门，形成政府人员和服务业的收入。这种收入是福利性质的，没有劳动激励的作用。俄罗斯强大的能源领域没有实现投资扩散，因为俄罗斯石油天然气开采的设备是进口的，所以投资是一次性"。

徐坡岭教授赞扬俄罗斯出非凡人才，举的列子是："米舒斯京出任总理新冠疫情期间，米舒斯京就把反危机和大项目建设有机结合，2021年实现了4.7%的经济增长率。与此同时，央行对远东和北极地区开发、对大项目投资提供了大量优惠抵押贷款，居民消费中信用消费比重在2023年增长了10多个百分点，从37%增长到48%"。

俄乌战争是双赢，他说："这一仗谁受益多，美国受益更多。美国人自己都说了，援乌花的钱太值了，让美国在没有损失一兵一卒的情况下，就把俄罗斯的战斗力削减了50%，这是美国历史上最成功的投资回报。这是美国资深参议员格雷厄姆公开说的。在欧洲天然气能源市场上挣得盆满钵满的，不是中国，而是美国。俄罗斯能源被禁买之后，美国的液化天然气以2200美元/千立方米的高价（是平时的8-9倍）对外出口，赚得盆满钵满。对于俄罗斯来说，普京总统可能是把俄乌冲突变成了一针激素，对俄罗斯社会和经济进行了重整"。

有人补充俄罗斯出非凡人才还说："2013年6月24日普京任命纳比乌琳娜担任俄罗斯央行行长，纳比乌琳娜帮助俄罗斯成功抗住了西方的制裁大棒。在这8年中，她为俄罗斯建造了一座价值6400亿美元的储备库。普京根本不会后继无人的，我看这个才59岁的纳比乌琳娜，未来可能就是俄罗斯的国家领袖。不久前，这位纳比乌琳娜刚刚过了60岁生日，我更坚定地认为，这就是普京之后俄罗斯国家最高领导人的第一人选，或者叫普京的接班人"。又有人说："普京之后俄罗斯国家的接班人，国防部长绍伊古也有可能"。

【6、一带一路命运动力学分离新论】

1、从杜金到范勇鹏的海洋与陆地命运动力学

1）杜金与索罗斯的海陆分合命运动力学之争

2023年3月7日上海"观察者"网发表的《亚历山大·杜金："索罗斯，打钱！"这是俄罗斯自由主义的耻辱》一文，其中杜金教授说：全球形势危急的主要原因，索罗斯首先给出了两个"世界大观"，一个叫"开放社会"，一个叫"封闭社会"。这两种类型的冲突联系"气候变化"。索罗斯谈到"气候变化"，是对"开放社会"构成威胁的因素，即气候是如何影响地缘政治、文明变革，以及冲突对抗的？

杜金教授对此解读，是把"封闭社会"和"开放社会"两个阵营，与俄乌战争----"俄罗斯赢了"和"俄罗斯垮台"联系起来的。

即，如果俄罗斯赢了，"开放社会"会出现大幅倒退。如果俄罗斯垮台，失败者将陷入困境，索罗斯的事业将获得最终胜利。这是地缘政治的终结。杜金教授对此进一步的解读是，因为索罗斯明确表示，南极和北极的冰川融化，类似普京、埃尔多安和莫迪的"多极世界"，全面参与了对"开放社会"这场大对抗----因为索罗斯说到了执政的普京和俄乌战争，是在设想全球变暖，成为全球主义者的敌人，甚至成了"头号威胁"。即普京、埃尔多安和莫迪的"多极世界"类似"陆地文明"，正在对抗"全球主义"类似的"海洋文明"。因为如果冰川融化，海平面将迅速上升。这意味着首先被淹没的正是"海洋文明"的基地据点---"开放社会"，也被称为"液体社会"就会被'冲走'；只有位于内陆腹地的"封闭社会"，将继续存在。

杜金教授说：地球变暖将使许多寒冷地区，特别是欧亚大陆的东北部地区变得肥沃。在美国，只有支持共和党的州能幸存下来。民主党的据点将全被淹没。在这种情况发生前，垂死的索罗斯向全球主义者宣布了他的遗嘱："'开放社会'要战胜俄罗斯、中国、印度、土耳其等国，要么是现在，要么就永远不会发生。这样，全球主义精英就可以逃入内陆地区生存下来，否则，'开放社会'就会终结。全球主义者为何对气候变化念念不忘，这是唯一的解释。不，他们不是疯子！索罗斯不是，施瓦布不是，拜登也不是！全球变暖，就像'冬季将军'在二战中曾帮俄罗斯对抗希特勒一样，正在成为世界政治中的一个因素，它现在站在多极世界一边"。

杜金教授，1962年生于苏联莫斯科。俄罗斯社会学家、思想家、哲学家和翻译家；当代俄罗斯最活跃的理论家、政治分析家之一，现担任莫斯科一家宗教电视台的主编。杜金的地缘政治理论及其背后的宏大理论"第四政治理论"，被作为研究俄乌冲突的一个重要参考。

杜金作为现欧亚主义思想的始作俑者和集大成者，反对西方，反对由美国主导的单极世界，倡导多极化世界。近年来杜金用保守主义作为替代 20 世纪 3 大主要意识形态：自由主义，共产主义和法西斯主义的第四政治理论。

美国金融大鳄乔治·索罗斯教授，号称"金融天"。1930 年生于匈牙利布达佩斯。1947 年移居到英国，1949 年进入伦敦经济学院学习，曾获得社会研究新学院、牛津大学、布达佩斯经济大学和耶鲁大学的名誉博士学位。1956 年去美国，从 1969 年建立"量子基金"至今，他创下了令人难以置信的业绩。现年 94 岁的索罗斯，已将 250 亿美元的"金融帝国"交由四子、39 岁的亚历山大·索罗斯掌管。

杜金和索罗斯，他们海陆分合命运动力学之争，新鲜。

2）范勇鹏的海陆综合命运动力学新论

2024 年 1 月 228 日观察者网发表的《【2023 答案年终秀】范勇鹏："全球南方"是伪概念？西方学者解释不了就否定问题》一文，复旦大学中国研究院副院长范勇鹏教授，提出的"南方中之北方"和"北方中之南方"图示，也许是一种回应杜金和索罗斯海陆分合命运动力学之争，"基于规则的秩序"的海陆综合命运动力学新论。

如他讲的今天世界秩序用的两个类型，就很明白。范勇鹏教授解释说："一个是陆地，一个是海洋。陆地是不均匀的，有高山、有河流，而且它不仅仅是一个介质，还是一个治理对象，我们的政治学研究仅仅拿它作为一个工具，忘记了陆地上还有人民。而海洋的重要特点是相对更均匀，更大程度上就是一个介质，而不是治理的对象"。

"所以从这两点出发，第一种秩序叫陆地型秩序，这也是过去三五千年亚欧大陆上最主要的文明发展形式，最典型的就是中国。我们广土巨族形成的过程，就是从陕西、四川、山西、河南、山东、河北这几个版块开始，互相竞争、迭代、演化，逐渐产生出一种我们称之为'天下'的世界秩序。那么海洋性秩序是不是这样子呢？很明显它跟我们有很大的区别：什么叫文明？什么叫世界秩序？文明就是内部联系超过了对外联系。所以像地中海这样的世界，就很难形成一个统一的文明圈，因为彼此之间的联络成本非常高，中间有浩瀚的大海，虽然是均质的，但是在那个时代还突破不了"。

范勇鹏教授，1964 年生，吉林人。现任复旦大学中国研究院副院长、研究员。曾任职于中国社会科学院欧洲研究所、中国社会科学杂志社、中国社会科学院美国研究所。德国曼海姆大学欧洲社会研究中心访问学者，美国斯坦福大学政治学系富布赖特学者。

范勇鹏教授具体说的是："我们看欧洲地图，希腊或者罗马就非常具备成为一个海陆综合枢纽节点的位置。中国为什么叫中国？因为我们强调天下之中。但是地中海没有天下之中，而是在海里，地中海中的意大利半岛就承担了这个功能。这样一种地理结构上产生的文明，自然会呈现出几个特点：第一，等级化的帝国结构，它不是像河南、山西、四川这样形成板块的结合，而是以一个中心辐射开来形成一个伞状结构，所以它很容易形成一种中心和边缘的结构。第二，因为这种中心和边缘结构，所以同民族以及不同民族之间自然会形成不平等的结构。第三，资源和权力信息的流动也主要呈现出一种单向特征。所以总结起来，它大体上是一个点和线构成的体系。而且地中海文明在近代之前很少深入内陆，缺乏地区的整合和治理的需要"。

于是他的结论是："罗马帝国是这样，英帝国、美帝国也都具有类似的特征。这是一张以美国为中心的世界海洋图，美国的位置就像地中海里的意大利，克里米亚半岛、中南半岛，某种程度上也具有这样的特征。所以这两种文明代表了两种普遍性，而随着西方在现代的崛起，西方文明也从一种地方性文明变成了表象上的普遍性文明。但西方文明的普遍性表象掩盖了特殊性和地方性本质，实际上在大多数时间里，亚欧大陆上产生的陆地性文明更具有普遍性"。

他举例 2013 年新加坡历史学家王赓武教授说的话："西方的胜利是通过海洋秩序打败陆地秩序，英国把欧陆国家牢牢锁在陆地，美国把苏联限制在陆地，而实现的。……中国素有大陆性实力，现在又有了发展海军的能力。中国将成为拥有强大陆地支持的海军力量的另一个大国"。他说正是"在 2013 年，我们提出了'一带一路'倡议"。

范勇鹏教授对此讲了他的"全球南方的崛起与世界新秩序"。他说："今天这样一个不公正的、等级制下的世界秩序，并不是我们需要的，全球南方就是这样一个体系的产物。其实旧知识对这个问题的回应是非常乏力的。比如美国学者约瑟夫·奈，认为全球南方在政治上是一个伪概念，在事实上并不成立----其实西方人特别擅长在自己回答不了时就否定这个概念，否定这个问题。约瑟夫·奈代表的就是旧知识体系对新的世界变化做出的一种掩耳盗铃式的拒斥，一种无能的拒斥。最近阿根廷新任总统米莱，我感觉他有可能就是旧知识最后回光返照的代表人物。而在过去这些年里，是谁在实践呢？我觉得主要就是我们中国人在实践。比如一带，实际上是延续了我们历史上通过制度和人文来扶平陆地结构的非均匀性，再通过基础设施重建起陆地型治理秩序。当我们这个秩序到达哪里，那个地方的教派冲突、民族冲突、种族屠杀等等，就会被我们的方式化解掉"。

范勇鹏教授还提出了他的南方中之北方和北方中之南方的《X图论》。他说："在一路，即使从海洋秩序来讲，我刚才提及的地中海历史也只是人类历史上的一个小小角落。在历史上中国也构建起了庞大的海洋贸易网络，从中国的南海一直到印度洋甚至红海地区。美国学者贡德·弗兰克说过一句话：所谓西方文明只是偶然加入到了亚洲的港角贸易--港口到港口之间的近海贸易----然后拿到了一张三等票，通过这张三等票最后上升到头等舱，最后变成了驾驶员，然后才建立起了现代世界体系。我们通过对海洋秩序这种仅仅基于点和线构成的等级制结构的改造，把海和陆重新融合起来，形成一种海陆兼具的人类未来秩序，目标就是'人类命运共同体'"。

范勇鹏教授总结这种方法论怎么做？他说用两句话："南方中之北方和北方中之南方，我们要团结全球南方国家，改变这个旧秩序。但是这个改变过程不是为破而破，而是要构建出新的发展样板，甚至我们要在南方国家里边带出一些'兄弟'，我们的公共产品能够覆盖它，甚至我们的军事力量能够保护它，在南方世界中构建出新的发达板块，也就是带引号的'北方'。那么，什么是北方中之南方呢？今天的北方并不是铁板一块，北方国家集团里有接近南方国家的一些国家，发达国家内部也有类似于南方的阶层和人口。未来的全球秩序必须是包容性的，能够把这些人们团结起来，带动大家共同构一个新的全球秩序"。这种方法，冲突--战争真能"被我们的方式化解掉"吗？

2、一带一路讲好孔子命运动力学

俄乌冲突谈判，如今世界之乱，只会在双方均有意愿开启谈判时，才会启动。如俄乌战争冲突，中方一贯不遗余力推进的是谈判这类和平进程。为啥？范勇鹏教授类似用"海洋"对应"一带"，用"陆地"对应"一路"；用圆圈沿周边圆内连续的小圆弧图形和这种图形加圆内交叉直径线图，分别代表地中海国家和中国，解释两地的文明和影响世界秩序的不同，似乎很精辟，也有些道理，但也正说明中华文明与世界，是失落远古盆塞海山寨城邦海洋文明的文明。这又为啥？

因为中华文明与世界，还有范勇鹏教授说的这两种图形之外的第三极----在他代表中国圆圈图的圆内，还很多个小圆圈及外围加的小圆弧构成的叠加图形，代表曾经的远古盆塞海山寨城邦海洋文明对人类命运动力学的影响。也许范勇鹏教授没有像瑞士傅汉思教授在四川井研作十多年井盐历史考古那样，了解失落远古盆塞海山寨城邦海洋文明的巴蜀情况，得出他的海陆综合命运动力学新论，这不奇怪。包括古代著名的儒家大人物孔子，也不了解远古盆塞海山寨城邦情形。

众所周知，孔子是中国传统文化的代表人物。孔子的学说传到西方，是从400多年前意大利传教士把记录孔子言行的《论语》一书译成拉丁文带到欧洲开始的。而今，孔子学说已走向了五大洲，各国孔子学院的建立，正是孔子"四海之内皆兄弟"、"和而不同"以及"君子以文会友，以友辅仁"思想的现实实践。孔子作为汉语教学品牌，是中国传统文化复兴的标志----为推广汉语文化，中国政府在1987年成立了"国家对外汉语教学领导小组"，简称为"汉办"，孔子学院就是由"汉办"承办的。中国国家对外汉语教学领导小组办公室，在世界上有需求、有条件的若干国家，建设以开展汉语教学为主要活动内容的 "孔子学院"，中国教育部在北京设立孔子学院总部，并通过总部授权在国内外设立以开展汉语教学推广机构的孔子学院。

海外孔子学院信守"一个中国"政策，维护中华人民共和国的独立和统一，遵守所在国的法律和法规，接受所在国政府的监督，不参与任何与所在国政治、宗教、种族有关的活动。建设孔子学院，可采用总部直接投资、总部与国外机构合作、总部授权特许经营三种形式中外合作方式设立，具体合作方式由孔子学院总部与国外合作方共同协商确定，一般都是下设在国外的大学和研究院之类的教育机构里。

自 2004 年 11 月全球首家孔子学院在韩国成立以来，已有达到 300 家孔子学院遍布全球近百个国家和地区(美国及欧洲最多)，成为推广汉语教学、传播中国文化及国学的全球品牌和教学平台。许多孔子学院的授牌挂牌仪式都有国家相关领导人参加，未来中国向世界出口的最有影响力的产品不是衣服鞋子彩电汽车等有形物，而是中国文化及国学。孔子学院，它并非一般意义上的大学----通过孔子学院在所在国进行汉语教学和传播中华文化，如在借鉴国外有关机构推广本民族语言经验的基础上，在海外设立的以教授汉语和传播中国文化为宗旨的非营利性公益机构；给世界各地的汉语学习者提供规范、权威的现代汉语教材；提供最正规、最主要的汉语教学渠道；面向社会各界人士，开展汉语教学；培训汉语教师；开展汉语考试和汉语教师资格认证业务----是一个非盈利性的传播中国文化的交流公益机构。

这样做：为发展中国与世界各国的友好关系，增进世界各国人民对中国语言文化的理解，促进世界多元文化发展，为构建和谐世界贡献力量，激发各国友人学习汉语和中国文化典籍的热情；为各国汉语学习者提供方便、提供中国教育、文化、经济及社会等信息咨询；为各国研究中国问题的学者和机构服务，成为更新和汲取借鉴其他国家优秀的文化、了解当代中国的重要场所，所以受到当地社会各界的热烈欢迎。可见这种在许多国家设立孔子学院的做法，是对的。

但讲好孔子命运动力学，应该是完整的。不然人家问：为啥孔子还有后来"打倒孔家店"的命运？当然有人说得好：孔子是先贤，被我们称为"至圣先师"；儒学是国粹，是我国古代优秀的传统文化；"五四运动"，也被称为是那个时代进步的学生和青年的爱国运动。那为啥在"五四运动"中，还要提出打倒"孔家店"的口号呢？

因为在 19 世纪末到 20 世纪初，国内走进战乱不断，国际上没有地位：先是和俄罗斯、英国打不赢，连东洋人也打不赢。接着八国联军打中国轮番上阵，割地赔款越来越多。中国是一战的战胜国，可是战胜之后，不但没能获得应有的利益，利益反而受损。

中国人彻底看清自己所处的地位，也引起了不少人的反思：走到这一步，是传播了两千年的"儒学"造成的。当然这有些偏颇，但"儒学"和"孔家店"就成为那个时代的总出气筒。央视播放最新记录类影片《觉醒年代》，就有一个历史上不能不说的"五四运动"的历史记载：孔子，这个曾经被几百年前的帝王们越来越想供奉的"万世师表"般的人物，在《觉醒年代》的"五四运动"时期，彻底地受到了千百年来最剧烈的批判。比如：孔子他的"君君臣臣，父父子子"，他的"唯女子与小人难养也"等等腐朽思想。其实，这都不是从远古盆塞海山寨城邦海洋文明时期来的，那时女娲可以当远古联合国的政权人物，嫘祖也可以当远古联合国的政权人物。

"五四运动"时期的中国精英们，他们坚持的思想理念：追求"中国人的事，中国人管；中国的领土，中国人管理，治理，领导"的觉醒理念，觉醒思想，觉醒意志，觉醒的行为方式，高喊出"打倒孔家店"的口号，坚信科学理性精神。他们并非反对孔子本人，而是挑战被历代君主所雕塑的孔子偶像的权威，以及背后专制政治的象征。

孔子在春秋时期是个非常重要的思想家和教育家，又是一个很不成功的政治家。当时战乱纷争，他提出只有大家克制欲望，尊崇周礼，才是解决纷争和战乱的唯一出路，但没有一个国君认为他的主张对解决当时的战乱纷争有用。当然最终改变国家纷争战乱，实现统一的，其实并不是儒学，而主要是法家、兵家这样一些学说；还做出了"焚书坑儒"这样的行动，对儒学进行了强力打击。不过，儒学并没有就此消亡，它在作为大统一朝代的汉朝开始，重新发挥了作用，获得了主流意识形态的地位。为啥？孔子的"四海之内皆兄弟"、"和而不同"以及"君子以文会友，以友辅仁"等思想，正是继承了远古盆塞海山寨城邦海洋文明时期的团结救灾、抗灾，发展生产力的实践经验。

而在汉武帝时期，董仲舒们提倡的"君君臣臣父父子子"，其实已经不是孔子当初主张的那些东西。封建帝王提出的不能结党营私、拉帮结派的政策，也不是今天世界政党林立、地方武装争权不休的现实。在中国，孔子是一个两面人，一方面反对"社会变革"，是封建的卫道士。另一方面，他身上有继承远古盆塞海山寨城邦海洋文明某些好的思想。只因几乎每一个古代王朝，都搞尊孔大典，孔夫子，就是封建专制的代名词。比如明人李贽，在教书中，他反对盲从孔子，结果被官府通缉，遭身边人白眼，最后命运动力学，自刎以了残生。

孔子之所以不愿轻言生死，不是因为他惧怕死神，而是他还没有把握寻求到盘古以来总结的类似生命动力学的数学方程————"马桑树儿万丈高，离地三尺要弯腰"。这里"弯腰"不是"举白旗"，而是一种应付"曲线"；"离地"不仅指死亡，也指失掉依靠的力量。曾经"四人帮"中的张春桥、姚文元，十多年间的大块文章，受人追捧，打倒"四人帮"后也没再嚣张。孔子生前坚持"当仁不让于师"，鼓励不同的声音。可他死后，他所删修的五经成为了不容置疑的金科玉律，因质疑他而死的人，更是不计其数，如前面提到的李贽。

这该怪孔子吗？其实后世人对他不遗余力的"圣化"也有责任。

人们不反对"五四"，讲好孔子命运动力学，应该还有改变中国人头上压着英文三座大山的事。因为远古盆塞海山寨城邦海洋文明的失落到"湖广填四川"，不仅有冲突--战争、地方武装争权不休等人祸，还有难以对付的大的自然灾害，如盆塞海干涸；如 2020 年以来 3 年中中国与世界遭遇百年未有的新冠病毒肆虐，"封城、戴口罩、隔断、封闭"等，是因遭到严重冲击。说明科技的重要，中国要发展科技，离不开中文传播。今天华人及其后代在国外世界至少有一亿多人口，祖国的强大，是他们共同的心声。孔子学院，他们不应该在围墙外；在北京设立的孔子学院总部应该把他们自然视为在围墙内，才能真正讲好中国故事，让他们有保护中文科技知识产权的法律可享。

有一件事是 2014 年当年年底，瑞典斯德哥尔摩大学与中国孔子学院的合作协议，不再续约，孔子学院在 2015 年 6 月 30 日关闭的事情，说明国内投资，以教授汉语和传播中国文化为宗旨的非营利性教育机构中国孔子学院，中外合作办学的模式，由外方提出申请，中方提供 5 万至 10 万美元的启动经费并配备师资，截至 2014 年年底中国官方对外公布的办学规模为：10 年时间，在 126 个国家和地区建立了 475 所孔子学院、851 个孔子课堂，累计注册学员 345 万人。实际孔子学院还应该帮助和拥有很多像创办马斯兰出版公司、领导马斯兰出版公司的总裁马宏宝博士这样的人物----马宏宝，1957 年生，陕西省西安市人。1990 年-1994 年北京大学生物学系博士研究生学位毕业。1994 年-1996 年读美国哈佛大学博士后。1996 年-2006 年美国密西根州立大学助理教授。2006 年-现在，在美国纽约做科研并学术出版。用"百度"搜索"马宏宝"，发现有三个"马宏宝"：郑州大学北美校友会秘书长马宏宝；美国陕西同乡会会长马宏宝；美国纽约的《自然和科学》杂志主编马宏宝。

2011 年 11 月 10 日《中国青年报》发表作者李斐然写的《〈自然和科学〉：一本山寨杂志的国际玩笑》一文中，看到这样的报道："2011 年 8 月 5 日身在美国纽约的杂志主编马宏宝，接受了中国青年报记者的专访"。 我们在网上看到《中国青年报》发表的《〈自然和科学〉：一本山寨杂志的国际玩笑》一文后，到 2019 年用电子邮箱给马老师，问："马老师，你能寄个简历吗？争取与知名的《自然》和《科学》等杂志比赛----你们在国外办的《自然和科学》和《学术领域》等杂志，重在科技传播，不带政治出格言论，完全可以合法当纸质印刷商品，走'一带一路'跑的列车、货车、轮船、飞机的政策路子运输或快递。所以你们应该分为纯中文、纯英文和中英文混合三种类型，编辑出版电子杂志和书籍，以及纸质印刷的杂志和书籍。例如我们，已经不熟悉纯英文的杂志和书籍，但世界各个国家的人等需要。我们认为学自然学科学，振兴中文科技，大家要向前看，为世界贡献深刻的思想体系，增强民族凝聚力"。

对此，马宏宝博士的回信说："这篇文章，十多次以攻击、嘲讽与贬损的方式直呼马宏宝的名字，并明确揭示马宏宝为北京大学生物学系博士毕业生，严重干扰并伤害了马宏宝的个人生活。马宏宝参与创办《自然和科学》这样一本杂志，本身就是一个普通的提供平台促进科技信息交流的事情，却被认为在开'国际玩笑'，这从事实上已经造成了对马宏宝个人的严重的实际伤害。同时的这篇文章，也伤害了众多的杂志工作人员及作者与读者"。

据马宏宝博士的电子邮件了解：马宏宝总裁领导的马斯兰出版公司，是 1998 年创建于美国密西根、后在纽约市注册的一家出版各领域的学术期刊和书籍的公司，目前出版有 11 种期刊：《生命科学杂志》、 《美国科学杂志》、《自然与科学》、 《纽约科学杂志》、《世界农村观察》、《研究者》、《报告与意见》、《学术争鸣》、《干细胞》、《癌症生物学》和《生物医学与护理》等。其中《学术争鸣》可以刊登中文，且可以不受出版费，和英文同在一个杂志。联系可找至马斯兰出版社：美国纽约州里士满山第 92 大道 102-34 号。

孔子学院能有马斯兰出版社这种出版各领域学术期刊的出版社，而且像《美国科学杂志》、《自然与科学》、 《纽约科学杂志》也能刊登中文科技论文，该多自信----这也是在言论自由的原则下，促进中文科学知识在世界范围内的传播，加强中文科学知识-信息传播-交流，寻求创造一个学术环境，促进知识的增长和对世界的理解；鼓励引用和链接期刊上发表的中文论文，以便更多的人可以阅读它们；通过在各种来源(如互联网)中引用和索引期刊来帮助改进期刊。

3、一带一路郑和命运动力比较学初探

1）中文之战

一带一路讲好中国故事，不是用英文讲中国故事；"这就是中国"也不是中国要用英文。中文之战，是历史上中国人下西洋或到国外也许经历过的事。范勇鹏教授说的"海洋"和"陆地"，对应"一带"和"一路"是可以统一，不是多极化。他认为在"南方中之北方"和"北方中之南方"中应造就"多极"秩序----如他说："我们要团结全球南方国家，要在南方国家里边带出一些'兄弟'，甚至我们的军事力量能够保护它，在南方世界中构建出新的发达板块"。

范勇鹏教授的院长张维为教授，对此说得更直白----2024 年 2 月 26 日应俄罗斯外交部的邀请，复旦大学中国研究院院长张维为教授出席在莫斯科举行的第二届多极化论坛，并作为主讲嘉宾发表了题为《非西方世界崛起与全球多极化》的演讲。其中他说："随着中国、俄罗斯、金砖国家及其他全球南方国家的崛起，一个多极化世界秩序正在快速形成……尽管乌克兰冲突本身富有争议，但俄罗斯改变单极世界秩序的坚定目标与决心得到了世界上大多数国家的赞赏与支持"。张维为，1957年生于上海。1977年考入复旦大学外语系。1981年加入北京外国语大学联合国译员训练班。1983年进入外交部翻译室为邓小平、李先念等领导人担任翻译时，他讲的是全球化。

2024年3月4日在东方卫视播出的《这就是中国》节目中，张维为教授和范勇鹏教授对让"中国学"回到中国，进行了探讨。其中张维为教授说："'中国学回到中国'的意义十分重大……中国学可以这样定义：广义上，中国学主要指立足历史、着眼当代、面向世界的中国总体研究；狭义上，它主要指面向世界的当代中国总体研究，特别是中国道路、中国模式和中国话语的总体研究，它具有多学科交叉融合的特点"。但张维为教授和范勇鹏教授把"多极"论结合他们的"中国学"，似乎像在跟着俄罗斯知名学者杜金教授在合唱。

中国特色社会主义和马克思主义，不只是来自"十月革命"----俄罗斯和苏联，有很多学习的地方。俄罗斯是个战斗民族，不错。例如2023年1月31日北京西陆军网，发表"静夜史"的《沙俄400多年时间里膨胀400多倍的领土----头可断血可流 面子不能丢 俄不懂逆境止损》一文中说："俄罗斯自古以来之所以敢于'亮剑'，相比于文明源远流长的我们，沙俄400多年时间里膨胀400多倍的领土扩张实在太过迅猛"。俄罗斯领土400多年膨胀400多倍，也许管理用俄文、俄语也扩张400多倍。而且苏联解体后，普京在2007年设置了"俄罗斯世界基金会"，旨在维持俄语、俄罗斯文化乃至东正教在欧亚大陆的影响力。所以对俄语这点，我们还有亲身感受的。

如1962年读高中时，我们必学的外语，是《俄语》课本；1965年读大学理工科，学的外语是《俄语》课本。其实学俄语的要求，现在看，对后来干工作意义不大，只觉得俄罗斯会驾驭"小兄弟"。但我们在大学期间，也认真读了从俄文翻译为中文的高等数学、物理、化学和钢铁工程等多本专著书，包括读完《列宁全集》1--33卷书的内容，深感列宁和俄罗斯科学家、工程师，确实做出过很多科学贡献。由此认为俄罗斯命运动力学不是多极和单极争雄敢于"亮剑"，而仍是马列主义真理"科学是第一生产力"在发挥作用。

对比俄国人的俄文操作法，联系把明朝郑和七次下西洋与唐朝玄奘西天取经比较，再上溯汉朝张骞通西域与唐朝玄奘西天取经比较，由此产生郑和命运动力比较学初探的想法----中文之战，是人类命运共同体之战，而不是参与多极称霸之战。为啥？

中文称为汉语，中华民族大多数称为汉族----"汉"字同音"汗"，有"汗流浃背""汗马功劳""汗牛充栋""大汗长流""汗流满面"等用语，出现在中华民族中。为啥？这代表的是下层劳动人民的生活情景，从远古盆塞海山寨城邦海洋文明中，团结救灾、抗灾、生产自救中，形成的人类社会最早的一个最大多数人群众"汗族--汉族"，也产生人类社会最早的一种最大多数人的语言----"汗语--汉语"。代表这种"汗语--汉语"的最早的"汉字--中文"，是始于约公元前6390-公元前3151年集大成的远古卦爻文字，由人文始祖伏羲，在教人结网捕鱼，遇到湖塘水面上的旋涡；教人制土陶生火做饭，看到锅中沸水的翻滚，已领悟和觉察到了圈态的线旋。为了表达和传授这一数学概念，他把摆卦爻用的草节茎棍，带来的蓍茅草叶，圈起来扭转比划----正是这种发现卦爻，有26个供拼音的集注音、注义、编码、缩写等功能于一体的太极语卦爻，可作文字。由此回答了西方拼音文字和东方象形文字溯源，曾经是可以统一的。

远古巴蜀盆塞海干涸，"汗族--汉族"向中原和全世界其它地方迁移分散。在中国夏朝时期，由于开创者大禹出生在巴蜀，大禹十多年治水带领的仍是大多数的下层劳动人民，所以使用的"汗语--汉语"保留的文字，仍然沿用的人文始祖伏羲发明的集注音、注义、编码、缩写等功能于一体的太极语卦爻文字。只是到商朝，推翻夏朝，才开始变更卦爻文字为"甲骨文字"。为啥？商朝的开创者王契--王玄等家族，不但善于驯服牛马，用于农业发展生产，而且还经常带领族人用牛车拉着货物，到邻近各个部落去交易。应该说，他们仍是一群经商做长途马牛羊牲口交易的"汗族--汉族"下层劳动人民。

在久而久之从事贸易活动中，壮大扩散"汗语--汉语"的同时，对夏朝大禹还使用的集注音、注义、编码、缩写等功能于一体的卦爻文字，因在马牛羊甲骨头上刻写很不方便，才开始创造出甲骨文字，发展到后来秦始皇"书同文"正式的中文汉字。这场中英文分家的大变革，不是说明拼音文字的英文，比象形文字的中文更高明，相反说明中文更具有同化其他民族语言文字的优点。道理是，从大禹开始中国历史经历的：夏朝、商朝、周朝、秦朝、汉朝、曹魏、蜀汉、东吴、晋朝、隋朝、唐朝、辽朝、宋朝、西夏、金朝、元朝、明朝、清朝等 18 个朝代中，秦朝和唐朝的祖先，都来自最早接近"汗族--汉族"周边的少数民族，晋朝、隋朝、辽朝、西夏、金朝、元朝、清朝更明显。即"少数民族"统治中国，比老"汗族--汉族"统治时间更长，为啥他们最终使用了中文汉字，就是中文比英文更优越的证明。

即使像朝韩、日本、越南等国家，历史也使用过中文，改变也不能说明交流记载中文不是强项，而是没有利于中文知识产权保护的法规----近百年来外国侵略中国及其保护国家，中文成了被打压的弱势群体。如果"扶贫"有类似 1966 年印度铁娘子英迪拉•甘地上台，颁布强制许可政策推进专利法改革；印度宪法规定，药品没有知识产权，不论哪个国家的药品，都可以仿制；被欧美垄断的各类专利药，在印度基本可以找到仿制品----印度仿制一款新药只要稍微调整生产工艺，就不会违反印度的药品专利法。靠着专利法，印度仿制药产业经过 58 年的发育，已经拥有完整的仿制药产业链。如此，中文也能成为继英文之后下一个的科学语言文字，发挥中文拥护政权的作用。

2）郑和--玄奘--张骞比较

为啥俄罗斯领土 400 多年膨胀 400 多倍，外蒙古被前苏联分裂出去，官方语言也用俄语。英国只是一个岛国，被英国殖民后的印度，是一个大国，官方语言也用英语。藏南地区是我国领土，印度非法设立的所谓"阿鲁纳恰尔邦"，推行官方语言英语。2024 年 3 月 11 日《北京日报》记者报道，3 月 9 日印度总理莫迪赴所谓"阿鲁纳恰尔邦"出席色拉隧道等项目的揭幕仪式。印度国防部发表声明称，隧道有助于为达旺地区提供全天候通行能力，强化印军备战水平，促进边境地区社会经济发展。外交部发言人汪文斌回应，中国政府从不承认并坚决反对印度非法设立的所谓"阿鲁纳恰尔邦"。根据多家媒体报道，近日印度抽调了大约一万士兵，重新部署到东部靠近中国的边境，继续强化在中印边境的作战力量。国防部新闻发言人张晓刚大校曾表示，印度若是盲目跟从，引狼入室，最终伤害的只有自己的利益。

还有西班牙是个小国，但西班牙语并不是小语种----全球有近 23 个国家，超过 5 亿人操西班牙浯。是联合国组织 6 种官方语言之一，在世界上占据重要的地位。西班牙语是西班牙以及除巴西、圭亚那、海地、加勒比群岛之外的大部分拉丁美洲国家的官方语言。西班牙语在美国的许多地区，非洲的部分地区和菲律宾也得到广泛的应用。西班牙语是在公元 6 世纪和 7 世纪，从本地拉丁语才发展而成的。

中医药在朝韩、日本、越南等国家的传播和影响，说明中文作为科学语言文字，还是很有生命的。还有把外国的经典去伪存真，翻译为中文向世界，也许还比它在本国有影响。

例子就是玄奘（公元 604--664 年），河南人，原名陈炜。玄奘千里西行取经在天竺求法 17 年，是中华民族千年来舍生取义精神的最生动和最真实的写照。他用了 19 年时间，走了 5 万里行程，到过 100 多个国家，游历新疆、中亚、印度一带，从天竺经丝绸之路带梵本佛经 657 部。公元 652 年回国后，专心致力于佛经的翻译工作。一生中他先后译出佛经 75 部，共 1335 卷。除此之外，他还把他西游所见所闻，编写成一部《大唐西域记》，共 12 卷，详细地记载了他所到的一些国家的风土人情、宗教信仰、地理情况、山脉河流等，成为重要的历史和地理著作，成为后世研究中亚和南亚古代历史地理的必读之书。印度一些湮没的古迹，例如那烂陀寺遗址，就是靠这本书的记载才重新为人所知的。公元 664 年玄奘终于因病去世，圆寂于今陕西省铜川市玉华山玉华宫。反观从明朝郑和七次下西洋，上溯汉朝张骞通西域，有贡献，但推广中文传播不够，不如玄奘。

郑和的例子，下西洋是明代永乐、宣德年间的一场海上远航活动，首次航行始于 1405 年，末次航行结束于 1433 年，共计 7 次。

由于使团正使由郑和担任，且船队航行至婆罗洲以西洋面，即明代所谓"西洋"，故名。在 7 次航行中，郑和率领船队从南京出发，在江苏太仓的刘家港集结，至福建福州长乐太平港驻泊伺风开洋　，远航西太平洋和印度洋，拜访了 30 多个国家和地区，其中包括爪哇、苏门答腊、苏禄、彭亨、真腊、古里、暹罗、榜葛剌、阿丹、天方、左法尔、忽鲁谟斯、木骨都束等地，已知最远到达东非、红海。郑和下西洋是中国古代规模最大、船只和海员最多、时间最久的海上航行，也是 15 世纪末欧洲的地理大发现的航行以前世界历史上规模最大的一系列海上探险，给世界文明交流做出了杰出贡献，目的是多方面的：

初衷之一是宣扬明朝的国威：通过派遣大规模的船队，向海外各国传递了明朝的强大和富裕的信息，有助于提升明朝在国际上的声望和地位，加强与海外国家的联系，展示明朝的实力和友好态度。

初衷之二是寻找失踪的建文帝：在明朝初期，建文帝在靖难之役后失踪，成为明朝历史上的一个谜团。下西洋搜索建文帝的行踪，这在一定程度上也体现了明朝对于海外事务的关注和处理能力。

初衷之三是开展海外贸易：明朝时期中国经济发展达到了巅峰，对海外商品的需求也日益增加。通过与海外国家的贸易往来开拓海外贸易市场，增加明朝的财政收入，也促进中外经济文化的交流和互动。

初衷之四实现外交联姻：在明朝时期，中国与东南亚国家的关系十分密切，许多皇室成员与东南亚国家的王室成员联姻。下西洋的过程中积极推动与海外国家的联姻，通过与海外国家的王室成员联姻，加强了明朝与海外国家的政治联系和友谊。

总之这些目的的实现，对于加强中外交流、推动经济文化发展、巩固明朝统治等方面都产生了积极的影响。历史学家吴晗评价郑和，比世界上所有著名的航海家的航海活动都早，可以说郑和是历史上最早的、最伟大的、最有成绩的航海家。

　　张骞的例子，张骞也许是知道有远古巴蜀盆塞海山寨城邦海洋文明的古人。2023 年 12 月 31 日《中国企业家日报》，发表四川省社科院教授、电子科技大学博士生导师李后强教授的文章《张骞在大夏发现邛杖蜀布----真身墓可能在成都老官山》，其中介绍："公元前 156 年--公元前 87 年，张骞受汉武帝刘彻招聘出使西域。张骞与四川关系密切，在成都有很多关于他的民间传说。张骞在大夏见到邛杖与蜀布，说明他对四川纺织熟悉。为了通西域的西南行，张骞的足迹曾留在天府之国，曾驻足成都，寻邛杖、访织女。张骞与西汉名人四川的司马相如、卓文君、落下闳、文翁等同朝为官，多有往来，晚年长住蜀地，死也不离开成都，后葬于天回镇老官山"。

　　李后强教授说：张骞(前 164 年--前 114 年)，汉中人。中国汉代杰出的外交家、旅行家、探险家，富有开拓和冒险精神，是"第一个睁开眼睛看世界的中国人"、"东方的哥伦布"。他将中原文明传播至西域，又从西域诸国引进了汗血马、葡萄、苜蓿、石榴、胡麻等物种到中原，促进了东西方文明的交流。张骞对开辟从中国通往西域的丝绸之路有卓越贡献，举世称道。自此，不仅现今中国新疆一带同内地的联系日益加强，而且中国同中亚、西亚，以至南欧的直接交往也建立和密切起来。后人正是沿着张骞的足迹，走出了誉满全球的"丝绸之路"。张骞的"凿空"之功，是应充分肯定的。

　　其他的文献介绍的是：公元前 140 年，汉武帝刘彻即位，张骞任皇宫中的郎官。公元前 138 年，汉武帝招募使者出使大月氏欲联合共击匈奴，张骞应募任使者，于长安出发，经匈奴，被俘，被困十年，后逃脱。西行至大宛，经康居，抵达大月氏，再至大夏，停留了一年多才返回。在归途中，张骞改从南道，依傍南山，企图避免被匈奴发现，但仍为匈奴所得，又被拘留一年多。公元前 126，匈奴内乱，张骞趁机逃回汉朝，向汉武帝详细报告了西域情况，武帝授以博望侯。因张骞在西域有威信，后来汉所遣使者，多称博望侯以取信于诸国。

　　张骞出使西域，既是一次极为艰险的外交旅行，也是一次卓有成效的科学考察。他不仅亲自访问了位处新疆的各小国和中亚的大宛、康居、大月氏和大夏诸国，从这些地方了解到乌孙（巴尔喀什湖以南和伊犁河流域）、奄蔡（里海、咸海以北）、安息（即波斯，今伊朗）、条支（又称大食，今伊拉克一带）、身毒（又名天竺，即印度）等国的许多情况。回长安后他向汉武帝作了详细报告，对葱岭东西、中亚、西亚，以至安息、印度诸国的位置、特产、人口、城市、兵力等都作了说明。这个报告的基本内容被司马迁在《史记·大宛传》中记载了。这是中国和世界上对于这些地区第一次最翔实可靠的记载。仍是世界上研究上述地区和国家的古地理和历史的最珍贵的资料。

【7、一带一路讲好张献忠命运动力学】

1、为啥选择张献忠

1）社会--人物--科学对比气候--健康--经济模型

2024年3月15日《中国科学报》记者张晴丹，发表的《三个顶尖团队的一次科学碰撞》一文，报道清华大学地球系统科学系关大博教授带领团队，与美国加州大学欧文分校、英国伦敦国王学院合作，打破学科壁垒成功构建"气候-健康-经济"交叉学科灾害足迹模型，通过产业链溯源追踪方法，揭示了全球极端热浪导致健康损失的级联效应，强调了全球合作，减缓并适应全球极端热浪，使我们联想到应该如何研究今天"命运动力学"，如何解决全球之乱停战促谈等工作。

人类文明大爆炸暴胀"奇点"，在远古盆塞海山寨城邦海洋文明地区。盆塞海干涸，远古联合国解体，进入奴隶社会、封建社会、资本主义社会、社会主义社会，世界如果像一个工厂，也有老板和工人之分；如果像一所大学，也有学霸和霸凌现象。把关大博教授"气候--健康--经济"模型中的"气候"，对应"社会"；"健康"对应"人物"；"经济"对应"科学"----作解难办法，那么今天最为复杂影响命运动力学的，是被称为的"红色革命"和"颜色革命"的事件。

类似"气候--健康--经济"耦合，"社会--人物--科学"耦合，为开展社会适应和风险防控提供决策参考，也为全球开展靶向性、协同性社会治理提供科学依据。因为类似在极端高温的"烘烤"下，如中暑晕厥，甚至导致死亡；劳动者的出勤率和工作效率，会受到影响。

"社会--人物--科学"耦合，如果能量化，对体面工作、消除贫困等多重可持续发展目标，具有重大意义。由于社会环境、人物动态、科学结构和国际格局，多重因素复杂，影响各国的社会、人物存在显著差异，如对科学的敏感性，且大部分迅速上升的损失，由发展中国家承担。负面影响往往呈现复杂、隐蔽特征，且在全球多极化供应链中，循环迭代传导，冲突双方的研究，往往相互抹黑难以准确定量。

选择明末清初中国农民起义英雄中涌现出来的张献忠这个人物，以及如今四川眉山市彭山区"江口沉银"考古发掘，还证实与张献忠大量的金银财宝来自多年的积累有关系----提供全球化决策参考，成功处理好大量的金银珠宝，俄国"十月革命"建成世界社会主义阵营，张献忠具有可对比性。即从"社会--人物--科学"耦合出发，人的命运动力学选择张献忠，比前面选择孔子、郑和，更具世界普通人特征。

2）张献忠命运动力比较学初探

2024年1月9日《方志四川》，发表四川省社科院教授李后强教授和林彬教授的文章《农民起义英雄张献忠没有"血洗四川"----读王纲《张献忠研究文集》《张献忠大西农民军事》有感》，提供了最新的专家研究----如：一、张献忠没有"屠川"的动机；二、张献忠军队纪律严密不扰民；三、张献忠钱财来自多年积累；四、明末清初四川人口减少不全是张献忠所为；五、张献忠是伟大的农民起义英雄等五个方面，可以和其他文献，作张献忠命运动力比较学初探。

张献忠，陕西定边县人，明末著名起义军领袖，曾在四川建立大西政权，并写下过著名的《七杀诗》。张献忠等明朝农民革命，在战争中矛头所指和首要打击的是明朝朱家王朝，削弱封建统治阶级利益。朱家王朝的残暴统治，是造成人民困苦的根源。1630年张献忠在米脂起义，之后的十多年里他的造反事业做得有声有色。他先在武昌称"大西王"，后又破成都称"大顺帝"。1646年张献忠在四川盐亭边境凤凰山下，中箭身亡，还留下了一笔惊天财富。江口发掘出来的珍贵文物也在中国考古史上写下了浓墨重彩的一笔：2002年《世界年鉴》公布了一批世界宝藏之谜，其中张献忠宝藏位列世界第三位，亚洲第一，引人遐思。李后强和林彬教授对"张献忠钱财来自多年积累"的传说，他们考证研究论文作有四个方面内容的介绍。

（一）江口沉银，背后主角

四川省社科院研究员王纲教授基于多年扎实的学术研究，1999年4月给四川媒体《成都商报》最早透露了"江口沉银"的准确信息，从而引起政府和社会广泛重视。如果没有他的启发，"江口沉银"还是民间传说。2013年9月81岁的王纲教授与世长辞，作为张献忠"江口沉银"的先驱考证人，学术界已经证实"江口沉银"背后的主角是张献忠。无论是"主动沉银"还是"被迫沉银"，都说明张献忠"江口沉银"确有其事。据多次考古发掘证实，大量的珍贵文物均属于战利品，出自于官僚富豪人家。

（二）主动沉银，精心策划

张献忠料知大势已去，兵败已成定局，便早作准备，精心策划，组船沉银于江口。曾在张献忠大西农民军中服役，并在大西国掌管行政财粮户口及法制大权的欧阳直，所著《蜀乱》（又名《欧阳氏遗书》）中记载，张献忠大西农民军将这些金银珠宝"收齐装以木鞘箱笼，载以数十巨舰，令水军都督押赴彭山之江口沉诸河"中。

（三）被迫沉银，交战失败

张献忠的大西农民军在江口被杨展战败，被迫沉银而逃。曾亲自组织"飞来营"与张献忠大西农民军作战的四川新繁县人费密，著《荒书》说"献忠尽括四川金银作鞘，注彭山县江口，杨展先锋见贼焚舟，不知为金银也。其后渔人得之，展始取以养兵。

（四）金银珠宝，三大来源

江口沉溺的金银珠宝主要来源于三个方面：一是张献忠的大西农民军在十多年起义战争中大量缴获的战利品。张献忠从1630年在陕西发动米脂十八寨起义以后，到1644年，先后转战秦、晋、豫、皖、湘、赣、楚、蜀等十多个省，破黄陵，擒藩王，缴获了大量金银珠宝战利品。这些金银珠宝除在作战中开支、赈济百姓等花去了部分外，其余均携至成都存储。二是收缴的明蜀王朱至澍及四川宗藩、官僚的财产。张献忠攻入成都后，收缴了其富与秦藩、楚藩齐名天下的蜀王朱至澍及有关宗藩、官僚的财产。三是向富民、大贾征收的税银。张献忠在成都建立大西政权时，集中到成都的金银珠宝确实是很多的。从沉银的铭文可知，主要是川外的战利品，说明没有屠川行为。

因此，明末清初，川民死于天灾与人祸"三七开"。即"人祸"----包括张献忠、姚黄等农民武装势力、残明军队、清军、地方土豪、吴三桂乱川等各种战争的危害，死于"人祸"的川民为十分之七（其中死于张献忠战争的川民不到十分之二）；"天灾"----包括饥饿、疾病、瘟疫、洪灾、逃离等自然灾害带来的危害，死于"天灾"的川民为十分之三。明末清初，四川除战乱之人祸外，还有天灾----瘟疫、饥馑与虎患。顺治初年，瘟疫等灾害席卷大半个四川，川北苍溪、达县等地"大旱、大饥、大疫，人自相食，存者万分之一"。

其次，虎患也大扰蜀土。为啥？康熙初年，由广元入蜀赴任的四川巡抚张德地，在川境内行数十里，绝无炊烟。康熙《成都府志》也说，其时的成都：城郭鞠为荒莽，庐舍荡若丘墟；百里断炊烟，第闻青磷叫月；四郊枯茂草，唯看白骨崇山。

2、选择张献忠说为啥要向俄罗斯学习

1）社会--人物--科学看本地性历史和党史

俄国之所以发展成为强国，早在沙皇彼得大帝时期就开始本土性、地域性分层"利器"人才的教育，培养出像罗蒙诺索夫、门捷列夫等国际著名的科技人才。其次，有坚持以数学优先，带动培养科技分层"利器"人才教育的政策，到今天几百年，也没间断。

即使在列宁、斯大林时代，阶级斗争至上，在莫斯科大学数学系，也仍然没有作废过，以致才出现在 2006 年，有夺庞加莱猜想证明制高点的数学家佩雷尔曼。俄罗斯在《2014世界科技排名》中，是第 17 名。解说词是，虽然从苏联起，看似可以与美国抗衡，但这只是军事实力和数量庞大的核武库等给人的错觉。

等到苏联解体之前，单论科技即使是世界前十的水准，也不过靠著庞大无比的科研机构维持了某些领域的领先。苏联解体之后，经费不足，科研论文和科研成果迅速减少了80%。核武技术早就不是什么高尖端技术，如果不禁止核武器试验，核武器的国家没有100个也有80个。俄罗斯还能在榜上有名，得益于它的数学、航太等少数几项基础学科的实力，其它的达到世界科研平均水准还困难。

俄罗斯现在面临腐败、经费不足等问题，加之是西方传统的敌国，很难引进美欧的先进技术。但俄罗斯现在很多大学采取双语英语和俄语，甚至是纯英语教学，以便吸取美欧科研成果。一些中国人以为军工就是高精尖技术，其实市场决定一切，民用与军用是两条不同的方向，大部份人才都是在民用领域研究的。如果民用的都搞不出来，军用领域也难有突破性进展；科研最终还要靠"利器"的专家教授。极个别领域俄罗斯还能保持世界领先地位，这是俄罗斯能排进第17名的关键原因。因为这个排名肯定不是靠飞机、坦克来排的。俄罗斯的飞机、坦克虽然数量多，但科技领先全球，目前还真找不出多少。

2）张献忠金银珠宝亚洲第一命运不如十月革命

2002年《世界年鉴》公布世界宝藏之谜，其中张献忠宝藏位列世界第三位，亚洲第一。但俄国十月革命分散东正教堂收藏的金银珠宝，换社会主义思想传播，映红世界半边天，有历史和党史作证。

1921年中共"一大"后，看不到《重庆报告》的党史----1921年6月3日马林作为共产国际派往中国的第一人，此前还有一位叫维金斯基，中文名叫吴廷康的人被派到中国。1920年3月间吴廷康通过俄国驻华大使馆联系北京大学俄文教授鲍立维；经鲍立维牵线，吴廷康与北京大学图书馆主任李大钊初次会面，在中国建立共产党的问题上达成了共识。陈独秀当时在上海。李大钊介绍吴廷康南下上海去见陈独秀，进一步商量建党事宜。

有了吴廷康的的情报，为启动中国共产党的建党工作，马林来中国，共产国际授权马林可支配一大笔钱。1921年6月底马林从上海来到北京考察李大钊和他的团队，认为动用这笔资金的时机已经成熟。而亲苏的张国焘，也要求陪同马林南下作建党筹备。

李大钊也只好同意。吴廷康和马林不知张澜1918年在北京创办《晨报》，与李大钊就结下深厚友谊。当时张澜任《晨报》社常务董事，李大钊、瞿秋白均参加《晨报》编务。张澜以《晨报》特派记者名义资助瞿秋白去苏俄考察，又在《晨报》支持发表赞扬社会主义的文章，在社会上引起震动。为避风险，后请来著名立宪派保路运动领导人蒲殿俊任社长。与此同时，张澜还支持吴玉章等组织的华法教育会，及李大钊、王光祈等组织的少年中国学会。所以四川省重庆共产党1920年3月12日成立，李大钊因跟四个负责人之一张澜的关系，也知道这件事。而且也许当时在北京找到李大钊的维金斯基也知道这件事，才使苏联着急。 反之，1921年6月，马林到北京与李大钊商量7月在上海召开中共成立的"一大"和有关苏共经费援助的事，李大钊也向张澜等四川省重庆共产党负责人作了说明。

李大钊、陈独秀、张澜作为"中国特色的社会主义"的前驱，心里当然明白，列宁不惜花费重金，派人来中国上海建立中国共产党，目的何在？他们三人在1920年3月到1921年6月之间，为苏共提供经费援助的事，也许就作过讨论：要不要？如何要？

因为俄国十月革命是在当年俄国二月革命之后，发生的利用士兵的暴动。虽然暴动本身的战争规模并不大，但俄国十月革命后对消灭白俄的战争却十分惨烈。很多白俄分子逃亡到新疆、蒙古、东北等俄国与我国接壤的边境内，与地方势力的王公、贵族、民族分裂分子勾结作保护，一方面反对苏维埃革命，另一方面也帮助地方势力分裂祖国。当苏维埃的俄国与中国当权派的矛盾，大于与我国接壤边境内反对苏维埃革命的地方势力时，有些逃亡过来勾结地方势力的白俄分子，也会被苏维埃俄国所利用，损害中国的国家利益。

即后来的实践证明，这绝不是为了中国人的福祉；而是带有为了在中国的土地上"保卫苏维埃"，维护、巩固俄共的国家利益。这是作为"中国特色的社会主义"前驱的李大钊、陈独秀、张澜不愿看到的。特别是陈独秀（1879-1942），1901年12月因受八国联军侵华的刺激，开始探寻救国救民的道路，踏上了赴日留学的里程。1902至1903年为反对《中俄密约》，和留日学生一起参加拒俄运动，反对沙俄侵占我国东北，清政府出面要求日方警察抓捕闹事者，陈独秀等人避风头回国。1903 年 5 月，陈独秀在安徽安庆藏书楼所组织的拒俄演说会，在 20 世纪初的全国拒俄运动大潮中产生过重要影响。所以陈独秀考虑过苏维埃俄国，成为社会帝国主义后怎么办？

为啥乌克兰民选总统亚努科维奇 2014 年"颜色革命"后，"爱国"要叛国往俄罗斯跑？2013 年美国前防务承包商雇员斯诺登，曝美国丑闻"爱国"也要往俄罗斯跑？俄罗斯也敢收留，是后话。

张澜（1872-1955 年）也有与陈独秀相同的反帝反封建的经历----1903 年张澜被选派赴日本留学，入东京弘文书院师范科学习。列强对中国的侵凌和日本的维新富强，激发了他的爱国主义思想。1904 年他反对东京留日中国学生为慈禧祝寿，在中华留日学生会上倡议慈禧退朝，还政光绪，变法维新，被清廷驻日公使视为"大逆不道"将他押送回国。张澜 1920 年 3 月创立共产党"重庆组织"，和陈独秀 1920 年 8 月创立共产党"上海组织"，他们也都经历了 10 多年的政党探索和合作才作出的选择。

张澜 1903 年与东京弘文学院四川老乡何拔儒和湖南的同学黄兴、陈润霖、杨怀中结交朋友。他们这五人都有清廷时秀才以上的学历，除何拔儒外，黄兴、张澜、陈润霖、杨怀中都参加过革命团体，只是杨怀中在戊戌变法失败后，他退出了南学会。而对参加革命活动，黄兴、张澜是最为活跃，所以没有读到弘文学院毕业。当时何拔儒的性格介于陈润霖和杨怀中之间，由于他的年纪大，和杨怀中一样有家庭负担，所以做事不是太激进，更偏重于研究经世之学，因此与杨怀中有更多的共同语言。但何拔儒也看到陈润霖做事有方和助人为乐的特长；为了避免牺牲，何拔儒赞成陈润霖作为黄兴的革命社团的秘密联系人行事，这样对他和杨怀中这些安心教育的朋友也更为安全。

由此他把这种模式也运用到他和张澜身上，他愿意作为张澜的革命社团的秘密联系人行事。1913 年何拔儒到长沙去任教，实际前后都有张澜从建党在考虑。四川保路运动，含有张澜 1920 年 3 月创立共产党"重庆组织"成员的早期介入，而使保路运动后来发生的分化和同年发生的辛亥革命有本质的不同。我们可以再拿张澜与蒲殿俊两个保路运动的重要领导人作分析，看"中国特色的社会主义"前驱的新人与其他各种派别的新人的微妙区别。

1911 年，清政府将川汉铁路路权抵押给英、美、法、德四国银行团，用以举借外债。清政府的这一行径，损害了四川各阶层人民的利益。于是各县推选股东代表在成都开会商讨对策，张澜以南充代表出席并当选为川汉铁路股东大会副会长。大会成立了保路同志会，开展群众性斗争。清政府四川总督赵尔丰逮捕了张澜等 9 名领导人。张澜遭到囚禁和生命的胁迫。凶讯传出，全川各县保路同志会动员武装群众 10 余万人，围困了成都城。清政府速派督办铁路大臣端方，率领湖北新军数千人入川解围。新军在途中发生兵变，端方伏诛，迫使赵尔丰释放张澜等 9 位保路运动领导人。由于鄂军西调，武昌城防空虚，造成了辛亥革命起义的有利条件。

中华民国成立后，1912 年张澜任四川军政府川北宣慰使。1913 年张澜当选为中华民国国会众议员，于 1913 年春赴北京就任，结识了蔡锷。张澜探索民主政治，由汤化龙介绍，参加民主党。当他发现各党派大都为权利而争夺，不屑同流合污，在民主、共和、统一三党合并为进步党之际，蒲殿俊未经张澜同意，代他登记加入进步党，他断然退回党证，但开始注意国外共产党发展。1915 年袁世凯称帝，蔡锷在云南起义率军北上，张澜联络川军师长钟体道立即响应，在南充宣布独立，全川继起声援，迫使袁世凯取消帝制。

此间张澜曾任四川嘉陵道道尹，主持川北庶政。在职两年励精图治，惩治贪官污吏，废除苛捐杂税，举廉能，除恶霸，革陋规，去稗政，人民安居乐业，誉播满全川。1917 年 11 月张澜被北京政府任命为四川省省长，全川人民瞩望殊殷。1918 年他离川留居北京。五四运动期间，张澜开始研究共产主义，听好友吴玉章讲述马克思主义理论，两人交流，心都向往创建一个中国共产党。所以张澜和吴玉章是中国特色的社会主义的前驱，他们与四川老乡的蒲殿俊比较，经历有相同，但蒲殿俊没有社会主义和共产主义的想法。蒲殿俊与普通党员的广安人小平同志的父亲邓绍昌比较，也不如。

蒲殿俊（1875-1934），四川广安人。1904 年蒲殿俊进京参加科举考试会试与殿试，中二甲进士，公派日本。1905 年进入东京法政大学。1906 年蒲殿俊在日本悉获川汉铁路公司成立后的种种弊端与恶行，遂约集留日的川籍 300 余人，组成"川汉铁路改进会"，被推举为该会会长，与主要成员一道，联合写信给四川总督锡良，寄呈了一份《川汉铁路公司商办建议书》。蒲殿俊撰写的这份建议书，揭露铁路公司官府经办的种种积弊，义正辞严，入木三分。1909 年他在日本留学回国，参加 1909 年 10 月 14 日在四川成都纯化街四川咨议局召开的成立大会。出席成立大会全川的议员共 104 人，蒲殿俊以 76 票的过半数当选为第一届四川咨议局议长，肖湘和罗纶被选为副议长。1910 年蒲殿俊创办《蜀报》，宣传立宪，并到北京请愿。

1910 年 8 月 9 日，北京成立全国咨议局联合会，蒲殿俊被选为联合会副主席，汤化龙被选为联合会主席。1911 年 6 月"保路风潮"发生，蒲殿俊以咨议局和川汉铁路公司为基础成立"四川保路同志会"，并担任会长，罗纶担任副会长。他们虽然领导开展了轰轰烈烈的保路运动，但任四川"保路同志会"会长的蒲殿俊只求保路，反对人民起义，可见蒲殿俊更多着眼富人的利益。

1911 年 10 月"武昌起义"后，蒲殿俊就伙同四川总督赵尔丰在成都成立"大汉四川军政府"，自任都督，朱庆澜任副都督。12 月赵尔丰阴谋变乱，用军饷迟发导致在 12 月 8 日军士变乱。民军入城，另组军政府，尹昌衡任都督，蒲殿俊被迫去职。1912 年 8 月蒲殿俊也加入民主党，次年，当选众议员。1913 年 5 月，民主党与统一党、共和党组成进步党，蒲殿俊当选理事，拉拢张澜遭拒。后虽拥袁，但未获重任。1916 年袁世凯下台死后，蒲殿俊投靠段祺瑞。1917 年 7 月段祺瑞二次组阁，蒲殿俊任内务部次长。因受排挤，12 月被迫辞职，逐渐脱离政治。1919 年谢绝北洋政府委任他教育部长之职，到北京《晨报》作总编辑。在李大钊的协助下，蒲殿俊在北京《晨报》副刊增设了《译丛》和充满民主气息的《自由论坛》，并约请梁启超、王国维、鲁迅、胡适、郁达夫、徐志摩、闻一多、冰心等一大批文化界名人写稿，大力从事新文化、新思想与新知识的倡导与宣传。当时，鲁迅的《阿 Q 正传》就是在《晨报》副刊上发表连载的。

再说吴玉章（1878-1966），四川荣县人，1903 年吴玉章随哥哥东渡日本入东京成城学校。1906 年加入同盟会。在日八年 1911 年回国，4 月同盟会在广州黄花岗起义，奉令购运军火。起义失败，吴玉章返川领导保路运动。9 月到荣县助龙鸣剑、王天杰，组织民间武装北上会攻成都，亲自训练民团，筹措粮饷，支援前线。民军挥师回荣，吴玉章不失时机促赵艺西、龙鸣剑等人积极配合，于 9 月 25 日宣布荣县独立，在全国率先脱离清王朝建立军政府；又赴内江，联络鄂军中党人处死清廷大臣端方，11 月 26 日领导内江独立。后乘夜赴渝，清除内乱，巩固了蜀军政府。民国初建，代表蜀军政府赴南京，出任参议院议员、大总统府秘书，助孙中山先生建政。袁世凯篡国，吴玉章参加二次革命，失败后到法国，在法组建华法教育会，为国培养人才。1917 年回国在北京创办留法俭学预备学校，选送留法学生近两千人，周恩来、邓小平、王若飞、陈毅、聂荣臻、赵世炎、蔡和森、张申府等留法学生，都成为中国革命的栋梁。所以吴玉章只表面是同盟会员，实际早在作 1920 年 3 月 12 日成立的重庆共产党的准备。

1920 年吴玉章领导四川"自治运动"，与张澜在 1920 年 3 月 12 日组织"四川省重庆共产党"。陈独秀 1920 年 8 月在上海法租界《新青年》编辑部组织"中国共产党"之前，1901 年赴日本留学，1902 年为反对《中俄密约》回国，在安徽与柏文蔚等组织岳王会，进行反清斗争；1905 年加入同盟会。但也有说是陈独秀 1905 年在芜湖安徽公学代课，与进步军官柏文蔚一道，联合学生中的先进分子常恒芳、宋少侠、杨端甫等人于芜湖发起成立"岳王会"。年底，柏文蔚率岳王会南京分会加入了同盟会；1906 年年初，芜湖岳王会集体加入同盟会，陈独秀不愿参加同盟会，不过，1907 年陈独秀再度到日本留学，与同盟会成员章太炎、张继、刘师培等过往甚密，还参加由章太炎任会长的"亚洲和亲会"。不管怎么说，陈独秀和张澜、吴玉章在组建共产党之前，创建或和其他各种革命党的合作的历练，也许比共产国际派来的马林在印尼建党的经验更丰富。

1921 年 8 月"重庆组织"解散后，吴玉章是和王右木、杨闇公等三位"重庆组织"负责人中，再参加"上海组织"最后的一个。1922 年春，吴玉章在北京会见刚从苏联归国的王维舟，仍有会合同志、组织共产党新党的想法。他与杨闇公等人在 1922 年为秘密建立中国青年共产党，开始联络青年，成立"赤心社"，创办了机关刊物————《赤心评论》。1922 年 8 月吴玉章到成都，任成都高等师范学校校长，聘请"上海组织"共产党恽代英来高师任教。这时杨闇公、刘伯承、廖划平与高师学生童庸生等和吴玉章成了志同道合的革命战友。

于是 1924 年 1 月 12 日在成都娘娘庙街 24 号成立中国青年共产党，有 20 多人参加会议，选举吴玉章、杨闇公、刘仲容、张保初、廖划平、傅双无 6 人为负责人。5 月 1 日中国青年共产党和成都团地委在少城公园联合召开纪念国际劳动节大会，因有人诬告吴玉章想通过这次大会推翻川军首领杨森，杨森下令抓捕吴玉章。

会后吴玉章先回到荣县老家，后取道贵州、湖南到上海，1925 年 2 月，吴玉章来到北京。1925 年 4 月吴玉章在北京大学会见了他的学生、时任中共北方机关领导人之一的赵世炎，详细了解"上海组织"的活动情况，对中国共产党的性质、奋斗目标等有了深入的了解后，明确提出加入中国共产党的请求。后经组织考察，由赵世炎、童庸生、李国暄介绍，吴玉章加入了中国共产党。吴玉章入党后，便写信给四川的杨闇公等人，让他们取消中国青年共产党，分别加入中国共产党。而党组织考虑到吴玉章曾是老同盟会会员，就派他去做国共合作的统战工作。1927 年吴玉章参加南昌起义，任革命委员会委员兼秘书长。1928 年到 1937 年，由党派他往苏联、法国和西欧工作。时至今日，以"俄国红色的社会主义"建立起来的苏联，已经瓦解，而"中国特色的社会主义"的旗帜确在全世界高高飘扬。

共产国际是 1943 年斯大林解散的，有人说是斯大林为讨好罗斯福、邱吉尔，才把列宁创建的共产国际解散。实际斯大林已经明白了国际合作应走的方向。因为共产国际自 1919 年成立至 1943 年解散，到底花了多少钱恐怕没人算得清。托洛茨基提出向外国出售国内珍宝，他说世界革命即将成功，成功后工人阶级将没收被剥削阶级买去的俄国珍宝，完璧归赵。但世界革命并没有马上成功，不少俄国珍宝流失海外。各种革命组织习惯于依赖共产国际，自己不善经营。

以国际支援革命战士协会为例，它给 105 名工作人员换上新装，被派往国外支援"革命战士"。这些革命家像商人那样阔绰地接待外国客人，钱很快就花完了。联共又把餐厅、几个国营农庄、制鞋厂、建设局和出版社拨给协会，让他们自己经营，但不久餐厅关门，工厂倒闭，农庄荒废，没挣到一分钱。支援"革命战士"的革命者，不仅不会挣钱开展工作，连自己的衣食还得依赖联共。

也许布尔什维克终于明白，这种赔本的买卖不能再做了。1936 年以后，共产国际就很少再资助外国共产党了。再说 1921 年 6 月 3 日马林到达上海，6 月底就上北京找李大钊研究建党，他非常理解李大钊、陈独秀、张澜等领袖非常希望独立自主地建党的愿望。

列宁确实没有把马林看走眼，马林办事效率很高。但这也是马林心里明白为什么列宁不惜花费重金派他来建党：共产国际从成立之日起有两项使命：一是领导和帮助世界各国共产党和革命党人成就列宁世界革命的理想；一是在资本主义列强包围俄国革命的情况下，通过各国共产党，引导各国民众共同拥护和保卫俄国革命的成果。

即共产国际的理论和逻辑是以发动世界革命为己任，而在苏共情报局那里，世界革命战略只是莫斯科动员各国人民支持和援助苏联的口号。就前者而言，它必须有大量金钱来支持世界各国共产党进行革命。而这是需要很大一笔钱的，这是一个不小的负担。马林分析不会长久下去，推心置腹叫李大钊要抓紧这个机会。1919 年 3 月共产国际成立的那个月，联共就拨给共产国际执行委员会(简称执委会)100 万卢布。5 月 300 万卢布，数字一直攀升到 1000 万卢布。

从 3 月到 8 月，共产国际执委会从联共那里收到 640 万卢布，从列宁秘密基金中收到价值 352 万的贵重物品，从国家银行先后收到 8000 和 5 万瑞士和奥地利克朗，12.5 万和 7.73 万德国和芬兰马克。此时的苏联，因一战和十月暴动，经济遭受到极大破坏，百孔千疮，苏维埃政权自己的卢布也不多。那么，维系共产国际庞大如此开支的钱从何来？这笔钱主要来自从资产阶级那儿剥夺来的财物。

马林是 1920 年 9 月 1 日至 8 日在巴库参加的共产国际第一次大会。当时全俄有两千多万人在挨饿，有几百万人可能饿死。因此，民怨沸腾，惨状横生。对此列宁接受了高尔基的建议，全俄中央执行委员会作出成立饥荒救济委员会的决定。名流们纷纷响应高尔基的号召，给西方政府、慈善机构和有影响的人物写信，向西方报刊发表谈话，恳求西方拯救濒于死亡的俄国人民。他们的积极活动产生了良好的效果，大批救济物资源源不断运往俄罗斯。

国际联盟主管赈济俄国灾民的人建议苏维埃政权，允许西方代表监督粮食在俄国的分配。这些建议列宁是不能接受的，这也促使列宁他下决心解散饥荒救济委员会。委员会很快被解散，大部分委员被逮捕。民间两次赈灾行动都以发起人悲惨的结局告终。

自 1920 年起共产国际陆续建立了一系列组织和学校，如青年共产国际、红色工会国际、东方劳动者大学和中国劳动者大学（即莫斯科中山大学）等，为外国培养出一批革命者。建立组织和成立学校需大批经费，自然也得由联共提供。面对如此巨大的开支，联共也左支右绌了。布尔什维克想出的办法之一是在国外设立代售点出售珍宝，换取外汇，如中国哈尔滨的马迭尔宾馆便是一个代售点。

尽管当时俄国国内发生灾荒，饿死上百万人，执委会还是竭尽全力招待代表，共产国际的普通工作人员、会议代表和滞留在莫斯科的外国革命家住在位于特维尔大街的豪华宾馆。他们凭住宿证和代表证领取女士内衣和绒衣、丝绸衣服、皮外套、雨鞋和毡靴、毡斗篷、女士皮鞋、裤子、领带、怀表、公文包，甚至手绢。换下的床单和内衣送进洗衣房，宾馆设有专为代表服务的缝纫店和修鞋店，还有提供丰盛食物的餐厅，当然这一切都是免费的。

即使如此，外国的革命家们仍不满意，抱怨惹得有老布尔什维克的检察员说："你们每个人每天的马车费就五万卢布"。而共产国际第一次大会后，各国代表便向联共中央求助。十月革命取得成果以后，列宁就在期盼和准备世界革命。1920 年 7 月 12 日俄共（布）中央委员会通过的决议，以及托洛茨基起草的宣言强调："国际无产阶级将时刻准备战斗，直到苏维埃俄国的版图扩展到了全世界"。为了保障苏联的安全，苏联决定与德国联手。所以制定在各地发动革命的政策，联共理应解囊相助，为世界革命者提供经费义不容辞。但苏政权自己的卢布也不多。怎么办呢？好在联共有的是珍宝，干脆给各国革命者直接发珍宝，让他们自己去兑换外币。贵族、官僚、地主、资本家等的财富是从人民手中掠夺来的，现在是布尔什维克再夺过来用。

神父没有多少钱，是从教堂拿。珍宝是镶嵌大祖母绿宝石、红宝石、蓝宝石的首饰和从 5 克拉到 20 克拉重的钻石以及贵妇人的装饰品。共产国际一份解密的财务报告说：1920 年 10 月至 1921 年 3 月 1 日"在免费餐厅用餐的代表 105 人，工作人员 320 人，工人 40 人"。俄国的灾荒对共产国际的经费却毫无影响。大部分外国共产党花共产国际的钱从不知节省。老布尔什维克斯塔索娃给列宁写信说："某些同志公开说，如果党得不到共产国际的资助，就不得不解散，他们靠共产国际补贴工作"；联共不得不又送去 5000 万马克。

共产国际第一次代表大会后，某些代表把发给他们回国的外汇换成卢布，在市场上采购黄金。为避免造成国际影响，共产国际没扣留过一个代表。执委会有走私能手，公开的身份是商务代表。他们把珍宝藏在鞋底、箱底、箱帮、装果酱或蜂蜜的罐头盒里。执委会的财务是严格保密的，多半没有记载、

【8、社会--人物--科学中的矛盾及解初探】

1、姚洋教授与朱天教授之争

从明末清初中国农民起义英雄张献忠，到十月革命以来的共产党人，他们的命运动力学在社会--人物--科学耦合中遇到的矛盾问题，由于时代不同虽然不同，但还是有共性的地方----各种社会矛盾中有"公平"瓶颈。上帝也不公平，人生下来一样，再努力，智力之间也有差异。认识这个道理，这里用姚洋和朱天之争，来试说明。

姚洋是北京大学国家发展研究院博雅特聘教授，朱天是中欧国际工商学院教授，他们 40 多年前就是朋友。2024 年 3 月 14 日"观察者"网发表的《姚洋：中美竞争之下，科教兴国还有哪些瓶颈待解？》一文。争论的焦点，似乎是人类之中为何会出"学霸"？如何利用"学霸"的智力为人民服务？由此涉及中美两个国家传统的社会环境体制。该文中，朱天教授没有出场，是观察网记者在采访中，针对姚洋教授说的"经历了 70 多年的发展，我们的传统等级观念又有点死

灰复燃"，"基础教育的重点应该是培养，而不是选拔"，担心"刷题扼杀了中国孩子的创新能力"等观点，引出朱天教授的一个研究说：中国基础教育的质量在全球都是比较高的，这成为中国经济奇迹的原因之一；而且他的研究发现，中国的应试教育并没有扼杀学生的创新能力，论据是，在中国接受了基础教育的孩子，到了美国或其他高等教育比较强的国家，创新能力表现也不差。问姚洋教授怎么看？

姚洋教授说："2024 年的《政府工作报告》中，中国政府直面中长期高质量发展所遇到的难题，将科教兴国战略列入当年工作任务的第二项，并提出统筹教育强国、科技强国和人才强国三大战略齐头并进。这在多年以来的《政府工作报告》部署的当年任务中尚属少见。

"如果把高职也计算在内，我们国家有 3013 所高校（截至 2022 年 5 月 31 日），不可能所有学校都是一样的。哪怕是 1270 所本科院校，也应该分类。几年前，教育部曾经有计划，要把这一千多所本科大学中的一半都转成技术类大学。我觉得是对的。这么多大学，不可能全部去做科研，我觉得只有头部的 100 来所大学做科研就够了。美国的教育制度有点像中国，好的高中也得考。旧金山的顶尖公立高中，一开始用考试的形式选拔入学，亚裔的比例就很高，后来旧金山通过一部法案，不再通过标准化考试选拔学生，而是改为抽签系统来招生。大家都同意，只有华人不同意。华裔家长认为，我们的华人孩子学习很努力，凭本事能上好的学校，抽签的方式把宝贵的名额给了成绩一般的学生，这不公平。这足以说明，中国人的精英主义思想是流淌在我们的血液里。先别谈是否扼杀我们创造力的问题，就是活得太累了。本来活得就累，再加上教育竞争，活得更累。

"自古以来都是这样的，大家中学的时候都读过《范进中举》，范进考到快 50 岁了才中了举人，最后都高兴疯了。社会主义革命对中国意味着什么？其实，很重要的一点就是给中国人带来了平等意识。中国的文化是精英主义的，是不讲平等的，士农工商、三教九流这都是古代社会描述社会等级的词汇。哪怕是新文化运动、五四运动中，平等这个词也很少出现过。社会主义革命带给我们的新理念，就是掏粪工和国家主席是平等的，只是革命工作性质不同。传统的中国精英是很难接受这一观念的，经过社会主义革命洗礼之后，平等观念才开始长出来。然而，经历了 70 多年的发展，我们的传统等级观念又有点死灰复燃。在教育方面，精英主义让孩子们围绕着分数竞争，最后都变成了只会做题的机器。

　　"所以我认为，我们的基础教育不应该有好学校和差学校之分。朱天和我是四十多年的朋友，我很了解他的想法，我觉得他说的也没错。中国人如果去国外后发挥出了很强的创新能力，这说明别人的创新环境比较好。我也说过，天才是教不坏的，而且天才很适应中国的教育体制。我曾经问过我们北大的天才数学家许晨阳，他是北大数学学院黄金一代的顶尖人才之一。我问他，高中的时候老是刷题，做奥数，觉得累不累？他说，不累，他课外活动很多，还经常踢足球。

　　"我突然就明白了，人家智商至少 150，奥数题都难不倒，何况学校教的基础知识？所以这样的孩子是教不坏的，考试对普通人是挑战，但是天才学生在中国考试为导向的教育机制中是如鱼得水的。另外，你要知道能够留学的人，尤其是去国外顶尖大学读书的人都是比较聪明的，是从我们的高中或者大学中掐尖掐出去的。到了欧美，特别到了美国这样创新环境好、且崇尚个人主义的社会，他们就有无穷的机会去表现。2005 年，钱老在病榻上提出了著名的'钱学森之问'：中国聪明人这么多，为什么出不了顶尖的科技创新人才？至今我们还没有得到满意的解答。如果要给一个答案，无外乎是我们的教育出问题了，或者我们的创新环境、科研体制出问题了。

　　"中国人很聪明，我们有杨振宁、钱学森这样伟大的科学家，这说明中国人的智力是不差的。所以，如何回答'钱学森之问'，还得要从我们的教育和创新环境方面去找原因。那我们的教育可检讨的地方是什么？那就是，我们是把每个孩子都当'工程师'来培养的；而美国的教育是给天才准备的。中国人对于美国教育的评价是两极分化的，有人说美国的教育很好，有人说美国的教育很烂，学生连个算数都不会。这些说法都没错，美国的教育就让孩子自由发挥，天才就容易冒出来，而对普通孩子来说啥也没学到；而中国的教育更多是为普通孩子准备的，把每个人都培养成了'工程师'，即使是天才也可能变成了'工程师'。还有，我们的学术环境、社会评价对顶尖人才的培养不利。北大数学系有一个毕业生叫张益唐，1985 年去美国读博士，1992 年博士一毕业就失业了，一度居无定所，直到 7 年后才在大学得到一份教职。到了 58 岁，他在'孪生素数猜想'上取得的里程碑式的成果才引起轰动，此前他几乎没写过什么论文。

"中国会给这样的人才机会吗？我们的环境更多都是'一个萝卜一个坑'，每个'坑'都是用量化指标竞争上岗的，天才很难冒出来。那怎么办？得从制度上解决，得从基础教育阶段就开始解决。朱天的研究说，我们向海外输送了很多移民发明家，这没错，但是我们缺乏那种最顶尖的、像马斯克那样的天才。美国能出马斯克那样的天才，当然跟美国的社会环境、创新环境有关系。移民火星，我们好多人想都不敢想这些事儿，在中国，有人要是提出这样的想法，八成会被当成骗子。对中国的孩子来说，从小被归训好好学习、考出好成绩才是正道，孩子稍微有点'离经叛道'，马上就会被打压。中国的贤能主义或者叫精英主义的文化，当然有好的一面。

"比如政治领域，我专门写过一本书叫《儒家政治：当代中国政治的理想原型》，就讲中国选贤任能的儒家政治传统，在古代乃至当下改革开放以来，都发挥了非常积极的作用。但是任何事情走到极致，就会走向反面。就像美国的个人主义，它对促进美国的创新很有用，走向极致之后它演化到了反面，造成社会撕裂。过去几年推动的将部分本科院校改制为技术类大学的计划，还是要往前推。办技术类大学其实比办普通大学要难，首先学校需要很多实验设备，还要有实操能力的老师，这在任何国家都稀缺，在中国就更稀缺了，所以推动大学的转型难度很大。其次，未来的高校改革，经济、法学和商学这部分学科要压缩，工科比例要增加。我们发现大学扩招之后这 20 年增长最快的专业是经济、法学和商学。为什么这三门学科增长快？

"就是因为好办，需要的资金很少，只要有老师就可以教，所以增长最快。我们也发现工科的比例在下降，当然这也和我们高校合并是有关系的。原来很多工科院校都是专业学院，比如说钢铁学院、地质学院，后来都改名了，都变成了综合性大学了，我觉得这是需要反思的。当然魔鬼在细节里，真正的问题是怎么去做？我们快速出版教科书，就是建立了自己的知识体系？还是说我们久久为功，花上几十年的时间来做这件事情？中国的经济学者必须得学会设立自己的议题，这个议题的评判标志，我认为就是'两个有用'————对中国有用，对经济学的发展有用。符合这两个标准其实很难的。

"我们有些经济学者做了一大堆研究，用的数据、解决的问题都是美国的，可笑不可笑？既然研究的东西要对中国有用，要对经济学的发展有用，就不能自说自话，要能从中国的特殊性里发现具有普遍价值的东西。这非常难，但值得我们去做。我举个例子。我们北大 EMBA 班的校友叫慕雷，他是国内一家防火材料行业头部企业的创始人。跟他聊过我才知道，工业防火材料是国际巨头垄断的，而我们国家原来国产的防火材料都是都不符合国际标准的。偶然的机会，他押上了自己的全部积蓄，投资了数千万、花费了十年研发了一款新型防火材料。他第一次带着新产品去芝加哥做测试，结果没通过。当时在芝加哥的密执安湖畔，他说跳湖的心都有了。后来还是不死心，决定回国之后接着干。结果三年之后就做成了，入选了'小巨人'企业。有了政府的'小巨人'背书之后，银行授信都来了，不需要抵押就给贷款。政府资金究竟什么时候介入，是有学问的。就是在企业做出特色之后，政府再介入。这个时候政府信用为企业背书，是有用的。

"2010 年之前，我们的光伏行业的政府补贴，从项目建设期就去补贴，投资生产能力，结果出现了很多做得很烂的企业。回头去看光伏行业的发展，亏损太多了。无锡尚德、江西赛维、汉能等行业大企业纷纷破产。光伏产业现在好，是因为整个产业 10 年前洗了一次牌，现在活下来的光伏企业，绝大多数是那些脚踏实地的民企。在 2013 年，政府也吸取教训，对光伏行业的补贴改成了发电量的补贴。还有一个成功的例子就是电动汽车：10 年时间里，中国电动汽车从无到有，做到世界第一，不光是产量世界第一，技术也世界第一。中国的电动车是如何成功的？这是很有意思的一个案例，我还没看到很好的研究成果，但值得好好去研究。

　　"有一样可以肯定的是，中国电动车的政府补贴方式和最初的光伏补贴不一样，是补贴产品，卖一辆车补贴多少钱。车企想从政府获得补贴，竞争的不是投了多少资，而是能卖出多少产品，而卖产品的前提是质量要过关。因此，电动车的补贴能够带动企业更新技术。而且中国还提前制定了退坡计划，从2018年开始就实施补贴退坡，现在退的基本上都没了，只有一些地方政府还在补贴，中央已经不补了。电动车的产业政策就特别成功。美国在最顶尖的领域比如AI领域仍是领先的。去年大家热议ChatGPT，最近又推出了文本描述生成视频的人工智能模型SORA，可见美国在人工智能领域迭代的速度是特别快的。说句不好听的，别老去嫉妒美国。

　　"美国不可能再去搞中等技术的创新，因为美国的产业都空心化了。所以美国只能越搞越尖端，当第一，美国人很累的。我们中国还可以像日本和德国一样，继续搞1-N的创新，每个领域的前景都还很广阔，还有很多可做的事情。当然，中国比德国和日本都大很多，雄心也高，我们也要努力攻关颠覆性技术"。

　　2、解决社会--人物--科学中矛盾初探

　　1）以下推尖 以富帮穷的办法

　　姚洋教授在《中美竞争之下，科教兴国还有哪些瓶颈待解？》文章中，他说"如何回答'钱学森之问'，还得要从我们的教育和创新环境方面去找原因"。他举的"北大的天才数学家许晨阳"和"北大数学系毕业张益唐，到了58岁在'孪生素数猜想'上取得的里程碑式的成果引起轰动"等例子，都很实在。但他一方面说我国社会主义制度的公平性好，另一方面又说我国的人才社会环境不行。

　　这是矛盾的。由此他赞同"教育部曾经有计划，要把这一千多所本科大学中的一半都转成技术类大学。我觉得是对的"的。其实近年强调把高中分为少部分办"普高"和大部分办"职高"，据了解，大部分家长和学生并不满意。为啥？现在读书要很多钱，并不像以前大学毕业国家包分配；由于自己找工作没有职业确定性，中学阶段学好文理基础很重要。我们自己就有体会：是1958年大跃进，四川盐亭县普遍各个区都办初中，家在山区的我们才得以上中学，改变了命运。1965年大学，父母年迈务农没钱，幸好考的武汉钢铁学院，当年开始作为全国"半工半读"大学试点，上大学生活费不交钱，又一次改变了命运。到如今了解到，走强国道路，不分大小，世界已有章可循。

例如，在一些科学发达的强国，有一个说法是叫"让富人养活穷人"。这里"富人"当然不是靠当官贪污、盗窃、行贿受贿、钻法律的空子，或官商勾结等致富的，而是勤劳致富、科技致富、管理致富的人。这当然需要国家大力教育培养出"利器"人才，特别是科技领军人才。因为致富最终表现在生产上，生产又分为粗加工生产和精加工生产。其次与"让富人养活穷人"相对，大部分现象"是穷人养活富人"，这就产生出阶级斗争；过度压迫剥削会产出类似张献忠现象。

如何做到以下推尖、以富帮穷，允许你富得有规矩，也允许你穷得很快活，像瑞典人一样？这种方法的成功，根据如在《2014世界科技排名》中，第8名就是瑞典；在20项关键科学技术领域，瑞典有14项居前十，19项居前二十。在此排名条文的解说中，隐藏妙机的说法类似造就国家"学霸产业"，已有规范化。

例如，瑞典是只有约900万人口的小国，造就"学霸"实行"以下推尖，以富帮穷"的良性循环办法，让瑞典的学生普遍学习比较努力，且是极为主动地努力学习，所以就有类似"学霸"约38%的劳动人口，在高科技公司（比如说爱立信）就业。这个比例居世界第一，科技水准有这么高，让人大跌眼镜。

但如果真正了解，一点都不会觉得奇怪，甚至还会认为这个排名低。提起自然科学，自然会想起诺贝尔奖，但有些人大约忘了，诺贝尔奖的评委是瑞典人，而且能得到世界的公认，也就证明瑞典有一流的科学家，有能力有水准对世界最顶尖的科学研究进行评估。如果你没有这样的水准，没有人会承认你的评估----可能很多人都只关注诺奖的最终获得者，但却不知道，每年的诺奖候选人有几万人。值得一提的是，中国本土直接培养获得诺贝尔自然科学类奖项的人，才1人，甚至没有多少人进入过候选人的名单。我国提倡科学创新，中学就搞文理分科，造成很多年青人和一些老一点的人，对人类积累的很多成功的现代科学知识都不了解；反相反量反中医的人，还说国际主流的科学创新要"靠边站"。中国人想像中的瑞典，是一个高福利的国家，人们过得很休闲。这没有错！但很少有人知道瑞典实行，极为严格的本土性和地域性不可超越分层竞争的教育模式法治，规定是：

该国所有的课程，按从易到难分为几十个级别，而不是按年级和班级区分。聪明的学生，可以今天是第一级，明天是第二级，后天第三级……然后，很快学完几十个级别（最高难度的几级并不一定要修）。反之，如果认为你不合适，则可能永远在第一级，一直到合格为止，才能升进第二级。比如说，你进入学校，要学数学，你从数学一级开始，然后，数学二级，数学三级，数学四级……数学三十级……每个级别都有不同的教室，不同的老师，不同的课程，不同的要求……但这种升级并不进行升学或者升等考试，而是由老师进行推荐。

另外，作为基础教育，即使你的成绩最糟糕，你也能够获得毕业，但可能不能进一个很好的大学。当然，大学不一样，不过关肯定毕不了业。这是让科学抽象思维能力强的人，多为国家和人民创造科技财富；通过税收法律，让能获得的高收入，帮助平衡低收入人群。因为每个人都有自己的天赋，学习成绩不好的人也能够获得毕业和就业。国家造就学霸类似对付硬木板，打造锥子锻造锥尖，是为了更好地钻孔来获得成效。研究学霸经，类似做顶尖水平的科研，要早接触前沿领域，学习纯数学、纯物理最好的选择是基础科学数学知识。

如俄罗斯就不是像瑞典把所有的课程，按从易到难分为几十个级别，而主要是数学。为啥？早在 1941 年，尝到柯尔莫哥洛夫等数学家重建苏空军所有轰炸计算系统、消除了烦恼甜头的斯大林，此后以政府法令，向入选数学家提供优惠待遇，同时提供稳定的工作、收入、住房、汽车和食品等，使他们全身心投入到研究当中。

斯大林逝世后，数学家们仍无需担心生计、意识形态、人际关系、讲课和论文等负担，可以一心一意研究数学。这种办法被称为"数学家公务员"制，即斯大林的这项改革，为俄 40 多座城市打造了近 100 万名"数学家公务员"。前苏联能首先发射第一艘载人飞船，2002 年俄年青数学家佩雷尔曼能解开世界数学难题"庞加莱猜想",让西方的数学界,光是理解和验证佩雷尔曼的解法,就花去了 3 年时间。

其实早在斯大林之前的沙皇时代,到列宁时代,再苏联解体后时代,都没有改变此制度,前仆后继的是:莫斯科大学的数学系,没有招生中走后门的丑闻,非硬功夫进不去莫斯科大学的数学系的,就算你是苏共总书记的儿子也一样。莫大敢如此硬气,其实是其前校长彼得罗夫斯基利用担任最高苏维埃主席团成员以及和苏共的各个高级官员的良好关系争来的尚方宝剑有关。

苏联有明确规定,包括莫大在内的几个名牌大学招生只认水平不认人(其它大学,高级官员的子女同等条件优先),必须是择优录取。莫大的生源好,和苏联的整体基础教育水平高也有关。苏联有一点值得中国学习,苏联的中小学的教学大纲和教材都是请一些有水平的科学家编写的,像数学就是柯尔莫哥罗夫、吉洪洛夫和庞特里亚金写的,而且苏联已经把微积分、线性代数、欧氏空间解析几何放到中学教了。大学的数学分析、代数、几何就可以在更高的观点上看问题了(其实和美国的高等微积分、初等微积分的方法相似)。

有一流的生源,不一定能培养出一流的数学家,还必须要有严谨的学风。莫大的规定相当的严格,必修课,一门不及格(不过政治和体育除外,政治是因为学校在这方面睁一只眼闭一只眼,纯粹是给上面看的),留级;两门不及格,开除。而且考试纪律很严,作弊简直是比登天还难。莫大的考试方法非常特殊,完全用口试的方式。

主课如数学分析或者现代几何学、物理学、理论力学之类,一个学期要考好几次,像数学分析,要考 7-8 次。考试一般的方法如下:考场里有 2-3 个考官考一个学生,第一个学生考试以前,第二个学生先抽签(签上就是考题),考试时间一般是 30-45 分钟,第一个考试的时候,第二个在旁边准备,其他人在门外等候,考生要当场分析问题给考官听后,再做解答。据称难度远大于笔试,感觉像论文答辩。

不过莫大有一点是挺自由的,就是转专业,这一般都能成功,像柯尔莫戈罗夫就是从历史系转到数学力学系。尽人皆知的是,世界第一数学强校的背后,纵观整个 20 世纪的数学史，苏俄数学无疑是一支令人瞩目的力量。百多年来，苏俄涌现了上百位世界一流的数学家，其中如鲁金，亚历山德罗夫，柯尔莫戈罗夫，盖尔范德，沙法列维奇，阿洛尔德等都是响当当的数学大师。而这些优秀数学家则大多毕业于莫斯科大学。莫斯科大学所涌现的优秀数学家其数量之多，质量之高，恐怕除了 19 世纪末 20 世纪初的哥廷根大学，在 20 世纪就再也没有那个大学敢与之相比了，即使是赫赫有名的普林斯顿大学也没有出过这么多的优秀数学家，莫斯科大学是当之无愧的世界第一数学强校。

原因俄国从娃娃抓起，莫斯科大学的数学，就是从娃娃抓起的。每年暑假，俄罗斯各个大学的数学力学系和计算数学系（俄罗斯的大学没有我们这样的数学学院，如莫斯科大学，有 18 个系和 2 个学院，和数学有关的是数学力学系和计算数学与自动控制系，数学力学系下设数学部和力学部，其中的力学部和我国的力学系大不相同，倒接近于应用数学系，计算数学与控制论系包括计算数学部和控制论部 2 个部，计算数学部和我国的信息与计算科学专业相当，控制论部接近于我国的自动化系。但是数学学的很多（前二年数学力学系及计算数学与控制论系一起上课，第三年数学力学系和计算数学与控制论系一起学计算数学方面的课程，到大四大五才单独上专业课），都要举办数学夏令营，凡是喜欢数学的中小学生都可以报名参加，完全是自愿的。

由各个大学的数学教授，给学生讲课做数学方面的讲座和报告。莫斯科大学的数学夏令营是最受欢迎的，每年报名的人都是人满为患，大家都希望能一睹数学大师们的风采，听数学大师讲课，做报告。俄国数学夏令营，和我国办奥数班、补习班每上一次课收每个学生两三百钱不同，俄国的目的不是让学生参加什么竞赛，拿什么奖，而是培养学生对数学的兴趣，发现有数学天赋的学生，使他们能通过和数学家的接触，让他们了解数学，并最终走上数学家的道路。从上世纪 70 年代开始以来，俄罗斯的各个名牌大学大多举办的夏令营，是从中发现有科学方面天赋的学生，都能报名进入科学中学，由大学教授直接授课，他们毕业后都能进入各个名牌大学。其中最著名的当属莫斯科大学的柯尔莫哥罗夫科学中学，这所学校从全国招收有数学、物理方面天赋的学生，完全免费。对家境贫寒的学生还发给补助，尽管莫斯科大学现在经济上困难重重，但这点从列宁时代开始直到现在都没变。事实上科学中学的学生，成才率相当高，到80年代末90年代初，已有几个当年的柯尔莫哥罗夫科学中学的学生成了科学院院士。

这和姚洋教授等我国专家，给国家的献计献策多办职高不同。

2）我国大陆和台湾地区科学现象对照

社会--人物--科学耦合模型用于阶级社会分析，就会分"国有"和"私有"----只要有国家统治组织形态的产生，"国有"和"私有"演变分别对映类似的"公有制"和"私有制"，政治与科学纠缠的命运动力学，政治与科学纠缠，马列主义也离不开"国有"化和"私有"化分析。说来"以下推尖 以富帮穷"的办法，走强国富民之路，不是靠政治和阶级斗争取得的致富，争论很大，战争冲突仍会不断。

但只要我们中国站得稳，世界就不会摇摆；只要我们中国站得高，世界自然会跟着来。例如我们和俄罗斯的友好，既有现在的背靠背，还有过去的面对面。2024年3月13日"观察者"网报道：俄罗斯总统普京日前接受俄记者专访时表示，"武器用来使用的"，在俄罗斯主权和独立受到威胁时，俄罗斯随时准备使用任何武器，包括核武器。这联系1969年苏联要对中国扔原子弹，我们毛主席把元末农民起义领袖朱元璋的"深挖洞、广积粮、缓称王"策略拿过来古为今用。毛主席说：你敢扔，我8亿军民就敢反击，还搬到西伯利亚去，也近。

也许这对出生在西伯利亚的俄国防部长绍伊古也有影响：他之所以向普金建议把莫斯科首都搬到西伯利亚去，因为如果普金向乌克兰扔原子弹，莫斯科离乌克兰近，北约也会向莫斯科扔原子弹。

2024年3月14日"观察者"网记者闻一哆发表的《"把中国踢出局"，英国460亿英镑核电站可能烂尾》一文报道："2017年8月31日，现年66岁出生于中国台湾的美国公民艾伦·何因，在没有得到美国能源部授权的情况下，在美国境外非法从事或参与特殊核材料的生产或开发违反了《原子能法案》，被判处2万美元的罚款和24个月的监禁

（包括一年的假释）。根据美方的起诉书，艾伦·何是一名核工程师，受聘于中广核担任技术顾问，同时是特拉华州的能源技术国际公司所有人。曾在西屋电气工作的艾伦·何被指控从 1997 年开始，一直到 2016 年 4 月，与其他人共谋或参与在中国开发或生产特殊核材料，而没有得到美国能源部长的具体授权，同时，他还帮中广核在美国招募民间技术专家，提供相关技术的咨询服务。美国的联邦探员们因此认定，艾伦·何提供咨询服务的行为相当于成为核间谍，他在聘请核科学家教授中国核工程师商业反应堆方面的问题时，以外国代理人的身份行事"。

记者闻一哆说："艾伦·何如果真的是核间谍，其向中国企业提供咨询的服务威胁了美国的国家安全，那么两万美元罚款，24 个月监禁（还有一年假释）的判罚似乎又在说，他所犯下的罪其实也没那么重要。联想到近些年美国政府在学术界对华裔华人科学家发起的猎巫行为，这场发生于 2017 年对艾伦·何的逮捕和指控，更像是带着政治目的的打压"。闻一哆说得很对。

再联系近来从华为到 Tik Tok，再到电动汽车，随着对中国崛起的担忧以及保守主义的抬头，欧美国家在"把中国踢出局"这件事情上，正达成越来越多的共识"。现在我国已经强大，对欧美的打压不怕。就是 1959 年后赫鲁晓夫单方面撤走了全部援华专家，终止了苏联与中国的一切经济和技术合作协定，我们国家也能靠自力更生研究原子弹。1964 年 10 月 16 日我国自行研制的第一颗原子弹成功爆炸，不就震惊了全世界。不过记者闻一哆说的这次把"把中国踢出局"事件，还涉及"出生于中国台湾的美国公民艾伦·何因"，而联系到我国台湾地区，那么台湾地区的科学发展又如何呢？

2024 年 3 月 16 日"观察者"网发表宁南山教授的《半导体产业如何支撑台湾人生活水平--台积电每年竟然能录用台湾出生人口的 2%》一文报道："根据台湾证券交易所 2023 年 7 月 3 日披露的数字，2022 年台积电台湾地区非主管员工平均薪资为 316.7 万新台币（为 72 万人民币），中位数薪资为 243.5 万新台币（55.3 万人民币）。不仅是台积电，台湾还有联电，力积电，世界先进这些世界前十半导体代工制造企业。另外台湾还有以联发科，瑞昱，联咏为首的一大批芯片设计公司，这个行业薪资很高。以联发科为例，其在台湾招聘了大约 2000 名 2022 届毕业生，硕士薪资 200 万新台币起（大约 45.5 万人民币），博士薪资 250 万新台币起（大约 56.8 万人民币），而这 2000 人也相当于台湾 2000 年出生人口的 0.6%了。而在以上之外，尚有例如康师傅，捷安特，台化集团，华硕，宏碁等企业。由于台湾的半导体卖到全球市场，因此作为台湾的学生，其实只要学习稍微努力一点，相对大陆学生来说更容易拿到高薪的工作"。

由此，宁南山教授说的如何统一台湾地区的办法是："想办法在统一前，把台独势力的钱袋子打掉，这对中国大陆以后开展任何工作都是大大有利的"。他说的道理是："纵观中国历史，一个政权最后崩溃往往是财政出了问题，打击台独的财政收入，不要说搞武器装备和军事建设了，整个台湾社会内部自己都会出问题"。因为"半导体也是台湾薪资最高的行业，全台湾上市公司非主管薪资水平最高的企业大部分来自半导体行业。因此如果台湾的半导体行业没有了，包括芯片设计，制造，封测，设备等产业衰退了，这意味着台湾头部高薪公司大部分都会消失，剩下的制造业企业中全员薪资水平较高的就不太多了。像台湾的显示面板行业，在韩国大陆企业竞争下持续亏损，就提供较高薪资的能力就逐渐丧失了"。

宁南山教授还说到一个怪现象："到现在为止，台湾在疫情这几年，半导体产业因为全球需求上升而出现迅猛增长。如作为半导体产业标志的台积电，营收从 2019 年的 346.13 亿美元上升到 2023 年的 693.5 亿美元；净利润从 2019 年的 111.69 亿美元上升到 2023 年的 269 亿美元，竟然是四年前的两倍多。在半导体产业带动下，台湾地区人均 GDP 从 2019 年的 2.59 万美元涨到了 2023 年的 3.23 万美元"。

那么我国大陆半导体产业 70 多年来是如何发展的呢？2024 年 3 月 14 日《中国科学报》记者赵广立发表的《力更生，"从 0 到 1"----中国第一块集成电路诞生记》一文的报道，可以作参考。

科技拔尖人才对科技兴国有啥帮助？该文列举了留学回国从 1950 年刚成立不久的新中国的 25 岁的王守觉，到王守武、黄昆、汤定元、洪朝生、谢希德、成众志、高鼎三、林兰英、黄敞、吴锡九等一大批海外科学家陆续回国，奏响了我国半导体器件与微电子技术事业自力更生的序曲。为啥不是从解放战场上回来的工农民革命战士？因为人类社会的分化，也像人体的器官、部位，虽是一个统一整体，生而平等一样供血，但功能分工是不同的一样。

1954年国外半导体研究较快发展，商品晶体管出现，而西方国家对我国严密封锁，我国无法直接进口这些产品或相应的材料。黄昆、王守武、汤定元、洪朝生等4人一起合作翻译了苏联半导体权威学者约飞的《近代物理学中的半导体》一书，并于1955年由科学出版社出版。1955年上半年，北京大学物理系开设"半导体物理学"课程，由他们4人合作讲课。1956年新中国吹响了"向科学进军"的号角，"发展计算技术、半导体技术、无线电电子学、自动学和远距离操纵技术的紧急措施方案"四大紧急措施，由中科院承担。

1949至1956年间王守觉从同济大学毕业，几年里两易工作后，调中科院应用物理所半导体研究室。他从做研究到在生产单位做设计，已然成长为一个视野开阔、经验丰富的杰出工程技术人员，先后被评为上海市劳动模范和全国先进工作者。王守觉在他的学生眼中，有"超级睿智，有极强的学习能力、超强的记忆力和极强的自信心"，"比常人要聪明得多，很多知识是王先生自学的，王先生较少记笔记，听过看过就记住了"。1957年9月王守觉赴苏联科学院学习，短短半年时间就很快对半导体电子学器件的设计、制作和性能测试有了深刻认识。结束学习回国后于1958年9月成功研制出我国第一只锗合金扩散高频晶体管。1960年后我国科技、经济等多个领域同时陷入中苏交恶与西方禁运的双重封锁和冲击之中。彼时，我国科技人员只能从公开发表的学术论文中了解国际上在开展哪些研究，自力更生、艰苦创业，成为我国半导体和电子科学事业开拓者们唯一的道路。

然而王守觉等带领团队，转攻硅平面工艺，向高性能、小型化的硅器件发起"冲锋"，硅平面晶体管、国产光刻胶、器件封装材料、扩散炉、光刻机、压焊机、真空镀膜设备、晶体管测量仪等材料设备如雨后春笋般涌现出来，集成电路只差"临门一脚"。而我国硅平面晶体管和集成电路的研制成功，使得国产电子计算机采用集成电路的时间仅比国外晚了两年。可见强大的祖国，只要"以下推尖 以富帮穷"总能翻身，中国的科学是可以和发达国家平起平坐的。

类似诺贝尔靠科学孕育，锲而不舍找突破口偶然成功的一样。智力在科技上，具体表现如数理化天地生等学科中的一些公式、定理、定律，虽是人们发现的，实际它们有些是客观存在的，不以人存，不以天亡。有些人干出科技发现的事，不是全由别人的指导或生活的逼迫，而是智力在引导。科技致富的财富属于人类，也属于自己、属于国家，因为最终要靠社会的接受、人们的承认，所以国家用税收的形式，对富人远远超过平均人收入的财富，征收高额比例的税费，以补贴低收入的穷人，是合理的，也是人类社会进化发展所必然和必须走的道路。这与"打富济贫"不同，而是人类社会健康的自组织行为。

所以"科技是第一生产力"，作为人类命运动力学的四次解放，出现文艺复兴、工业革命、资本主义和社会主义革命分化等之后，俄国红色的社会主义和美帝国主义争霸，战争不止，和平与发展的时代主题受到极大迷失的时候，打出"中国特色的社会主义"的方向，无疑是人类命运动力学珠峰映射"利器"类似的刃口，是需要加钢和淬火等特殊金属加工处理才构成的。它与政权和政权人物不同，政权人物是社会的组织力、号召力、凝聚力的表现。政权人物的有两种形式，一种是暴力夺、一种是选举上。政权和政权人物后面一般都有"智囊"或"智库"，但是不是"利器"，就要看效果了。

因为政治与科学纠缠，任何一个科技强国成长分层，打造"利器"都不是一帆风顺的。科技生产要能持久创造财富，也有"精加工"和"粗加工"的区别。由于到城市打工的收入，普遍比农村搞没有高附加值科技专利用于的农业生产的人高，造成原来农村的劳动力实际转移到城市，使很多地方农村荒芜得并不合理，这对将来国家解决不具有吸引力就业的人群，有很大的难度。既然科技是第一生产力，也说明从找极其尖端的前沿基础科学的原理，也在转向重视前沿科学原理造福于人类的应用，那么中国教育改革大学以下深化考试招生的制度，文理不再分科很有必要。社会生活环境，像已消失的我国私塾一样，是不分班级混合的；职业分层消失中不消失，要大多数人安分、守纪，每个人就要认清自身的智力发展程度、努力程度；社会做到力所能及，各尽所能、力所能用等，这就需要实行"忍"与"狠"。

"忍"是指不要像"俄国红色的社会主义"那样对普遍性、世界性认可的前沿基础科学原理，一味搞批判；大学以下教育要"忍"，要让有智力能力的孩子分层初步掌握这些知识。"狠"是指类似实行极为严格的本土性和地域性不可超越分层竞争教育模式，数理化生课程按从易到难，聪明的学生可以很快学完。反之，如果认为你不合适，不能进一个很好的大学，也允许人用智力造福自家，造福国家，各得其乐。很多知识教育，是靠"熟知"；而熟知，常类似神经科、牙科、眼科等专科疾病，带本土性和地域性。所以人类社会的私有化，正是从类似角度出发的。美国比俄国还有更多包容----早在 1897 年，美国在南北战争中受重创，但南北战争仅仅过去 32 年，美国的工业产值和 GDP 就成为世界第一。为啥？因为虽然欧洲还是看不起美国，觉得美国人没文化，也没有科技。他们嘲笑美国历史上曾经教育品质低下，但二战之后，美国科学技术开始突飞猛进，一举超过欧洲。

因为美国的包容，吸引全世界人才，为美国培养人才。如英国逼死几乎是可以与牛顿相提并论的大科学家图灵，而美国却可包容，为美国的导弹技术研究奠定坚实基础的纳粹犯冯•布劳恩。美国科技分层"利器"人才，为个人和国家带来财富后，用于国家公益事业和世界"称霸"；如何缴纳税收的一个例子，我们有一次听说。

那是 2008 年我们听一个在家乡四川盐亭玉龙镇出生的熟人，他的儿子"钟鸣"说的。"钟鸣"1978 年生，3 岁上幼儿园时，我们一次发现他是一个"学霸"：那时我们在盐亭县科协工作，下班回家之余，实验同他上幼儿园的自家儿子女儿智力---如买的一些儿童科普书，其中如说"细菌"的坏处，就教说"细菌狼"。有一次带他们上幼儿园，遇到才 3 岁的"钟鸣"，他知道很多科学名词。令人惊讶的是，他能说围绕太阳的"九大行星"的名字。我们的孩子比他要大些，但教"九大行星"的名字，始终记不住。后来"钟鸣"在绵阳市里开始上初中，听说不到两年就考起南山高中，又不到两年考起西安交大。

读大学时成都有次全国足球比赛，听说后，"钟鸣"居然买火车票到成都观看。大学毕业"钟鸣"考起北京邮电大学著名数学家杨义先教授的研究生，后到美国留学读博。毕业后在美国硅谷"谷歌"就业，2008年他回绵阳探望父母，27年后我们在他父母家再次遇到他。其中谈到他的收入，他说在美国，一个家庭平均每月每人的收入在5万以上，按规定，要给国家交40%的所得税。他已经达到这个程度。

3）以科学换市场霸凌必究科学不腐，

a）科学不腐

社会--人物--科学中的矛盾，寻找问题和解决问题的途径，认识"科学不腐"有帮助----这是我们1958年上初中，学习数理化知识后，才有的感受。之前读小学时，我们学的《算术》课，没有走到类似数学欧几里德几何公设的那一步。虽然完小《算术》课里也有一些类似公式、定理总结，只是用逻辑哲学类似的语言表达，道理正确，但具体定量计算，或实验测试，还需多步分析解答，古中医药书也有类似。

从学欧几里德几何的数理逻辑作图，和伽利略的斜面物体加速度实验的测定，到牛顿力学第二定律作用力用加速度乘物体质量计算，再到笛卡尔的平面直角坐标系，对时空的方向和数字计量的准确性帮助很大……这种基础科学的训练，后来对我们认识事物帮助很大。

如认识"量子论"，联系21世纪朝鲜研制出的无核污染超标的原子弹、氢弹，以及国内的"量子水"、"量子肥"宣传。2009年3月2日严谷良教授专程从北京到绵阳，再到盐亭县玉龙镇考察考察马成金。在玉龙镇农机站站长马成金工程师家，严谷良教授也讲述了他与王洪成的"水变油"技术研究联系的亲身经历。他作为国家物资部燃料司副司长，曾专职负责管理王洪成的"水变油"，也是相信王洪成的"水变油"的人。但马成金是反对自然环境下"水能变油"的。

物质从哪里来？能量守恒从哪里来？都因与"0"算术及代数运算----"$1 \to 1$"、"$0 \to 1$"、"$1 \to 0$"；$1=1$；$1=1=\cdots=1$；$1+(-1)=0$；$0+0=0$；$0+0+\cdots+0=0$，以及零点能是无限大正负量子对的随机的涨落($0 = \pm 1, 0 = \pm 2, 0 = \pm 3 \cdots\cdots 0 =$

±n；0＝±1i，0＝±2i，0＝±3i……0＝±ni)等有关。"0量子开合纠缠芯片"，又是马克思主义科学的精髓————众所周知的马克思大学毕业，写的博士论文《德谟克利特的自然哲学和伊壁鸠鲁的自然哲学的差别》，就是关于对伊壁鸠鲁的研究————马克思为啥研究伊壁鸠鲁等古希腊的原子与真空？因马克思主义科学量子论，是包括类似0、自然数、实数、虚数。复数等存在的数论量子论。

但1948年卡西米尔发现卡西米尔力时，夸克、胶子之类的量子色动力学还没有出现。卡西米尔等科学家的探索，还只停留在原子核和电磁场物理学层次以上，这时的观念还只是一种源于电磁场的量子真空起伏的力。对这种由于在真空状态有量子力的波动，两个距离非常近的物体之间存在的奇怪的拉力或推力，被称为卡西米尔效应。

这时的卡西米尔效应源于的量子力波动的量子，人们主要还看成是"实粒子"。它可以上推论到海浪等液体的水分子、空气等风流动的空气分子，也能产生卡西米尔效应。但数学上，"数"分正、负；虚、实；零等5种。实粒子和它的负粒子，在这种卡西米尔效应真空中，两片平行的平坦金属板之间产生的吸引压力，与牛顿、爱因斯坦发现的万有引力，其深层次的物理原理是不同的。在数学基本推理原理上，深化这种联系要等到今天对爱因斯坦的广义相对论和量子色动力学，追踪到原子核和电磁场物理学层次以下，说得清楚思路从伽利略的"斜面"联系霍金的"界面"，再到卡西米尔的"平面"，采用数学描述：一个点构不成平面，两个点构成直线，三个点才可以构成一个三角形"平面"，六个点可构成一对平行的"平面"，才可联系"卡西米尔平板效应"。把每个"点"看成化学元素原子核中的一个质子，六个点对应的是"碳元素"，已经进入元素周期表。

但最奇特的是：四个点构成一个四边形"平面"，八个点可构成一个立方体，是三对平行的"平面"；八个点是8个质子，对应的是"氧元素"。"氧元素"比"碳元素"是地球上最活跃的化学元素，而且在所有的数目中，也只有八个点才可同时构成三对平行的"平面"。再说"量子起伏效应"的数学联系，而且"卡西米尔平板效应"要与"量子起伏效应"结合，打造出类似凝聚态弦物理数学0量子开合纠缠芯片，元素周期表才可以形成。这里量子"0"，也类似老子的"无中生有"，所以中华民族是世界上最早创立基础科学之一的伟大民族。

这里数学如 0+0=0；0+0+⋯+0=0。其次类似"量子纠缠"，即与 1+（−1）=0 属于算术及代数运算原理有关的无穷多的自然数、实数、虚数、复数等正负数对的加法计算，涉及到量子起伏、真空起伏等类似卡西米尔效应收缩效应的检测，和霍金黑洞辐射、经络辐射、基因辐射、时间辐射等包含类似虚数能量效应现象的观察，都可视为"0 量子开合纠缠芯片"，再初探宇宙尺度也可和光谱线联系起来。

如人择原理的应用需要假定一些物理常数，如宇宙学常数不是真正的常数，而是可变的，如暴胀期、静止期、匀速膨胀期、减速膨胀期，加速膨胀期，而且可能还存在许多不同的区域，每个区域中的一些物理常数与其它区域也不同。在"弦景观"图象的理论框架中，结论是存在许多不同的"真空"，这些真空是一个极大的景观中的局域极小。这又会到了环量子弦论图象。但"点外空间"中和引力耦合的零点能非常小，消除无限大零点能的办法是引入最小距离，如果这个最小距离是普朗克长度，所得到的零点能非常大；因为这是对偶性的。

如果暗能量的密度和临界密度接近，那么暗能量本身就应该和宇宙的尺度有关。能量守恒从哪里来？都因与"0"算术及代数运算————"1→1"、"0→1"、"1→0"；1=1；1=1=⋯=1；1+（−1）=0；0+0=0；0+0+⋯+0=0, 以及零点能是无限大正负量子对的随机的涨落($0＝\pm 1, 0＝\pm 2, 0＝\pm 3\cdots\cdots 0＝\pm n; 0＝\pm 1i, 0＝\pm 2i, 0＝\pm 3i\cdots\cdots 0＝\pm ni$)等有关。其实这与"0"在数学上属于算术及代数等的运算原理有关————"1→1"、"0→1"、"1→0"；1=1；1=1=⋯=1；都因是有 1+（−1）=0；0+0=0；0+0+⋯+0=0 等自然数、实数、虚数、复数的加法计算原理。由此涉及到量子起伏、真空起伏等类似卡西米尔效应收缩效应的检测和霍金黑洞辐射、暗能量包含类似虚数能量效应等现象的观察。如果把类似正负数对简单加法计算的算术、代数等于"0"的原理，看作弦理论的振动、能量守恒起源等的纯数学"数论"，那么弦理论即有无穷多的对称：即有无穷多的无穷大对称，也有无穷多的无穷小对称；还有无穷多的无穷大与无穷小对称，而包括所有的时空。

为啥中医药学的"弦网凝聚-气"说，赛不过文小刚教授的量子色动"弦网凝聚"理论？说到底中医药学的"弦网凝聚-气"学说缺乏结合高等数学微积分等更高层次数学的复杂推理、运算的方法，还仅类似初等数学运算的方法----微积分要求精准到"瞬时点"，这就出现一点的多矢量指向，即类似希尔伯特空间的张量计算，而出现偏微分方程、实变函数、复变函数、泛函等推理计算。同样是牛顿力学第二定律公式的求加速度，在初、高中的物理学中，用初等数学运算的方法就可以计算得到。但在大学的物理学中，就要教用微积分方法。

为啥？为更精准，为今后的大工程建设----初等数学运算的方法是一种平均，类似中医药学传统的朴素而直观的认识，也类似西医药学"牛"的核磁共振、CT、X光、B超等的看底片的方法----人类命运共同体命运动力学还停留在类似"中医药学"和"西医药学"争"权"、争"霸"，以"核讹诈、核威胁"相向而行"言不由衷"的两分裂阶段。但量子色动力学、量子色动化学、量子色动弦网凝聚的逐渐丰富和发展的"色动革命"出现却会不同。在西医药"牛"的核磁共振、CT断层扫描、X光心电图片和超声波B超等先进的检测仪器的基础上，做出更"牛"的医药"弦网凝聚-气"机器人或无人驾驶疗效精准"弦网凝聚"中医药机器人，将是另一个"与狼共舞"的华为任正非总裁所说5G出现：类似"空心圆球内外表面翻转"的中医药"翻转"成功，或西医药"翻转"成功，都应说"中医"。

道理在哪？深化分析得到电子、光子和声子等微观基本粒子起源的说明，那么利用核磁共振、CT、X光和B超等电子、光子和声子等微观基本粒子透视，虽然能得到底片图，但实际还可纠缠深入到人体内脏腑功能和精气神血津液等不同物质电子、光子和声子层次的瞬时变化，和连续的趋向----前后对称，转变打破成对称破缺，能隙宽窄是多大？这里的信息获得，核磁共振、CT、X光和B超等的电子、光子和声子，和人体内物质等的电子、光子和声子，存在相同粒子之间的量子纠缠和量子信息隐形传输，这是需要人工智能大数据、云计算、区块链等运用计算才能知晓。而且结合过去、当前全国、国际和本院医疗实践已取得的成果，通过互联网输入计算机，可以对症下药。

提升的未来中医药学极具交叉科学特色----医疗量子色动弦网凝聚信息学，包含计算机与电子工程等学科、数学与医学等领域的专家学者与临床医生聚首的信息综合，以及医疗量子色力学、医疗量子色动化学、医疗量子色动语言编码学等的结合。医疗人工采用核磁共振、CT、X光和B超等外在设备产生的电子、光子和声子，三维数据变得非常多。一方面三维扫描技术有大幅度发展，人们可以很轻易地得到三维曲面；医学图像的发展也非常快，可以得到大量的医学图像----这些信息非常容易获得，但处理起来非常困难。医疗量子色动弦网凝聚共形几何学可以看到一些原始的数据，例如，把一个人的三维脸部曲面扫描下来，可以分析他的表情，做动态的跟踪。每张曲面上有300万个采样点，每秒钟可以得到120张动态曲面，数据量非常庞大。

但采集这些数据是很容易，医院有核磁共振、CT、X光和B超等之后，得到这样的数据会变得更加廉价。但是分析起来非常困难。比如一个高速的动态的三维曲面序列，如何求它们之间的微分同胚？如何自动精确地找到一一对应？如何分析表情的变换？实际上具有非常大的挑战性。从计算角度讲比较困难，从理论角度讲也不是很完善。最简单的来说，比如给两副曲面，一张是平静的脸，一张是带表情的脸，要如何找有意义的微分同胚？迄今为止机器学习是做不了这个的。但通过微分几何倒是有很多方法，所以这个方面还在发展。

"科学不腐"，科学本身是好的；就基本的动机而言，科学是为了满足好奇心，当发现了新的原理之后，科学的用处却会远远超过单纯追求高智商、高情商以及高情商和高智商的结合，包括单纯的意商、经商、政商、军商等高的实用的做法。"科学不腐"是人类最伟大的"无用之用"。到了现在，越来越多的"科商"思路是，开发一个新的软件，制造一个新的机器，或者提出一个新的原理。习惯于用科学技术来解决问题，这是一个了不起的进步，是现代社会的一个本质特征。在今天这个"科学不腐"时代，中国第一次梦想拥抱现代科学成真；中国的科学以后会在世界上占据更高的地位。

但这需要所有人都付出努力，都为科学事业做贡献。中美贸易战波动，华为任正非总裁受数家媒体群访曾说："中国将来要和美国竞赛，唯有提高教育"……他尤其强调数学的重要性：作为基础学科，数学在如今乃至未来的世界中，似乎已经是颠覆想象般地重要。数学的实力叩问中医药多体自然，正如数学家华罗庚所言："宇宙之大，粒子之微，火箭之速，化工之巧，地球之变，生物之谜，日用之繁，无处不用数学"。更如北京大学数学科学学院教授张恭庆院士写的《数学与国家实力----数学的意义》一文中说："现代医疗诊断中常用的 CT 扫描技术，其原理是数学上的拉东变换。CT 螺旋式的运动路线记录 X 光断层的信息。计算机将所有的扫描信息，按数学原理进行整合，形成一个详细的人体影像。在更先进的生物光学成像技术的研究中也吸引了不少数学家的参与。药物检验一要评估一种新药能否上市，需要经过新药疗效测试，这就要科学地设计试验，以排除各种随机性的干扰，真正评估出药物的效果和毒性。为此，人们设计出了双盲试验等试验手段。国外流行的 SAS 软件，是药物检验的必经之径。发达国家制药公司聘用大批拥有数理统计学位的雇员从事药检工作"。

再说从布丰投针问题到高锟光纤通讯原理，据美国战区网站 2024 年 3 月 13 日报道，俄罗斯研发出光纤引导自杀式无人机，携带一根缠绕着 10.813 公里长的细光纤的光纤线轴，通过光纤进行线控，能够抵御电子干扰，在战场上攻击坦克、装甲车和步兵群时非常有效。

这里"科学不腐"，是在盖莫夫的《从一到无穷大》一书第八章"无序定律"的"计算概率"一节中，介绍的布丰问题，也称著名的星条旗与火柴题目。18 世纪法国数学家布丰，首先注意到一件有趣的投针问题。这一方法的步骤是：1) 取一张白纸，在上面画上许多条间距为 d 的平行线。2) 取一根长度为 1（1<d）的针，随机地向画有平行直线的纸上掷 n 次，观察针与直线相交的次数，记为 m。3) 计算针与直线相交的概率。布丰本人证明了，这个概率是：$p=21/(\pi d)$；π为圆周率。利用这个公式，可以用概率的方法得到圆周率的

近似值。

布丰投针实验，像投针实验一样，用通过概率实验所求的概率来估计我们感兴趣的一个量，这样的方法称为蒙特卡罗方法。蒙特卡罗方法是在第二次世界大战期间随着计算机的诞生而兴起和发展起来的。这种方法在应用物理、原子能、固体物理、化学、生态学、社会学以及经济行为等领域中，得到广泛利用。盖莫夫把布丰投针问题转换为星条旗与火柴题目更好理解。这里，"针"对应的火柴类似"弦"，画有平行直线的"纸"对应的美国国旗类似"膜"，平行直线对应旗子上的红蓝条相间，联系光纤及通讯，类似"弦"也类似管道式的"圈"。而对火柴的要求是，只要短于平行线间的距离就可以。现在取一盒火柴，把星条旗铺在桌子上，扔出一根火柴，让它落在旗子上。它可能完全落在一条带子里，也可能压在两条上。这两种情况发生的概率各为多大呢？火柴落在旗子上，难道不是有无限多种样式吗？怎么能弄清这各种可能的情况呢？但这正是通向 2009 高锟获得诺贝尔物理奖的道路，因为它涉及光纤基础理论的一部分。

光纤传光原理，是人们很早就观察到的光在透明柱体中通过多次全反射，向前传播的现象。英国皇家学会约翰·丁达尔首次科学阐述这一现象，他当时用一只盛满水的器皿，向英国皇家学会演示了一个著名的实验，让水从器皿的侧孔中流出，这时投射在水中的光也随着水流传导出来。1880年，威廉·惠勒提出"管道照明"的设想，并获得美国专利，这是最早的"遥控照明"装置，其基本原理是：用内壁涂有反射层的管子把中心光源的光，象自来水一样引至若干个需要照明的地点，这实际上是光纤用于照明的雏形。在这个系统中，所传输的介质是光，而用以传输光的"管道"就是光纤。

2009 年诺贝尔物理学奖授予华裔科学家高锟。是因为他在有关光在纤维中的传输通信方面做出了突破性成就。高锟早在 1966 年前读研究生的时候，就对布丰投针的纯数学问题有研究。如把星条旗上红蓝条相间的平行线，比作"管道照明"，假设光为全反射式锯齿型传输方式，这种锯齿型中的短折线，不是多少类似火柴，落在星条旗旗子上有无限多种的样式吗？解决这个技术关键的主要矛盾是什么？在英国标准电信研究所的高锟终于想到，布丰投针问题揭示的是，提高光纤的传光能力，减少或消除光导纤维中的有害杂质，如过渡金属离子而大大降低光纤传输损耗，比其他更重要。

从理论上说，实际玻璃也是一种物质形态，就像气态、液态或者固态一样。而所有液体都能变成玻璃，只是难易程度不同罢了。而在 4000 年前生活在美索不达米亚的人类，就开始使用玻璃，但我们至今仍不了解液体如何变成玻璃的过程。从毕达哥拉斯学派以来，几乎所有的希腊学者都致力于光的探索；几何光学的第 1 条基本定理，反射定律，就出现在欧几里得的第一批系统性著作的《光学》和《镜面反射》。有人说，这是最有趣的动力学过程之一。其实，这也弦膜圈说纯数学最有趣的应用之一。因为光纤传输光线的原理，是根据光折射道理，即当光线从光密介质，射入光疏介质的角度变化到一定程度时，光就不能再射入另一个介质中，这称之为光的全反射现象。光纤的纤芯和它外面的包层，是两种密度不同的物质，而且纤芯的密度应该大于包层。这样，只要一个光线射入的角度合适，那么这束光线就会在光纤内部不停地进行全反射而传向另一端。

实际应用中的光纤，只要不是过分弯曲，进入光纤的光都会在光纤内来回反射，曲折向前传播，但也会有部分光渗入到包层并在其内传播。光在光纤中传播时也会激发出一定的电磁波模式，这种模式同光纤的粗细有关。芯径太细难以形成确定的传输模式，芯径太粗则使传输模式增多，使色散严重，固而光纤的纤芯不能太粗也不能太细，一般为传输波长的几倍至几十倍。按照光纤中容许传输的电磁波模式的不同，可以把光纤分为单模光纤和多模光纤。单模光纤指只能传输一种电磁波模式，多模光纤指可以传输多个电磁波模式。实际上单模光纤和多模光纤之分，也就是纤芯的直径之分。单模光纤细，多模光纤粗。在有线电视网络中使用的光纤全是单模光纤，其传播特性好，带宽可达 10GHZ，可以在一根光纤中传输 60 套 PAL—D 电视节目。以上仅是光纤波导计算复杂性的简要举例。由于高锟正确地把握了布丰投针问题的应用，因此才没有被这些复杂性所蒙蔽。

b）霸凌必究

社会--人物--科学中的矛盾，解决途径我们说用"以下推尖，以富帮穷"从娃娃抓起，从学校入手重视科学，但学校并不是一处"世外桃源"。如明代心学大师王阳明说："破山中贼易，破心贼难"，今天校园也许"收枪支容易，破霸凌更难"----校园霸凌，给学校、老师、学生、家长、公安、检察院、法院都带来困扰。霸凌必究不完全是"追究"，还有"研究"的意思。因为涉及法治，问题复杂得多。

如看 2024 年 2 月 28 日央视"今日说法"节目播放《被改写的人生(下)》，公布了一条典型的自我防卫案例：2019年 5 月份湖南省吉首市一所中学 14 岁的初二学生小蒋，在学校厕所被 15 名同学殴打。一片混乱中，小蒋用一把小刀，刺伤了围攻他的 3 名学生。

小蒋家在外地湘西州农村，父亲早逝，母亲改嫁到吉首市。小蒋跟爷爷奶奶长大读到初中，学习成绩不错。他母亲把他从农村要到吉首市里一所中学上学。学习成绩仍在全年级中等偏上，甚至考过班级第一，数学成绩尤其好，类似一个"学霸"。但他的农村口音，以及内向性格，被一些同学霸凌。一次他挨打受伤很重，告诉老师和学校。但学校只叫打人学生，给他赔了 2000 元医药费，算解决完事。

这次当三名同学把他从教室里，强行要他到学校厕所说事时，他才拿了一把用事先准备好的折迭刀，藏在身上慢慢跟了去。当他被 15 名同学殴打在地后，才起身用刀刺伤了人。事情发生后，他无法在吉首市上学，又回到爷爷奶奶的农村上中学。但事情没有完，受刀伤同学的家长把小蒋告到吉首市检察院。调查后，检察院认为小蒋是故意伤人，而且伤人过重，要公安局逮捕交法院判决。小蒋从老家被逮捕。小蒋的爷爷等亲人不服，上告认为小蒋属于正当防卫，自己的生命安全受到了威胁，他有权进行自保。事后经过法院一审、二审，从 2019 年 5 月遭遇校园暴力，到 8 月被刑事拘留，再到 2020 年 7 月吉首市法院对小蒋作出正当防卫的无罪判决，已被羁押了 11 个月。

但吉首市人民检察院随即抗诉，认为小蒋在可以向师长求助的情况下却未求助，而是准备刀具，斗殴意图明显，应当以故意伤害罪追究其刑事责任。两名受伤学生的家属也表示对一审判决结果不服，希望上级法院"公正判决"。原本是顺风顺水的人生，只因"小蒋和女同学说了几句话"，则是15名学生殴打他的理由。2022年11月9日，湘西州中院决定撤回检察院抗诉，吉首市法院此前无罪判决发生法律效力，小蒋也得到了22万余元的国家赔偿，此时已是三年过去。

让人遗憾的是，小蒋的命运早从被霸凌那一天就已经注定，冗长的案件处理贯穿了小蒋的中考阶段，其结果可想而知，最终小蒋读了几天技校后也选择了退学，谁又能为小蒋被改变的一生负责呢？"如果没有发生这些事，我也许能考上重点高中"----小蒋在无罪释放后曾回到老家中学继续学习，但受到部分同学歧视、孤立，又因压力过大而导致中考失利，后来去了当地一所专科院校，因无法解决心理问题最终选择辍学，先后在当地从事过餐厅、酒店、网吧管理员等工作。

校园霸凌，不断有孩子被卷入到漩涡之中，一次次刺痛公众敏感的神经。破解校园霸凌难题，极其需要法治的应有之义，维系社会关系的基本情理，以及教育工作者开展有温度、有尊严、有质感的教育。但铲除校园暴力滋生的土壤，绝非易事。2024年3月16日《环球时报》，发表的《消失的他！3名涉嫌杀害同学的初中生被刑拘》一文报道："3月10日下午，河北省邯郸市肥乡区13岁初中生王子耀失联。记者从王子耀家属处获悉，11日，王子耀的遗体在北高镇张庄村一处蔬菜大棚内被发现，涉嫌杀害他的是同班同学，三名不满14岁的少年。该案犯罪手法极其残忍，犯罪嫌疑人对受害者造成多处致命伤后埋尸，并在当天将受害者手机里的余额全部转出。此后，他们继续正常上课，在警方来访时误导警方，其主犯在证据确凿时甚至仍矢口否认……目前，因涉嫌故意杀人，三名嫌疑人已被刑事拘留"。

记者走访了解到，三名犯罪嫌疑人也都是留守儿童，父母均在外务工，他们平时和爷爷奶奶生活在一起。而王子耀在家人印象里，是一个"稳当、老实"的男孩。他几乎一直生活在家人的视线里，爷爷奶奶"走到哪都带着他"，上下学也接送到校门口。父亲形容他"性格有点软、偏内向"，在村里遇到长辈，一般不会主动喊人。但在姑姑眼里，王子耀也有活泼的一面：他常给姑姑打电话聊天，饭桌上会懂事地给姑父倒酒，和商场的导购交流、付钱时也都大大方方。

2024年3月18至19日"观察者"网编辑贾明冬等，发表《颅骨粉碎和活埋都是假的，别再吃邯郸案件的人血馒头了》、《警方：邯郸初中生遇害案为有预谋作案，嫌疑人为埋尸分2次挖坑》、《实探邯郸初中生遇害案现场，校长、班主任否认霸凌：4人关系很好》、《邯郸初中生被害当天称同学接他去看地道》等多篇上述事件文章。

"观察者"网文章后有网友跟帖说："这世上并没有什么善恶有报，很多校园霸凌者在欺凌他人的满足感中度过学生生涯，之后他们可能去开公司、当律师、参军，校园生涯里的记忆点滴逐渐被抛之脑后，他们未来可能成为好人、英雄，都有光明的未来；可那些受欺凌者，很多人一辈子都忘不了在学校的那段黑暗时光，对他们心理、性格的扭曲甚至会永久改变他们的人生"。

"3年前有欺凌同学的问题时我就说过，今后还会发生。因为当年处理霸凌者太轻了，赔偿受害者的钱非常少。现在看看吧，当初因为对霸凌者不严厉，发生杀害同学的事件。那么，后年或者大后年就不会出现新的杀害同学事件吗？不！相反，还会越来越多。希望真正的让这三家倾家荡产，不然孩子安全教育存在的问题没有改观"。

"理解你的担心，可是国际也是讲利益的，三个普通人应该翻不起大浪。你可知道那些有些西方国家为什么废除死刑？"

"这些年有没有人大代表或政协委员提出恢复少年罪犯管教所的议案？没有惩前毖后，怎么治病救人？你想多了，最近十几年，那些乱七八糟的代表提的都是自己利益相关的问题，禁止两轮电动车上路按国标啊，你说这代表和电动车厂没关系你信吗？"

"老百姓听不懂英语，老百姓能听懂约法三章！大清都亡了一百多年了，你怎么还喜欢看洋大人的脸色行事啊？"

"城市化进程是大家共同参与的。社会资源分配就绝对合理了？社会有责任，个人有选择，选择产生责任"。

"技术知识爆炸的现代社会，12岁的人应该能负刑事责任了，利用这个法律漏洞，培养少年杀手，会不会成为新的投资风口？"

"同样的，对养狗人的惩罚也是很轻，咬死人最多才判刑七年，是不是鼓励恐怖分子搞破坏？思路打开了，豁然开朗，民间复仇可以走这个思路。所以以后犯罪分子主力基本都是未成年人了，因为不用担心枪毙嘛，而且很短时间就出来了，成本真是小的很啊"……

"霸凌必究"不跟着评论，只想联系当今的世界。很多不发达国家和发达国家内的"地方武装"，像不像校园"霸凌"现象？上世纪80年代金庸等作家的"武打小说"、"言情小说"在国内流行；校园露头的"霸凌"现象，有人认为受看这类小说的影响。而且上校园同一个班级的同学之间，平等说不上，但谈阶级斗争还过早。所以即使这样，旧社会和新时代也有"霸凌"现象。如加沙哈马斯、阿富汗塔利班、巴基斯坦塔利班、也门胡塞武装、黎巴嫩真主党民兵武装……作为多极世界的推手，对他们国际上各国能有一个永恒的统一评价？

2024年3月19日"观察者"网发表《外交部大使王克俭会见哈马斯政治局主席哈尼亚》一文报道："3月17日外交部大使王克俭在访问卡塔尔期间会见哈马斯政治局主席哈尼亚，就加沙冲突等问题交换了意见"。文后有跟帖说："以前只提巴勒斯坦，几乎不提哈马斯，但现在已经从与哈马斯间接的暗中接触转为直接的明着接触了，这是不仅仅局限在联大上口头发声，而是要直接参与其中了！另一方面，由我们开始重视哈马斯的迹象来看，哈马斯极有可能会成为巴勒斯坦未来公认的主政者。应该说哈马斯打出了统战价值，目前的战绩已经说明，以色列及其走狗消灭不了哈马斯，哈马斯已经事实成立"。

2024年3月19日"西陆"军网发表《我们中国的这两个邻国，突然又翻脸打起来了！》一文，作者报道说："两个邻国，因为一个国家是我们的巴铁巴基斯坦，另一个是塔利班归来的阿富汗。塔利班当年就是在巴基斯坦创立的，两国有着不解之缘。但现在，两个不解之缘的国家，却陷入了交战的边缘。最新一轮冲突的导火索，是巴基斯坦军队遇袭事件。3月16日凌晨，巴基斯坦北瓦济里斯坦地区，一辆满载炸药的汽车和自杀式炸弹袭击了一个巴军哨所，造成7名巴基斯坦士兵身亡。两天后的 3 月 18 日凌晨 3 时左右，巴基斯坦出动战机，轰炸了阿富汗境内两个目标。作为报复，阿富汗军队使用"重型武器"攻击巴基斯坦阵地，社交媒体上的视频中可以看到，阿富汗大炮朝巴基斯坦一方倾泻。阿塔和巴塔。阿塔是阿富汗塔利班，巴塔是巴基斯坦塔利班。巴塔被公认为恐怖组织，制造了巴境内很多起恐怖袭击，受害者有巴基斯坦人，也有我们中国人和其他外国人"。

"阿塔则称自己是一个政治军事组织，2021 年美国仓皇撤军后，阿塔再次执掌阿富汗。但在巴基斯坦看来，巴塔之所以这么猖獗，背后就是阿塔一些人的包庇。巴基斯坦塔利班，其实基地主要是阿富汗境内。美军遗留的武器，又辗转落到巴塔手中，壮大了恐怖组织力量。阿塔对巴塔下不了手，甚至不排除暗中相助。如果从国际法看，巴基斯坦越境发动袭击，肯定侵犯阿富汗主权。但巴基斯坦也是忍无可忍，愤怒的巴基斯坦政府，不断对阿塔施加压力，去年还宣称要驱逐 100 多万阿富汗难民。这些可怜的难民，有的已经在巴基斯坦生活了 10 多年甚至二三十年。20 多年前，因为阿富汗战争，我曾去阿富汗工作过一段时间，当时就觉得，什么是地狱？那里就是人间地狱。20 多年过去了，阿富汗经历了一个轮回，但惨状依旧。我对阿塔也是有失望的。再次上台后，阿塔在保护妇女方面，在反对恐怖主义方面，对国际社会也有过公开承诺的，但现在的阿富汗，越来越多女性上不了学，参加不了工作，这更加剧了阿富汗女性的困境⋯⋯这就是一个残酷的世界。真的，我们中国人所习以为常的平淡日子，却是这个世界很多国家民众最羡慕和期盼的"。

如何解决"校园霸凌"现象，还应该向俄罗斯学习多办"科学中学"，而不是姚洋教授等我国专家给国家献策的多办职高。校园霸凌现象中受害者，如果是"学霸"，更应该选择读"科学中学"。像瑞典实行极为严格的分层教育模式办"科学中学"，也学俄罗斯办莫斯科大学数学一样办"科学中学"，对"有数学、物理方面天赋的学生，完全免费。对家境贫寒的学生还发给补助"。当然，这需要宪法保障。

为啥要向俄罗斯学习？2024 年 3 月 19 日"观察者"网发表《俄前副总理谢尔盖·沙赫赖：美国人说"不支持我们的，就是不民主的"，这非常可笑》一文报道："俄罗斯的每一位领导人都会有自己的宪法"。

沙赫赖于 1993 年参与起草了第一部俄罗斯联邦宪法，并担任俄联邦政府副总理（1991-1996）。此后他又创设并领导了第一所中俄合办大学----深圳北理莫斯科大学----类似中国办孔子学院，但比我们更有办法----我们不同意办，他也能说服我们给钱办，而且是推广说俄语。沙赫赖说他的办法是："一开始我们想用俄语教学，但一直没有得到中国教育部门的批准，只能用英语。后来我才想起，中国有两位非常著名的人物一生都在学习俄语：1927 年，邓小平在莫斯科中山大学学习俄语，他用俄语阅读，学习军事科学、马克思、列宁和考茨基。事实上，毛泽东的老师李大钊，在 20 世纪 20 年代也曾住在莫斯科，学习俄语，并在生活中使用俄语。整整一代中国工程师、教师和中国领导人都懂俄语。我把这些故事讲给教育部门的官员听，才改变了他们的思维。这样的话就没有人会触犯西方的制裁，北理莫斯科大学能成为交流技术、工艺和成果独一无二的平台"。

这是观察者网编辑李泽西专访沙赫赖得到的消息。沙赫赖说："俄罗斯的所有宪法都会被冠名，比如列宁宪法（第一部宪法）、斯大林宪法、勃列日涅夫宪法等。现任总统普京是俄罗斯第一位上台后，没有为自己改写或冠名宪法的领导人----叶利钦根据 1993 年宪法执政 6 年，而普京总统根据这部宪法执政了 24 年。在我看来，这表明宪法发挥了作用，确保了我国的政治稳定。世界上只有三个国家拥有数字主权：中国、美国和俄罗斯。因为有自己的全球搜索引擎----中国的百度、俄罗斯的 Yandex、美国的谷歌，我们三个国家必须就社会信息的使用、数字信息技术、人工智能的规则达成一致。如果我们不达成一致，世界就会出现混乱，这就是为啥数字宪法这个话题极为重要。

c）以科学换市场

社会--人物--科学中的矛盾，以科学换市场也是一种解决途径。例如从贵州走出的共产党员任正非，就是"以科学换市场"的典型。

任正非 1968 年从重庆建筑工程学院毕业，入伍基建工程兵部队担任技术员，参加辽阳化纤总厂建厂施工。建设中他用数学方法推导了一个仪器，有发明贡献，1978 年国家就让他参加了全国科学大会。

作为企业家和高工，任正非对马列主义的学习研究也是到位的----他提出"进攻性的马克思主义"----"进攻性马"；甚至概括成"狼性的文化"----"与狼共舞"----这个"狼"包括"心中的'贼'"----这是王阳明在"心学"起源地的贵州提出"心中的'贼'"比"山中的'贼'"更难办的延伸----马列主义的初心和使命，是"东西方交流"、"依法治国"，实现社会主义的核心价值观。新时代富起来、强起来"回采"站起来，正是以实践说明中国特色社会主义是"进攻性马"----代替"以苏解马"也是时代潮流改革开放的"命运动力学"使然。以科学换市场，可避免有人"坐山观虎斗"。

任正非解释说："我把科技高峰形容为喜马拉雅山顶，美国带着咖啡、罐头……在爬南坡，我们带着干粮爬北坡----我们在山顶相遇时，我决不会与美国'拼刺刀'，会相互拥抱，终于为人类数字化、信息化的服务胜利大会师了"。打开量子色动"新时代特色社会主义市场"，任正非总裁1987年创立华为公司，冲刺量子信息5G及芯片技术取得了突破，不到34年时间，2021中国民营企业500强发布，华为公司的纳税达到了903亿元，相当于每天纳税2.4亿元，位居民营企业之首；这已是华为连续第6年成为中国民营企业的老大。

华为名列第一可以说是意料之中，因为这10年来华为一直处于高速增长的状态，自2016年首次成为中国民营企业第一后，在技术创新方面，截至2020年底，华为拥有的专利数量超过10万件，同样名列国内第一。在2021年的中国民企500强榜单中，华为投资控股公司以接近9000亿的营收成为榜单第一，京东、恒力集团分别位列第二和第三，阿里巴巴排名第五。

"以科学换市场"，那么对于一个普通人来说又是啥呢？我们的体会是："你爱专家，也许专家并不爱你"；但总的命运动力学来说，还是要"以科学换市场"，即使每个人的爱好可以不同，比如写小说、诗词、书画，摄影、唱歌、跳舞、钓鱼、下棋、麻将、体育等都行。因基层钻研基础科学，没有经济收入，所以首先要搞好生活来源的本职工作，在力有余力的情况下才去钻研基础科学，而不管别人的爱好。

2024 年 3 月 20 日"观察者"发表的《王文：未来 20 年，很可能是两类全球化同时进行》一文，是转发参加 2024 年 3 月 3-5 日在索契举行的世界青年大会，王文接受俄罗斯会展基金会的专访文章。其中王文教授说：无论是富人，还是弱势群体，"科技仍然是最有价值的，谁更好地运用智能科技，谁就有可能占据更有利的社会地位。那些富人如果不善于学习，同样会被淘汰。这些年，我们看到许多富人破产，原因就是没有跟上时代的潮流。相反，一些弱势群体如果能善用科技，就会实现人生的逆袭。许多草根出生的网红，在短短几年甚至几个月里，就完全改变了命运，这是科技的力量"。

王文教授还说："全球化，肯定不会停止。但是，未来的全球化的动力和特征都会有新的变化。从动力上看，中国及其他新兴经济体会成为火车头，驱动着全球化的下一波发展。相比之下，西方国家变得更加封闭与保守。从特征上看，未来的全球化可能会出现"平行世界"的现象。未来的 20 年，很可能是两类全球化同时进行。一类是以西方为中心的；另一类则以非西方为中心的"。

以科学换市场，普通人"你爱专家，专家不爱你"，那钻研何种的基础科学呢？从朝鲜"以科学换市场"高筑"防火墙"成功来看，仍应是量子色动化学基础科学。因为从笛卡尔创立 3 维直角坐标系的数学基础发展来说，这关系第 5 维----20 世纪相对论和量子论结合，引出量子电动力学、量子色动力学到凝聚态呈展，1921-1924 年卡鲁扎--克莱因奇迹，发现"第 5 维"是个"微小圈"----联系拓扑学的环面与球面不同伦，量子环圈的自旋应有三种----体旋、面旋、线旋。

2015 年《环球科学》杂志 6 月号发表的《胶子与夸克怎样塑造宇宙》一文，开篇就讲"利用可以窥探质子和中子内部的实验方法，科学家发现：凝视一个质子或者中子的内部，看到的是一种动态的景象。除了基本的夸克三人组之外，还有一个由夸克和反夸克组成的海洋，以及突然出现又消失的胶子。这种量子色动力学的众多细节，仍然难以捉摸。量子色动力学有一个惊人的推论：我们所熟知的质子，其内部的胶子和夸克的数目可以发生幅度相当大的变化。一个胶子可以暂时地变为一对夸克和反夸克，或者变成一对胶子，然后又变回成一个胶子。在量子色动力学中，后者这样的胶子振荡比夸克交换更为普遍，所以胶子振荡占了主导地位"。

这个发现，还摘取过诺贝尔物理学奖。但由此，量子色动力学推论的所有的这些发现，都还没有结合量子色动语言学-量子色动几何学-量子色动化学等来联系普通的化学。如物质中的氧、碳、钾、钠、钚、铀、氢、锂、铍等元素的质子数和可变的中子数，可能产生的两大类无或少放射性的多级放热放能反应。例如，把类似根据原子序数从小至大排序的门捷列夫化学元素周期表中，元素原子核里的质子看作"编码质点"，中子看作"非编码质点"。

这类似一种初级的量子色动语言学的动力学编码，可对各种化学物质及其组成的分子、原子、原子核的反应信息集成，做成类似大数据、云计算分类。因为量子色动化学能根据量子卡西米尔平板吸引效应原理，再利用量子色动几何学，对由"编码质点"和"非编码质点"引起的量子色动化学振荡反应，可进行大数据、云计算中的选择小数据处理。这能具体可用碳基和氧基的"编码质点"，来说明由量子色动化学振荡反应，影响显物质分子里的原子数不变产生的反应。

朝鲜的科学家 1964 年因卷入中医药和西医药之争后受挫，了解到了"量子色动化学"的基础科学原理，从概率论和统计学指导实验的方法中，打开了少核辐射的核武器作证据以科学换市场的前景。

据英国媒体报道，现今世界上的核武器弹头，美俄两国要占 90%。联合国五大常务理事国研究、生产的核武器弹头，是属于核化学解释的第二类是"非编码质点"数分解裂变和组合聚变的钚、铀、氘、锂、铍等同位素。核衰变的多级放热放能核反应的现象————核化学解释核武器研究、生产核武器弹头的显著特点，是有核辐射的放射性反应，会造成难以长久消除的核污染。但由于门捷列夫发表元素周期表公开以来的模拟、延伸和扩展，诞生出量子色动力学、拓扑物理学和量子色动化学等科学原理，人们已经能够懂得朝鲜仅把这种原理研究，变为核武器生产方面有突破，超过了其它有核武器生产能力的国家，类似属于第一类是"编码质点"非核衰变化学反应的多级放热放能的元素离子分解，和组合的"马成金实验"氧、碳、钾、钠、氢的现象。

证据是 2018 年美国总统特朗普与朝鲜领导人金正恩在新加坡会晤前，6 月 24 日朝方从上午 11 时许开始爆破拆除活动，到下午 4 时 17 分，核试验场的 2 号坑道、3 号坑道、4 号坑道以及营房、冶炼厂、观测所、宿舍等都接连被炸毁拆除，成为世界舆论焦点的核试验场终于被废弃。丰溪里核试验场位于咸镜北道吉州郡，距离平壤约 130 公里，距离中朝边界 100 多公里。从 2006 年 10 月开始，该试验场共进行了 6 次核试验。央视 2018 年 6 月 24 日后以来，多次公开朝鲜炸毁核试验基地的几幅照片，可以看到核爆炸试验基地周围是青山绿水，山上树木葱茏。这是所有其它试验过核武器爆炸的国家，没有一个国家是在距离首都约 130 公里的地方建立核爆炸试验基地情况的，一般是选择在远离人居密集的沙漠、荒原或远海的岛屿上。

到 2024 年 3 月 18 日，朝鲜领导人金正恩指导射程可覆盖韩国全境的超大型火箭炮射击训练，一个两千多万人的小国，拥有在新型坦克、超大型火箭炮、中远程固体燃料弹道导弹、准洲际导弹、高超音速导弹、远程巡航导弹、潜射巡航导弹、战术导弹、新型防空导弹、核武器等高端武器研制上，强大的生产能力，让人刮目相看。

据朝中社 2024 年 3 月 19 日报道，俄罗斯滨海边疆区代表团及俄罗斯文化部代表团于 18 日抵达平壤，对朝鲜进行访问。又据俄新社 2024 年 3 月 19 日报道，欧洲核子研究中心在今年 11 月底，与大约 500 名俄罗斯科学院西伯利亚分院核物理研究所有关联的科学家，将停止合作，说是对俄欧双方都不利影响。其实俄罗斯与朝鲜搞少核污染的核武器更好。两家"以科学换市场"，前景才是和平之路。

央视特约评论员滕建群教授，1992 年考入解放军军事科学院研究生部，1995 年毕业获军事硕士学位，曾在海军南海舰队和北海舰队服役。2023 年 5 月 28 日晚间我们收看央视 4 频道，听滕建群教授评论 5 月 26 日俄罗斯与白俄罗斯在白俄首都明斯克集体安全条约组织防长会议上签署核武器协议，白俄正式同意在该国领土上部署俄罗斯战术核武器。滕建群教授称，俄方在白俄罗斯部署的战术核武器，是旨在建立一种"防火墙"，即类似的抗核武器系统。

联系王文教授的"未来的20年很可能两类全球化同时进行：一类是以西方为中心的；另一类则以非西方为中心的"。朝鲜的这种少核辐射的核武器类似"防火墙"的量子色动化学有前景，但没有使用。如果以此换解除封锁，东西方交流。这还以可以在两类全球化中同时进行，而对人类远离第三次世界大战，永享和平具有重大作用。2024年3月17日晚俄罗斯总统大选投票正式落幕，普京在3月18日凌晨就已经宣布成功胜选连任。他在3月18日召开记者会，在讲话中，普京提到前不久法国总统马克龙宣称要向乌克兰派出地面部队的表态说："意味着全球距离第三次世界大战，只有一步之遥"。

据2024年3月6日《环球时报》杨光的文章《入侵俄罗斯，拿破仑终结的开始》称："俄方则引用1812年拿破仑征俄惨败的典故，警告马克龙不要重蹈拿破仑的覆辙"。其实反之，这也是适用俄方对照自己，吸取1812年拿破仑攻占莫斯科的典故，不要学"拿破仑"。即俄方完全可以学我们伟大的祖国----如中国1950年抗美援朝自卫反击战，1958年大陆对金门马祖的自卫反击战，1962年对印的自卫反击战，1969年对俄入侵珍宝岛的自卫反击战，1979年对越的自卫反击战等，在维护中华民族的尊严后，都自觉退回原来的防线。俄乌战争，俄军完全可以退回到2014年以前的防线，不学拿破仑攻占莫斯科，作两类全球化谈判，以科学换市场。

【9、有描述命运动力学的数学方程吗】

1、物计论初探

2024年3月20日"观察者"发表的《将"文化复兴"错认成"复古"，恰恰误解了中华文明的未来？》一文，是转载中央民族大学副校长强世功教授发表在《读书》杂志2024年第3期，原题为《基于"世界帝国"的理论思考》的文章。其中有一个说法："'文'与'明'只有在相互平衡中才能形成真正的'文明'。'文'强调人类摆脱动物性的超验性存在的精神追求和人格养成，偏向唯心；'明'则强调摆脱迷信、客观认识世界的科学理性精神，偏向唯物。当下和未来的世界秩序，必然建立在技术发展的基础之上，才能围绕人类命运共同体构思中国现代文明及其开辟出的新天下秩序；也为'大一统'的世界秩序奠定文明根基"。命运动力学把此称为近似"物计论"，为啥？

物计论来自受纳米现象和互联网+、区块链+、AI+与可再生能源+，可以使很多产业焕发新的生机等现象的启发----当前以人工智能等技术，驱动的第四次工业革命正在风起云涌，智能化与绿色低碳化技术驱动的新能源革命相结合，和在进行中的第五次工业革命已露出端倪----如脑机接口将计算机处理过的信息，直接传输到大脑，能增强人类的认知能力----能够扩展人类的记忆、提高注意力、增强学习能力等，将使人类在信息处理和决策制定方面变得更加高效和准确。

互联网出现以前，由于渠道和信息的稀缺，人们即便主动搜寻信息，也未必能够获得多少想要的内容；主动搜寻的过程还常常耗时耗力，极为不便。利用脑机接口，人类大脑将能够与外部世界以前所未有的方式进行交互。海量信息的状态，已是人类信息世界中长期存在的"过去时"；"数据算法"的状态，是信息世界中正在发生和我们正在经历的"现在时"；那么智能媒体和虚拟现实则是值得期待的"未来时"。借助脑机接口，人们无需通过传统的键盘、鼠标、触摸屏等输入设备，就能够以大脑直接与电子设备或网络进行信息交互，这种新的信息交互手段将极大地改变日常生活和工作方式。而且利用脑机接口，人类大脑将能够与外部世界以前所未有的方式进行交互。

脑机接口设备的首例人体移植，实现移植者通过大脑意念移动鼠标。研发者称，大脑植入这一设备后，未来只需通过意念就能控制手机、电脑等。科技的发展不只是工具和手段的更迭，还会进一步影响到人类生活的方方面面。现在人们通过智能手机获取海量信息，随着脑机接口、人工智能、大数据等新技术的发展，未来科技又会怎样改变人类的信息生态呢？这是随着科技发展，特别是人工智能技术的不断精进，信息个性化采集、生成、分发、推送、获取反馈的能力，将会更加精准、丰富、完善。而人工智能时代的强大远不仅于此，它可以于无形间让我们获取更有智慧的信息。人们可能会逐渐习惯"实体+虚拟"两种生存方式。在相当的程度上说，人们会每天都同时身处两个空间、拥有两个身体、进行两种生存，一个是实体现实物质世界，另一个是虚体网络虚拟空间。

电脑与互联网出现以前，人们通过实体空间获取信息，借助实体实物进行认知，如阅读书籍等，现在则在相当大的体量上则是依托虚拟世界，网络虚拟空间已经形成了一个高度自成一体的信息体系，信息的写作、发布、传播、接受、反馈都完全实现了"去实物化""非实物化"。这让信息传播高度渗透。没有了信息的实物化载体，借助虚拟现实都可以瞬间高度逼真、全息、便捷地进入到某个信息发生的环境、场景、人群之中，可以沉浸式地通过视觉、听觉、嗅觉、触觉等，感知信息及其周边的人与环境；纵然这条信息的发生地与自己的物理距离极为遥远，甚至信息发生地本身就是虚拟的。

这说的啥？这说明对我们过去认识的"唯物论"中的"物质"，似乎在深化，还原马列主义中真正对"物质"的归纳，而不是"以苏解马"的冷战思维。目前问题的严重性，是西方17世纪的"泛灵论"，重新拾起，要与"物计论"竞争对"物质"论的解读。

2024年1月22日"谷歌"网，发表"有耳"教授2019年5月31日写的文章《为了解释意识，哲学家们重新拾起泛灵论》。该文说的是，"泛灵论"的重新拾起，不是列宁批判说的："明显的感觉只和物质的高级形式（有机物质）有联系，而'在物质大厦本身的基础中'只能假定有一种和感觉相似的能力"————被现代科学否定的"泛灵论"，即现代科学证明，并不是任何物质形态都有感觉、生命。感觉只是高度发展的有机物质的特性，它是一定的物质形态所具有的，非物质标志着生命诞生。该文说的重新拾起的原因，是当代高能物理科学主流，在基本粒子夸克论、超弦论、凝聚态量子多体理论之后宣称的涌现--呈展演生现象；我国的高能物理学家中，已有此理论。

泛灵论的两大派别，是构成性泛灵论和非构成性泛灵论（以涌现性泛灵论为代表）。它们都有各自的相对优势，也都有令人难以信服之处。在构成性泛灵论者看来，意识的产生不需要什么神秘莫测的"涌现"过程，只需要那些"与意识有关的基本存在"聚集合成即可产生意识，就像许多粒子排列组合成桌子那样简单明了。可问题是，即使那些感受的、现象的、体验的东西弥漫在宇宙中，我们的主体意识似乎又不是它们的简单组合可以得到的。

与构成性泛灵论一样，涌现性泛灵论也坚持意识的基本单元处在微观层面，但我们的意识却是以某种更加玄妙莫测的方式涌现出来的，而非一般组合的产物。这里的"涌现"可以理解为，我们无法从底层的意识相关物的状态中推导出主体意识，而且主体意识拥有其"涌现基础"所不具有的全新属性。此外，涌现不是心灵哲学领域独有的思想，人们经常把它与非线性系统、复杂性、混沌等更普遍的概念联系在一起，用来解释自然界各种玄妙的现象。

但令人惋惜的是，涌现性泛灵论者在绕开结合问题的同时，似乎也失去了泛灵论最大的优势。也就是说，既然最终都要诉诸涌现来解释意识产生的奇妙机制，泛灵论不就回到了物理主义的同一起跑线了吗？这些泛灵论者可能会反驳称，泛灵论所要求的涌现相比非还原物理主义的涌现更加温和一些：物理主义的涌现意味着要跨越从"物理"到"非物理"的鸿沟，而涌现性泛灵论只要从"非主体意识"涌现出"主体意识"就可以了。但因为很难比较这两道鸿沟究竟哪个更大，我们最终又被抛回了一望无垠的黑暗中。

该文说的拥护泛灵论的正面理由是，首先，泛灵论原则上能够轻松地回答困难问题：相比起物理主义必须解释何以"无中生有"，泛灵论有先天的优势。因为既然某种与意识紧密相关的东西是世界最基本的组成部分，那么也不难想象我们何以可能拥有意识体验了；也就是说，泛灵论将意识的产生看作基本存在以特定方式组合的"量变"过程，而不需要什么本质性的跳跃。

泛灵论的第二大特征是，它并非是要质疑甚至推翻我们目前的自然科学，而是试图弥补自然科学尤其是基础物理领域的盲点。不少科学家和哲学家都意识到物理学对世界的描述是有局限的，如博特兰·罗素也指出物理学的世界图景是浮于"表面"的："人们往往意识不到理论物理向我们呈现的信息是多么抽象。它铺下了一些基础公式，让我们能够对付事件的逻辑结构，然而对那些拥有结构的事件的内在属性全然缄默"。又如史蒂芬·霍金也曾发问："即使有一个大一统理论，它也不过是一系列法则和数学方程。它所描述的宇宙是怎么会产生的，是什么东西给公式添了一把火？"

理论物理视野中的世界是由因果律、数学公式、关系和变化编织而成的，比如物理学家用夸克"会干什么"来定义它究竟"是什么"，也就是用行为（或言倾向性）定义本质。虽然没人敢断言自然科学将倾向当做本质的预设一定是错的，或者打包票说行为之下必然存在某种"本质"，但这样一幅世界图景的确让有些人深感不安。甚至有人认为泛灵论可以算作一种宽泛意义上的物理主义，它只是把物理学更往下挖了一层，虽然经验上还无法确证这种更深层次的本质。上帝创造世界的时候只需要创造那种绝对本质属性，世界上就有基本粒子的行为和各种物理定律，我们也就拥有了意识。

当代泛灵论在一片混沌的土壤上，汲取前人"尸骸"的养料开出了花朵。它简洁优美，却又前途未卜。泛灵论很可能是错的————人类在探索意识本质的征途上已经失败太多次，已经不敢奢望轻而易举的成功了————但这不应该阻止我们勇敢地继续走下去。

物计论与以上重新拾起的泛灵论的不同，区别在于物计论能最大关照哥德尔不完备定理和罗素悖论的统一————"物计"，包括"计算"或"算计"，这类似人的思维或意识。无生命的物质，宏观的表层看不出有"计算"和"算计"的性质，但量子范围、纳米范围，物质在第5维存在的对称与破缺————如拓扑整体上的环面与球面的不同伦，引出两者自旋的区别。这里的体旋、面旋和线旋数字编码的排列组合，以及避错码与冗余码的区别，它们的生成涉及概率和统计学，以及贝叶斯公式等数学工具，这本身不存在思维或意识内容，但在物质的永恒运动和量子起伏中，却类似"计算"或"算计"现象，从而把哥德尔不完备定理或罗素悖论的难题涉及进来。

哥德尔不完备性定理，是奥地利数学家哥德尔1931年提出的。该定理是：任何一个包含基本算术的形式化系统，无法同时满足以下三个条件：完备性————对于系统中的每一个陈述，都能够证明其真假其中之一。一致性————系统中不存在自相矛盾的陈述，也就是说，系统中不可能同时存在一个陈述及其否定。可判定性————系统中的每一个陈述都可以通过有限步骤的推理得到结果。

罗素悖论和哥德尔不完备性是两个不同的概念。罗素悖论是逻辑学家伯特兰·罗素在数理逻辑中提出的一个悖论，它指出了自指的悖论，即一个集合不能是自身的元素。而哥德尔不完备性是哥德尔在数理逻辑中提出的定理，它指出了数学中存在无法被证明或证伪的命题，即数学系统的不完备性。虽然两者都涉及到逻辑和数理逻辑的概念，但它们并不相互依赖或等同。

人机协同中存在一种类似于哥德尔不完备性的不完备性。哥德尔不完备性指出，在任何形式的形式系统中，总会存在一些陈述无法通过系统本身的规则来证明或证伪。类似地，在人机协同中，人类和计算机之间的合作也可能面临，一些问题，无法通过单一一方的能力或规则来完全解决。人机协同中还存在一些语言和沟通的不完备性。

人机协同中的不完备性类似于哥德尔不完备性，表示人类和计算机在合作过程中可能会面临无法完全解决的问题和限制。这也提醒我们，在人机协同中，需要充分发挥人类和计算机的优势，相互补充，以实现更好的协同效果。既然人机协同中的不完备性问题，是在人与机器协同任务中，由于信息不完整或某些方面的限制而无法做出完全准确的决策或执行。那么解决人机协同中不完备性问题的方法，则主要涉及持续改进和迭代人机协同是一个复杂的系统工程，需要不断地测试、验证和改进。持续改进和迭代可以不断提高人机协同系统的性能和准确性，减少不完备性问题的发生。

从上述不难看出"物计论"，解决人机协同中的不完备性问题，需要综合运用机器学习、人机界面设计、专家知识等多种方法和技术，以提高整体协同决策的准确性和可行性。

2、黄正良芯片命运动力学

"物计论"要代替"物质论"，还有很长一段路要走；我们一直在思考其中的秘密。2024年春节过后的2月15日，家里有人要参加他们老同事的聚会，我们也跟着去了。坐在我们旁边的是绵阳市原副市长黄正良教授，我们原来不认识----虽然我们在绵阳市里已经生活了34年，听说过"黄正良"这个名字，但从来没有接触过。

但黄正良市长知道我们的名字后，他说看过我们的书《三旋理论初探》。我们很惊讶。他说他认识四川大学物理系的李后强教授，《三旋理论初探》书上，作序的就有李后强的名字。原来如此，我们立马随口问他："黄市长，物质当中的东西啥重要？"

黄市长也立马随口回答："芯片"。这把我们惊呆了，这不正是"物计论"需要走的一段路吗？因为"黄正良"曾经是副市长，回到家后很快查到对他的介绍：黄正良，1962年生，湖南益阳人。1982年武汉工业大学数学专业大学毕业，1992年西安交通大学系统工程控制理论及应用专业博士研究生毕业。1995-1998 西南工学院科研处教授、处长、院长助理。1998-1999 江油市人民政府科技副市长、硕士生导师。2000-2011 绵阳市人民政府副市长。2011-今 绵阳市人大常委会副主任、市工商联主席、市总商会会长。2002年被评聘为西南交通大学博士生导师，兼任《自动化学报》、《控制理论与应用》、《控制与决策》特约审稿员。黄正良研究担任航天三院横向课题：机器人多轴控制器研究与实现。主要学术成果在国内外公开刊物上发表论文50余篇。享受国务院政府特殊津贴。获国家教育部科技进步二等奖、四川省科技进步三等奖、四川省教育厅科技进步三等奖。

原来黄正良市长类似苏联的"数学家公务员"，我国改革开放真是英明。黄正良市长不知道我们心中"物计论"的秘密，他却无意中点醒：优秀芯片在全世界都深受欢迎。信息时代的主角是信息，同时也对能源和材料提出更高要求：材料、能源、信息三合一，合于芯片。

如果只见信息、互联网，不见或不重视能源和材料，那么信息和互联网只是"砂器"，一旦在能源和材料方面有风吹草动，砂器就会塌陷，信息时代也就成为一句空话。针对虚拟现实技术和互联网等"物计论科技"，物计论既是"软科学"，也是"硬科学"。人类只有一个地球，但可能在不同时期会有一个或多个互相竞争的"人类命运动力学自然界"。芯片是国民经济现在和看得见的未来所有产业 0-1-100 共同之"1"；是人类"物质+物计本质力量"合作的舞台。集材料、能量和信息于一身，融科技、经济和制度为一体的芯片----之间的关系还将一再更迭----也将是未来"物计奇点人"或"物计机器人孤立波"的"物计细胞"的雏形。

　　未来的社会，是数学社会。如 OpenAI 推出的首款文生视频大模型 Sora，能根据提示词生成长达 1 分钟的视频，或者扩展生成的视频使其更长，同时视觉质量相当惊艳----这种 Sora 扩散模型是奠基于 2020 年华裔青年学者乔纳森·何，提交的"去噪扩散概率模型"论文，在此之后短短两三年里，扩散模型才取代生成对抗网络，一跃成为图像类生成式人工智能最热门的技术路线的。

　　"人类命运动力学自然界"中的芯片，聊天机器人"ChatGPT"、扩散模型文生视频"Sora"，不是人，也不是"思维"或"意识"，它们是"物体"或"物质"，但它们是"物质"的进步，叫"物计"。

　　3、命运动力学数学方程初探

　　"人类命运动力学自然界"中的芯片有了，找描述命运动力学的数学方程就容易了吗？容易了，但也有不容易的地方----类似自然界现成动植物的"天然基因"，和人工培育的"转基因"。

　　每个人的命运受命运动力学的数学方程描述，像"天然基因"，是自然选择控制的，已经经过了无数次的筛选。现在要用人工去计算某一个具体人物的命运情况，就像人工培育"转基因"，筛选的次数和对应数学方程公式中的参数选择，不可能是无限多，即使有人工智能的量子计算机。要选得好，计算得准，就需要懂"概率论与数理统计"。如西北工业大学航空学院的吕震宙教授，是研究航空航天飞行器结构可靠性分析与设计工程的，但她也是《概率论与数理统计》课程教学团队的负责人。她教该课程，是针对工程中的极小概率可靠性问题，发展子集模拟法、线抽样方法等，大大提升了失效概率的求解效率，大幅降低计算量。吕震宙教授严谨认真的教学态度，深入浅出的教学方法，在学生中也得到普遍得赞誉。

　　用描述命运动力学的数学方程，计算某一个具体人物的命运情况，针对方程中的极小概率可靠性问题，提升失效概率的求解效率，降低计算量，也如此。总体而言，描述命运动力学的数学方程建立，推理需要更加严谨和明确；因为是基于类比已知的公理和定义，在进行的演绎推理从而得出定理和结论的。即使是逻辑的推理，也需要更加灵活和适用于各种条件和命题，基于推理规则进行推理，从而得出合理结论。由于我们描述命运动力学的数学方程，是联系中华文明与世界是失落远古巴蜀盆塞山寨城邦海洋文明考虑的，对史前盘古文明的命运，深有体会家乡四川盐亭天垣盘古故里地区，千百年来流传盘古文明躲避失落命运办法传说的标记："马桑树儿万丈高，离地三尺要弯腰"----我们不看成是生物的"获得性遗传"，而是家乡古人总结的命运动力学的数学方程。

这里马桑树的"弯腰"，在数学上实际是一种曲线。因此联系2023年1月号《环球科学》杂志发表的《穿过终点的数学曲线》一文，寻找描述命运动力学的数学方程，我们一直在探讨能否借鉴材料力学的断裂应力公式，所以觉得非常有意义----有名的希格斯机制，虽然证明是所有基本粒子的质量，来源于希格斯粒子，但希格斯机制的数学方程，却不能直接计算出每种基本粒子的质量。有没有如文中拉森和沃格特解决最大秩猜想的方法----通过将复杂曲线拆分成更容易理解和计算的基本曲线，由此逐步窥探到插值问题的本质，最终完整且系统地解决插值问题的类似描述命运动力学的数学方程呢？

《环球科学》杂志发表的，是美国年轻的布朗大学数学家夫妇埃里克•拉森和伊沙贝尔•沃格特的研究----一条直线可以穿过平面内的任意两个点，而一个圆可以穿过平面内任意三个点，那么推广到更一般的情况：一条曲线能否穿过任意维数空间中任意给定数目的点呢？

这是个困扰数学家近一个世纪的数学领域核心的研究对象之一----插值问题。这给我们已对自旋曲线过所有基本粒子的质量谱点的证明，有过启示。那么借此学习这类方法，解决描述命运动力学的数学方程，是否也会带来的新进展和帮助呢？因为我们在大学读书时，专业是学机械专业工程的。虽然因"文革"有段时间没有上课，但我们没受影响：

其中自学完大学应学的《材料力学》教材外，还读过一本大部头的《材料力学》书，对断裂应力公式的印象较深。又因我们联系自旋探讨过计算基本粒子的质量，自然想到如果把基本粒子看成类似一种"材料"，用力自旋拉伸断裂，每种基本粒子会对应各自的应力强度，而类似各自的质量。即把材料力学的断裂应力公式选作参考，把质量起源分为组成说和生成说两类：单位是由小变到大的称为组成说，如元素原子核、介子以上的物质。单位是由大变到小的就称为生成说，如母亲生的孩子，母亲是大人，兄弟姐妹都一样平辈。

众所周知，撕裂可联系断裂力学，有裂纹分类。如断裂力学研究裂纹，可以使用材料力学、弹性力学、塑形力学的知识，分析裂纹如何形成、扩展以及如何发生断裂。这里因涉及夹杂等材料结构缺陷，裂纹应具有不确定性。以薄板材为例，按裂纹的一种几何分类方法，裂纹可抽象化分成深埋裂纹、表面裂纹和穿透裂纹等3类。

但这其中的每一类也很复杂。以穿透性裂纹为例，裂纹从板的左边到板的右边，它所受的又可以有很多种。如有上下张开撕裂的张开型裂纹；前后推开撕裂的滑开型裂纹；左右错位撕裂的撕开型裂纹等三种。而张开型裂纹又分为Ⅰ型裂纹、滑开型裂纹为Ⅱ型裂纹、撕开型裂纹为Ⅲ型裂纹----这是从通俗命名，过度到了学术命名。

即裂纹的分类：表面裂纹、深埋裂纹、穿透裂纹，是从裂纹发生的位置、几何形状上定义的，而Ⅰ型，Ⅱ型，Ⅲ型是着重从受力特征上定义的。这两种定义是从不同的角度对裂纹的分类；其次，Ⅰ，Ⅱ，Ⅲ型裂纹都是对穿透型裂纹而言的；再次，Ⅰ型裂纹是正应力破坏；Ⅱ型，Ⅲ型裂纹是剪应力破坏；但是Ⅲ型裂纹的剪应力和Ⅱ型裂纹剪应力方向不同，Ⅱ型裂纹平行于裂纹扩展方向，Ⅲ裂纹则垂直于裂纹扩展方向。同样条件下，哪种裂纹的破坏性最强呢？

在工程实际中，结构的受力方式是非常复杂的，复合裂纹的情况也太多。然而联系质量起源，到底要裂纹虚拟什么？这里要裂纹虚拟的是弦，是能量、质量，是希格斯粒子，即裂纹弦其大小是质量荷的大小。裂纹弦并不意味着单个粒子或单个作用，而是通过裂纹弦的不同的振动模式，表示粒子谱系列作用的统一。对于某种振动模式，这种振动模式可用诸如质量、自旋之类的各种量子数来刻画。

裂纹弦的基本思想是每一种裂纹弦的振动模式，都携带有一组量子数，而这组量子数与某类可区分的基本粒子是相对应的。这样，我们就联系上了夸克；而且从体会上面的 I、II、III 型裂纹弦的划分中，也可逐步来设想夸克粒子质量谱计算公式的分代等问题。

具体说到物质族基本粒子质量谱计算的主要公式：$M=Gtgn\theta+H$，主要有三个自变量，是模数 G、基角 θ 和参数 H，如何选择？

从材料纯剪切应力状态的研究知道，在纯剪切应力状态下的单元体内，与前后两平面垂直的任一斜面上的应力，其正应力和剪应力的计算公式要涉及三角函数和基角 θ。在芝诺坐标系中，物质与真空，思维与存在，作成平面坐标图，自然界、宇宙、相对论真空等一切的正物质，只占 3600 坐标图的 1/4，即第一象限的 900。

1996 年我们在《大自然探索》杂志第 3 期发表的《物质族基本粒子质量谱计算公式》如下：

$$M＝GtgN\theta+H \qquad (3\text{-}1)$$
$$m_{上}＝BHcos\theta/(cos\theta+1) \qquad (3\text{-}2)$$
$$m_{下}＝B-m_{上}(或 B＝m_{上}+m_{下}) \qquad (3\text{-}3)$$
$$B＝K-Q(或 K＝Q+B) \qquad (3\text{-}4)$$

这其中虽然含有基本常量的质量轨道角 θ，但它和另外两个基本常量 G、H 是平等的，且类似用的是巴尔末-玻尔行星绕核运转式弦图。而分析光谱线波长的巴尔末-玻尔方法，具体可分解为基本常量、量子数和弦图等三个部分。因它的量子数不用实验测定，而类似数字化软件；由此它减少了基本常量的使用数量，这是它最为成功的地方。

这使我们想到把物质族基本粒子质量谱计算的主要公式：$M=Gtgn\theta+H$，变为描述命运动力学的数学方程：$M=Gtgn\theta+H$。

在命运动力学数学方程：$M=Gtgn\theta+H$ 里，M 代表对命运想知道的结果。三个自变量模数 G、基角 θ 和参数 H：模数 G 代表国家或时代等范围属性的选择计量标准。基角 θ 代表测算者所站的角度，以及选择计量标准的最低限量后，（nθ）即为被测算者实际所站的角度真实大小数量。参数 H 代表被测算者还要考虑其他涉及因素的计算量。

众所周知说的几个事例可供参考：a）俄罗斯出兵乌克兰，可不是为了多极化，也不能改变目前的多极化。G、θ和H参考的是，其实英法德也同样不喜欢单极世界，至于谁孤立了谁，大家心知肚明。

b）印度颠沛之揭，总统莫迪没有其他人能接管，G、θ和H参考的是，出身低种姓，是其他国家没有的；是法力无边，他真神吗？

c）德国默克尔做过 16 年总理；土耳其埃尔多安做了 11 年总理，改宪后又做了 10 年总统，G、θ和H参考的是，北约欧美不说独裁。

d）匈牙利总理欧尔班认定拜登很难推动俄乌休战，2024年 8 月 8 日专程前往特朗普海湖庄园。G、θ和H参考的是，1956 年苏联坦克开进布达佩斯，匈牙利总理纳吉被处死，约2700 匈牙利人死亡。

【10、结束语】

个人的命运靠自己掌握，但社会的作用，意义也很重大。想到 2024 年 2 月 15 日绵阳市原副市长黄正良教授，回答我们问："物质当中的东西啥重要？"黄市长回答的是："芯片"。因"人类命运动力学自然界"中的芯片有了，找描述命运动力学的数学方程就容易，我们联想到之前 2024年 1 月 31 日复旦大学成立四大新工科创新学院的新闻；四大创新学院分别是：集成电路与微纳电子、计算与智能、生物医药工程与技术、智能机器人与先进技术学院，2024 年 9 月将有本科生入学，感到复旦大学校长金力院士做得很对。

集成电路与微纳电子创新学院，是构建产教融合的集成电路高层次人才培养的大平台，推进"国家集成电路产教融合创新平台"和"长三角集成电路设计与制造协同创新中心"建设。

计算与智能创新学院，是建立"微内核+课程群+主辅修+多线程"的培养架构，打造"大专业基础+大工程实践+大平台锻炼"为特征的人才培养范式；以"理论-硬件-软件-鲁棒"为内在逻辑链条，形成人工智能数学基础、智能计算理论与技术、智能系统基础软件、鲁棒智能理论与技术等骨架学科方向为导向，形成面向科学研究范式变革的交叉学科和专业方向。

生物医药工程与技术创新学院，是构建以生物医药工程核心课程为主轴，以理科、工科和医学课程及交叉创新课程为两翼的课程体系。

智能机器人与先进制造创新学院，是瞄准国际前沿，以国家战略需求和新兴行业发展趋势为牵引，面对智能机器人领域科技发展与产业需求，构建"技术创新和迭代体系、智能制造体系、未来产品体系"的产教融合平台；为国家培养具有原始创新能力的卓越发明家、工程科学家、实践工程师和产业领袖。

这将带动全国全世界很多地方作参考学习，希望人类命运更好。

常炳功　王德奎

命运动力学下部

探源工程二十八年回顾与刍议

----中华文明是失落盆塞海洋文明的文明

【0、引言】

2023 年 12 月 15 日，2023 第五届世界考古论坛·上海在上海大学开幕，会上古蜀祭祀遗存获评重大田野考古发现奖。而在 2023 年 12 月 8 日，我们参加成都芒果金旅旅行公司绵阳营业部，组织一天时间去看德阳市内三星堆博物馆和看三国遗迹白马关庞统墓及秦蜀古道金牛道的旅游团，每人来回车费、中午吃饭及门票一共只要 30 元，38 位年纪七八十岁的老人都感到很满意。

回来的第 2 天 12 月 9 日，看到观察者网发表的央视新闻客户端总台央视记者田云华，发表的《国家文物局发布中华文明探源工程最新成果》一文，及其观察者网上该文的跟帖，联系在三星堆博物馆的参观，更加深了对中华文明起源和早期发展的认识。

12 月 8 日芒果金旅虽然每人只收 30 元的旅游费，三星堆博物馆不再收门票费，但每人要给带领参观三星堆博物馆的讲解员交 30 元的讲解费。讲解员确实也负责，讲解得很仔细。参观的三星堆博物馆，是 2023 年 7 月份才建成开馆的新馆，据同行的人说，比往年的旧馆建得很宏大，也很精致。开放参观的楼层只有三层，一楼和二楼展出的只是一些图片和在三星堆遗址祭祀坑发现的陶器、青铜器、金面罩等文物，第三楼展出的只是在三星堆遗址祭祀坑发现的玉器。虽然展品和图片很多，但像图片中介绍的大量象牙化石等文物，并没有展品，也没有到三星堆遗址祭祀坑实地去观看，所以也有一些遗憾。

这次看到对三星堆遗址祭祀坑发现的大量相似的陶器、青铜器、金面罩、玉器等文物实证和研究达成共识的讲解，强调中华远古文明形成和早期发展的繁荣、三星堆和中原文明的紧密联系，从时间、空间地域视角说明是属于满天星斗的远古文明，虽然正确。但总觉得还有许多历史之谜需要破解，特别是，中华文明是失落盆塞海洋文明的文明吗？是的，探源工程从研究视角还需要进行主动性的补充。

【1、龙芯初心感受失落的盆塞海洋文明】

1、龙与盆塞海洋文明联系的是啥

本来参观三星堆展览和看白马关金牛古道，读《国家文物局发布中华文明探源工程最新成果》，我们产生有对中华文明是失落盆塞海洋文明的感受，后又接着读到2023年12月9日《中国科学报》记者脱畅，发表的《黄令仪：只为一颗跳动的"中国芯"》一文----我们的这种感受，似乎变成如果有一位中国科学家，第一次感受中华文明是失落盆塞海洋文明的文明，你知道是一种什么心情吗？

胡伟武教授被称为"龙芯之父"，黄令仪院士被称为"龙芯之母"；胡伟武教授没有这种感受，但记者脱畅写黄令仪院士有这种感受----1989年黄令仪因为一次偶然的机会，被派到美国拉斯维加斯参加芯片展览会，成千上万的展位，无数的芯片产品，来自世界各地不同国家，却不见中国产品。之后一周的时间里，黄令仪再无看展的心情，一直在展位上寻找哪怕一件中国生产的芯片，却一无所获----回望一穷二白的20世纪60年代，中国团队还能够生产出自己的微型计算机，还能够在四方技术封锁下将人造卫星送上宇宙。而在如今，经济在发展，却找不到一块中国独立生产的高精芯片……当天的日记中，黄老沉痛不已地写下："琳琅满目非国货，泪水涟涟……"。

胡伟武（1968-）教授没有这种感受，不奇怪。胡伟武教授1968年生于浙江永康，1991年被保送进入中科院计算所读研究生，师从我国计算机事业的重要创始人、中国第一个计算机三人小组成员夏培肃（1936-2014）院士。黄令仪（1936-2023）院士比他大32岁。

黄令仪院士1936年生于广西南宁，祖籍广西桂林全州县两河镇鲁水村。她原名为廖文蒂，后因种种原因，改名为黄令仪。

她家中共有九个兄弟姐妹，她排行第三。她父亲是广西博物馆的创始人和首任馆长，她母亲是一名化学研究员。因侵华日军打破了国人平静的生活，尚在襁褓中的黄令仪在1937年抗战开始，就随父母过起了四处逃亡的日子。在她的整个少年时期，曾目睹过许多亲友、同胞在战火纷飞中流离失所，哀嚎求生。

但到2015年，我国发射了首枚搭载"龙芯2号"的北斗卫星，这时的黄令仪已经是科学院院士，并且拥有了多项荣誉。2020年，中国计算机学会给黄令仪颁发了"CCF夏培肃奖"。获奖理由是："黄令仪在长达半个多世纪的时间里，一直在研发一线，参与了从分立器件、大规模集成电路，到通用龙芯CPU芯片的研发过程，为我国计算机核心器件的发展作出了突出贡献"。

胡伟武教授说："如果说我的导师夏培肃老师是我前进道路上的指路明灯，指引我秉承科学精神，科教报效国家。黄令仪老师就是我前进道路上的一面镜子，时常提醒我，还有哪些懈怠的情绪需要克服？还有哪些私心杂念需要消除？还有哪些低级趣味需要摒弃？"

2001年12月，"中国计算机之母"夏培肃院士派人跟黄令仪通话，希望她可以帮助计算所的CPU做物理设计。2002年66岁的黄令仪，此时也接到"中国计算机之母"夏培肃院士的学生、国家863项目负责人胡伟武教授的电话，以及亲自拜访黄令仪，邀请她一起参与"龙芯"研发项目。黄令仪加入龙芯研发团队，成为项目负责人。

夏培肃院士1923年生于重庆市，原籍四川江津。1940年考入当时重庆国立中央大学（1949年更名为南京大学）电机系。大学毕业后，学校推荐她到交通大学重庆分校电信研究所攻读研究生。1947年夏培肃通过留学考试，顺利成为英国爱丁堡大学电机系的博士生，1950年获博士学位，1951年成为博士后。在爱丁堡大学期间，她研究非线性理论及其应用，提出了一种解非线性常微分方程的图解法，并利用非线性理论研究电子线路的变参数振荡。1951年10月夏培肃夫妇应清华大学周培源的邀请回国，回国后任清华大学电机系电讯网络研究室研究员。1952年中国科学院数学研究所所长华罗庚提出要在中国研制电子计算机，夏培肃积极响应，从此她的命运和我国计算机事业的联系，是我国第一台自主研制的通用电子计算机设计者。

有人说：华为麒麟芯片，因为被它国制裁，台积电不为它代工，所以基本上就生产不出来了。而龙芯和华为走的不是一条路，华为商业性质更浓一些，买的 ARM IP 做的芯片。

龙芯的代码，可以考虑中文化。龙芯中科董事长胡伟武教授表示，龙芯基于自主指令系统的基础软件生态基本建成，基于自主 IP 核 CPU 性能达到市场主流产品水平，基于自主工艺可以基本满足自主 CPU 生产要求。龙芯从指令集 loongArch 全盘是自己设计，自主控制的。生态也是 loongArch 自主可控的生态。生产也是面向中国自主可控的芯片制造。这套产业链体系，国外没法卡。

当然这个体系，也是非常庞大复杂，非常难。但是这种庞大复杂的生态体系，制造体系一旦成熟起来，会产生很多高端工作岗位，中国也就基本跨过了中等收入陷阱。LoongArch 是龙芯公司设计的一种 CPU 指令集架构。LoongArch 架构(指令集)，是龙芯中科自主研发的 CPU 指令集。CPU 也叫做中央处理器，是一台计算机的运算核心和控制核心，是计算机内的电子电路，通过执行指定的基本算术、逻辑、控制和输入、输出操作来执行计算机程序的指令。

即 CPU 相当于电脑的心脏；代码中文化，写程序太费事。不过龙芯的各种技术资料确实是中文化的，官网上就有，确实有利于中国人学习。但怕被"新殖民"或"旧殖民"，你就干脆全盘否定，直接推翻洋人的发明，如交流电，电磁波，发动机，卫星，等着你重新发明一遍，在继续推动发展就不算被"新殖民"或"旧殖民"了吗？

华为自己说了，鸿蒙系统不对外；第二，OH 系统并不成熟，且不兼容安卓。一个半导体产业，有助于我们跨越中等收入阶段，但只凭半导体产业，没办法让我们跨越中等收入阶段。即使是达到了世界先进水平的半导体产业，也没有那么大的推动力。要真正实现发展阶段的跨越，那需要全产业链升级，涉及方方面面，半导体只是其中之一。龙芯指令集只是对 RISC-V 的微调，基本就是抄的。是不是微调不要紧，关键是能否在法律上，承认为是自主知识产权。

如果法律上认可，对将来开发新产品，进行市场销售非常有利。鸿蒙理论上，也可以这样在龙芯上运行：指令集是在硬件上的，各种操作系统，都可以为硬件开发支持版本。但只是理论上的可行，现实涉及到巨大的成本，所以除了开源的 linux 会广泛提供支持外，其他操作系统，基本不会支持更多硬件的。如微软就和 intel 结盟，微软的操作系统为 intel 的硬件提供支持。

再说"龙芯"联系"龙"，龙与盆塞海洋有联系吗？如果四川盆地远古曾经有过从堰塞湖迈向盆塞海时期，虽然有传说龙生活在深海，由此我们可以得出第一个龙最有可能生活的地方----深海。但海洋深处都不可能生活着体型巨大的生物，别说是龙了，就连鱼类都很少见。

中国古代神话传说中，龙是海洋中的动物，什么东海龙王、西海龙王等，但龙是虚幻和失落的。两种观点各有其合理处，但要放在特定的历史条件下全面地看待，才能准确把握"龙"的象征意义。

中华民族的子孙，被称为"龙的传人"，有依据吗？从广汉市三星堆，到罗江县白马关金牛古道，再往北前不远的金牛古道上，最有失落说明巴蜀远古盆塞海山寨城邦文明古迹的地方，就是绵阳市梓潼县内的大庙七曲山。《绵阳日报》2002 年 2 月 4 日第 3 版发表的《龙牵风绕梓潼山》一文介绍，似乎可解读"龙芯"初心感受与失落的盆塞海洋文明的联系之谜----古代图腾和传说的"龙"，是中华民族的图腾。有人说，中华民族是一个大陆性的民族，自古以来对于海洋都没有多少想法，更何况中国人历来对天空比较崇拜，中国帝王既是真龙，又是天子。在我国古人的描述中，龙是可以腾飞的。但龙没有翅膀，所以大家都认为龙是古人想象出来的；有些相信龙存在的人，认为龙可以适应任何地方压力……没有具体地址，这些都没有必要去深究。

《龙牵风绕梓潼山》一文介绍的是，5000 多年远古盆塞海洋干涸之前，梓潼县大庙七曲山地区，失落的远古巴蜀盆塞海山寨城邦海洋文明的考古追溯----人失去了记忆，某些往事就记不得；但在另一些时候如遇相同的事，又会恢复。人类文明的失落也如此，从陕西到四川直到云南，堰塞湖地质有多处，这是由于历史上的地质灾变，发生山崩地陷产生的。如川北叠溪的海子，川南的邛海；云南的抚仙湖等。这些灾变跟四川远古盆塞海产生一样惊心动魄。我们检索张育、张亚子、张恶子等传说或神话，其中不管是他们率众抗敌而战死，还是地陷邛都或水打许州救父母，或五丁曳蛇崩山等，都可见绵阳上古海洋文明产生中的灾变与人祸的影子。

　2、七曲山生龙凤魂

　　文昌文化是梓潼县人文景观中独具特色的奇葩，洞经音乐是文昌文化中最有感染力的艺术珍品。我们知道七千多年前至四千多年前，四川盆地由于有女娲突变纪和大禹突变纪两次地质灾变，而形成过盆塞海；灾难把盘古文明推进到了远古海洋文明和山寨城邦文明的阶段，由此绵阳城邦贸易与商业活跃。那时梓潼县成了一处"香格里拉"，真可称它"文明昌盛"。这里山上产有多种名贵木材、香料，特别是梓树，是海上贸易可造容数十人大舟的好材料。

　　再说林间飞翔的朱雀之毛，也为最高珍宝。由它而产生的羽毛镶嵌、羽绣工艺闻名四海。因为梓潼城邦人用类似鹦鹉、野雉、火鸡等朱雀的五彩羽毛，制成各种衣饰、摆设，可以作城邦国家盛典中的高级礼品和做旗帜。七曲山周围半山腰上的大围坪城邦，其作坊店铺和居民住宅栉比鳞次。梓潼先民靠着海上的航行与外界发生广泛的联系，同时也造成了工商业与航海业的发达。海，造就了他们的冒险精神与创新精神；海，使他们去超越陆上那有限的生存空间；海，诱惑他们去从事正当的海上贸易和海外探险。据传说，此时梓潼城邦的国王、城主和邦君，已被称为"文昌大帝"或"文昌帝君"，并且是后文昌帝君时代的美好追求和洞经音乐产生的基础----山上的竹筒可做笛子。

　　再说人类社会是一种复杂的适应系统，传说或神话是这个复杂适应系统粗粒化的结果。传说在夏朝崛起之前，四川盆塞海虽然因灾变已干涸，梓潼县山寨城邦已瓦解，但洪水还在中华大地上作乱。受尧与舜二帝之命治水，大禹来到梓潼县。明代董斯张的《广博物志》记载，夏禹治水在梓潼县陈放泥土，堆积成尼陈山，即今七曲山。

　　说七曲山是泥土堆成的不像，说它堆放过息壤倒有可能。因为息壤是一种火山灰，类似今天的水泥，罗马人早在公元前2世纪就已经大量使用。这是由火山爆发时产生的高温高压，使火山灰经历了类似人造水泥那样的物理化学反应，它就有了水泥的性能，干凝后同现代的混凝土相差无几。附近江油窦团山的石头，就有类似这种原始的混凝土痕迹；大禹的父亲伯鲧隐居北川，可能对此有研究。

也许伯鲧和大禹他们父子，在南北走向的金牛道七曲山上堆放治水的息壤是很有可能的。龙凤文化的真传----因为从凤，能联系梓潼城邦文明用五彩羽毛制成的各种衣饰，广而推之是商品生产，以及商品经济需要的是多样性，体现的是多元化。那么龙，也能联系蛇、联系独木舟，再联系梓潼山寨城邦用梓树造船，推动海洋文明的对外开放与交流贸易，广而推之是市场经济，以及市场贸易需要的经合规则，体现的是全球化，它的典型模型就是当代的世贸组织或互联网，而不是政治上简单的一体化。其次民主也可以有多样性，民族习俗和宗教信仰也应该得到尊重，但这也应以承认科学的统一价值为前提。

所以说与时俱进的龙文化和凤文化，今天代表的就是人类命运共同体全球化和多元化，市场经济和商品经济，科学和民主。也许有人问，绵阳大地海洋终究不见了，哪里还能激起对远古文明的热情？

这不对，因为类似大海的蓝天，和赛博空间，凭着绵阳南郊机场和绵阳宽带网开通的平台，正在向我们张开。要想把自己的时代看清楚，必须站得远些进行观察。七曲山水呼唤的龙凤起跑线，就是绵阳远古文明启迪中国科技城建设的永恒魅力之所在。

【2、建失落盆塞海洋文明理论之难对比郭光灿】

中国"龙芯"延伸"龙心"----龙，在中国传统文化中有着无可替代的地位。中国人被称为"龙的传人"。"龙"意象是中华民族精神的重要象征，也在民俗生活之中有着充分的体现。《补史记·三皇本纪》中记载伏羲"蛇首人身，有圣德"。《拾遗记》描述伏羲出生时的样貌，就是后世传说中龙的形象。龙是以蛇为本体，又融合了"兽类的四脚，马的头、鬣的尾，鹿的角，狗的爪，鱼的鳞和须"，是因为"当初那众图腾单位林立的时代，内中以蛇图腾为最强大，众图腾的合并与融化，便是蛇图腾兼并与同化了许多弱小单位的结果"。

龙--华夏文明的凝聚和积淀，龙--中华民族的象征，龙--中国文化的象征；龙，对每一个炎黄子孙来说，是一种符号、一种意绪、一种血肉相联的情感，就让我们掀开华夏文明史的帷幕，中国龙文化的形成是中华民族文化融合的结果。龙在神话传说中是开天辟地的神，在原始社会是崇拜对象，象征超自然力量。在封建社会，龙是帝王的象征，代表皇权与威严。中国远古时代已经有了龙和崇拜龙，也说明炎帝、尧、黄帝、鲧、禹是龙的化身或龙的后人。

后来的帝王，也都以真龙自诩，称"龙颜"、"龙体"。帝王穿的是"龙袍"。中国古代将龙视作图腾，蕴含着人们与龙有着血脉相连的关系。这正说明龙是中华民族发祥和文化肇端的象征。龙在中国是一种标志，象征着炎黄子孙对自己民族悠久历史的思念。

但从黄令仪院士只为一颗跳动的"中国芯"，说中国"龙芯"延伸"龙心"————说龙，以上众图腾合并与融化的思念想法并不难，难的是把中国"龙芯"延伸"龙心"，再延伸到感受中华文明是失落盆塞海洋文明的文明的理论，获得承认难。也许这正是中华文明是失落盆塞海洋文明的文明的表现例子之一。看一看 2023 年 12 月 9 日《中国科学报》记者赵广立，发表的《他为量子科研"化缘"18 年，"板凳"焐热后把机会留给年轻人》一文的报道，从郭光灿院士身上可知建树一个科学理论之难；当然这个啼笑皆非不是失落有文明的现象。

现年 81 岁的中科院院士郭光灿教授，即使上世纪 80 年代到 2000 年这 20 年在中国科技大学，先后投身量子光学和量子信息研究，也是学术圈内的"少数派"————那时不但是中国量子学科发展的"冰期"，而且中国量子学科也仍然徘徊在"以苏解马"追求类似实数解码超光速的困境————懂追求类似实数解码超光速量子的人实在太少了，申请研究经费经常碰壁；而每个铩羽而归的夜晚，郭光灿连个倾诉和商量的人都没有。但郭光灿觉得量子研究太重要了，尽管一连 18 年苦坐"冷板凳"，他也从没打过退堂鼓。

郭光灿院士说他迄今的人生，刚好可以分成两段，41 岁前和 41 岁后————1983 年在他 41 岁那年命运的开始转动：他参加了在美国罗切斯特大学召开的第五届国际量子光学会议。因为在 1981 年前他曾出国留学加拿大，在加拿大多伦多大学留学期间，和量子光学曾结过缘。即原本做激光器件研究的他，已经在思考摸索出一条理论研究的新路————但因"没钱搞实验"，倒让他想到用量子力学去研究光学。因为那时国内追求类似实数解码光速经典和半经典激光的理论，研究已经相对完备；尽管如此，他反倒对量子光学的好奇心更强。

郭光灿院士也类似黄令仪院士1989年，被派到美国拉斯维加斯参加芯片展览会的震动那样：他发现在国内不被认可的量子光学研究已经落后国外20年。1983年第五届国际量子光学会议，只有8个中国人参加。除郭光灿之外，还有当时正在罗切斯特大学攻读博士学位的邓质方、在美国得克萨斯大学进修的彭堃墀和谢常德夫妇，以及在得克萨斯大学奥斯汀分校物理系读博的吴令安等。

联想到国内量子光学研究的落后，大家分外感慨。两个月后，郭光灿成为8人中第一个回国的人。回到中国科技大学（中国科大）的郭光灿，感到使命在肩，第二年1984年，他就想通过举办学术会议的方式，扩大影响。但要办会，首先要有组织会议的资质，还要有钱、有人。那时他才只是一个副教授，但郭光灿教授在激光圈里，还是有人脉的。他听说中国光学学会激光专业委员会，要在安徽滁州开会。他找到激光专业委员会主任邓锡铭教授说："我们想开一个量子光学会议，但没资质，能不能'寄生'在你们的会议中间，开一个'小会'？"

邓锡铭主任勉强同意："会可以开，但我没有多余的经费给你"。郭光灿教授又找到时任中国科大教务长尹鸿钧教授。物理专业出身的尹鸿钧教授十分支持他，特批2000元会议费。会议总算可以开了，但邀请谁参会呢？当时国内几乎没人研究量子光学。郭光灿教授干脆广发"英雄帖"，还真吸引了一批人。在滁州开会那天，他数人数居然超过半百，郭光灿教授挺满意。从此自1984年起，这个会议就被延续下来。也是从1984年开始，他开始在研究生课程中，开设"量子光学"，并自己动手编撰教材。有了油印教材，他便开始抓住一切时机讲课、作报告，让"好不容易燃起的量子光学火苗不致熄灭"。

慢慢地，对他的量子光学感兴趣的人越来越多。这期间，1983年"罗切斯特约定"的其他人，也陆续回国。如彭堃墀、谢常德夫妇回国后，得到山西省的重视，在山西大学建立了国内第一个量子光学实验平台，后来又建立了国内第一个量子光学重点实验室。吴令安回国后加入中国科学院物理研究所，从事压缩态和量子密码的实验研究。

1988、1989 年，郭光灿接连获得教授职称、成为博士生导师。20 世纪 90 年代初，作为一个已相对完善的基础学科，量子光学的理论研究已经不能满足郭光灿教授。他一次阅读文献，"量子信息"一词让他眼前一亮----量子信息，既可以类似实数，也可以类似虚数、复数----"量子信息"这是个国际学术界刚提出不久的研究领域，研究者并不多，是彻头彻尾的"模糊数学"冷门领域----这是一个非常有竞争力的领域，恐怕会对国家未来发展产生深远影响，值得"大搞"。

如量子密码、量子测量、量子通信，乃至量子计算机，都是量子信息的范畴。如果其他国家搞成了，中国没跟上，将会是灾难性的。郭光灿教授下定决心转攻量子信息学。可他和团队连"经典信息"都不清楚，谈何"量子信息"？他请来中国科大信息学院朱世康教授。

虽然朱世康教授比他低一级，跟他都是来自无线电电子学系的师弟，但让朱世康教授给他的团队开"信息论补习班"，从"0101"开始讲解编码等信息理论。郭光灿教授不仅也上课仔细听讲、认真做笔记，下课后还追着朱世康教授问东问西。因为实在没法儿一下子全搞懂，他就让朱世康教授给团队留下一本教材，团队每人研读一章，然后再集中讨论。这本教材整个团队"啃"了 3 个多月。

功夫不负有心人，结合"量子"和"信息"，郭光灿教授团队很快找到题目"量子编码"。郭光灿教授把这个题目布置给了段路明教授----这是他在讲授本科光学课上发掘的苗子，收在自己课题组读研。段路明教授在 2023 年也当选为中国科学院院士。一开始"量子编码"，他感觉已经被前人做"到头儿"了----段路明教授有点士气不振。但郭光灿教授不这样看：类似基本粒子的环量子自旋编码，遍地是黄金。但"量子信息编码"与"基本粒子环量子自旋编码"不同，郭光灿教授团队当时所做的编码，其量子比特是独立的消相干。

目前郭光灿教授团队还真做出了名堂----他们搞的"集体消相干"，更省事：他们把不会消相干的特殊量子态，称为"无消相干子空间"。类似基本粒子自旋编码的"避错码"，只在需要的时候，再把会消相干的量子编码到这个态上，以避免出错，称之为"量子避错编码"。

郭光灿院士的"量子避错编码"，已成为世界上 3 种不同编码原理之一。早在 1997 年郭光灿和段路明教授，把这一成果发表在《物理评论快报》（PRL）上，这是中国科学家最早在量子信息领域的显著成果。论文发表后，让一些"老外"很惊诧：中国人居然也能有这样的进展。一次郭光灿院士在研究组会上，分享最近的前沿动态时，介绍了"量子克隆"————一个量子信息，不能克隆出两个一模一样的量子信息，叫作量子不可克隆。克隆不成功也可以，一个克隆成两个，跟原来的相似程度叫保真度。保真度小于 1，就不一样；保真度等于 1，就完全一样。郭光灿和段路明教授提出的一个新的克隆原理是：克隆机成功克隆一个信息，留下来；不成功的丢掉，成功的最大效率是多少？算出来这个极限，被并命名为"段-郭界限"。

这个界限不可逾越，否则违背量子力学，被称为"段-郭界限不可逾越"————这是他们发表在 PRL 的第二篇高水平文章————"量子概率克隆"此时，使郭光灿院士在领域内已经小有名气。

尽管郭光灿教授团队在国际量子信息领域，逐渐崭露头角，但毕竟圈子太小、影响力有限；在国内，也很难引发关注和重视。这期间郭光灿研究组，还只是在理论层面"查漏补缺"，要做出更重要、更领先的成果，还得捡起实验研究这个法宝。但做实验要仪器、设备、耗材，说白了必须得有钱。当年郭光灿教授就是苦于缺钱，才转身做理论研究的，现在的他依旧是个"穷光蛋"。

但是这一次他知道，不能继续躺在理论研究的舒适区。而且明白转攻实验研究需要的经费，跟他做量子理论研究时四处"化缘"拿到的，完全不是一个量级。课题组那时能申请到的经费非常有限，无外乎国家自然科学基金的几万元，结题后还要隔一年才能再申请。

但郭光灿院士这次"找钱"，也还面临一个现实难题：量子相关研究过于超前，国内对"量子信息"的争议很大，很多人对诸如"薛定谔的猫"、"量子的迭加态纠缠态"等概念不理解，觉得"不靠谱"，甚至认为是"伪科学"。面对质疑，郭光灿院士嘴上忙着解释，心里也跟着着急：这个领域方兴未艾，眼见国外相关研究越来越红火，国内这样下去可不行。因此当1997年面向国家重大战略需求的基础研究重大项目计划----973计划被提出时，他立刻觉得机会来了。

郭光灿院士从入选的项目，不仅能拿到"大手笔"的资助，更代表着国家支持的方向----郭光灿院士说："'973'就是为量子信息这样前沿、重要的研究而设的！"他立即填表申报，像小学生做作业一样认真准备，一笔一画绘制着心中中国量子信息学大厦的草图。

然而连续3年，他乘兴而来、铩羽而归----第一年，申报表提交之后石沉大海。第二年、第三年，他获得了第一轮答辩的机会，但答辩场景他一个人背着厚厚的电脑去汇报，在台上讲半天，人家还是投来怀疑的眼光。如1998年的大年二十九，他应中科院院士郑厚植教授之约，从合肥赶赴北京开研讨会----从事低维量子结构物理研究的郑厚植院士，听说郭光灿院士在申报量子方面的"973"项目，想看看几队人马能不能"合兵一处"，提高申报成功率。

待到开完会要返回时，郭光灿院士才发现已经买不到回家的车票了。更惨的是，招待所的服务员都回家过年了，饭都没的吃。那应该是郭光灿院士在为量子信息"化缘"经历中最狼狈的一次：春节期间的北京城，家家户户张灯结彩、鞭炮阵阵，但他听得最清楚的是肚子饿的"咕咕"声。但郭光灿院士投身科研时，就"无门无派"，此时更没导师指路、没师兄弟开解。难得的是，郭光灿院士回望所有这些经历，即便是三次折戟"973"，即便自己的研究被说成"伪科学"，也从没觉得委屈----人们对量子信息太过陌生，类似对中华文明是失落盆塞海洋文明的文明一样太过陌生。

他的学生、中国科大物理学院张永生教授说：其实郭光灿院士"从来没有'赌'，而是一直相信，相信量子科学、相信国家"。在他心中，是一个"遇到困难比别人更坚持一些，遇到事情比别人更乐观一些"的人。连续申报"973"项目不中，郭光灿院士变得愈加主动：在科普杂志开设"量子信息讲座"专栏、给期刊投稿综述文章、抓住机会开讲座作报告。很快机遇来了，是两个。第一个是，1998年郭光灿院士有机会牵头组织一次有关量子信息科学的香山科学会议。

1993 年由中科院和科技部共同发起创办的香山科学会议，是很重要的学术交流平台。筹办之初，有人提醒郭光灿教授，会议要有影响力，得找一位大人物"镇场子"。郭光灿院士不认识什么大人物。思来想去，他给大名鼎鼎的钱学森院士写信，请他担任会议主席。

没想到，钱学森院士不仅读了来信，还很快给郭光灿教授回复："我很同意您说的我国应统一组织全国力量攻克量子信息系统的技术问题……但我现在已行动不便，已不能参加任何会议了"。

那时郭光灿教授不知道钱学森院士已离不开轮椅。后来他又去找两院院士王大珩教授。王大珩院士专于经典光学，但他触类旁通，马上意识到量子信息研究的意义，欣然同意参会。他说："我们中国人必须在新的领域有自己的声音"。这话正落郭光灿教授的心窝。

郭光灿院士等到的第二个机会，是个"小道消息"说：1997 年华裔物理学家朱棣文，获得诺贝尔物理学奖；时任中国科学院院长路甬祥教授，作为嘉宾参加颁奖典礼。朱棣文在发言中提到，自己的相关成果能用于研制量子计算机。路甬祥听后记在心里，回国后打听：国内有谁在研究量子计算机？有人说：郭光灿。

郭光灿院士听说后，当即给路甬祥院长写信，说明研究量子计算机的重要性，提到了他发表在 PRL 上的两个有一定国际影响的工作，最后开始"哭穷"："希望中国科学院给我一些支持"。这封信引起了路甬祥院长的重视，他把这封信转给时任中科院高技术研究与发展局局长桂文庄教授。桂文庄教授当晚就带人来到合肥就给郭光灿打电话，当时郭光灿正在香港讲学，接完电话，立刻买票返程。听了郭光灿院士详细的介绍，桂文庄教授马上意识到这是一个极具生命力的新兴领域，并在回京后作了汇报。没过多久，郭光灿院士真就"揭不开锅"了：他的两个基金项目都到期结题，按照当时的规则，要停一年才能申请新的基金。他给桂文庄局长写信"求援"。

桂文庄局长跟郭光灿院士推心置腹："我现在最大的'权力'，只能给你 5 万元的资助"。后来郭光灿院士才知道，这是极少以局长基金名义支出的一笔经费。5 万元也好，但郭光灿院士"得寸进尺"："可不可以再给我们立个项目？"桂文庄局长考虑得更周全："立个项目，做完就完了。"他建议郭光灿院士建立一个实验室，这样能有望得到长期的支持。于是 1998 年 12 月，郭光灿院士再一次给路甬祥院长写信，就"开展量子通信和量子计算研究"作了汇报。

在中国科学院的一系列支持下，郭光灿院士在中国科大筹建了量子信息实验室，现为中国科学院量子信息重点实验室。1999 年桂文庄局长向中国科学院党组举荐，破格让郭光灿院士的校级实验室，参加院重点实验室的评估考核————好的评估结果意味着能得到更多经费。

量子信息实验室确实也居然获评信息领域第一名。这意味着，接下来的 3 年，实验室每年都能得到 350 万元的经费支持。私下里，郭光灿院士握住桂文庄局长的手说："桂局长，我没给你丢人"。

"973"项目的申报也传来好消息，2000 年郭光灿院士第四次申请，拿到了中国量子信息领域第一个"973"项目。这一年郭光灿院士 58 岁，已经在量子研究的冷板凳上坐了 18 年。当时的评审组组长是我国著名的理论物理和粒子物理学家周光召院士，他对郭光灿院士的答辩内容十分认可。这次答辩，评委对量子信息项目一致通过。在历次申请"973"项目的过程中，郭光灿院长都是"一个人在战斗"。

"973"项目有 2500 万元。拿到"巨款"后，郭光灿院士没去想怎么把自己的"地盘"做大，而是想着"要在国内把整个领域带起来"————郭光灿院士团队的人，不会被轻易挖走，因为郭光灿院士给学生创造了最适合他们发展的环境。其次他也有自己的办法："快速地把本土的青年科研人才培养起来，让许多年轻人看到量子信息科研在国内蓬勃发展，在不同的方向冲锋陷阵特别有成就感；让它在中国后继有人，我完成了历史使命"。郭光灿院士的考虑，一要确保量子信息学布局合理，二要确保各个重要方向后继有人。基于这两条原则，他把国内"想做的、有可能做的"主要团队都聚拢起来。

1 个"973"项目，8 个课题，十几家单位，50 多位研究人员，包含中国科大、清华、北大，中国科学院的物理所、半导体所、上海光学精密所、武汉物数所……已有的、正筹建的，他全都拉进了队伍。

5年后项目结题，成绩斐然。该项目不仅冒出一批研究成果，更在国内建立了若干量子信息科研阵地，尤其是培养了一批具有开拓创新能力的科研队伍。该项目中的若干名课题组长和项目骨干后来都成为院士，其后成为"973"项目首席的也有十几人。这是中国量子信息实现由"从0到1"向"1到100"发展的一个转折点。

很多人说郭光灿院士眼光很"毒"，"有钱"之后，他逐渐将重点放在培养学生上："发掘一个培养一个，培养一个成一个"。不仅有成为院士的段路明，还有韩正甫、郑仕标、郭国平、周正威、张永生、史保森、李科、周宗权、孙方稳、黄运锋、董春华……很多能够独当一面的后起之秀，在成长中都得到了他不计回报的支持。他敢拍着胸脯说：自己从没苦过团队里的年轻人。郭光灿带研究团队还有个不成文的规定：组内学生经他指导发表的论文，可以写上他的名字，以让外人知道这项研究来自哪个团队，但他从不署名第一作者或通讯作者。20多年来，他一直坚持如此行事。

以上介绍"中国量子信息学"在中科大与中科大副校长潘建伟院士并肩的郭光灿院士这个分支，成功迈出国门的经历，是想说我国基础科学理论成功迈出国门，是很奇特的。那么"探源工程二十八年回顾与刍议"，探源工程面向国家重大战略需求的基础研究，与中华文明是失落盆塞海洋文明的文明的理论，是类似应该严肃的考古学，也变成"量子信息学"一样顺势而为高深神秘吗？

【3、探源工程28年概论刍议】

探源工程是面向国家重大战略需求的基础研究，目的是围绕向中华民族的伟大复兴迈进。中国社会科学院学部委员、历史学部主任王巍研究员，在十四届全国人大常委会专题讲座第六讲作演讲时说："由于缺乏中华文明起源和形成时期的文献记载……一百年来，考古工作者通过艰苦工作，以丰富的考古发现向世人展示出考古学对于研究古代文明的巨大作用"。中华文明具有悠久的历史，然而真正有文献记载年代的"信史"却开始于西周共和元年（前841年，见于

《史记·十二诸侯年表》），此前的历史年代都是模糊不清的。

那么探源工程向中华民族的伟大复兴迈进，如今我国的考古对研究中华民族古代文明的巨大作用已经显现了吗？因为这种压力，还有如美国特拉华州立大学历史学系程映虹教授曾说，解放后"把北京猿人引为中华文明有几十万年的历史"的这种的情况，受到上世纪七八十年代，国际现代基因DNA考古发现"近十万年前从非洲来的一批智人，是所有人类的祖先"的冲击。

其次，如一部由复旦大学姚大力、钱文忠，南京大学武黎嵩等学者创作的中国史巨著《五万年中国简史》，其中姚大力教授在书中提出：我们的直系祖先不是北京猿人，而是一批在七万年前走出非洲的智人……。这与中华文明是失落盆塞海洋文明的文明理论有关吗？

王巍主任讲："一是中华文明是何时形成的？有多久的历史？二是中华文明是如何起源、形成和发展的，中华文明从多元起源到中原王朝为引领的一体化趋势是如何形成的？三是中华文明为何会走出一条多元一体、源远流长、延绵不绝的道路？四是中华文明起源、形成、发展的道路和机制有何特点？五是中华文明在世界文明史中的地位如何？"那王巍主任心中已有定论的："中华文明从多元起源到中原王朝为引领的一体化趋势形成"，与现代基因DNA考古有冲突吗？

不冲突----通过古DNA（脱氧核糖核酸）技术，能够从一撮骨粉、一捧泥土、一段人类遗骸中寻找到史前人类的痕迹，通过微量的DNA片段揭示群体遗传特征和人类演化特点，在我国了不得：使得今天中华民族伟大复兴的这只巨轮，船上看似轰轰烈烈，其实船下的朝向，是鼓励中华民族的远古祖先，是被古尼人和丹人杂交西来说迈进。

提供中国分子人类学被古尼人和丹人杂交认知的完整蓝图，来自2022年诺贝尔生理学或医学奖获得者、德国马克斯·普朗克进化人类学研究所的所长帕博教授，他了解尼安德特人DNA的方法，首先从德国的尼安德特人那里获得了一块骨头碎片；后来，他使用了西伯利亚南部丹尼索瓦洞穴的一根指骨，和同事坚持研究调查尼安德特人和来自世界不同地区的现代人之间的关系。我国曾有报道帕博教授说："遗传自4万年前的尼安德特人的 DNA4 人类祖先基因的一部分现代人，能够减轻新冠病毒感染症状，或可抑制新冠病毒"————"西方优秀"了不得。当然人类统一的全球人种之间，是有"杂交"的。

如在第一孵抱期，智人统一后迁徙生存分为黑种人、白种人、黄种人，不具有这种先进性的古尼人和古丹人等，都最后消亡了。时间是从第四大冰期的 200 万年前，到 20 年前大冰期转暖，人类从非洲走出。孵抱期地点在非洲大陆赤道附近。第一孵抱期主体是"黑人"，打造的"福流"特征为统一的全球人种和迁徙生存。上海复旦大学校长金力院士等科学家，先前通过分子生物学基因考古方法实验检查，发现出现在中国境内的古人类，包括直立人、早期智人、现代人化石在演化时间分布上具有连续性，空间分布上南北都存在。且不仅如此，中国的古人类在体质特征、文化遗物上，如发现的石器制作技术，也是一脉相承的。这一切体征，与第一孵抱期的"非洲起源"观点相合。

即今天全人类生活的世界，地球三极除有北极和南极外，还另有青藏高原第三极————中国地震局地质研究所徐道一教授说："我国西部青藏高原，被称为'世界屋脊'、'地球第三极'。在近几百万年青藏高原不断地隆起，形成的特殊地质、地理、气象条件，对全球，尤其对中国大陆的地貌、气候、生物等变化具有重要作用和影响。这对近万年来中华文明形成过程也发生了重要影响————青藏高原剧烈抬升和特殊的地质构造条件，使其内部和周边地理环境具有独特性质：地形高差大，气候复杂多变，生物多样性显著，地震、火山、泥石流等灾害频繁发生，冰期、间冰期的温度反差大等。冰期这些都有利于原始人类的形成和发展"————中国未来的出路，世界未来的出路，也许还寄托在青藏高原对人类/文明起源三大孵抱期的大历史统一认识上————黄河文明五千年是先进的，但它的文明源头在哪里？

德国马普所的古尼人、古丹人超过"非洲人"说，打出"西方优秀论"，培养了大批新秀，使"黄河文明优秀论"跟跑"西方优秀论"成为潮流。"资阳人"开端的青藏高原人类/文明起源统一认识，成为难题。因为"资阳人说"认为：20 万年前生活在非洲的人类祖先迁徙到中国，如果有一部分现代人走的是海路，就不需要 10 到 15 万年----仅用被古尼人和古丹人的杂交，挑战"非洲起源"说难于成立。由此也不难想象今天全球其他的各远古大文明，又都是从远古巴蜀盆塞海洋文明走出分离，而且也都打有它的显著山海文明的区域烙印----人类政权现象和政权人物现象的人类文明起源，有两个孵抱期：

一是非洲到中东的地区，一是远古巴蜀盆塞海及周边东南西北中的地区。即从 200 万年前开始，人类的大迁徙，就曾在这两个方向有过多次的来回。即反之，渡盆塞海到南边云南，进入缅甸，沿印度的恒河水，横穿印度出海，乘阿拉伯海的季风，进入波斯湾，再沿海峡到达阿拉伯半岛和幼发拉底河流域，是第一代苏美尔蜀人的来源。

以后又从埃及和两河流域渡过地中海，先后在克里特岛和西西里岛等复制"远古联合国"的巴蜀盆塞海山寨立足起的城邦文明和海洋文明。巴蜀远古盆塞海其后干涸了的四川盆地，大围坪盆塞海遗迹海啸地貌，就类似档案记录。再分析远古大地震串形成巴蜀盆地内的堰塞湖到盆塞海，又由大地震引起的不同阶段的巴蜀盆塞海长江三峡的几次大的溃坝----溃坝会冲走大量的人和财物，活着留下失去亲人和东西的人群中，会有人组织一部分人商量一起到下游去寻找，最终会有人留在下游"积水区"生活，他们带去远古巴蜀盆塞海山寨城邦海洋文明，并有所发展----称这种"积水文化"，会形成长江中下游东西相像的两个古丝绸文明文化区，构成了长江与黄河流域古地貌和历史形成的不同。考古文化面貌和结构关系，对此已有更清楚的认识。

那么古尼人和古丹人来自哪里？现代欧洲人种来自古维京人，是"第二孵抱期"从巴蜀远古盆塞海山寨城邦海洋文明中最早走出，向最北面北海边的西欧迁移求生存的智人，而不是原先最早走出非洲的古尼安德特人。欧洲古人类尼安德特人是 70 万年前出现的。这说明即使它们从非洲走出，也是在 20 万年前，没有经过"第二孵抱期"的提升，因此到 2 万年前至 3 万年前消亡并不奇怪。即使 16 年万前出现在西伯利亚的丹尼索瓦人，从"第二孵抱期"的巴蜀远古盆塞海山寨城邦文明走出，在"第二孵抱期"的时间也很短。更不说丹尼索瓦人携带尼安德特人的基因比例很大，更有可能是从欧洲迁徙走出的尼安德特人的后代，即也没有经过"第二孵抱期"的提升。

1、国家文物局发布探源工程最新成果说些啥？

读央视新闻客户端总台央视记者田云华 2023 年 12 月 9 日，发表的《国家文物局发布中华文明探源工程最新成果》一文，其中田云华记者报道：2020 年探源工程第五阶段实施以来，进一步扩大了研究的时空范围，围绕辽宁建平牛河梁、山东章丘焦家遗址、浙江余杭良渚、山西襄汾陶寺、陕西神木石峁、河南偃师二里头、四川广汉三星堆等二十九处核心遗址，在深化对中华文明起源与早期发展阶段整体认识的同时，聚焦关键时间节点和重大事件，精心设计多学科综合研究，取得了一系列进展。项目研究认为，大约从距今约 5800 年开始，中华大地上各个区域相继出现较为明显的社会分化，进入了文明起源的加速阶段，可将从距今 5800 年至距今 3500 年划分为古国时代和王朝时代两个时代，其中古国时代可进一步细分为三个小阶段。与探源工程第四阶段相比，对古国时代的认识更加深化。具体来说：

在古国时代的第一阶段，大约为距今 5800-5200 年前后。以西辽河流域的牛河梁遗址为代表，考古发掘工作发现并确认该遗址第一地点是由 9 座台基构成的大型台基建筑群。出土各类泥塑的著名的"女神庙"就坐落在其中一座台基上，这座台基规模宏大，目前的残存高度 4.6 米以上。这一发现对了解牛河梁第一地点的建筑关系和祭祀性质意义重大。古国时代第二阶段，大约为距今 5200-4300 年前后。西辽河流域的红山文化开始衰落，而黄河中下游地区和长江中下游地区的文明走上了不同的发展道路。焦家遗址新发现了大汶口文化中期的城址，这是目前黄河下游最早的史前城址。

新发现的高等级墓葬有多重棺椁和随葬玉石陶礼器的制度化表现，是中华文明礼制物化表现形式的源头之一。近三年来，良渚遗址的考古工作围绕水利系统展开。塘山以北的良渚外围新发现近 20 条水坝，在更远的径山、德清等地也发现了水坝的迹象，C14 年代都是距今 5000 年左右，和原有的11 条水坝属于同一系统。

古国时代的第三阶段，大约为距今 4300-3800 年前后。长江中下游地区社会发展陷入停滞，中原和北方地区后来居上，开始新一轮的文明化发展，进而形成了一个以中原为中心的历史趋势，奠定了中国历史发展的基础。2022 年，在石峁遗址皇城台发现的转角浮雕，为石峁皇城台大台基石雕的年代、建筑性质的判断提供了关键性证据。陶寺遗址确认了一处迄今所知最大的史前时期夯土建筑基址，面积达 6500 平方米，主殿总面积 540 余平方米，是目前考古发现的新石器时代最大的单体夯土建筑。距今 3800 年以后，进入王朝时代。

以二里头遗址和三星堆遗址为代表的考古工作取得重要进展。

二里头遗址中心区新发现多条道路和道路两侧的墙垣。这些道路和墙垣把二里头都城分为多个方正、规整的网格区域，暗示当时有成熟发达的统治制度和模式，是二里头进入王朝国家的最重要标志。

三星堆遗址的突破性工作，是初步摸清了祭祀区的分布范围和内部结构，新发掘清理了 6 座"祭祀坑"等大量重要遗迹，出土文物 12000 余件（完整器 2300 件）。研究表明，8 座祭祀坑的埋藏年代集中在商末周初（即距今约 3100-3000 年）。

2、探源工程 28 年前后各期有何区别？

中华文明探源工程和夏商周断代工程实际是紧密相连，因此统称"探源工程 28 年"----上世纪七八十年代，浙江良渚、辽宁牛河梁、山西陶寺、河南二里头等遗址的重要考古发现，夏鼐（1910-1985）院士发表《中国文明的起源》，认为中华文明的形成可以上溯至史前时代；及苏秉琦（1909-1997）教授提出文明起源"满天星斗"说。

研究中华文明起源、形成、发展的背景、原因、机制等，还涉及环境、经济、资源、信仰等方面，需要以考古学为基础开展多学科联合攻关。为此 2002 年春，国家科技攻关项目----"中华文明起源与早期发展综合研究"（简称"探源研究"）启动预备性研究，并于 2004 年春正式启动。该项目共有 20 多个学科、数十个单位的 400 多位专家学者参加，从工程预研究算起，到去年 5 月整整 20 年。

　　探源研究以各地距今 5500~3500 年间，最能反映社会发展状况和权力强化程度的都邑性遗址作为工作重点，从中获取关键信息，分析当时的社会分化与权力强化，对中华文明起源、形成与早期发展进行多学科、多角度、多层次、全方位的研究。

　　那夏商周断代工程从哪年开始的呢？夏商周断代工程，是一项中国的文化工程，是一个以自然科学与人文社会科学相结合的方法，来研究中国历史上夏、商、周三个历史时期的年代学的科学研究项目。正式启动于 1996 年 5 月 16 日，2000 年 9 月 15 日结题。

　　1995 年秋国家科委（今科技部）主任宋健，邀请在北京的部分学者召开了一个座谈会，会上宋健主任提出并与大家讨论建立夏商周断代工程这一设想。1996 年启动，是国家"九五"科技攻关重点项目。设置 9 个课题 44 个专题，组织来自历史学、考古学、文献学、古文字学、历史地理学、天文学和测年技术学等领域的 170 名科学家进行联合攻关，旨在研究和排定中国夏商周时期的确切年代，为研究中国五千年文明史创造条件。

　　司马迁在《史记》里说，他看过有关黄帝以来的许多文献，虽然其中也有年代记载，但这些年代比较模糊且又不一致，所以他便弃而不用；但在《史记·三代世表》中，他仅记录了夏商周各王的世系，而无具体在位年代。因此共和元年以前的中国历史，一直没有一个公认的年表。第一个对共和元年以前中国历史的年代学，作系统研究工作的学者是西汉晚期的刘歆。刘歆的推算和研究结果，体现在他撰写的《世经》中。《世经》的主要内容，后被收录于《汉书·律历志》。

　　从刘歆以后一直到清代中叶，又有许多学者对共和元年以前中国历史的年代进行了推算和研究。这些工作都有一定的局限性，因为他们推算所用的文献，基本上不超过司马迁所见到的文献，所以很难有所突破。晚清以后情况有些变化，学者开始根据青铜器的铭文作年代学研究，这就扩大了资料的来源。1899 年甲骨文的发现，又为年代学研究提供了新的材料来源。进入 20 世纪后，中国考古学的发展又为研究夏商周年代学积累了大量的材料。

但是中国历史还没有夏商周以前和夏商周部分的确切纪年，中国古书记载的上古确切年代，只能依照司马迁《史记·十二诸侯年表》，追溯到西周共和元年（即公元前841年），再往上就存在分歧，或是有王无年，出现了"五千年文明，三千年历史"的不正常现象。

关于夏代究竟存在，夏与商的交接是发生时间，二里头遗址是否就是中国第一个王朝夏的都城斟鄩，甚至有些外国学者认为：所谓夏朝，根本就是商人臆想出来的历史传说。夏商周被古人尊称为"三代"，其主要活动区域均在河洛一带，在中国五千年文明中占有极为重要的地位，如果无确切的纪年，不能不说是一种遗憾。

1996年5月国家启动了夏商周断代工程，就是力求制定有科学依据的《夏商周年表》。《夏商周年表》要达到对西周共和元年以前各王，提出比较准确的年代；对商代后期武丁以下各王，提出比较准确的年代；对商代前期，提出比较详细的年代框架；对夏代提出基本的年代框架。在测年科学技术方面，主要采用碳14测年方法，包括常规法和加速器质谱计法。经过几年的努力，2000年11月9日，《夏商周年表》正式出台。这个年表为中国公元前841年以前的历史建立起1200余年的三代年代框架，夏代的始年为公元前2070年，商代的始年为公元前1600年，盘庚迁殷为公元前1300年，周代始年为公元前1046年。为继续探索中华文明起源及早期发展，为揭示五千年文明史起承转合的清晰脉络，打下了坚实基础。

中华文明探源工程是继"夏商周断代工程"之后，又一项由国家支持的多学科结合、研究中国历史与古代文化的重大科研项目。2001年正式提出，该项目首先进行了为期三年（2001—2003年）的预研究。在预研究的基础上，2004年夏季正式启动。

2004年在全国范围内众多古文化遗址中，选定了河南郑州大师姑遗址、河南灵宝西坡遗址、河南登封王城岗遗址、河南新密新砦遗址、河南洛阳偃师二里头遗址及山西襄汾陶寺遗址等中原地区六座规模大、等级高的城邑为第一阶段重点发掘和研究的中心性遗址。

期间还通过对浙江良渚遗址、陕西石峁遗址、湖北石家河遗址等都邑性遗址和黄河流域、长江流域、辽河流域的其他中心性遗址实施重点发掘，并对这些遗址周边的聚落群开展大规模考古调查。2023 年 12 月 9 日文化和旅游部副部长、国家文物局局长李群，发布了中华文明探源工程取得的最新成果。认为大约从距今约 5800 年开始，中华大地上各个区域相继出现较为明显的社会分化，进入了文明起源的加速阶段。可将从距今 5800 年至距今 3800 年划分为古国时代。与探源工程第四阶段相比，对古国时代的认识更加深化。

3、中国考古学百年史（1921-2021）是啥？

从夏商周断代工程到中华文明探源工程，中国社会科学院学部委员、历史学部主任、考古研究所所长、夏商周考古研究室主任，中国考古学会理事长王巍教授都作了大量工作。特别是 2002 年至 2016 年，他直接担任中华文明探源工程首席专家、执行专家组组长。

王巍教授 1954 年生于吉林长春，小学毕业时赶上"文革"，上了一年中学后就"初中毕业下乡插队"，两年农村插队后又到长春一家锅炉修造厂当工人。恢复高考后，他考上了吉林大学历史系考古专业，1982 年毕业后进入中国社科院考古研究所工作。

王巍教授 1987－1990 年赴日本研修，1995－1996 年在日本早稻田大学做访问学者。他是中日双博士，拥有日本九州大学文学（人文）博士学位和中国社会科学院研究生院历史学博士学位。他还先后被授予德国考古研究员通讯院士、亚洲史学会评议员（常务理事）、美洲考古研究院（美洲考古协会）荣誉外籍院士等。总主编《中国考古学大辞典》、《中国考古学百年史》等巨著。

王巍教授入行整整四十年，经历了改革开放以来考古发展的全过程。他将四十年分成前后两段，前二十年是东亚考古和夏商周考古，他的田野考古生涯主要在这二十年中。上世纪 80 年代末期，他赴日本奈良留学三年，眼界大开，影响持续至今。在九州大学拿到第一个博士学位后，日本一个国立大学开出不菲的年薪请他留下当研究员，一年收入相当于他当时能在国内拿到的几十倍。

但他回到了中国，那时，一个世纪工程已经上马----夏商周断代工程联合历史、考古与部分自然学科，为上古三代确立年谱。王巍教授承担了西周有关的研究课题，他与专家们策划，通过自然学科与考古学的广泛融合，尝试以黄河、长江、西辽河三大中国史前文明发源地带为轴心，全面探索中华文明起源阶段的图景。

这实际就是他心中的中华文明探源工程----上世纪 80 年代的考古所，他的办公室在苏秉琦教授隔壁。苏秉琦教授用"满天星斗"这样一个形象比喻，概括中华文明探源工程和考古中国等项目。苏秉琦教授是做秦汉考古出身，后来才涉足史前考古。王巍教授觉得他能够以宏大视野将史前文明联系起来看，或许与对秦汉时期统一多民族国家的整体把握有关。2011 年王巍教授当选中国社科院学部委员，其主要研究方向为夏商周考古、东亚地区古代文明起源研究等。

王巍教授主张："海岱地区是中华文明起源形成时期非常重要的区域"----以山东为中心的海岱地区，是我国古代文明多元一体发展格局中的重要区域。"海岱考古"是山东考古事业的一张名片，它伴随山东百年考古发掘的众多发现，中国考古学主要开创者之一苏秉琦教授，也称山东是"中国考古学界的三大支柱之一"。获 2023 第五届"世界考古论坛终身成就奖"的北京大学著名考古学家严文明教授，也曾为《海岱考古》期刊题词："海岱蕴齐鲁 冠带系中华"。

有专家还称，王巍教授堪称四川甚至全国网友最熟悉的考古学家之一----在两年前的三星堆祭祀区新一轮考古发掘中，作为专家咨询组组长的他，多次来到三星堆，不仅在专业上对考古人员进行指导，更是亮相央视多轮直播，从专业角度为公众揭示三星堆的重要价值。

在入选 2023 第五届"世界考古论坛·上海"的重大田野考古发现的 9 个项目中，第一个就是："四川广汉三星堆遗址：古蜀荣光和中华文明多元一体的见证"。在入选第五届世界考古论坛重要考古研究成果的 10 个项目中，第一个就是：中国社会科学院学部委员、考古研究所研究员王巍完成的"中国考古学百年史(1921-2021)"。

王巍教授讲：1921 年瑞典地质学家安特生，应当时中国政府之邀，与中国地质人员袁复礼一道，在华北进行寻找矿藏和采集古生物化石的工作，他们先后发现了北京周口店遗址和河南渑池仰韶村遗址，并对仰韶遗址进行了发掘。仰韶遗址的发掘，是在中国进行的最初的科学考古发掘，拉开了中国考古学发掘和研究的序幕。由此确认了中国第一个考古学文化----仰韶文化。因此把1921年仰韶遗址的发掘，作为中国现代考古学的发端，是符合历史实际的。

其实这是中华文明失落盆塞海洋文明认知产生的开始----自1921年中国考古学诞生，到新中国成立前，中国考古学家先后对数十处遗址开展了考古工作，初步了解了各地史前文化的面貌，在黄河流域建立起仰韶文化—龙山文化—殷商文化的年代序列，培养了一批从事考古研究的专门人才，为新中国成立之后考古学的发展做了准备。

2002年，"中华文明探源工程"启动，其全称是"中华文明起源、形成和早期发展综合研究"。工程提出通过考古遗存判断进入文明社会标志的观点；提出距今5000年前后，一些文化和社会发展较快的地区已经出现了早期国家，跨入了古国文明的阶段。

提出从距今5500年开始，在黄河中下游、长江中下游和辽河流域等地的社会上层之间，形成一个交流互动圈，形成对龙的崇拜，出现以具有各地特色的某几类珍贵物品（多为精美玉器）彰显持有者尊贵身份的礼制。发现距今4500年前后，西亚地区发明的小麦、黄牛、绵羊和冶金术相继传入黄河中游地区，并很快融入中华文化系统中，与此同时，华北地区发明的粟和黍的栽培也向西亚地区传播。

以上的分析和判断是实际的----也许正是中华文明失落盆塞海洋文明后，发生进入东亚（东北亚）大地各个区域的文明之间以及与域外其他文明之间的交流互动，促进了世界文明的发展的真实情况。

【4、东亚--东北亚是中华文明最早起源之争】

1、东亚--东北亚概念模糊之妙

清华大学的客座教授、英国剑桥大学前高级研究员马丁·雅克说："中国重视全人类文明，这是理解世界的一种方式。在中国，没有汉族，就无所谓中国，更无所谓五千年的中华文明。中国是一个古文明，有数千年的历史。因此，中国并不是作为一个民族国家诞生的。到19世纪末，清王朝逐渐没落，为摆脱困境，中国才开始具备民族国家的某些特征。在此之前，中国是一个文明古国"。即中华文明是有明确主体的，也就是说中华文明是有创建者、继承者、发展者的，不是天上掉下来的。无论怎么表述，中华文明的创建者，就是今天中国的主体民族，汉族。其次，从中华文明的内容上看，这些文明的内容是围绕着一个族群的生存、发展而展开的。中华文明是有明确服务对象的。早先是华夏族群，现在是由五十六个民族构成的中华大家庭。

湖南师范大学客座教授、韩国延世大学荣誉教授白永瑞说："东亚的地域想象，似乎是一个流动的概念。狭义上可指东北亚，广义上又掺杂着亚太、乃至世界因素。'全球本土-东亚论述'一词，之所以如此强调东亚，是因为从文明论和形势论的维度来看，我们当下生活的时代仍然需要东亚这个地区性视野"。

说 1921 年瑞典地质学家安特生，与中国地质人员一道在华北进行寻找矿藏和采集古生物化石的工作，并对仰韶遗址进行了发掘，拉开了中国考古学发掘和研究的序幕；作为中国现代考古学的发端，是中华文明失落盆塞海洋文明认知产生的开始……如说通过古 DNA（脱氧核糖核酸）技术，通过微量的 DNA 片段揭示群体遗传特征和人类演化特点，与中华文明最早起源是东亚----主要是东北亚不冲突----因为船上看似轰轰烈烈，其实船下的朝向，是鼓励中华民族的远古祖先，是被古尼人和古丹人杂交西来说迈进的。这些有根据吗？

需不需要用类似大语言模型智能聊天手机作初步的检测？

这种需要当然从时间和范围上，都难很快结束。而随手可见的报道说 2008 年之前，人们尚无法明确区分后来人的污染和当时人类的 DNA，人类演化研究相对罕见。而基于帕博教授高通量技术的出现，也就是二代测序技术之后，通过一系列的技术补丁的开发，才使得古 DNA 在近 20 年里迅速发展，并为结合大型文库建设和机器自动化，以评估背景微生物的影响----国际国内通过一系列实验方案的评估和研究，发现采用帕博教授方案对于降低外源 DNA 污染影响是最有利----在过去几年里，成功地将新方法应用于考古遗存，采用帕博教授主导开发的古 DNA 捕获技术，成功获得了四万年前田园洞人的古基因组，发现田园洞人已呈现亚洲人的遗传特征。这是中国发表的第一例人类古基因组，也是迄今东亚最古老的早期现代人基因组。

该基因组，填补了东亚在地理和时间尺度上的巨大空白。此外基于东亚人群的大量研究，探明了不同古代东亚人群的遗传特点，首次发现了其与世界其他地区人群之间的遗传关系、相关人群的迁徙扩散模式以及环境适应性遗传变异情况，进而勾画出迄今最长时间尺度下东亚人群的动态遗传图谱，这无疑对于重构整个人类起源与演化历史有着重要的意义————该项研究业已绘制出东北亚人群此消彼长的复杂历史图景，以及早期农业人群的迁徙扩散图景。

现在祖先给我们留下了得天独厚的遗产，帕博教授的分子古生物学研究，还包括古蛋白、古微生物组、表型组等技术，日新月异的科技不断赋予古 DNA 新的活力，未来必将与大数据、人工智能、基因编辑等技术深度结合，这是多学科交融的必然。近年来，我国帕博教授古 DNA 考古方法的发掘工作，与科学技术在考古学领域的全面介入，取得了举世瞩目的硕果累累。可以说，没有古 DNA 等技术发掘就没有考古学，没有科技也没有考古学。

可见中华文明是失落盆塞海洋文明的文明认知的产生，不怪外国人，也不怪老一辈的一部分中国学者，因为到今天我们一部分的年轻学者也是主动在跟上。这影响到外国一些出版社，也主动在跟上。

但从 2019 年末到 2023 年末这四年时间，其中从 2020 年初到 2022 年底有三年时间，全球处在抗击新冠肺炎病毒疫情的暴发，空前的"隔离病毒"————"外防输入、内防扩散"的"封城、隔离、隔断、封闭"，使我们进一步认识"人类群体"，在整个宇宙中和自然界，类似一块晶体。任何事物都不是完美的，晶体也如此。

所有的晶体中都存在各种各样的缺陷。晶体中形形色色的缺陷，影响中晶体的力学、热学、电学、光学等方面的性质。随着测量手段的不断改进，和对晶体缺陷研究的不断深入，晶体缺陷的类型、移动、组态分布及内在的热力学和动力学等方面的一些规律，将会逐步被揭示；晶体缺陷对材料的性质的影响规律，也必将被逐步探明。

理清"工艺—材料—功能"三者之间的关系，最终获得更多具有优异功能的材料，必将极大地促进材料科学的发展。其次也使我们进一步认识"人类群体"，在整个宇宙中和自然界，类似水结构。

水孕育了生命，创造了文明。水结构的无穷奥秘，在科学史上，平凡水分子而非凡水结构受到史无前例的重视。液态水结构具有高度的复杂性和多样性。水结构除了以四面体为主要的多面体外，还能形成稳定的三元环、四元环、五元环、六元环、七元环、八元环，其中四到八元环可以在冰晶体或非晶体中找到证据。水结构实验证实是非常困难的，由于其实验误差、理论基础、模型假设、时间标度和粒子大小各不相同，获得的实验结果往往分歧较大，甚至同一种实验方法不同的模型假设获得的结果也自相矛盾，似乎都不能全面阐述水结构问题。因此，正等待着更多的有志青年去探索。

2、中华文明探源 120 年（1903-2023）是啥？

2023 年 12 月 20 日甘肃临夏州积石山县发生 6.2 级地震，震源深度 10 千米。这场突如其来的地震，夺去了很多同胞的生命。让人格外揪心和痛心。唯一值得庆幸的，我们救援非常及时。真的是一方有难八方支援。灾民失去了房屋，但帐篷迅速搭建，一切有条不紊。

中华文明探源联系地震，我们想到 2005 年 3 月 20 日《绵阳晚报》第六版，发表《百年海啸话嫘祖----嫘祖发掘者的故事》一文中说：何拔儒是绵阳市盐亭县榉溪河畔珠瑙沟人，1902 年至 1906 年在日本东京弘文师范学院留学。出国时，何拔儒带了他临摹家乡"盘古王表"石龟碑的碑帖。他虚心地向外国友人等请教。一次他随同弘文师范学院师生到三鹿实地考察，在一座山头，何拔儒指着大海，正讲解他的上古四川盆塞海文明和山寨城邦文明与海啸关系的地理动力学研究时，海啸又发生了，而给人们留下深刻印象。

出生在四川盐亭县的何拔儒馆员说："山海"就是"盆塞海"，《山海经》就是以"盆塞海"文明为中心的古联合国史地志书。何拔儒曾把《山海经》看成是《涸海古卷》，并以盐亭县榉溪河两岸，距今 8000 年左右犹存的规模宏伟、气势壮观的山寨聚落遗址，以及围绕山寨的处于半山腰的大围坪，延伸数百里的地貌作为具体考古平台，提出西部远古地震--堰塞湖--盆塞海--大围坪--海啸有关联的假说。

他说这种文明失落的证据，是四川盆地几经盆塞海、几经干涸，由此人类早期起源地的青藏高原，四周河流，江水入川，围绕古巴蜀盆塞海形成过山寨城邦海洋文明，是先于农耕文明的。此期的迁徙实是围绕青藏高原与盆塞海的起落，周期流转，与后来盆塞海彻底干涸后的迁徙也有区别。留学又见海啸+地震，在大海的涛声中，何拔儒慢慢破解了"盘古王表"的秘密。而他在日本留学时的同学中，有两位对他影响很大的朋友。一个是后来领导四川保路运动的张澜先生，一个是教过毛泽东的长沙第四师范学校校长陈润霖。

何拔儒那时常和他们讨论中华文明是海洋文明在先、农耕文明在后的问题。但张澜说："观点愈现代愈接近科学，而科学要寄希望于民主，但民主是反封建的；这清庭不会答应，所以要革命！"

何拔儒很有兴趣地问："革命起来，会不会破坏那些上古文明的遗存？"张澜笑了笑回答说："革命也有婴儿期，做错事是难免的，这叫'在劫者难逃'嘛！"张澜虽然比何拔儒小10岁，但当时，由孙中山、黄兴发起，以兴中会、华兴会、光复会为基础的中国同盟会正在日本东京筹建，何拔儒还不知陈润霖和张澜介入反清斗争。

张澜因参加反清斗争被最先送回国，那时国内湘、鄂、川、粤等省正在酝酿反对清庭出卖铁路主权的爱国斗争，1906年何拔儒被张澜召唤，回川内联络同志。蒙公甫是何拔儒在家乡的好友，他们同中秀才，同补禀生。何拔儒回国时，蒙公甫已是成都府学教授，通过他的人脉，何拔儒先在潼川中学任教习，１９０８年任成都川北中学校长，１９０９年调任四川师范大学学监。何拔儒向他的川内朋友们交流在日本的收获时，蒙公甫却认为："蜀人来源于氐羌人"。

他就以蒙家为例："蒙"古读"岷"，即盐亭县蒙氏也来源于岷山，而岷山是氐羌人古居的地方。何拔儒则说："中华文明是多源一体，但也存在各个时期的顶尖优势"。他举例：盐亭辐射嘉陵江流域的大围坪和山寨地质地貌，说明５０００年前四川曾发生过多次盆塞湖和盆塞海现象；而中华民族的开国先王盘古等，就是在同这个盆塞海的搏斗中，开创了更多先进的生产力和先进的文化，所以中华民族早形成于盘古开天地，氏羌人仅是蜀人的来源之一；而且在"盘古王表"中，约公元前５７７０至４０７０年，蜀山氏就有６代掌握这个优势，而做过中华上古时期的首领。为此何拔儒和很多朋友常争得面红耳赤，但在张澜等人的调停下，大家相约：多在各处办存古学校，多搞类似培养人才的基金会，让他们的后人去争论解决。

由此决策，在盐亭，王济钦、杜润之、范蜀林、吴家义、任望南、赵鸿儒等一批革新人士聚集在他们周围，而在基金会的资助下，蒙文通、袁诗尧、蒙思明、何希唐、范仲纯、袁焕章、岳鹏程、谢趣生、王剑清等一批后生，被送进存古学堂或到国外留学。

3、中华文明探源现实主义等文化之争

早在19世纪末20世纪初四川盐亭地区内外，这里兴起的"存古学堂"存的什么"古"？说白了，就是想存"远古巴蜀盆塞海山寨城邦海洋文明"。它的意义是啥？2009年5月5日曾兼任北京大学历史文化研究所世界文化研究室副主任的朗富宸先生，他专程从北京来到四川盐亭县探访天垣办事处盘古故里的故事，才加深了这种认识。

原来朗富宸先生曾在2008年5月13日积极筹备救灾事宜，5月17日亲赴四川地震前线，参加抗震救灾志愿者行列，在成都发起并组建"志愿者爱心通道"救灾物资绿色快速通道组织，前后从浙江和全国各地募集并运送1600多万元救灾物资。获得四川省红十字、四川省和成都市慈善总会多次表扬并颁发荣誉证书。这次经历他听说四川有嫘祖、盘古故里，大地震一年后他第一次到地震灾区天垣盘古故里进行考察。朗富宸先生与何开勇、王德伦、王德兴等十多位盘古故里的老人交谈，并走访圆胞山、袖头山、五面山等地方的盘古遗迹，对曾经是大地震形成四川盆塞海文明的盘古文明十分重视。

返程经过绵阳，他对我们说：中华文明万年史存在盘古文明和炎黄文明两段时期；从承认自然灾害和团结抗灾整体性来看，炎黄文明后承盘古文明。所以从天人合一看，中华文明中最辉煌、最完整、对世界影响最大的一段是盘古文明----约在一万年到五千年前，那时的多次大地震，造成巴蜀盆塞海的山寨城邦文明和海洋文明结合的盘古文明。类似任何成年人会忘记婴儿时期到四岁前的早期经历一样，盘古文明就类似连续中华文明的婴儿时期的早期经历一样。这种"失忆症"不是一种病，全世界各个国家都得有这种"失忆症"----中国人也有"失忆症"----失去对约一万年到五千年前多次大地震，造成巴蜀盆塞海的山寨城邦文明和海洋文明结合的盘古文明的记忆。但在盐亭县天垣办事处盘古故里，一直还没有人忘记。所以难忘 2008 年 5 月 12 日汶川大地震，全国全世界今天是看到了类似的这种时空撕裂。

其实大地震这种时空撕裂产生的灾难，团结救灾，现实主义没有等文化，一定时间内总会躺平的。但中华文明探源，今天即使祖国站起来、富起来、强起来，也还存在"站出来"之争----东亚--东北亚是中华文明最早起源之争----即使国内不争，也存在国际之争。有人说这类似祖国宝岛与祖国大陆的统一不能和平统一，就不能放弃"武统"。

【5、文明探源存古到时务学堂的联系与转变】

1、大语言模型探源中华远古文明

今天中华文明主流探源有两个相似点：一是最早考古遗址最先引导发掘的，是外国人。二是探源结果指向，中华文明最早起源地是要东亚--东北亚。如中国考古学百年史（1921-2021）介绍，北京周口店遗址最先引导发掘是 1921 年瑞典地质学家安特生等，他们先后发现了北京周口店遗址，拉开了东亚--东北亚考古发掘和研究的序幕。

又如 2023 年 11 月新三星堆博物馆介绍，1927 年或 1929 年广汉月亮湾农民燕道诚，淘沟时偶然发现的一坑玉石器；其中许多玉器多年来落入了私人收藏家的手中。最先引导发掘是 1931 年，华西大学美籍教授戴谦和英国传教士董笃宜等人，对月亮湾进行了考察、拍照。1934 年春，华西大学博物馆副馆长林名均和美籍教授葛维汉，率考古队在燕氏发现玉石器的附近进行了为期十天的发掘。

到 2020 年 10 月以来，四川省文物考古研究院陆续启动了三星堆遗址祭祀区 3 至 8 号坑考古发掘，已经出土大量青铜器、金器、玉器、石器、陶器、象牙。目前 2023 年 11 月 16 日由四川省文物局主办，四川省文物考古研究院、三星堆研究院、四川广汉三星堆博物馆承办的"三星堆遗址考古多学科综合研究成果研讨会"，历史学界一向认为，三星堆遗址证明，它应是中国夏商时期前后，甚至更早的一个重要的文化中心，并与中原文化有着一定的联系，验证了古代文献中对古蜀国记载的真实性。

以上中华文明探源最早用现代考古方法有外国人帮助的事例，是存在的，也没有什么错。但之前也有完全由中国人自己在用现代考古方法进行中华文明探源的事例，也是存在的。产生这种区别的原因理论，可以把现代考古方法比作"人工智能（AI）"。2022年底人工智能GPT-3发展出"聊天机器人（ChatGPT）"，智慧涌现的"大语言模型"，类似一个划时代----大语言模型生成式多模态提供的高性能算力基础设施支持，是一类可以同时处理和整合多种感知数据（例如文本、图像、音频等）的AI架构，包含超40亿字大型混合语料数据等多项功能，类似"奇点"到来式的从未变得如此具有可能性。

但"大语言模型"既然能出自"人工智能（AI）"，也会出自"原动智能"----类似人类本身具有的"智能"----这是来自宇宙、自然、生物、生命进化自然产生的，类似一种智能"聊天手机"。大语言模型的"聊天机器人"，与大语言模型的"聊天手机"的不同，类似中华文明探源最早用现代考古方法有外国人帮助的事例，和之前也有完全由中国人自己在用现代考古方法进行中华文明探源的事例的区别。

原因是"聊天机器人（ChatGPT）"的工艺、材料、算力和制造，不是任何个人所能生产的。由此它必然带有生产它的国家、政权、单位被管制的印记，即使是超40亿字大型混合语料文本的生成式多模态，也不可能把对立的国家、政权、单位的所有印记，同时封装在同个一个ChatGPT中。当然不同生产印记的ChatGPT，可以不同。

这类似2023年12月30日上海观察者网，发表全俄民意研究中心主席瓦列里·费罗多夫教授的《有"四个俄罗斯"，三个团结在普京周围》一文，说的"战争"效果的不同。如今天的"俄乌冲突"，费罗多夫教授说："在前线战事中，俄罗斯的局势每天都在改善，乌克兰的局势则每况愈下……体现在经济领域中，我们在西方的严厉制裁和打压中适应了新的生活，找到了确保经济可持续性发展的方法，经济总体情况也在改善。俄罗斯正在进行军事行动，但国家的正常生活没有受到大的影响，国家的发展也在继续，俄罗斯正在取得以前甚至不可能取得的成就，社会有了新的可持续性动力……特别军事行动开始后，普京的支持率已经达到80%"。

又如 2023 年 12 月 30 日《北京日报》，发表的《果然，阿根廷做了这个重大决定》一文中说："按照 2023 年轮值主席国南非的说法，今年有几十个国家排队申请加入金砖，最终，南非峰会千挑万选，六个国家加入，阿根廷是其中唯一的拉美国家。但现在，阿根廷变心了。原来积极申请加入金砖的，是阿根廷的费尔南德斯总统；但现在掌权的是米莱总统。米莱日前专门给巴西、俄罗斯、印度、中国、南非五国领导人写了一封信，表态说，阿根廷现在作为正式成员加入时机并不"合适"。在俄乌冲突中，阿根廷也站在乌克兰一边……本来金砖国家将从 5 国扩展到 11 国。即原来的巴西、俄罗斯、印度、中国、南非，加上新入群的沙特、伊朗、阿联酋、埃塞、埃及和阿根廷"。

来自宇宙、自然、生物、生命进化自然产生的类似智能"聊天手机"的人类个体"原动智能"，类似一个正常人大脑中的"思维"，而被看作"外围脑思维"，个体之间可以不同，如阿根廷的费尔南德斯总统和现在掌权的米莱总统。社会间，每个正常人在决定即将说话或行动之前，都认为自己的决定是正确的-----人类社会发展到今天，都是这种"正确"的结果，我们称之为"原动智能"大语言模型。

由此说到中华文明探源最早用现代考古方法有外国人帮助的事例，与近代的"洋务运动"有关。当然，之前也有完全由中国人自己在用现代考古方法进行中华文明探源的事例，也与近代的"存古学堂"有关。而洋务运动能联系"时务学堂"，从张之洞的洋务运动也能联系"时务学堂"，以及他在湖北办的"存古学堂"和四川境内谢无量等的"存古学堂"。但四川盐亭境内近代办的"存古学堂"，与成都谢无量等的"存古学堂"，也还有些不同。这是类似指向中华文明最早起源地是要东亚--东北亚印记的 ChatGPT，不容易正面搜索到的。

例如，目前"抖音"小助手，还在直播 2022 年 7 月 4 日就上网的视频《针对讲三星堆市的质疑说一点，嫘祖故里到底在哪里？盐亭真的是嫘嫘祖故里吗？》，视频人物类似2008年2月23日发给我们文章《"嫘祖故里"质疑》的杨剑横主任医师。由于原绵阳市中医院院长马诚伟主任医师，和杨剑横的父亲杨施民（老中医）及杨剑横都是很熟，我们和马诚伟院长也是熟人。因此发现大语言模型在人际间比与ChatGPT交流更丰富----杨施民及杨剑横和马诚伟都是盐亭本土乡下人，从事中医成才都有刻苦自学的成分。1963年出生的杨剑横曾师承李孔定教授，函授毕业于成都中医药大学，走到中医主任医师，绵阳市作协会员、四川省作协会员的作家地位不容易。他现就职于杭州方回春堂国医馆，还曾招聘到解放军163医院、诸暨市宁波海曙固生堂柳汀中医门诊部等工作过。在马诚伟院长家里，我们见到杨剑横和父亲杨施民是质疑盐亭是嫘祖故里的本地人，和他们很熟的马诚伟院长却是赞成盐亭是嫘祖故里的本地人。分析起来为啥？也难。

杨剑横主任医师给我们过的质疑文章的摘要是：我国的远古文化在尧以前都是传说，没有文字记载。把《史记•五帝本纪》中所言之"蜀"，指在河南一带或许合理些，此地符合黄帝活动范围的传说。定在山东也有道理，因为黄河在山东出海，但距盐亭"西陵"等远些。上古部落氏族时代的人们其活动行止，在短期内跨度范围不会有那么宽远。如果硬定在远隔万里重山的四川盐亭，恐怕就很值得商榷了。远古时期从黄河中下游地带，来到四川其道路何其艰难。到唐时的李白尚有"蜀道难，难于上青天"之感，何况远古时代那"黄鹤之飞尚不过，猿猱欲度愁攀缘"的艰难险峻，不知黄帝用的什么交通工具。所以笔者对四川盐亭县是"嫘祖故里"之说认为极不可靠。

说到杨剑横主任医师质疑家乡盐亭是嫘祖故里，就联想起退休后的盐亭县文教局长冯大图局长曾对我们说："在北京工作的很多盐亭人，都不赞成盐亭是嫘嫘祖故里"。这也联想到1963年出生于四川盐亭，现任第二十届中央委员，中国社会科学院院长、党组书记，中国历史研究院院长、党委书记的高翔院长。1989年他已在中国人民大学清史系获历史学博士学位，在中国人民大学清史所工作。1989年9月23日

《四川日报》发表的《嫘祖是盐亭人吗？》后，一次到盐亭县文教局文教科联系工作，见到还是当副科长的冯大图和当科长的高天奖，由于大家人很熟悉，谈起嫘祖的历史，我们知道高天奖科长的儿子高翔院长，那时已在中国人民大学清史系获历史学博士学位，在中国人民大学清史所工作，就问高科长："你儿子关注明清史研究的，你问过他赞同嫘祖是盐亭人吗？"高天奖科长说：他问过，儿子不赞同嫘祖是盐亭人。后来高天奖科长升任盐亭县文教的局长，冯大图继他之后，也升任盐亭县文教的局长。

2、盐亭出生的年青人为啥有不赞同盐亭是嫘祖故里

1977年出生盐亭九龙镇的陈龙，是绵阳市嫘祖文化促进会常务副会长，绵阳肾病医院执行董事、院长。陈龙会长2014年在成都时代出版社出版的一本专著《盐亭闲话》，其中第七章"嫘祖篇"收入《盐亭嫘祖文化研究论辩》的文章，今天重读起来仍觉得像引经据典----人工智能"大语言模型聊天机器人"----大语言模型是一个数据压缩和搜索模型，不是智能，更不是人，但是它为后续智能程序发展提供产业支持。如目前国内公开的大模型，文生图的时候，英文描述的效果远胜中文，显示数据标注还是有很大问题。

所以它与本人所见所闻及思考----原动智能"聊天手机大语言模型"，这两者的结合才好；也只有类似这两者的结合的"闲话"论辩，解读盐亭出生的年青人为啥有不赞同盐亭是嫘祖故里？才能咏感出有意义----聊天即对话，这类似中国战略文化促进会常务副会长，解放军少将罗援教授谈对2023年第十届香山论坛的印象中说："不管你是什么样的对话，哪怕就是坐在一起吵架，吵架也是一种对话的方式，起码可以表明各自的态度和立场。现在世界局势……也只有中国可以让冲突各方坐在一起，比如这次参加论坛的俄乌双方、巴以双方"。

陈龙会长用《盐亭闲话》做书名，盐亭土话说的"闲话"，就含有"聊天"的意思。他自称笔名"九龙闲人"，实际是一位懂得生活的年轻大师。具体到论辩，他说："闲人不是反嫘祖，更不是反对盐亭宣扬嫘祖文化"。闲人想问的是："为什么嫘祖文化不是由县文化馆、县史办等文化部门或宣传部门承头，却由县科协第一次来发表文章说明"---

-县科协不去推动一个农业贫困县科普，却来推动了嫘祖文化，是否不务正业？盐亭籍散文作家陈和平说：仅从历史旁证的角度去研究嫘祖文化，是一个误区----上古史本来就是一团迷雾，更不说比这更久远年代的事情了。2010年春节前《盐亭论坛》网站上，一些盐亭后生发问："嫘祖妈、嫘祖婆是假的，道理是大家连各家妈、各家的婆的历史都不知道，你怎能知道五千多年前嫘祖妈、嫘祖婆？"。

陈龙会长与此不同，讲的道理也更现实----他强调请区分嫘祖与嫘祖文化，到底嫘祖文化是科学还是文化？科学是在纷繁的万事万物中找出一条共同规律来，把复杂的事情整简单。文化就是将生活中喜欢的某件事情多样化讲究着，把简单的事情搞复杂。"闲人认为，越是着重强调求真，越会让人产生强烈的逆反心理的"。民俗文化，是不用求真的。她只是一种信仰，一种习惯，一种风俗，一种文化。

陈龙会长说：嫘祖在盐亭出生的铁的证据，至少闲人可以证明，几个版本的县志上都没有提嫘祖这一笔。打国家承认的"嫘祖圣地"总是万无一失吧！这才是真正科学精神。用科学的方法反而是不能被证明的，用佛教文化却可以做到"统一认识"：信仰本身就是一种文化。科学要求真，文化要求灿烂。嫘祖文化，文化则具有交流的特质、兼容性。嫘祖作为行神，肯定去过很多地方推广蚕桑文明。灿烂的文化是属于全人类，本身就具有传承性、感染力、共享性。当代盐亭嫘研也发展近30年，前期求证也早该结束，化理论为现实，化专家文化为大众文化，再化为票子，才能给盐亭与盐亭人民带来切实的好处。

陈龙会长还说：盐亭作为响当当的嫘祖故里，埋头搞好嫘祖文化更为重要！我们自己搞着就行，我们自己玩得高兴就行；整成盐亭人民一年一度，或两年一届的文化盛事，民风民俗，老少咸宜；要不到几届，影响力就会日益增大。而在我们这一犹豫间，让别人看到了希望，于是西平崛起了！湖北远安、黄冈、浠水等也兴奋起来！

再看"抖音"已经直播了一年半的《针对讲三星堆市的质疑说一点，嫘祖故里到底在哪里?盐亭真的是嫘嫘祖故里吗？》视频，主播不知是不是杨剑横主任医师，他说的虽然和陈龙会长说的不同，但本质的意思是相近的----探源工程最终应是"满天星斗"，皆大欢喜----这位"抖音"小助手主播说他是盐亭人，他的分析是嫘祖故里应在杭州----对于嫘祖故里到底在哪里？至少有13种说法之多。包括河南开封、荥阳、西平，湖北宜昌、远安、黄冈、浠水，四川盐亭、茂县、乐山，山西夏县、山东费县、浙江杭州等，它无非都是是炎黄时期与黄帝关系密切的一个重要的氏族部落。这是一个学术问题，短期内无法明确，嫘祖是中华民族公认的人文女祖，各地都有各地自己的依据，大家求同存异地弘扬文化、发展经济，这并不是一件坏事。

2024年1月2日观察者网上发表的《杭州小古城遗址发现一系列重要商代遗迹》一文后，有跟帖问："全国各地近些年大规模地开挖古迹，不知道这是要干什么，难道要把先人所有秘密全部打开吗？"也许中华文明已28年探源工程，虽是具体真实的遗址考古发掘、专家鉴定，但要达的目的都类似大家求同存异地弘扬文化、发展经济。

3、宇宙大爆炸到文明大爆炸说探源中华远古文明

陈龙会长问："嫘祖文化到底是科学还是文化？"

陈龙会长说："文化讲灿烂，科学讲求真"。嫘祖故里要不要求真？嫘祖故里有13种说法，无非都是关系炎黄时期的氏族部落，炎帝与黄帝要不要求真？中华文明远古历史探源已28年的探源工程，遗址考古发掘、专家鉴定的确是"满天星斗"；求同存异弘扬炎黄和嫘祖文化，发展经济，皆大欢喜，没有错。

再说人类社会的繁荣、共享，"科学"也是"文化"中的一个种类。学业有专攻，各个人的爱爱好，也可以有不同。"文化"中除开"科学"，爱好文学、绘画、书法、唱歌、跳舞、曲艺、戏剧、棋牌、麻将、体育、钓鱼、摄影等等，也没有错。而且各自的爱好、兴趣，与各人的"本钱"----出身、经历、行为表现有关，如智商、情商、科商……有关。在一个地区，一种文明、文化的兴起、衰落、再兴起……是有时代背景的，和有条件要求的。

据了解，盐亭县科协的同志第一次在《四川日报》、《绵阳日报》、《盐亭春秋》等铅印报刊上，发表《嫘祖是盐亭人吗？》类似的文章，最早还不是1989年。早在1981年盐亭县科协在中共盐亭县委宣传部的同意下，"文革"后

在盐亭首创、发送《科学盐亭人》铅印小报时，就开始酝酿"盐亭是嫘祖故里"的求真了。这不是陈龙会长说的"为什么嫘祖文化不是由县文化馆、县史办等文化部门或宣传部门承头……县科协不去推动一个农业贫困县科普，却来推动了嫘祖文化，是否不务正业？"恰恰相反，是"文革"后盐亭农村农业生产、经济和社会发展的要求，也是当时国家"科学春天"到来的使然。

1981 年初盐亭县科协在 21 年后恢复，照顾夫妻两地分居，从外地调回来的大学生，和县科委在县委大院门口的一间小屋里合署办公。绵阳地区科协要求各县科协在各自的区乡镇普遍建立农村科普协会。就在这项工作开展的过程中，盐亭县各乡镇的蚕桑干部特别积极和支持。如高灯乡（今西陵镇）的蚕桑干部蒲健，是一位有 20 多年蚕桑经验的老干部，年年都被评为全县蚕桑先进乡。他反映与高灯乡接壤的金鸡乡（今嫘祖镇），对面"天嫘观"山上近些年有人建"嫘祖庙"，县公安局派人来制止，但庙拆后不久又建起来。这影响到金鸡乡对面的任家山任家坪，有一位山下的老贫农老铁匠，出面带头在任家坪建"嫘祖庙"。访问原因，是他的 20 岁女儿结婚不到一年怀娃娃，流产后得一种怪病---肚子水肿，久医不治，害得离婚回娘家养病。他现在 20 岁的儿子，又离家到绵阳附近塘汛上门安家。任家坪解放前就建有"嫘祖庙"，解放后被拆。老铁匠认为，重建是他的一种解脱。

说实话，我们是不赞同民间自发建"嫘祖小庙"的。如果嫘祖文化是把盐亭各地自发搞迷信修起来的山坪小坛小庙，经嫘祖文化研究会收费后都挂上"嫘祖"的牌匾，把迷信和嫘祖连为一体，以合法的身份大壮阵容声威，互相沾光，相依为命，我们是坚决不支持的。盐亭出生的人中，一些在外地的领导同志就是怕背上支持建嫘祖小庙的污名，不赞同盐亭是嫘祖故里的。事实也是这样，麻辣社区"盐亭论坛"网上，在 2010 年前后就有网友发文说："嫘祖被少数有想法的民间人士----大小庙宇的主持或是小赌馆庄家所看中，盐亭到处乡村都有花了百八十元，买来嫘祖文化研究活动室木牌子的山头或是铺面，但根本就是挂羊头卖狗肉，借这道符，搞的变味的佛家、道家甚至封建迷信，搜刮那些缺少精神寄托的老人钱财，或是找个小赌的保险地方抽点点头而已"。盐亭县科协原来的同志中，就有被网友声泪俱下点名发文说：某人支持建"嫘祖小庙"，害他读高中时家里没钱给他交学费，因为他的父母亲把家里的钱拿去捐献当地修"嫘祖小庙"了。

这是天大的撒谎。这位同志搞嫘祖研究，因工作调动早已离开盐亭县科协。当年就连蚕桑干部蒲健在高灯乡场背后的灯杆山坪，领导组织建"嫘祖纪念"庙堂，他也没有捐钱，就怕有人污名他支持建嫘祖小庙，更不用说散乱在乡间建的嫘祖小庙。在盐亭的其他同志搞嫘祖研究，搞得灿烂、搞得有声有色，自有领导管理。正如陈龙会长说看到的问题与前景，要区分嫘祖研究、嫘祖文化研究、嫘祖文化开发研究。前几届盐亭县委县政府已停止了盐亭嫘祖文化研究会的活动，成立盐亭嫘祖文化开发研究会代替原先的工作。

其实这类污名撒谎，在科学研究高端的场景也有发生。例如，这位同志发现，他 2007 年在都江堰市召开的第二届民间科技发展研讨会上认识中科院自然科学史所主任宋正海研究员，宋正海教授主办的《天地生人学术论坛》网，邀请他参加"天地生人学术讲座"。所以 2012 年他就在《天地生人学术论坛》网上发了支持上海复旦大学费伦教授，1998 年以来领导的课题组率先报道讲经络与"太赫兹波段的电磁波"关系的研究发现。该文跟帖，很多网友也是"就事论事"发谈点赞成和反对的意见。但不久出现一个网名化名"53 度"的人的跟帖言论，使他大惑不解----"53 度"离开经络医学本质的争论，大谈"费伦是费孝通的侄子。费孝通是第七、八届全国人民代表大会常务委员会副委员长，中国人民政治协商会议第六届全国委员会副主席。费伦利用这层关系，获得国家的经络科研经费，而费伦并无实验经络科研的能力"云云。他在"53 度"类似的多次跟帖后提醒，不谈这类"攻击"的言论。但"53 度"不听，反而转头发帖说他在"ＸＸ县科协工作，因宣传费伦，已被单位批评"云云----这种无中生有的言行，使他感到"53 度"对费伦教授的"攻击"也会有不实之辞。

因为"ＸＸ县科协"曾是他工作过的老单位，而且他在后来的单位已退休，对费伦教授的宣传，纯粹出于对费伦教授执著的经络科学实验精神的敬佩。看"53度"的"攻击"言论，觉得他与费伦教授很熟。于是他给费伦教授寄电子邮件，把"53度"在《天地生人学术论坛》网上的事情告诉，并问他知不知道"53度"是什么人？

费伦教授的回信十分平静地说："53度"是他在复旦大学的同事。而且是他的推荐和帮忙，"53度"才调到复旦大学里来工作的。后来因为工作上的分歧，"53度"处处与他过不去。除此之外，费伦教授没有再说什么，接着就谈经络方面研究的事。

对于网络论坛上这类攻击编造的言论，这位同志也在同一处论坛只是纠正作答外，并没有过分的计较。因为科学求真，遭遇责难的事情太多太离奇。例如陈龙会长的书中《盐亭嫘祖文化研究论辩》里也提到，《盐亭论坛》网站上一些盐亭后生向这位同志发问："嫘祖妈、嫘祖婆是假的，道理是大家连各家妈、各家的婆的历史都不知道，你怎能知道五千多年前嫘祖妈、嫘祖婆？"我们当时也在想这个问题。

当然这个问题还好回答，一位盐亭出生的绵阳市文化局的领导同志给我们谈到：盐亭过去一些县上的领导同志，都曾亲自抓过嫘祖文化，时间有近20年，现在还去争论嫘祖的真假，没有必要。应该围绕当前的形势和任务，去做好盐亭嫘祖文化的开展工作。嫘祖文化这笔精神财富，不仅是盐亭人民的，也是全国人民的。嫘祖的自强不息、与时俱进，代表的是中华民族的传统精神，没有真与假争论的问题，而是贯穿现实的盐亭人民和全国人民中的主旋律。

这使我们联想到当年2010年2月14日农历春节早上9点左右，中央电视台6频道播放的日本电影《扶桑花姑娘》故事片，影片改编自真人真事：日本1965年石油逐渐取代煤矿，以采矿为生的日本福岛县，面临产业没落、矿坑关门危机的某煤矿小镇，煤矿工人，面临集体失业和裁员。当地煤矿承包人，忽发奇想，以兴建一个四季如夏的"夏威夷度假中心"来转型。影片中以纪美子、平山真都香、千代等三位代表女性"英雄"，被看成是寻求另一生存之道复兴故事的缩影，该片获得日本国内外13个大小电影颁奖。我们想到现在成千上万的盐亭打工妹，她们中的成功者，那些成功男人背后的女人，不比纪美子、平山真都香、千代等女性"英雄"差，盐亭的后生们只要用心采访，盐亭的嫘祖文化一定会比我们搞得更多姿多彩。

因为如果说我们五千多年前的嫘祖妈、嫘祖婆，以及现在大家连各家的妈，各家婆的历史都不知道，难道连各家的姐，各家的妹，为什么要出外打工的社会背景都不知道吗？因为从近20多年来成千上万出外打工的盐亭打工妹身上的顽强、能干，我们看到五千多年前的嫘祖妈、嫘祖婆在想什么-----即推而广之，五千多年前，如果巴蜀远古盆塞海要干涸，嫘祖妈、嫘祖婆也要背井离乡"出外打工"，把远古联合国的事业支撑下去。这可信么？五千多年前巴蜀远古盆塞海干涸的原因是什么？这里我们不作讨论，但有人提醒，地球气候为宇宙星体相互作用所致，而太阳对其影响首当其冲。

这一下又激起我们想到"嫘祖求真"应该不难的往事，是宇宙大爆炸论搞到今天，西方的科学家把今天的宇宙起源根据宇宙微波背景辐射和哈勃红移现象，追溯到约137亿年前的一个极小极热的奇点爆发，而且还似乎把起源后一段时间里的每一分每一秒的变化都搞得清清楚楚----大爆炸后 10^{-43} 秒（普朗克时间），宇宙从量子涨落背景出现。大爆炸后 10^{-35} 秒，引力已分离，夸克、玻色子、轻子形成。大爆炸后 10^{-12} 秒，质子和中子及其反粒子形成，玻色子、中微子、电子、夸克以及胶子稳定下来。大爆炸后0.01秒，光子、电子、中微子为主，质子中子仅占10亿分之一，热平衡态，体系急剧膨胀，温度和密度不断下降……3分钟后，宇宙的温度降到了10亿度，一些基本粒子开始结合成为轻原子核，比如氢和氦。再过7万年，宇宙的温度降到了3000度，原子核和电子开始结合成为原子，宇宙由辐射主导变为物质主导。在这个过程中，有一部分辐射和物质分离了，形成了宇宙背景辐射遗迹，这也是我们观测宇宙历史的重要线索。

而我们中华文明远古历史探源，就传说的嫘祖和黄帝也才不过5000多年，与137亿多年相比，少得很多，怎么就求真不了？其实这个思索已经苦恼了近60年----1965年我们正在武汉上大学，早先教育的"宇宙无限大、时间无限长"类似霍伊尔的恒稳态宇宙模型科学观，在东西方不同意识形态的国家都是统一的，此时我们在大学图书馆的我国《科学通报》杂志上，看到1964年美国贝尔电话公司工程师彭齐亚斯和威尔逊，接收到一种毫米波微波----干扰宇宙微波背景辐射的发现公开。这以后我们国内虽然反对的人很多，到1978年我们大学毕业又已经在重庆参加工作8年，一天在《人民日报》上看到彭齐亚斯和威尔逊获1978年诺贝尔物理学奖的报道。

此时我国已经粉粹"四人邦"开始改革开放，我国科学界主流已经不反对西方的宇宙大爆炸理论。到2023年5月有新闻媒体报道，由英国南安普顿大学领导的一个天文学家团队，捕捉到了有史以来最大的宇宙爆炸，被认为是由超大质量黑洞吞噬的巨大气体云引发的。

中华文明远古历史探源已28年的探源工程，炎帝与黄帝和嫘祖以及他们更早的祖先要不要求真？只是要一个"满天星斗"、皆大欢喜，把希望寄托在北方----类似支持"多地区起源说"的"西方优秀论"----近十多年来，德国马普所创新出顶尖的人类分子考古学方法，搞古尼人、丹人的"杂交"能力超过"非洲人"说，跟跑"西方优秀论"成为潮流----因马普所帕博用基因测量技术考古人类进化，赛过专家用牙齿、肢骨等表观分析古人类进化，得出"天下型定居"农耕形成5000年中华文明多元一体统一独立的多地起源论，暗地被送给类似"洋娃娃"的帽子----中华民族的祖先不需都经过古尼人和丹人杂交，中国古人也有不被西方古尼人和古丹人杂交的祖先。但有不少专业科学家和媒体，却热衷这种作"洋娃娃"的宣传。

2017年3月24日《中国科学报》第1版要闻介绍，其中提到吴秀杰等专家说："许昌人"是中国境内古老人类和欧洲尼安德特人的后代，这是他们从"许昌人"头骨化石外形分析与尼安德特人的相似，说的基因证据。我们读到后给吴秀杰教授写信，质疑研究不真。

2017年3月26日吴秀杰教授已给我们回信说："确实我们做的工作目前还有很多不足的地方！我们都在探索未知的过去，许多问题并不清楚，希望通过大家的工作，日益接近真理，或者历史的真实。在这一过程中，存在不同的认识，甚至争论都是很正常的。谢谢提醒，下一步我会关注资阳人头骨化石的研究"----从1951年修成渝铁路发现巴蜀盆地"资阳人"，1952年修宝成铁路发现绵阳"边堆山人"遗址等以来，部分有帕博教授那种进击古基因分子测序真本事的专家，并不关注60多年前周总理等国家领导人，领导的"资阳人"与人类上古史大统一等的探索。而部分像湖北学者胡远鹏教授，就直说："苏美尔人就是蜀人，这从《山海经》以及《旧约》可以得到印证"。

其实2021年5月27日绵阳市就业创业服务中心的刘文传主任，送给我们一本他刚出版的《李珣研究》新书，他说："李珣是我们绵阳市三台县唐朝末年五代十国时期人，著名药物学家，他写的《海药本草》一书，明代李时珍写《本草纲目》一书都参阅摘录了《海药本草》。我写本书是想帮助促进振兴我们绵阳市和三台县的中医药交易市场，扩大扶贫产业"。这本书使人认识到：李珣作为被汉人称惯"波斯商人的后裔"的中国回民，也许很敏感听大人传说祖先在海外----回顾远古家乡郪江，不走西北边的陆路，走西南边的海路的情形----即使今天打开地图，如果走海路看早在遥远的古代，虽然印度洋上的阿拉伯海和孟加拉湾是阻碍东西方来往的一片难以逾越的水域，但在这上面的亚非大陆，索马里、阿拉伯、波斯和印度西部沙漠，一直伸展到海边，早有古人，就开始考虑从海上开辟一条更直接便利的道路。

从宇宙大爆炸到文明大爆炸说探源中华远古文明，是1981年初我们从重庆调回家乡盐亭县科协工作。那时全国各省、市（地区）、县的科协，很多办有铅印科普小报，而且相互赠送，邮寄不用交费。

在帮助整理县科委和县科协合署办公室的资料间，堆积大量未拆封的各地赠送铅印科普小报，和整理科技杂志时，感到我们也应回馈各地赠送铅印科普小报，而且更应急农村缺乏农业科学技术和人民健康知识所急，创办铅印科普小报。当时在县印刷厂印一张《参考消息》大的小报，只要4分钱。20元钱可印500张小报，与县外交流寄20来张，县里还可发送470多张。此事反映给县政协开会，讨论也很热烈。因我们在重庆的单位工作时，学过办铅印工程通讯期刊和印刷，受《科学广东人》刊名启发，县科协常务副主席梁明全同志同意创刊发送《科学盐亭人》铅印小报，并叫我们出创刊号头版发的头条文章必须是《盐亭建县史略》。但拿到《盐亭建县史略》文稿，是个难题。

1981 年 4 月，我们同梁明全主席到盐亭县林山乡组建农村科普协会。林山乡是多年全国、全省、全县的植树造林模范单位。林山乡原党委书记黄明俊同志也是多年全国、全省、全县的植树造林先进个人，已调绵阳地区林科所作所长。当时的林山乡党委书记是金文龙同志，后来当了盐亭县副县长。他热情地接待了我们，在工作交谈中，梁明全主席偶然谈起县科协要办《科学盐亭人》铅印小报，需要《盐亭建县史略》的文章。金文龙书记回应大致说，他听林山乡五大队书记讲，历史上盐亭"严改何"姓人家著名事件，在五大队有何姓人家保藏有远古家谱数卷，虽有损坏，仍很宝贵。但具体联系，仍不得见。

盐亭县 1949 年 12 月份解放，32 年来没有组织过写《盐亭县志》。三年自然灾害后，县政府为吸取历史经验，只是指示盐中和县文化馆，回聘退休的盐中教历史和语文著名的孙孟洁老师，在县文化馆图书资料室作收集整理盐亭县志工作。1928 年孙孟洁就与王隶三、谢趣生、王拔尘、李仲甫、敬克仪等一批盐亭青年学生在成都读书，视盐亭曾赴法勤工俭学著名的活动家杨廷虞为良师益友。1962 年我们在盐中读高中，有时星期天到县文化馆看报刊，认识孙孟洁老师。

这是 16 年后我们与孙老师的相会，在盐中校舍后的一处平房的一间小屋里，找到他。孙孟洁老师当时已 80 多岁，孤身一人。我们说明来意，并回忆 1964 年一次谈话交流的亲情，孙老师很感动。但说写《盐亭建县史略》，实在精力不行。他可以把自己以前收集整理写的盐亭县志资料还保存的，借给县科协看。这已经是一个最佳方案。

我们 1945 年出生在盐亭县天垣场盘垭村，1949 年解放，我们已算新中国翻身后的第一代。我们的童年在"解放区的天，是明朗的天"的欢乐歌声中度过。天垣场街上戏楼学校两边房子的高墙上写着的大标语："天下农民是一家"、"土地回老家合理又合法"，特别显眼，永远留在我们记忆中。这里更有"盘古王表"的传闻，不见龟碑，还能见到场口李家沟"袖头山"下半坡残存的龟碑石头和场口山岩露出的"盘母石"盘。

我们读大学时，姐姐和姐夫哥送给我们 1965 年第 7 次印刷出版的《新华字典》，保存至今。《新华字典》后面列有的"我国历代纪元表"，只有五帝、夏、商、周、秦、汉……到中华人民共和国 1949 年 10 月 1 日成立的"次序表"。最先的"五帝"只有王名和"前 2550--前 2140"的大致时间。《新华字典》没有提及"盘古王表"，但它的"我国历代纪元表"一直是我们查对学习历史资料编年的一种简便方法。拿到孙孟洁老师给的部分盐亭县志资料，见他收集写的材料很散乱，我们就按《新华字典》的历代纪元年表的次序来摆放，反复精简修改，不久整理一篇 1500 字的文章。

因为《科学盐亭人》创刊号头版除发头条《盐亭建县史略》大文章外，还要发梁明全主席和县农业局农技师常俭朴、杨福盛写的《谈谈棉花中后期管理技术》的一篇大文章，这也很重要。我们整理写的《盐亭建县史略》，希望还用孙孟洁老师的名字。经梁明全主席的修改补充，再找孙孟洁老师亲自过目完善，他同意用他的名字发表。

通过这件事，我们亲身感受到县史溯源的不容易，更不说嫘祖求真，盘古求真的难了。从司马迁写《史记》，到孙孟洁收集整理盐亭县志，他们都是活生生的人，不能把他们没有经历过的事情、看到听到的的事情都记录下来；也不能去编传说或把没有听到过的传说记录下来。陈龙会长说："至少闲人可以证明，几个版本的县志上都没有提嫘祖这一笔"。其实孙孟洁老师收集整理的盐亭县志资料也可以作证："几个版本的县志上都没有提嫘祖这一笔"。他的盐亭溯源，只提到："盐亭建城，可溯到战国，当时秦惠文王灭巴蜀二国，秦即在弥江东岸凤凰山顶建亭，称秦亭，以资镇守。因那时东有盐井，又称盐亭；还称潺亭……所管辖的范围，南至蓬溪郪水，北至南部西河，西至三台涪江，东至西充县城"。孙孟洁老师的收集这些材料，现在编的盐亭新县志中也不敢说。但孙老师的正确，是后来我们看到一本蓬溪旧县志记载，蓬溪在秦时属盐亭管辖。

盐亭县志办写书的一些老师，曾是中学教过我们的老师，由于县志办和县科协都属于县委机关，见面的机会多。我们曾问过盐亭县志办副主任何天度老师："为啥有些盐亭偏远地方的事情记得不准确，难道不可以下去核实吗？"何天度主任为难地说："调进来写书的大都是一些年纪大的老同志，出远门核实行动不方便，他们凭借本身丰富的经历和所闻，回忆记载一些事情已经很宝贵。再说划给县志办的经费有限，不能听一说不对就下去核实"。何天度主任说的也是实话。

嫘祖求真，盘古求真，即使有可靠的考古遗址，发掘需要大量资金、人才，需要上级批准，要办成事也难。还不说"文革"结束以前，搞类似"破四旧"运动，有意或无意之间，把一些可求真远古遗址、文物破坏了。类似法院判案，需要证据。但你把证据交给法院，它却把这些证据给销毁了，过一段时间后，它又叫你拿证据。证据可以是无限的吗？考古学是一门"科学"，也是一门"被科学"。

缺乏考古人才，难遇工程建设，偶尔发现了古文物遗存也没有报导，也就不是人类古文明之地。革命也不是请客吃饭，"不是做文章，不是绘画绣花，不能那样雅致，那样从容不迫，'文质彬彬'，那样'温良恭俭让'。革命就是暴动，是一个阶级推翻一个阶级的暴烈的行动"。

我们是在新中国 75 年的培养教育下长大的，至少从读初中时起就教育我们反对成名成家，要走又红又专的道路。所以即使搞嫘祖求真、盘古求真，也不是想成名成家，那时也不是想到搞旅游。虽含有发展经济提高人民生活水平的愿望，也还含有追求探源工程目的是想知道人类社会之间的奋斗、对立，有哪些历史的底层动力，那究竟是什么在推动历史？以现时来说，2024 年 1 月 1 日观察者网据朝中社 2023 年12 月 31 日报道朝鲜劳动党第八届中央委员会第九次全体会议，朝鲜劳动党总书记金正恩表示，朝韩关系"再也不是同族关系"，而是完全敌对关系。2023 年 10 月 30 日俄罗斯国防部长绍伊古在第十届北京香山论坛上表示，俄罗斯只会在遭到核打击或国家存亡面临威胁时才会使用核武器。2018 年3 月普京在纪录片《2018 世界秩序》里对记者也说："如果俄罗斯没了，还留着这个世界干什么？"今年"金砖十国"，是普京反击西方筹码的说法，并不夸张：取代 G7 国家的地位，可能改写世界秩序。

然而要降低人类"共同安全"的风险，把它与大流行病、核战争等社会风险一样，当做全球的优先关注事项来说，如果你逼人太甚，朝鲜做的是正确判断；说原子弹是

"纸老虎"，也有"真老虎"的一面。在这样的年代，在我们的想象中，从宇宙大爆炸到文明大爆炸类似的嫘祖、盘古求真等探源挺多东西，能够寻找到是我们现在缺失的吗？国外科学137亿多年前的宇宙大爆炸都搞得清楚，1965年我们在大学读书知道后，老觉得为啥在家乡亲见亲闻的盘古、嫘祖等远古人物的遗存，还不到一万年，我国的科学就搞不得清楚？当然我们清楚要拿远古文物作证，不容易。从上世纪50年代初到"文革"结束的70年代末，我们知道由于革命斗争和建设的需要，寻找远古巴蜀盆塞海山寨立足起城邦文明和海洋文明的真实之难，这也与如今类似从榉溪河畔到梓江、涪江流域的数百座密集古生态景观的寨子山原貌建筑，绝大多数已经荡然无存有关----这些古生态景观的寨子山原貌建筑最后一次绝大多数被荡然无存，与消除"封资修"运动有联系。

　　如今在这类密集古生态景观的寨子山原貌建筑已经荡然无存的地方，曾经出生长大还活着的80岁左右的，也许有人看见过。例如这使我们想起解放初才五六岁时，在天垣场上小学，教室旁边的两间大房子里，堆满从各个地方收缴来的旧书、古书和古字画，由于没人管，小学生们在课余常翻窗户窜到这两间大房子里的书堆上，拿古书和古字画闹着完。后来这些东西被烧毁了。还有一次，老师带领我们小学生去天垣五面山，看翻身农民拆毁山寨的古庙和打掉各种神像。而这里正是传说盘古童年成长的地方。这种作法，我们小学生当时还拍手欢呼叫好----现在我们明白，也许在暴风骤雨般的革命运动时期，这是难以避免的。三星堆考古不"刻舟求剑"也难，其中也有类似有法院，如果把交来的证据材料不断销毁，还要叫拿证据材料，才能判案，那是难以让人理解的。讳莫如深，其实人类文明的转移，该地荒凉了，被人遗忘了，辩证地看，也是在保护当时的文明的遗存。

　　从绵阳经平武到黄龙九寨沟考察，会看到绵阳这一头，越是被开发，古的原始风貌越是荡然无存。而黄龙九寨沟那一头，越是没被开发，古的原始风貌越是明显。经过半路的"猿王洞"，还说发现过一万年前的原始人骨头。难道适合现代人居好环境的地方，就不适合远古人类的生存？远古人类是专找恶劣环境生存的笨人？不好谈的事情，也有上面提到类似土改以后天垣地区很多远古文物，由于革命斗争的需要，有意无意地销毁，盐亭县的远古文明由于得不到的承认，至使大量的远古文物流失、破坏。

如解放后盐亭很多地方修桥筑路、改田挖堰，仍有又发现远古文物的。但由于远古，自然它的粗朴和无人辩识，收交到县文化馆也难于保管。如上世纪 80 年代县文化馆修办公楼，这类粗朴文物被搬到一个露天旧舞台。后来舞台房顶垮塌出现大洞，刮风下雨使远古文物和破瓦残壁混在一起，再后也被作为废料抛弃。

1981 年调回盐亭县科协前还在重庆为重钢建设大打矿山之仗时，我们常常想到家乡的建设。从儿时懂事起在家乡我们知道很多事情是为人民好，如土改斗地主分田地，组织互助组、合作社、人民公社，搞"大跃进"、"四清运动"、"文化大革命"，推动修山湾大堰塘、改田改土，种植经济作物如桑树、梨树、柑橘、茶树、甘蔗等等。当时我们住在重庆重钢大渡口新山村，那里的街上有大的新华书店，山下有重钢图书馆。我们星期天节假日在这些地方翻阅书籍，发现介绍近代北欧的挪威、芬兰等地区经济的落后，崛起其实比西欧大陆的法国、德国、意大利等地区还迟。但这些地方后来采用如山村家家户户，遍山放养牛、羊，政府组织公司在各处村庄设站定点进行收购牛、羊奶、奶粉，然后用直升机、飞机每天把这种新鲜、优质的奶品，送到法国、德国、意大利等大城市供销，赢得大量资金投入国家建设和福利。北欧的挪威、芬兰等地区也很快发展起来，类似我们的"一带一路"。

这类书籍介绍不知真假，但想到夫妻两地分居必然要从重庆回到家乡生根，这种对外贸易经济能普及发展，也是家乡人民的一种生财之道。那么家乡只有栽桑养蚕缫丝织绸，与现时和历史上嫘祖能接轨。

正如陈龙会长说："蚕会生各种'病'而降低产量，这个盐亭农村待过的都晓得，现在都还有'僵蚕'、'脓蚕'等常见病，足以造成蚕子大面积死亡"。那么联系远古嫘祖时代，如果蚕子大面积死亡，远古巴蜀盆塞海山寨城邦那时的人们是如何解决的呢？有一位台湾学者说过，海岛之间类似的"封闭"对蚕病的防治有利----解放前大陆曾发生因蚕病蚕子大面积死亡，蚕种还从台湾取回过。那么远古巴蜀盆塞海山寨城邦时期的养蚕，是有利的。今天全国13、14处争嫘祖故里，搞嫘祖文化，可用传说和编故事来宣传，没有错。

但真实的情况，更联系可考的更多事实。1981年4月初调回家乡正式在盐亭县科协上班，当时中央正在农村落实生产责任制，我们参加盐亭县委机关组织的全县检查落实农民土地承包联产责任制工作组三个多月，下到两河区后溪公社，看到梅花大队青年农民都正全家，利用承包的堰塘田边地坎土地栽桑养蚕，蚕茧收入超周围很多大队人家。在两河区毛公公社二大队，看到退休教师谭古诗回农村家科学孵抱小鸡，增加收入。我们在县科协组织的各种学会协会研究会的大会上宣称，印资料介绍。在黄甸区利和公社汪沟大队，了解到青年农民小麦育种爱好者陈光猛，从1977年开始连续三年到省农科院学习一两个月，后来搞小麦抗病育种，比一般小麦多收377多斤，我们推荐他到四川省第二次青年自学交流会作代表，并在1982年10月26日的《四川农民》报上发文报道他。总之，我们深切感到在农村，面向生产，发挥优势，成效显著，大家都有使不完的劲。

在这期间的家乡远古嫘祖、盘古求真的探源，更多的是听家乡人的大语言模型怎么说。例如，家乡何拔儒整理的《盘古王表》，炎黄时代的崛起，是分别为两个时期，一个是5000多年，一个是4000多年。那么《盘古王表》求真有没有收获？仅举3例。

A、韩国丝绸学会会长朴在明，编辑出版的《世界蚕丝绢年表》----他以1927年我国山西夏县发现的蚕茧科学测定的时间，即约公元前3000年为开始作纪年。那么中国模糊上古历史的惯例，要杜绝类似两岁的嫘祖和80岁的黄帝结婚生子的笑话，很简单又科学的办法，就是以常识统计的一个人能活的寿命的年龄段、能生育的年龄段、能干国家大事的年龄段，来限定比较校对我国惯例的模糊上古历史更精确的误差。于是在十多年间，我们利用何拔儒破译流传的盐亭天垣《盘古王表》，搜集了全世界亚、欧、非、美、澳洲近百个重要国家的通史，以其中有大约纪年的远古人类活动事件、考古发现和科技发明作比较、鉴别、选择、调整完善。如我国考古发现约公元前 3000 年前的商代才有青铜器的使用，但乌克兰的考古发现，约公元前 6000 年前就有青铜器的使用。如果作"远古联合国"看待，青铜器的使用就不应该在约公元前 3000 年前，而应在约公元前 6000 年前也有可能。

B、所以我们的《嫘祖年谱初探》最初公开，在《四川丝绸》１９９３年第３期上发表的。之后引起吉林省蚕业研究所所长李景洛教授的重视，被介绍到韩国和朝鲜，才引起韩国和朝鲜的重视。因年谱中提到：约"公元前３０９２年，为开辟丝路，嫘祖轩辕巡视东北，并到了朝鲜"。朝鲜人民的领袖金日成主席重视朝鲜上古史研究，据《参考消息》报道，１９９４年金日成主席生前为此视察了檀君陵。因为朝鲜自古就有"檀君神话"，传说天帝之子桓雄天王率领３０００人马自天而降，来到太白山顶的一棵神奇的檀树下，造就了古朝鲜开国鼻祖檀君王俭，在平壤市郊江东郡的檀君陵现还存在。尽管日本曾盗掘过该陵墓。在金日成主席的指示下，后朝鲜社会科学院还是在陵墓中发现８６块人的遗骨和一些遗物，经现代科学手段的多次检查，证明遗物的年代是约公元前３０１６年的。这可以说《嫘祖年谱初探》经受了一次严峻的国际考验。这时我们已经调到绵阳市里面工作。

C、在盐亭和绵阳，反对嫘祖的人不说，就是赞成嫘祖的人，也有 90% 反对《嫘祖年谱初探》。理由是远古历史研究只能"宜粗不宜细"，这是惯例。有的人还讽刺说："有人连他的妈、他的婆的历史都不清楚，还能知道嫘祖妈、嫘祖婆？"甚至有的说："四川地区落后，中原先进，嫘祖配已经是皇帝的黄帝，就像今天年纪小的打工妹，嫁给发达地区年纪大的大老板，只能做二奶一样"；而赞成嫘祖的人也说："连司马迁都没搞清楚嫘祖的很多事情，今天谁还能搞清楚？"《嫘祖研究》一书出版后，绵阳日报社送给了绵阳《剑南文学》杂志的主编、盐亭人谢宗年主编几本。1993 年开盐亭县嫘祖研究会成立大会，邀请谢宗年主编作特邀嘉宾参加，他写出《上古文明史的新发现----浅析〈嫘祖研究〉的学术价值》的论文，并打印出了五、六十份，准备带到会上去宣读。后来他回来告诉我们，他根本不敢宣读论文，只能改作泛泛的发言，并把他打印出了论文带回来送给我们。他说，他论文中涉及高度评介《嫘祖年谱初探》的内容，到会一听，才知连主宰大会的大部分人也反对"嫘祖年谱初探"。所以他后来在绵阳市社科联的《绵阳论坛》杂志正式发表时，就把这一部分内容删去了。

谢宗年主编当然清楚，绵阳有作家在他主编的《剑南文学》上发表文章，写传说三千年前黄帝到过三台县的三元丝厂那个地方。因此如果说《嫘祖年谱初探》"假"，没有比惯例的模糊上古历史"假"的了。所以直到国家公布要搞夏、商、周断代工程后，这种众口一词的局面才被打破。嫘祖教民养蚕制丝，在远古联合国类似英国开启工业革命之前开启满山遍野的乡村企业，也到处开启养蚕制丝等原始社会手工作坊的"乡村企业"，而放飞的嫘祖"科商"。但为何以后消失？是巴蜀远古盆塞海山寨城邦文明和海洋文明，在盆塞海干涸后，转移到中原的黄土农耕文明，不适应养蚕制丝"乡村企业"规模发展。

科技生产力的持续依赖于全球产供销产业链系统的制约，是在形成世界的统一性中产生。"远古联合国"的解体，各国家或民族、群体，通过类似法律手段的克服战争或大的自然灾害等形式，只能艰难曲折。如果中华民族的上古史，存在盘古文明式的"远古联合国"现象，那么可说直到鸦片战争时的这种"天下莫非王土"的远古联合国的追思，才被后来维京人"持剑经商"的全球产供销产业链系统破灭。

因为天下莫非王土的"王"字，不是指"国王"，而是应作全球化"统一"解读。如果宇宙的起源，发生于137忆年前宇宙大爆炸，科学家们连宇宙大爆炸时的万分之一秒一秒的事情，都能搞得很清楚，那么中华民族起源不过一万年，就喊"宜粗不宜细"，是我们还没有完全融进全球产供销产业链科技系统的表现。对属于"科商"的一些基本科技原理和实验方法，没有近10万到100万粉丝事先形成的兴趣；有实验，甚至论文公开发表，也不能像近100多年来诺贝尔科技奖评审、验证，产生的"以下推尖"的集群效应和集聚效应。

【5、看时务学堂中全身而退的蒋德钧】
1、盐亭存古学堂之谜
文明探源联系存古学堂到时务学堂与发展，盐亭的旧时

"存古学堂"不同于四川其他县的旧时"存古学堂"，以及湖北武汉张之洞等地的旧时"存古学堂"，和湖南长沙蒋德钧等地的旧时"时务学堂"，但又有相似的抓科技浪潮并带动产业发展的性质。这还要从四川盐亭玉龙古镇说起----玉龙古镇原址在梓江对岸昆仑山下的祠窑坝，后因避洪涝灾害迁建于现址。祠窑坝即流传千古盘古王领导"暴动"故事中的那个原来是烧制土陶的地方，有99座陶窑。

但它的名字不是"陶瓷"、"瓷器"的"瓷"，而是"祠堂"、"宗祠"的"祠"，代表"祖先"、"先人"、"祖传"的意思----因这里与上古开天辟地的盘古出世的传说有关。由此1864年（清同治三年）盐亭县教谕马来宾，到玉龙古镇牵头募捐将原私塾扩建，才办起"存古学堂"。那时镇上的早期居民，除本地人外大多来自广东、福建、浙江、江西、湖北、湖南，号称"七省一堂"。后来还有山西、陕西客商来玉龙做生意，除部分人务农外，大多以经商、航运和捕鱼为生。

原因如果说之前中国没有"存古学堂"、"时务学堂"、"洋务运动"----鸦片战争前，中国的自然经济占统治地位，还是一个独立自主的封建国家，那么两次鸦片战争之后就不同了。

第一次鸦片战争（1840--1842年）是英国因东印度公司在中国走私鸦片被销毁而对中国发动的一场战争，导火线是英国商人在中国广东海城走私鸦片20多年，被林则徐于1839年在广东强行销烟。1840年广大爱国官兵和三元里人民进行了英勇战斗，但战争以中国失败并签署了《南京条约》等条约告终。

第二次鸦片战争（1856-1860年）是英、法为扩大侵略权益发动的侵华战争；美、俄坐收渔人之利。四国强迫清政府签订的《天津条约》、《中俄瑷珲条约》、《北京条约》等，外国侵略势力扩大到沿海各省和长江中下游地区。中国社会的半殖民地化程度，进一步加深。

这一系列战争中，一些爱国的知识分子惊醒了，一股"向西方学习"的新思潮萌发了。为啥盐亭与其他地方不同----这里把玉龙--天垣地区传说中的盘古文明、嫘祖文明振兴方法捡起来，类似今天城边地区搞的"经开区"、"科创园"，以及强调"保家卫国"、"建立根据地""团结救灾"、"统一双赢"……。为啥这里有这么早的觉醒？

这要从说 1649 年出生的盐亭历史名人张鹏翮说起----张鹏翮中康熙时的探花，1689 年他出使帝俄参与签订《尼布楚条约》。口传他外斗帝俄，内斗"内鬼"，争得大清少丧权辱国，是与他在家乡当难民、灾民、饥民、移民时的感受，以及了解盘古、嫘祖中华文明的起源有关。这个"口传"变为公开出书的，例如，四川盐亭原五龙龙潭中学教师任周诰老师，是十七届中共中央委员、全国政协第一副秘书长及担任过四川省委副书记、常务副省长，云南省政协主席的杨崇汇同志的初中老师，2016 年出版的《黄昏练》书中讲了此事。

还有 1899 年前在盐亭"口传"最大影响，是震撼世界的 1871 年 3 月 18 日的巴黎公社运动，也类似与一位张家的人物关联----1871 年清政府驻法国使团英文翻译、23 岁的张德彝，目击巴黎公社社员的英勇气概后，在日记和寄往中国的书信中，评说那些"叛勇"----公社社员"有仰而笑者，虽衣履残破，面带灰尘，其雄伟之气，溢于眉宇"。类似张德彝的这种评说，与马克思在《法兰西内战》中的一些评说，结合在一起的敏感时政要闻，在中国的"口传"回荡远久，在盐亭也有回响。这种"回荡"，早在 1858 年沙俄逼迫清政府签署《瑷珲条约》，1860 年中俄签订《北京条约》清政府认可《瑷珲条约》等不平等条约。就在这之后的第 4 年 1864 年（清同治三年），盐亭县玉龙镇的文庙办起了"存古学堂"。

我们较熟悉的，是家乡盐亭县天垣场一处还残存保留一点房屋的旧时"存古学堂"----又称芳草沟王氏祠堂。据说原建筑的柱头，是取自远古的马桑树，使人难以相信。

更难相信的是芳草沟"存古学堂"，周围都是住的王姓人家，而且王氏祠堂关联五里远外"小凤洞"山冯家坪的王姓人家，学生却没有王姓人家的孩子，而是让附近董家山董姓人家的孩子，和天垣场北面寇家山寇姓人家的孩子，在"存古学堂"读书。为啥？

董家山及天垣董家河坝的人家，办的考酒厂、调味品厂、染布作坊等，寇家山寇姓人家办的榨油厂、面粉厂、纺纱织布作坊等类似的"工业园"，在天垣地区都很出名和兴旺。而王氏祠堂人家大多都是做土地和外出打工的，虽也有极个别出外经商、当警官、教书的，都死的死，亡的亡，有的还杳无音信。无数的铁的事实提醒王姓人家，要振兴，芳草沟"圆胞山"和"袖头山"相连下的王氏祠堂，不应是王姓一家的祠堂，而是纪念上古赫赫有名人王"盘古"的纪念堂，要办"存古学堂"，要让出来，供还有能力的人家组织学习和检验。

这儿离天垣场垭口盘母石碾盘垭不远，那座像城楼似的小山，现称"圆胞山"，传说盘古王他母亲出生他时，山下芳草青青，五颜六色的野花怒放。他母亲说："就留在这儿吧！如果我死了，就把我埋在这附近的山坡上。"后来这个地方被取名叫"芳草沟"，圆胞山下的垭口叫"老窝垭"。从碾盘垭连老窝垭对直过去的一处垭口叫做"小风洞"。因为正是从那里的风吹来的花香，使苦难中的盘古王的父母这对情人走到了这里。我们耳闻目睹的传说，已经是在解放后我们的童年和青少年时候。大人们常教育我们：不要学芳草沟"存古学堂"里董家的孩子，常欺负寇家的孩子；比能干，是见后来的效果。

而我们解放后能知道的，这里走出的一位董家学生，解放后被划为地主成分，到老只会十农活，他结婚的两个老婆，按新婚姻法，大老婆与他离婚，带儿子独家生活。这里走出的一位寇家学生，解放后一直当人民教师；他在"存古学堂"被欺负，只因家里穷一些。

芳草沟"存古学堂"到现在还能残存保留一点房屋，是这里王姓人家的大度----如据说，1958年开始的"大跃进"后，天垣盘垭村很多农户的旧茅草房被拆，叫搬到有瓦房的人家，挤在一起住。盘垭村李家沟一户贫农家，男人已病死，女的带着一个10多岁儿子叫李明中，茅草房被拆，有瓦房的李家沟人又不让李明中母子住。原来李明中母子不是李家沟这户贫农的结发夫妻，他们是天垣赵家沟解放初被划为地主的一家人里离婚，改嫁给李家沟这户贫农的。但李明中是划为贫农成分的。面对这种难题，村干部叫李明中母子搬到已经空置的芳草沟"存古学堂"去暂住。王氏祠堂的人家也同意。李明中在这里住下后，勤劳踏实，王姓的人家还帮他介绍婚姻成了家，生了三个儿子。王氏祠堂实际归了他。后来他拆了部分祠堂房屋，在芳草沟下沟垭口石亚子修了瓦房，现在李明中母子已经去世，他爱人还在。

1925年在发掘出"盘古王表"石龟碑的榉溪盘垭山口，修建纪念盘古的天垣场。这里的"存古学堂"正式兴场后，还搬到利用抵押"盘古王表"石龟碑筹集到的部分资金，修建的天垣场的戏楼上，人称"天下第一楼"。原因是，这楼只有逢年过节时才演戏，平时是用来上课的。这是一所没有围墙的学校，也是一间没有墙壁的教室。

1950年刚解放，我们还不满5岁，姐姐在楼上上学，还把我们带到楼上一起上课----家里大人干活去了没人带。1961年我们初中毕业回乡被叫到天垣乡小代课教书，学期中全乡各村小，相互交流检查工作，我们看到天垣三村的文家观小学、五村的中锋寺小学、二村的陈家河小学，都还在旧时办"存古学堂"的寺庙或祠堂里。但就是这类"存古学堂"，解放前后还影响着天垣场周围乡下寇家坡的榨油厂，董家河坝的考酒厂，文家观、何家坪、姚家湾等的纺纱与织布作坊。

还有像盐亭文通镇石牛庙范炳南家族办的"存古学堂"，调研西汉史学家刘向的《说苑•指武篇》和近代类似"湖广填四川"的动乱暴力对土著的冲击，关联类似张德彝对巴黎公社起义的评说与马克思在《法兰西内战》中的一些评说结合在一起的时政要闻口传，感生自持几代殷实满门书香，应为培育子孙后代去对付和解决这种现象。于是范炳南独自拿出资金，长期聘请有关教师在石牛庙开办"存古学堂"，既教本家几个子弟，又供同族及村内儿童免费读书。在盐亭，这样的存古学堂很多。范炳南的大儿子范仲纯，受他的影响和指派，早在1906年就入日本早稻田大学政治经济系求学，专攻马克思政治经济学。1910年学成归国后，范仲纯开始在石牛庙"存古学堂"和盐亭县内及成都等地家庭朋友聚会中，讲解马克思主义是一个好东西。

中国现代的历史学家和经学家蒙文通(1894--1968年)教授，1911年就入范炳南家族办的"存古学堂"，受教过。

盐亭的旧时"存古学堂"对蒋德钧和张之洞等的影响，要说到2023年10月28日绵阳交道运输公司原工会主席、四川省作家协会会员陈奎先生，给我们送他由人民出版社出版的新作《大潮飘萍》长篇小说，遇上绵阳市就业创业服务中心的刘文传主任，谈起他写的《蒋琬后裔蒋德钧在绵阳遗迹探寻》，联想起近代洋务运动中的一些秘史。

这里不详说张之洞（1837--1909 年）后期为洋务派代表人物，与曾国藩、李鸿章、左宗棠并称"晚清中兴四大名臣"的事。张之洞原籍河北，生于贵州贵阳六洞桥。1864 年同治进士，授翰林院编修。这一年正是盐亭县教谕马来宾，到玉龙古镇办"存古学堂"的开始。到 1874 年 6 月张之洞担任四川乡试副考官，1874 年 10 月任四川学政，他听到盐亭县教谕马来宾办"存古学堂"非同寻常的故事，非常感兴趣，就专程去盐亭拜访马来宾，并考察玉龙古镇等多处"存古学堂"。由此 1875 年张之洞写出《輶轩语》、1876 年写成《书目答问》两本书。他认为"欲治川省之民，必先治川省之士"。在主张改革传统教育的同时，他已开始认识到"西学"的重要性。

1875 年底在成都石犀寺，经张之洞的建议、造端、经营、规划，办起类似盐亭"存古学堂"的尊经书院。1881 年他出任山西巡抚，开始筹办洋务，设广东水陆师学堂、枪炮厂、矿务局、广雅书院。1889 年张之洞调任湖广总督，1905 年他在湖北筹办的存古学堂，"彰显其新"、"中体西用"，皆有自四川存古学堂又具有盐亭存古学堂崇尚的一些轨迹。张之洞在督鄂 17 年间力主广开新学、改革军政、振兴实业，办汉阳铁厂、湖北枪炮厂，设织布、纺纱、缫丝、制麻四局，由此湖北人才鼎盛、财赋称饶，成为当时中国后期洋务新政的中心地区。

2、全身而退的蒋德钧之谜

盐亭的旧时"存古学堂"联系到湖南长沙蒋德钧等地的旧时"时务学堂"，刘文传主任说：在今绵阳市西山子云亭风景区内的三国蜀汉名臣、三国文化重要遗存"蒋琬墓"园里，有一块 1890 年竖立的"蒋恭侯墓"大石碑上，尚可辨明"钦加三品顶戴署龙安府事湘乡裔孙德钧重修"等字样。这让我们想起蒋德钧在四川做官时，也像张之洞 1874 年那样，到盐亭多次考察玉龙古镇等多处"存古学堂"的故事。蒋德钧(1852--1937)，湖南湘乡人，湘军名将蒋泽沄的长孙，官至陕西布政使、追赠内阁学士蒋凝学之子。蒋德钧年少时即以军功保举做官，一直升迁到候补道员。1882 年被委任为四川省龙安府知府。

龙安府辖今四川西北绵阳市平武、江油、北川、彰明(县治在今江油市彰明镇涪江西)四县和三土司。蒋德钧在江油县城（今武都镇）设置了知府行台，长期住在江油施政办公，至 1893 年离任。

江油是唐大诗人李白的故里，李白的老师唐代杰出的纵横家赵蕤(659--742 年)的故里在盐亭。时称"赵蕤术数，李白文章"。李白 18 岁就访问盐亭拜师赵蕤。赵蕤所著《反经》，蒋德钧读过。当他听说赵蕤给嫘祖诞生地盐亭县嫘祖镇（金鸡场）金鸡场嫘祖山，第三次补建嫘轩宫时写过《嫘祖圣地碑》文，很感兴趣。1884 年蒋德钧到盐亭走访赵蕤故里时，又听到当时省内外一些洋务派人物，如张之洞那样到盐亭考察多处"存古学堂"的新闻，激起他思考在江油兴办存古书院，以及主持重建大匡山的太白祠，塑李白身着官袍像于祠内。

蒋德钧 1893 年回到湘乡，积极投身维新运动，开矿山、修铁路、搞实业、办新学、建图书馆、推行乡村自治等，成为朝野看重的维新人士，才揭秘他留意盐亭存古学堂等故事。"历史法院"在写自己的历史，"自然法院"也在写自己的历史。2008 年 5 月 12 日四川大地震，抗震救灾把我国各族人民团结在一起，也把我国和世界各国人民团结在一起。从 1888 年康有为第一次上书，1888 年盐亭人建笔塔，到 2008 年 5 月 12 日笔塔在四川大地震中倒下，这是笔塔与"历史法院"和"自然法院"抗争的最后冲刺。120 年笔塔情深，情深笔塔。

5·12 大地震，盐亭县城中 31 米高的笔塔垮塌，当晚电话传到绵阳，我们听了十分震惊。过后我们到盐亭两次前往笔塔地点察看。见周围虽有地震发生的危房，但直接垮塌的没有，而笔塔垮塌也奇：这类似粉粹性垮塌，砖头散乱在四周，连成大块的不多，所以靠近它的房子受损的也不严重。现仅存余约 9 米，大致两层，实际只有一层半多，因为西面有缺口，只是东面至第三层还完好，而且在第二层露出了一副完好的对联，约长两米，字约小碗口大。

右联是：门第科举擢东关；左联是：火候文章光北斗；横批是：云蒸霞蔚。盐亭笔塔是省级保护文物。位于盐亭县委机关内，即原来的盐亭旧城西门外宝台观。笔塔建于1888年，到2008年整整120年，其间经历过了1933年和1976年两次大地震。该塔为重檐歇山式楼阁塔，七层六面，高31米。笔塔得名，因她清秀、挺拔、美丽、高装、夺目，像一管巨笔着墨伸向蓝天。解放后，由于东面对联带有封建色彩，已被水泥涂盖，只现西面第三层以上"龙盘虎踞"四个大字。这四个字各占一层，是用花瓷器片镶嵌而成，十分耀眼。

也许因毛主席诗词里也有"龙盘虎踞"，在改革开放前才没被涂盖。对联今解，寻找文字的意义自然浮现在脑际。我们不知道120年前建塔的主事群体是如何想的，它肯定包含了很多封建元素，但它经历了120年的风风雨雨之后，以今天的时代文字理解来看，它是否还有生命力呢？我们是已经生活了半个多世纪的人，如果把对联其中的"火候文章"理解为有"实践指导"的含义，"门第科举"理解为指国家"正规培训"的含义，我们认为那生命力也许是永恒的。

因为"门第"虽然是一个封建观念，但它实际是指整个家庭的社会地位和家庭成员的文化程度等含义，这在今天人们的眼睛里，客观实际也仍然存在。"东关"是特指盐亭县城城墙的东门，旧时是政府张贴布告的地方。科举考试的榜文、升学考试发榜，张贴在东门可泛指"公示"评议的方法。其次，旧时县衙门在进东门城内南边不远处，"东关"也可泛指"政府"。这是到解放初期也如此的众所周知的往事。"擢"指"选拔"、"提升"、"任用"。连起来，"门第科举擢东关"是说，类似有学历的正规考试，是政府选拔任用人才的办法。

至于"文章"狭义虽指字面的东西，但广义也指"实践"、"行动"，这是毛主席以来就是这样教导的。"火候"比喻紧要的时机，也指烧火的火力大小和时间恰到好处。"光"指"光彩"、"明亮"、"照耀"。"北斗"指北斗星，它能教人辨别方向。连起来，"火候文章光北斗"是说，及时又恰到好处的东西，指导理论和实践赛过北斗的明亮。

　　"云蒸霞蔚"是形容景物灿烂绚丽，欣欣向荣、气象万千。所以整个对联今天的意思是，如果国家看重学院式的正规教育培训及考试、公示等选拔任用各级人才的办法；强调有真知卓见的理论和实践，那么这两者结合起来造成的效果，其有份量赛过北斗星的明亮，社会也会欣欣向荣、气象万千、绚丽多彩。透过笔塔对联的解读，今天也许难以理解：136 年前的盐亭人何能占到这样的高度？看看当时建筑笔塔的背景影响吧。1888 年也称作光绪十四年，也可以说是濒临死亡的满清王朝，在中国历史上做了最后一次挣扎，经过短暂的回光返照后进入弥留时期---战乱不断，国家体系崩溃，经济跌至谷底；外敌不远千里驾驶着军舰到中国肆意蹂躏，民生不聊，一个接着一个的耻辱写在我们的历史书上。但那一年有两件事可作为盐亭人奋起的坐标。

　　一是广东才子康有为，第一次上书光绪帝，吁请"变成法，通下情，慎左右"。当时整个清朝朝廷，正是洋务派当道的时候，慈熙还给光绪有足够的空间去实现自己的理想。那一年在中国也是现代货币形式出现的开始---两广总督张之洞设立银元局，铸造银币；同时另一位洋务运动的代表李鸿章，支持上海道龚照瑗及严信厚等，在上海筹办华新纺织新局，颇有现代工商体制的雏形。在教育方面，在天津，中国有了第一家中学天津汇文中学。在南京，建立了一所教会制的大学金陵大学。在军事上那年清政府批准《北洋海军章程》，北洋海军正式成军。这也许是给"火候文章"和"门第科举"的思维壮了胆。

　　二是 1888 年，英国借口哲孟雄问题，悍然出兵二千多人，向西藏地方军队发动进攻，攻毁隆吐山藏兵营房。藏兵英勇抗击后，转移到亚东山谷。四月间，藏兵突袭英军营地，终因寡不敌众，隆吐山、亚东、朗热等要隘相继失守。但清廷却命令藏兵撤出隆吐山边卡，并将积极支持抗英斗争的驻藏大臣文硕革职，以长庚代之；又命驻藏帮办大臣升泰驰赴前线，与英国"罢兵定界"，还派海关税务司英人赫政协助升泰同英国谈判，使英国侵略势力打开了中国西藏的门户。

　　这段鲜血化雪莲的历史，也许给盐亭人也有冲击。因为在第二年（1889）盐亭出生了一位叫任望南的人，他与何拔儒同乡，出生时家境清贫，父亲早亡。他在何拔儒的启蒙教育下，选择四川藏文专科学校深造，16 岁毕业就投奔藏族地区任教，并从那里崛起。北洋军阀时期，官至山东省代理省长。北洋军阀失败，他漫游欧美，并投向孙中山。到成都解放时，他官至四川省财政厅长。在解放军的感召下，他拒绝随同省主席逃跑，保护案卷财物迎接我军接管。1952 年盐亭县法院以支持土匪暴动罪处决。1984 年经绵阳地区中级法院查证不实，宣告无罪；四川省委统战部决定对任望南以爱国民主人士对待。任望南在旧时做官期间，曾在家乡创办私立中学，并为盐亭中学等多所中学的发展筹款赠物，有一定影响。

实际早在修建盐亭笔塔的 25 年前，盐亭已拉开近代化的序幕。这个标志是 1863 年，在盐亭县城东门外的凤凰山顶，以感答随代县令董叔封教民栽桑养蚕之德，重建了一座高 6.3 米，呈六角形的纪念亭。盐亭人知道感恩，也许同时已明白栽桑养蚕缫丝织绸在近代化经济中的地位，才选择了董叔封。解放后至改革开放，盐亭县城地面文物能完整保存的只有县委机关内的笔塔和凤凰山顶的董叔亭，没有被暴风骤雨的政治运动所摧毁，也见其近代化意识的清醒。

这同 19 世纪 60 年代开始的"求强"、"求富"的洋务运动影响也有关。洋务运动的中心内容除办新式军备外，就是要办新式工业和学堂。到 1888 年盐亭建笔塔前后，全国类似 1873 年海南办的继昌隆缫丝厂、1881 年上海办的公和永丝厂、1881 年上海办的同文书局、1890 年办的上海机器织布局和湖北纺织四局等近代气息，一波又一波袭来，使祖国西南这块有过远古文明洗礼的沉眠的小县、穷县开始抬起头来。其实 1863 年盐亭在凤凰山顶重建纪念随代县令董叔封教民栽桑养蚕之德的"董叔亭"，盐亭多数乡镇已经兴起"存古学堂"的新风。原因之一，1840 年英国发动鸦片战争，发动了对中国的殖民战争。1856 年又挑起第二次鸦片战争。

同时北方的沙俄，西方的法国、美国等国也开始侵犯中国，中国一时间遭遇了严重的外部安全威胁。这个新时期的主要特点就是讲究统一的世界市场，分散、落后的国家不可避免地纳入整体中。这也是洋务运动试图走近代化的道理，在世界整体化的趋势下，中国比较被动的卷入。当时中国没有经过长期的积累，没有经历资产阶级革命，但中国的洋务运动与世界大势是分不开。即洋务运动发生在 19 世纪末至 20 世纪初的中国，大致可追溯到 1861 年至 1895 年之间。

中国洋务运动起过一定的积极作用，但也有不足。其中的著名人物，如谭嗣同（1865-1898 年）、梁启超（1873--1929 年）、蔡锷（1882--1916）等，蒋德钧都与他们有过交往。而蒋德钧之所以能全身而退，与他在四川、在江油、在盐亭的经历与考察有关。1893 年蒋因父丧返湘，最早提出在湖南设立新式学堂，1896 年他协助岳麓书院山长王先谦，以及黄自元等人，集股创办宝善成机器制造公司，并在宝善成公司之下于长沙小东街设立"时务学堂"，聘请梁启超为中文总教习，录取蔡锷等 40 名学生入学，1897 年开门办学，推广工艺。这是在学盐亭玉龙古镇"存古学堂"基础上的发展，也是清末维新运动期间，湖南所创办的第一所近代新式学堂。

时务学堂面向全省招生，前后三次共选录各类学生 264 人次。这些学生中如蔡锷、范源濂、杨树达、林圭等成为杰出的栋梁之才。其间 1898 年蒋德钧与谭嗣同、唐才常、熊希龄、陈三立等人共同创办《湘报》，并担任八名董事之一。《湘报》倡导变法维新，介绍西方资产阶级政治改革的历史和社会学说。1898 年谭嗣同等戊戌政变后，时务学堂改为求实书院，后与岳麓书院合并为湖南高等学堂，成为湖南大学的前身之一。而《湘报》也被迫停刊----虽然湖南维新派诸项新政蒋德钧都积极参与，且贡献颇多，但戊戌变法失败后，他并没有遭厄运。有人说他之所以如此，是因为他只干实事，不参与新思想的论争，因此得以脱难。在这一点上，蒋德钧与谭嗣同、唐常才等激进派是不同的，他属于维新派中的温和派。

1902 年阜湘矿务总公司（即湖南炼矿总公司）成立，蒋德钧为绅董之一。1907 年他积极参与了收回粤汉铁路筑路权的运动。1911 年辛亥革命后袁世凯命其督办湖南团练，蒋以年逾 6 旬为由，坚持不就，而将精力、资金投于办学和矿务公司。1918 年湖南政局动荡，蒋受熊希龄之邀，蒋德钧结束湘省矿务，举家迁往北京，不谈国事不与政界人物往来。1932 年返归湘乡故里。1937 年病逝，享年 86 岁。

【6、盐亭存古学堂探源文明大爆炸钟形图】

1、人类文明大爆炸钟形图与探源工程

2024 年 1 月 8 日四川省委省政府决策咨询委员会副主任，成都市社科联主席，四川省社会科学院教授、博士生导师李后强教授，给我们寄来他写的《＜黄帝内经＞是扁鹊原创和仓公完善定型的科普读物》等 10 篇论文。之前 1 月 7 日广东韶关退休工程师丁维兵教授，也给我们寄过他写的论文《用"年年有鱼"彻底推倒"满天星斗"》。

这一下增加了我们对人类文明大爆炸钟形图的思考----宇宙诞生于约 137 亿年前的大爆炸，然后加速膨胀；宇宙大爆炸钟形图代表着宇宙在它各个时期的可观测直径，向外翻起的钟口代表着宇宙在加速膨胀，目前这个钟口观察的直径有约 920 亿光年。

我们用圆环分形分维的自相似嵌套性质也能证明宇宙大爆炸论----相邻的圈子只交一次，要组成一个新圈，就象组成三角形要三条边一样，至少要三个圈子。用此规则联系分形的自相似嵌套性质，取一个半径为 Rn 的大圆作源多边形，再取一个半径为 rn 的小圆作生成线，在平面上画一个有自相似嵌套结构的图形。构造的规则是每一级的圆圈由三个相同的小圆圈组成。三个小圆圈的耦合相交，用它们之间的相切近似代表，并表示新一级的圈所能构成的最大内空限度。

这样小圆圈的半径 rn 与前面的大圆圈的半径 Rn 的关系按此方法作图，如此变形下去，随着变形的进行，会发现小圆圈不但向外扩展，而且还向中心位置堆积，以及在其周围形成等级式的成团分布等重要特征。这与实际观察中大爆炸烟云的国内外一些天文学家研究宇宙的分形结构，测得的星系分布的分形维数约为 1.2 相近似。

此证明得到分形学家李后强和文志英教授的支持，1989 年在川大出版社出版的《分形理论及其应用》书中和 1991 年第 3 期《华东工学院学报》上发表。类此圆圈分形分维自相似嵌套性质也能证明四色定理----如四色定理可化简为：无限图形在平面上划为一些邻接的有限区域面积，每个面积上没有洞域，最少要用多少条直线边把一个面积封闭包围围起来，才不与外界连通呢？

如此证明的机制就非常简洁和明了----因为根据庞加莱

猜想正定理，平面上任何形状的一个有限区域面积没洞域的图形，内部可连通等价于一个圆面积的图形，且可收缩为一条线或一个点。而按分形自相似嵌套性质构造一个圆面积的图形，类似相邻的圈子只交一次，要组成一个新圈，就象组成三角形要三条边一样，至少要三个圈子。

这些相邻的三个圈子只是"生成元"，要把这三个圈子按庞加莱猜想正定理和四色定理条件收缩，就只能收缩为三条直线边。反过来这三条直线边可等价于三块有限区域面积的图形和颜色，再加上被三条直线边封闭包围围起来的这一块有限区域面积的图形的颜色，就共是只有四种颜色，且是最少要用的颜色作图染色，而使得每两个邻接区域染的颜色都不一样----这就是我们1965年在大学读书时，从知道国外搞成宇宙大爆炸论后，自己推证的一些数理成果。

然而这激起使我们更加思念的是人类文明大爆炸钟形图与探源工程的结果----那时还没有由1995年国家科委主任宋健院士和李铁映国务委员倡议，在首席科学家李学文、李伯谦、仇仕华、席泽宗等教授指导下，动员数以万计的人力，从1996年起开展我国的"夏商周断代"工程，历26之久才在2022年由科学出版社出版了《夏商周断代工程报告》一本546页，共计83.6万字的大书，给出了西周列王年代、武王克商年份、商代后期武丁以下王年、夏商分界界标、夏代始年等结论。而夏商周断代工程的启动，源自1994年宋健院士在埃及卢克索遗址的一次偶然发现----他在那里发现了一份完整的埃及古史编年，其精度在十年之内。比如第五、第六王朝的赫利波利斯时代为公元前2400年至公元前2375年。我们都知道西周晚期的共和元年，即公元前841年，此后才真正有文献记载年代的"信史"，此前的历史年代都模糊不清，或者说有王无年、有世无年，存在很多分歧，于是出现了"五千年文明，三千年历史"的不正常现象。

这个发现引发了宋健院士对中国古代历史年代的深入思考：在西周晚期之前，中国历史年表一直模糊不清，缺乏确凿的历史记载，这一点容易引发疑虑。他说："没有断代的历史根本就不能称之为历史。它只能被称为传闻或神话"。这话是对的。中华文明是人类历史上少有的具有独立起源的古文明之一，延绵流传、从未中断。然而，我国古书上记载的上古确切年代，只能上推到司马迁《史记•十二诸侯年表》的开端----西周晚期共和元年，即公元前841年，再往前追溯就存在分歧。这成为我国乃至世界古史研究中的重大缺憾。

　　然而2000年夏商周断代工程首次简本报告发布之后，却在西方学术界遭到质疑。如美国芝加哥大学爱德华•肖内西教授认为：报告具有"政治背景"，目的是增强中国民族自豪感，搞民族主义，因此报告严重不可信。其实当时中国面临的形势，与后来的"中华文明探源工程"大不相同；且"政治背景"谈不上，也不可怕----古埃及历史，两河文明史，南美文明古国史……很多国家的历史，都不是当地人写下的，而是西方学者撰写的。这些经过西方学者盖章认证的历史，无论多么荒诞，基本都没有被西方学者如此激烈的质疑过。

　　夏商周断代工程，为中国提供了一个反映不同研究方法和结论之间的质疑、不同文化和学术传统之间冲突思考的契机----如本地性科学与普世性科学的区别。如果真有什么"政治背景"的话，也没有什么秘密----正如北大考古文博学院院长李伯谦教授说："红山文化、良渚文化中神权占主导地位，而在中原地区，祖先崇拜是第一位的，要传宗接代、要考虑本族的长治久安，因此才会出现比较简约的情况。正是因为道路不一样，最后崇尚神权的红山文化、良渚文化都灭绝了，只有崇尚祖先崇拜的中原地区的仰韶文化一直存续下去，没有断过，到了夏代以后逐步扩展，形成了以华夏文明为基础和核心的中华文明一统的格局，敬天法祖的祖先崇拜也构成了中国人骨子里最深的信仰。这也充分证明了道路决定命运，不同的道路选择，决定了文明的不同演变模式。当然，以后可能也会有新的材料来证明它或者推翻它，但至少这种可能性是完全存在的"----中原地区要考虑长治久安，才没有断过，形成了以华夏文明为基础和核心的中华文明一统的格局，这也充分证明了道路决定命运，不同的道路选择，决定了文明的不同演变模式----此话说的正是为啥中华文明是失落盆塞海洋文明的文明的"政治背景"；难道宇宙大爆炸钟形图钟口膨胀约920亿光年后的今天，人类文明大爆炸钟形图仍然处在有人说的"中东地区再次战火纷飞；新闻报道普京说，俄罗斯才是真正的日不落帝国"的时期？

为啥科学应分为"普世性科学"和"本地性科学"两种类型？"普世性"是普遍性和世界性的简称。"本地性"是本土性和地域性的简称。科学当然应该是普遍性、世界性的。如万有引力发生潮汐现象，是普遍性、世界性的。但钱塘江潮汐现象规模之大和奇特，在全世界并不多见，这就是科学又存在地域性和本土性现象。

又如袁隆平院士利用野生水稻与普通水稻杂交，成功培育出了高产的"三系杂交稻"，他采用的生物杂交原理是世界性、普遍性的，大家都知道。但杂交水稻发展催生的中国植物新品种保护制度，杂交水稻品种权保护，是存在育种单位品种权保护的。虽然开展杂交水稻的国际推广十分必要，但在杂交水稻国际推广中既要切实保护好，又要充分利用好杂交水稻的知识产权。例如，现代的种子基本上都是"一次性"的。由这个种子长大的植株上再收获的种子，不具备生产能力，直接种下去会严重退化，产量大大下降。这就是为什么现代的农民必须年年买种子，而不能象历史上的农民那样，自己留种子耕种。

所以我们卖种子给外国，根本不担心被仿造。他们真有仿造的能力，是盗窃我们的野生水稻品种及其的基因。所以保护袁隆平培育的杂交水稻专利，其中就有采用的野生水稻品种的基因是不容国外盗窃的。这是科学存在的本土性和地域性。科学创新、进化因素，存在普遍性、世界性，也存在有本土性和地域性，涉及科学作为一种智力，特别是数、理、化、生等学科的公式、定理、定律，它的客观性类似早已存在，不以人存，不以天亡，只是等人早晚的条件和来发现。

对于不是自己的发现，它类似传说。但他人的发现，也是可以再重复计算、推导、证明、试验检查的。发现成为非物质文化科学遗产传说，一方面它有普遍性、世界性；或者它从本土性和地域性也可以转变成普遍性、世界性。但有些非物质文化科学遗产的传说，它的可证性、表演性很小。还有如历史人物我国远古始祖嫘祖、盘古等事迹的传说，具有本土性和地域性；由于很多地方争他们的生出地，这也是一个矛盾问题；在四川盐亭县传说有盘古、嫘祖诞生，但即使相信嫘祖的人，又不一定相信有盘古。总之远古历史人物传说记载不全，相信的人不多。相信的道理也有，如远古嫘祖缫丝养蚕，由于考古发现过远古蚕茧和缫丝工具等遗物，即使嫘祖不出生在盐亭，这种发明缫丝养蚕的人物是存在的。但盘古却没有这类著名考古材料的公布。

其实像"夏商周断代工程"这种著名考古材料的公布，也不一定能平定学者们的怀疑。"夏商周断代工程"应该说是科学，是可信的。

但类似远古盘古传说，是否真为历史人物，是一个长期的科学考古过程。从不科学过度到科学，从本土性、地域性科学进化转变成普遍性、世界性科学，当然有条件。而且这种升级转变，是需要有各方认可的普遍性、世界性科学方法的，以及和一个国家科学殿堂内外，具有长期保持的学术氛围建设有关。

新中国建国后的 40 多年中，科学殿堂内坚持的中华远古史研究，搞的不是国际公认的"王表年表"方法。我国一批专家称的唯物史观，是属于母系、父系及旧石器、新石器的断代方法。以我国著名先秦史专家王玉哲（1913-2005）教授 2000 年出版的《中华远古史》一书为代表，他积数十年心力沿袭的这种"以苏解马"的教条，对中华远古史研究，造成长期不讲王表、年表极大破坏性的影响。

按美国著名历史学家斯塔夫里阿诺斯的侵略与遏止史观，所谓的国家，其实就是强势集团依据某一地域对内对外实行的生存保障或侵略。从这一定义出发，不管掌权者的时期的长与短，邪与正，强与弱，在没有新替代者较量取胜之前，都可以近似代表此时的顶尖优势。

所以中华远古王朝时期的国家模式，不是王玉哲教授困惑的夏王朝那种实际占领控制的版图模式。因为这种版图很小，就连王玉哲自己也难相信夏朝在中华民族国别史上是一个王朝。

这被称为"王玉哲悖论"。因为王玉哲的这种看法，用的是秦以后的国家专制更为集中，更为统一的疆域概念，使中华远古史王朝的疆域，并不成其为是中华远古实际的疆域。他说的西南没有了，东南没有了，西北没有了，东北没有了，而只剩下中原偏东部分。但秦以前的国家观念，应看作仍然传承有中华远古海洋文明和城邦文明期多民族的远古联合国的影子。即王朝的传承，是以顶尖优势的阶段性较量为标志；局部地区的二级政权，有的也如此。以此理解中华民族的远古版图，才更为完整、真实。对比西方走向科技强国，如共同攻克真实世界难以捉摸的量子概念，发展出量子力学中的如量子隧道扫描显微镜，是一种比电子显微镜放大倍数更大的显微镜，对研究基因组学十分有用，就因它们接力人才不断，科学殿堂内外，学术氛围浓。

还有激光、核磁共振、核元素分析等常见的应用，对人类学考古也十分有用，已成人类上古史大统一考古用的主流方法。所以新中国解放不久，1953 年毛泽东主席也就开始抓类似量子表述的科学，搞物理学大统一稳作为突破口战略。现在回过头来看，应该说给毛主席最大支持的，就是周总理、小平同志等。因为新中国一解放小平同志从抓人类上古史大统一方向，领导发现了轰动世界的"资阳人"头盖骨化石，为今后发展的双赢，打下巩固和深化量子突破口战略的第一个基础。这与 1983 年他首肯投资巨大的北京正负电子对撞机的决策联系，这两件事正如他说的"不会错"！本地性科学如此动人，我们把自然科学有时也看成是一种本地性。

这种感慨，来自于家乡四川盐亭县农村本地性的历史文化知识和自然环境现象，从青少年时代开始就对我们的影响。本来我们从小就对自然科学感兴趣，长大后更认为自然科学是普世性的。但我们是在解放后才成长起来的人，马克思主义的教育在政治方面使我们注意到，家乡大革命时期的中共党史使我们看到，马克思主义的这种普世性，也可以不靠"以俄为师"在我们家乡这种偏僻的山区农村里，早在 1909 年就开始传播，在 1911 年保路运动就第一次开花结果。而四川盆地在家乡的盆塞海大围坪海啸遗迹地貌，以及古山寨城邦遗存和盘古-嫘祖等远古传说，也隐隐约约在暗示人类曾经很早还有一个远古联合国，在与今天纽约的联合国映衬随行。这真像《道德经》里讲的"有无相生，难易相成，长短相形，高下相倾"。

盘古王表、嫘祖年表早已有之，但作为是盐亭本地性多年的鉴别、考察等辛勤劳动，它的公开发表就属于盐亭本地性的一种知识产权，它有别于国家集体出资的知识产权。任何知识产权的内容，也可以置疑，学术本身就是在争鸣中发展的。而且古王表、年表，也可能在别的地方还有发现，这中间还有比较、鉴别、选择、完善的过程。

这是国家、组织和个人都可以做的事情，但不是对盐亭本地性的知识产权，不进行亲历、多方考察就能拒之门外的。嫘祖丝绸文明，是中华古文明中一项代表先进生产力的人类文明，是真实的而不是虚构。这是前提。有一种奇怪逻辑：为什么真实存在的地方的人知道古王表、年表？为什么不存在的地方的人不能更知道？

这话正如问：为什么你知道你是你父母亲的孩子一样可笑。这种逻辑直到夏、商、周断代工程王表、年表公布后才被打破。因为它的夏朝王表基本还是按古人提供的王表没改动。同样可以设想，如果中华文明探源工程继续，远离了这一常识，不管在年代上或不存在的地方做了多少发掘、考察、实验和分析，中华远古史王表、年表真实存在的地方，永远会挑战他们的成果。太昊就是伏羲，也称伏牺、伏羲、宓羲、皇羲，生活在约公元前 5070-公元前 4171 年四川盆塞海山寨城邦文明和海洋文明的人类自然形成的远古联合国的鼎盛时期。

远古联合国的活动中心，是在青藏高原各河流下段环绕四川盆塞海的周边地区。六千多年前，伏羲氏在教人结网捕鱼，遇到湖塘水面上的旋涡，以及教人制土陶生火做饭，看到锅中沸水的翻滚时，就已领悟和觉察到了圈态的线旋。为了表达和传授这一数学概念，他动了不少脑筋，例如他把摆卜爻文字用的草节茎棍带来的蓍茅草叶，圈起来扭转比划，终于发现了一个我们不妨称之为伏氏几何的智慧现象。

用基础研究的话来说，就是"代数几何"。具体地说，湖塘水面上的旋涡、锅中沸水翻滚的圈态线旋，演变对应易经的太极图徽所积淀的东西，现在反过来倒推再看太极图，这种"太极体"实际是今天基础研究的"量子"和弦论圈体。而摆八卦卜爻阴阳用的三条、六条横放的平行线，取两条平行线对应今天基础研究的"卡西米尔效应"平板和虚实量子起伏波动看，实际才能真正解释清楚《易·系辞》中说的一些互联互通的符号动力学效应。

　　对于早在六千多年前的伏羲时代来说，人类尚处于原始阶段，他们居住无定，流动觅食。这种变动不居的生活给思维留下的印记，便是从运动观察运动，从内部的纷乱探知外部离合，以动把握动，以动把握静。这种基础研究的底蕴延续到《周易》、《老子》和《庄子》等书中，动静问题和物质无限可分问题便成为其学说的重要组成部分。

　　日往则月来，月往则日来；寒往则暑来，暑往则寒来；夫阴阳交媾，阳泄阴收，动静、出入、上下，循环迭至、循环无端等自然现象观测，所认识到的圈态环转循环，正是三旋运动内在秩序积淀的综合形式。这种蕴含三旋运动主要数学关系的代数几何数学结构，虽然被概括地或近似地表达了出来，甚至到宋代朱熹还直接提到过"旋"，他说"所谓太极者，只二气五行之理……五金之属，皆从土中旋生出来"。但这种"旋"，与三旋理论吸收太昊文化所说的太昊弦圈"量子体"、太昊卦爻"卡西米尔线"等波动的"旋"，是不一样的。

　　今天很多人仍把"易学太极"，只看作是原始人在长期的仰观俯察过程中，将天地万物宇宙人生的种种认识综合抽象，凝聚于卦象的形式之中，然后用以解决人们的社会实践诸问题的处理思维。虽然我们也说过，太极思维就是关于实践与其自发破缺的可行性解决办法的数学处理思维，但今天看来还不够。太昊文化中，太昊对科学的基础研究的贡献，是中国乃至世界都是最早、最基本的东西。

　　即使按从历代典籍的记载看，伏羲创立八卦、教民作网渔猎、变革婚姻习俗、始造文字、发明陶埙琴瑟等乐器的主要贡献，也是很杰出的。但很可惜长期这并没有抓住太昊基础研究的"量子"，其阴、阳、虚、实波动涨落，对存在背景时空的弦论卦爻符号动力学，有类似今天基础研究的"卡西米尔平板效应"互联互通作用等要害的科学点子。但这也说明，三旋研究者出现四川盐亭县并不偶然。

　　对中华民族气壮山河的远古科学文化失落史的研究，据对四川省盐亭县天垣地区发现过的《盘古王表》，和有盘古-嫘祖文明大爆炸传说，以及山寨城邦群落遗址和大围坪内蕴海啸遗迹地貌等的考证，5000多年前远古联合国的活动中心，是在青藏高原各河流下段环绕四川盆塞海的周边地区。

如果说伏羲出生地，是在甘肃天水还有可能的话，那么说伏羲氏定都和长眠在中国东面的河南淮阳县，实际是大约在5000年前四川盆塞海逐渐干涸，远古联合国的居民向世界各地，特别是向中国中原和东面迁徙，远古联合国居民中伏羲氏的后人、族群，有较多的人迁徙到河南淮阳县，而对后来的历史文化产生影响的结果，如太昊陵实际是后人为祭祀太昊而修建的陵庙，因此不是考古学家、历史学家撰写中国的历史，说的"一千年看北京，三千年看西安，五千年看洛阳，六千年看淮阳"的情况。

　　2、本地性科学大语言模型与盐亭存古学堂

　　牛顿的万有引力定律延伸的测重力加速度公式是普世性科学，但具体在各个地方测得的重力加速度数值是不同的，即具体在某一个地方测得的重力加速度数值，属于本地性科学。又如雷锋是一个先进人物，已经牺牲了。但各个地方学雷锋中的"活雷锋"，有很多，考究研究其中的一个，就类似"本地性科学"；之前活着的雷锋考究研究，就类似"普世性科学"。由此探源工程人类文明大爆炸钟形图中的嫘祖、盘古的各处之说，也如此。

　　著名科学家彭罗斯说的共形循环宇宙学，宇宙大爆炸有开端，也有结尾，但宇宙大爆炸钟形图两端的几何结构是不同的，然而性质是一致的。人类文明大爆炸钟形图两端的几何结构不同，但性质是一致也如此。北大考古文博学院院长李伯谦教授说："我做学问的利器在学术上的一个新思考----文化因素分析"----"文明模式的不同选择导致了不同的发展结果。道路决定命运，考古学的事实告诉我们，一个民族、一个国家，选择怎样的道路是决定其能否继续生存发展的关键"。"如何把冰冷的出土文物与热腾腾、活生生的历史联系起来，变成历史研究有用的素材？这套方法便是在中间架一座过渡的桥梁。原来这堆不起眼的文物承载了许多不同部族的文化，再拿出传世文献一比对，与种种部族名便神奇地吻合上，或者你会惊讶地发现，自己踏入了一片尚未被传世文献记载的历史的处女地……正是因为掌握了这个方法，才能通过'物'，看到背后的'人'、背后的'族'"族"，架起一座从考古学研究过渡上升到历史学研究的桥梁"。

　　彭罗斯和李伯谦教授都说得很对。中国古代文明演进过程中，共同的信仰和共同文字体系的使用与推广，是维护统一的重要纽带。中国古代文明演进过程中形成的"天人合一""和而不同""和谐共存"等理念，以及在其指导下正确处理人与自然、人与人、国与国等关系的实践，是文明自身顺利发展的保证。中国古代文明演进的过程，也是阶级形成、统治阶级与被统治阶级不断"斗争--妥协--斗争"的过程，统治者推行的政策，即使符合社会发展的要求，也需要得到广大人民群众的理解，不可超过其所能够忍受的限度。

　　对传世文献和甲骨文、金文等古文字材料进行搜集、整理、鉴定和研究，对其中有关的天文、历法记录，通过现代天文计算，推定其年代。对有典型意义的考古遗址、墓葬资料进行整理和分期研究，做必要的发掘，取得系列样品，进行常规法和 AMS 法的碳-14 测年。这些都是对的，也属于"普世性科学"的方法。但在 19 世纪传教士足迹遍布中国后，他们认为的中华文明是"西风东渐"的成果；认为彩陶是域外文明输入中国的成果，直至夏鼐先生证明河南的仰韶文化早于甘肃的齐家文化，彩陶并非从新疆、甘肃输入中原，这种观念才被推翻；在甲骨文发现之前，西方并不承认商代的存在；在甲骨文发现之后，又以没有发现更早的文字为由，否定早商和夏代的存在。

　　以及在田野调查和发掘为特征的中国现代考古学建立后，夏商周文明探源及再向前延伸的探索，计算机发明天文历算进入了前人无法比拟的快捷精准时代，核物理引进考古学领域的应用对年代学研究是重大推动，就能推证出文明自身顺利发展保证的钟形图两端结构不同，但性质是一致的吗？其实这只能是今天及今后"普世性科学大语言模型"，和"本地性科学大语言模型"之间统一的结果。

　　我们为啥要提出"本地性科学大语言模型与盐亭存古学堂"课题来研讨？是自 1996 年提出的探源工程到如今 28 年，以及王巍教授讲的中国考古学百年史（1921-2021），自 1921 年瑞典地质学家安特生参与的有外国人帮助探源工程，方法都是"普世性科学大语言模型"能了解到的情况，值得肯定。但据我们在家乡所闻，早在这之前就有中国人自己已经开始在进行类似的探源工程，原因却与今天类似。

众所周知，在 18 世纪机械化革命、19 世纪电力化革命和 20 世纪信息化革命的基础上，21 世纪以来的第 4 次全球科技革命的创新与变革程度明显更为立体化、多元化、飞跃化，以拓展人类生存空间的太空和海洋技术变革，全球能源技术变革，脑机接口、基因编辑、再生医学和合成生物为代表的生命科学技术变革，新材料、数字化、机器替代为方向的制造装备技术变革，人工智能、移动通信、物联网、区块链、量子信息、高端芯片、元宇宙为重心的信息技术变革，都在悄然改变着产业结构、经济版图与国家实力的全球格局。

第 4 次全球科技革命的效应，参与新一轮科技革命的角逐，回头再看 500 多年来的我国兴衰史，本质是能否抓住科技浪潮并带动国家产业发展、国力提升的历史。英国抓住了 18 世纪机械化革命的历史机遇，成就了"日不落帝国"的伟业。美国则抓住了 19 世纪电力化和 20 世纪信息化的浪潮，为其长达 100 余年的全球第一经济体和二战后的霸权地位奠定了厚实基础。很显然，当前的第 4 次科技革命，不只是一场"地缘政治"或"地缘经济"的调整，更涉及源于"地缘技术"更替而出现的"地缘文明"的演进。

如果领衔第 4 次科技革命，无疑意味着西方文明的正式衰落。核聚变+人工智能+半导体+量子通信+新能源汽车+工业机器人+航空航天+医药+各类新材料，大概就是未来高科技的主干。中共中央对外联络部部长刘建超部长，应邀在美国对外关系委员会发表演讲中说：让 14 亿中国人民过上更好的生活，中国坚定不移走和平发展道路，新中国成立以来从未主动挑起过任何一场战争或冲突，没有侵占别国一寸土地。中国是现行国际秩序的创建者、受益者、维护者，不寻求改变现行国际秩序，更不会另起炉灶，再搞一套所谓新秩序。新时代落实全球发展倡议、全球安全倡议、全球文明倡议是战略引领，高质量共建"一带一路"是实践平台。中国将始终同各国一道，推动构建人类命运共同体，共创和平、安全、繁荣、进步的未来。展现大国担当作为，为人类进步作出新的更大贡献。

3、李后强与丁维兵难题

如果说 1864 年盐亭县教谕马来宾到玉龙古镇，指导办起"存古学堂"，是中国人自己开始搞探源工程的开始，那么遇到的第一个问题就是，本地传说中的远古人物盘古和嫘祖能不能求真？

那时这个难题还不是很严重----玉龙古镇原址的梓江对岸昆仑山下的祠窑坝，传说千古的盘古王时代烧制土陶的陶窑遗址还存在。解放后这里先后被称梓江村、梓江大队。从1958年玉龙镇建人民公社起到1978年结束搞土地承包到户之前，梓江大队20年间年年评为全县的改田改土、种茶栽桑、增产增收、农业学大寨样样先进的大队。

1958年我们在玉龙镇读初中时，一次涨大水学生还坐船，到梓江大队一个镶嵌鹅卵石的贫瘠小山岗去开荒改土，我们从黄泥土挖出过很多古土陶器片。在1864年玉龙古镇与梓江交汇的榉溪河，上游的天垣场西面垭口东侧山岩下露出的"盘母石"，和下到垭口"袖头山"脚半坡快与李家沟的小路衔接的山脚，竖立"盘古王表"的"石龟碑"和石龟残缺状的硬石块遗迹还存在，也传说和玉龙祠窑坝盘古的故事有关。盘古和嫘祖探源，不但要求真，更要讲政治。

有两件我们经历的事终生难忘。一是1956年我们在玉龙镇罐子沟读完小，这是一个玉龙区有6个乡的学生集中上高小的学校，是罐子沟一家地主大院改建的，房子很多，天井就有四处。当时学生全部要求住校；晚上9点钟下自习后两个年级7个班的300多学生，还要在中间的大天井坝子排队集合，听老师讲话后才能去睡晚觉。

1957年春季开校，两个年级7个班出了一个共同的作文题：《写一个民间故事》。有一个家在玉龙衣落山姓杜的同学，写的《金二伯射黄帝的传说》作文，据说写得好，被7个班教语文的班主任老师选中，一天晚自习后7个班在天井坝子排队集合时，被拿出来宣读。本来"金二伯射黄帝的传说"在盐亭几千年来流传，家喻户晓；但在1957年夏季"反右斗争"后，我们所在的五年级四班被拆消，合并到其他三个班里去。当时听说是因班主任老师任沛一被划为"右派"，其中就因两个年级7个班教语文的班主任老师赞赏"金二伯射黄帝的传说"的作文，有问题。五年级还有一个姓孙的班主任划为"右派"，六班年级也有姓蒲和姓谢两个主任划为"右派"。

二是1993年成都科技大学出版社出版《嫘祖研究》一

书，之前我们还在盐亭县科协工作，参加组织收集文章。其中一篇是写作于1991年，发表在1992年四川《丝绸经济》杂志第2期上的文章：《缅怀蚕丝嫘祖的传说》。该文中收集的盐亭嫘祖和黄帝的传说在全国实属少见————那还是远古巴蜀盆塞海快干涸的后期，西陵部落在作为远古联合国执政。不同部落之间有冲突，但远古联合国竞选头人还是以发明创新作为标准。嫘祖乃盘古、伏羲之后，夸父、精卫之女。传说的著名医生岐伯乃嫘祖的舅父。夸父卸任远古联合国头人之后远走探险，精卫因治水壮烈牺牲之后，岐伯夫妇成为嫘祖的养父养母。

远古联合国除了以发明创新作为竞选头人的标准外，还有出海到很远的其他部落去寻找王储的惯例。岐伯也当过远古联合国的头人，他卸任后渡远古巴蜀盆塞海到了南方广西一带，以行医作掩护明察暗访，数年后他带回一位患有腿疾的青年，此人就是5000年前炎黄时代有名的轩辕黄帝————传说在中原炎帝部落和黄帝部落发生冲突期间，炎帝的生母在战乱中随人群单身流落到南方广西一带，后来与一位工匠结婚又生下轩辕，即是与那时炎帝是同母异父兄弟。轩辕年少时患有腿疾，却发明了圆轮、杠杆、车辆等工具。岐伯慧眼识得发明创新才干超群的轩辕，医治好他的腿疾带回西陵，企图说服部落的人们推荐轩辕参加远古联合国头人的竞选。但人们十分冷淡，只有嫘祖很同情理解他们。所以轩辕和嫘祖，在盐亭很早就结下了婚缘和姻缘。

正当岐伯、嫘祖满怀信心送轩辕去参加远古联合国头人竞选的盛会时，年青的轩辕和岐伯被北方中原黄帝部落潜伏在西陵部落的人员抢走了。这次突发事件给嫘祖以很大的刺激，她奋起以自己推广女娲时代起就养蚕治丝的成就参加远古联合国头人的竞选，并孕育她产生了中华大民族、大统一、大文化、大实事的思想。

幸运的是轩辕到了中原，腿疾很快被岐伯用针灸完全治好，并且他发明的粮车、战车、指南车等在北方的平原上发挥了很大作用；抢走他的北方中原黄帝部落，调查了解他的身世后，让他继承了皇位。

盐亭流传千古的"金二伯射黄帝的传说"，就是后来嫘祖要把她当远古联合国头人的位子，让给来寻访她的原来岐伯带回的轩辕。引起玉龙衣落山观天司金二伯等一部分人想不通，干的愚蠢事。

《缅怀蚕丝嫘祖的传说》这篇收集整理的文章是 1984 年就写好的，只因提到"轩辕年少时患有腿疾"，当时在盐亭县委县府机关传阅时，引起一些老文秘人员的批评："求真也要讲政治 "----人所共知伟大始祖轩辕黄帝应该是完人，不能说他"年少时患有腿疾"，等等。该文作者曾告诉我们，他后来投寄四川《丝绸经济》杂志，没有改变这份本地性传说材料，完全是一次碰见四川省委党校科研处处长李翔宇教授，偶然谈起盐亭挖掘黄帝元妃嫘祖养蚕治丝的事情。

李翔宇教授无意中说："我在省委党校读书时，看到广西有学者说黄帝是广西人，你们挖掘黄帝元妃嫘祖，连黄帝生出在哪里搞清楚了没有？广西柳州发掘出远古柳州人遗址，说明广西也有根据"。

李翔宇教授反对盐亭挖掘嫘祖，却旁证盐亭嫘祖传说有真，使他暗中十分惊讶。因为这是他唯一一次与李翔宇教授的接触。而李翔宇教授是因一件私事到他家里来的，他家里也有人在省党校学习。

我们知道李翔宇教授，是他 1984 年从盐亭县检察院，考入四川省委党校大学本科班，后又考起党校研究生班才留校工作的。1984 年他父亲李兴元同志还是盐亭县委书记，他们不是盐亭人。他岳父何惠同志是盐亭县县长，才是盐亭人。然而 1993 年《嫘祖研究》出书，为校对书稿方便，我们帮助联系在绵阳新华印刷厂印刷。样书校对稿带回盐亭，收录《缅怀蚕丝嫘祖的传说》的文章又在盐亭县委县府机关传开了。一天下午盐亭县政府办公室主任何元康主任，带了两个人从盐亭赶到绵阳市里来闹，说因书中提到"轩辕年少时患有腿疾"要烧书。何元康主任那个认真劲，想到他是李兴元书记、何惠县长提拔起来的，我们不得不把该文作者曾告诉我们的话说出来：

"该文还说有'黄帝是广西人'的话，你有本事到四川省委党校找李翔宇教授去闹"。何元康主任才收敛，和带的人一起离开了绵阳。如今 2024 年李后强教授寄来他写的《＜黄帝内经＞是扁鹊原创和仓公完善定型的科普读物》等 10 篇论文，以及丁维兵教授寄来的论文《用"年年有鱼"彻底推倒"满天星斗"》，和看他在"新浪博客叮咚新史观与卫星考古"专栏里的文章；新的难题，主要各说一件：

1）李后强难题----5000 年前没有黄帝与岐伯

2023 年 9 月 8 日李后强教授发表在《方志四川》的《＜黄帝内经＞是扁鹊原创和仓公完善定型的科普读物》一文中说：甲骨文没有"黄帝"，"黄帝"是周朝为稳定统治创造的政治人物。

据古籍所载，黄帝在历史上是存在的。但黄帝传说是"层累地造成的"，越是晚出的文献，黄帝的记载越详细，功业越卓勋。河南省周口师范学院王剑教授在《论中华民族共同先祖的确认----兼及"羲黄文化"》中指出：周代及以后的治史者从华夏大一统的政治需要出发，强调黄帝的始祖地位，以突出统治者的正统地位，并以此来统领中原各部族。所以，黄帝在周代的出现，和当时的政治理念有关，是加强中央集权统治的需要，黄帝只不过是一种政治理念的形态化。

到了汉代，伟大的史学家司马迁从华夏大一统的观念出发，推演出黄帝世系。这种关于血统承继关系的说法，实际上是对统治集团正统地位的肯定。可见，"黄帝"是周人和司马迁从政治需要确立的神话人物，本意指"黄土地"，加之先民又是黄皮肤，于是有"黄地"。

秦汉后人觉得"黄地"不雅，改为"黄帝"。但此名字只能一人用，其他统治者只能称"皇帝"，不能叫"黄帝"。

现代人确定黄帝（公元前 2717 年-公元前 2599 年）为古华夏部落联盟首领，五帝之首，20 岁继承王位，被尊为中华"人文初祖"，是"司马迁遗产"的发展。广汉郡是蜀中古郡名，辖境包括今天成都青白江区、新都区、金堂县；德阳旌阳区、中江县、罗江区、广汉市、什邡市、绵竹市；绵阳涪城区、游仙区、三台县、盐亭县、安州区、梓潼县、北川县、平武县、江油市；广元利州区、元坝区、朝天区、青川县、剑阁县；遂宁船山区、蓬溪县、射洪市、大英县；阿坝州九寨沟县；重庆市潼南区；陕西省宁强县；甘肃省文县等。广汉郡、蜀郡与犍为郡，并称蜀中三蜀。在绵阳盐亭有嫘祖、岐伯传说，估计与李柱国、郭玉有关，甚至当地群众把郭玉当成了岐伯。

李后强教授的结论是：今天的《黄帝内经》发源于远古伏羲阴阳八卦和九针医图，初创于扁鹊，定型于仓公，历代医家为此做出了重要贡献，是多人多时充实修改的结果。黄帝、岐伯、雷公等都是神话人物，不能作为真实的医学人物。《黄帝内经》中的"黄帝"只是伪托的"化名"，不是远古部落头领黄帝。扁鹊借用"黄帝"之名，扩大了他的医学思想，提升了医著的知名度和影响力。通过汉代盛行的"离合体"（拆字谜）等方法，可知《黄帝内经》中"扁鹊"就是"岐伯"，"仓公"就是"雷公"。成都老官山"天回医简"墓主可能与张骞出使西域有关，是丝绸之路的先驱者。《天回医简》证明，《黄帝内经》是对扁鹊学派思想的系统解读，属于科普读物和教材。

2）丁维兵难题----华夏第一人盘古原点在东北黑龙江

丁维兵教授从 2023 年 11 月 30 日到 2024 年 1 月 6 日在他的博客发表的《东北最大手笔：华夏历史原点交通大环线》、《"中国地图考古法"与 DNA 结论大会师》、《"仰韶遗址"是战俘营，不是普通农庄》等论文中说：华夏第一人是盘古，"盘"的初字就是"般"，"般"的字形是一只用竹竿撑着的小船，"舟"是小船，"殳"是撑船的竹竿。而"盘"的字形却是一群小船，盘古是渔猎部族的首领，所以，盘古当然就是"盘"。总之，"盘"="般"。

盘古有嫡妻叫"常曦"。而经过最新的"中国地图考古法"的研究，初步认定华夏五千年历史原点就在黑龙江流域，这里塔河县有盘古河，盘古镇，十八站旧石器遗址，疑似盘古成年之后，华夏（舟船部族中心）的所在地和中心经营地域。"红山"是华夏拼死南下想要进入中原的半途；可能因为受到意外惊吓狂奔离开"红山"，然后渡过渤海进了山东，山东两种顶级文化并存的"吕村遗址"，是华夏在中原的第一权力中心，盘古是吕村"大汶口文化"的主人，盘古嫡妻常曦是"龙山文化"的主人，后来想回归于"中"，但没站稳，整体被挤到"良渚"，但最后在浙江被黄帝彻底遣散。

从"黑龙江"到"良渚"的这一大段历史可分为三段。第一段是从黑龙江到"红山"。第二段是从山东到西北甚至出到境外，另外还包括半途有一些人进入"古蜀国"。第三段是从山东到"良渚"，这是盘古在山东接收回返中原的一些蚩尤余族之后。最后，盘古在浙江被彻底拆散，最终，华夏进入黄帝在中原"号令天下"的时代。

【7、本地性科学与计量历史学】

1、文明探源顺势而为的本地性科学

读李后强和丁维兵教授的多篇探源论文，他们关注的地方和人物不同，结论的一些观点，如李后强教授的"5000年前没有黄帝与岐伯"，和丁维兵教授的"华夏第一人盘古原点在东北黑龙江"也不同，体现出本地性科学历史大语言模型探源特点的优势，值得肯定。

但他们得出结论的一些观点本质却是完全相同的----避免不了说明中华文明是失落盆塞海洋文明的文明的本质----如说是"周朝为稳定统治创造的政治人物及以后的治史者，从华夏大一统的政治需要和当时的政治理念有关出发，以突出统治者的正统地位，并以此来统领中原各部族，是加强中央集权统治的需要"。然而用人类文明大爆炸钟形图的探源方法看，又能理顺，体现出普适性科学历史大语言模型探源的特点----如丁维兵教授说的《用"年年有鱼"彻底推倒"满天星斗"》，不是推倒"满天星斗"，而是"满天星斗"也许真实存在。

因为即使本地性传说中相同名字的人物，由于时间、地点、内容的差别，可以包容标注在人类文明大爆炸钟形图上，类似"满天星斗"----这也类似人类起源"非洲说"和"多地区说"一样，可以统一。就如李后强教授说的"在绵阳盐亭，有嫘祖、岐伯传说，估计与李柱国、郭玉有关，甚至当地群众把郭玉当成了岐伯"----《黄帝内经》中的"黄帝"只是伪托的"化名"，不是远古部落头领黄帝。

但对扁鹊借用"黄帝"之名，提升了医著的知名度和影响力；通过汉代盛行的"离合体"等方法，可知《黄帝内经》中"扁鹊"就是"岐伯"，"仓公"就是"雷公"等分析，江西中医药大学客座教授高也陶博士，通过在成都、绵阳、盐亭等实地考察调研，2022年先后出版的《＜黄帝内经＞前传》和《＜黄帝内经＞列传》两部巨著，类似用人类文明大爆炸钟形图上时间、地点、内容差别的方法，把绵阳盐亭嫘祖、岐伯传说的真实，与李柱国、郭玉、扁鹊、仓公等人物，为提升《黄帝内经》医著的知名度和影响力所作贡献统一起来；也类似能得出李后强教授说的"成都老官山'天回医简'证明，《黄帝内经》是对扁鹊学派思想的系统解读，属于科普读物和教材"的结论。

李后强教授说他研究《山海经》、《黄帝内经》，采用的是："还原法"、"实证法"和"逻辑法"----就是把研究场景，还原到当时的社会状态，以现代考古和历史文献为依据，并且考古文物重于文献记载，神话不作为核心证据，所有论证和结论都必须符合逻辑，不存在思维混乱；这也是属于普适性科学的研究方法。但仅用这三种方法，要说明中华文明是失落盆塞海洋文明的文明，把绵阳盐亭盘古、嫘祖、岐伯传说求真也难----当时的社会状态、历史文献、考古文物、文献记载等核心的人工证据，现在已经荡然无存，就如连 1958 年大跃进，当地曾搞过大炼钢铁，人工证据现在已荡然无存一样。

也许结合国外曾创造过"计量历史学"方法，求证远古干涸前的巴蜀盆塞海洋的存在，间接证明绵阳盐亭盘古、嫘祖、岐伯传说的真实，才可找到客观的证据。例如李后强教授的《＜黄帝内经＞是扁鹊原创和仓公完善定型的科普读物》一文中，赞同闻一多先生在 1942 年前后撰写的《伏羲考》中，认为早期史籍称盘古氏为"盘瓠"即葫芦----在远古大洪水时期，伏羲乘葫芦躲过洪水灾难，于是葫芦遂成为"盘瓠"族人崇拜对象。而盘古或盘瓠的传说，浙江杭州钟毓龙先生 1936 年出版的《上古神话演义》巨著中，是尧帝女儿与"神犬"盘瓠的婚姻故事----盘瓠并不真的是"神犬"，而是帝尧宫中的一位年青的苗族近臣，负责饲养尧帝宫中的宠物。他与帝尧的一位女儿产生了恋情，并且私奔到了湖南的沅陵地区，后来作了那里苗族的首领。即如吕思勉先生所说：盘古是盘古，盘瓠是盘瓠，二者绝不容许混淆。

又如李后强教授在《人类起源于古巴蜀文明前期》、《人类起源于喜马拉雅的证据》等论文中，进一步论说他的"珠峰映射原理"----人类从喜马拉雅迁徙到昆仑山再到四川盆地，在盆地创造了许多辉煌，如"资阳人"，还有三星堆文化、金沙遗址。但李后强教授的人类的进化分别在欧洲、非洲、亚洲等全球多地完成，只意在无论是多地区起源说还是单一非洲起源说的统一，才提出了人类起源于喜马拉雅观点的————他可能不赞同有远古巴蜀盆塞海山寨城邦海洋文明、有"盆塞海"文明孵抱大爆炸期————因为他说的是喜马拉雅从海底隆起的过程，指的是印度板块和亚洲大陆碰撞之前，喜马拉雅大部分地区还处于海面以下，大约在距今40--45Ma万年才露出海面成为陆地的。

李后强教授提的新思路————喜马拉雅是人类共同的摇篮和老家————动植物起源于喜马拉雅，文化和信仰也起源于喜马拉雅；喜马拉雅运动是人类进化的条件，其隆升导致人类四方迁徙扩散；虽然目前在喜马拉雅周边发现的古人类化石还较少，但这是由于自然环境限制，考古活动开展较少的缘故；随着考古学、地质学、气候学、基因学等多学科领域在这一地区的交叉深入研究，相信这一结论会得到进一步印证————我们是欢迎的；这正是一种本地性科学大语言模型的表现，越多越好；而且争论更能求真。但类似"基因组学"可以采用"还原法"、"实证法"和"逻辑法"，但即使类似"资阳人"是中国发现的第三个古人类头骨化石，也是新中国发现的首枚古人类头骨化石，在绵阳盐亭发现这种古人类头骨化石，基因考古也难与盘古、嫘祖、岐伯等传说人物，就能对得上号。所以"基因组学"还要加上"暴露组学"。

2020年以来三年的新冠疫情，"基因组学"的学科难以应对各种疫情————"暴露组学"的"暴露"，不但指暴露社会、管理问题，也在暴露科学和从事科技人员自身的问题。近代东西方文化的传播，是双向的。西方有人到中国经商、传教等活动，会传播西方的一些文化；相反也会有中国人，到西方国家考察、打工等事情，传播中华文化————"天下道"————爱国爱家，"天下为公"、"合天下于一"等思想。这涉及与世界人类古文明起源的泛第三极第二个孵抱期"类珠峰辐射"原理相连————第二个孵抱期在巴蜀远古盆塞海山寨立足起城邦文明和海洋文明的"远古联合国"，需要普及一下"盆塞海"的地质知识————先要了解"堰塞湖"、"盆塞湖"。有人说"四川盆地在古代是上古扬子海所在，岷江注入这个海，成都平原是岷江的冲击平原，但是，这个海早在几十万年前就已经因地壳的变迁而消失了"。

　　但扬子海不是他的研究，是别人的研究。如果说 8000 年前的"盆塞海"是凭想当然臆造出的，由此来个海洋文明，建议先普及一下地质知识。但地质学的"还原法"、"实证法"和"逻辑法"之外，也还有"暴露组学"的地质学。如"计量史学法"可告诉，在四川盐亭县境有此"盆塞海"的大海啸的遗迹，如大围坪地貌，可到此作地质测量。这是我们看到 1987 年四川人民出版社，出版翻译[苏]科瓦利琴科、Л．В．米洛夫的《计量历史学》一书，才提醒的----虽然"计量历史学"是国外曾创造的，但国内早也有此类似运用；这后面再谈。

　　所谓"计量历史学"即"计量史学"，是史学、统计学和数学相结合而形成的一门新学科。计量史学在西方大约萌芽于 19 世纪末，最典型的就是马克思的《资本论》。20 世纪 50 年代以后，电子计算机成为历史计量研究的主要手段，方法也日趋复杂，从一般的描述性统计过渡到相关分析、回归方程、趋势推论、意义度量、线型规划、动态数列、超几何分布、投人产出分析、因子分析、马尔科夫链等数学模型、模糊数学，还有博弈论和对策论、曲线拓扑理论等。在计量数学的基础上，形成一系列新的历史分支学科，如新经济史、新政治史、新人口史、新社会史等，促使历史研究走向精密化。

　　当然计量史学也不可能完全排除历史学家的主观因素，以不同理论作指导的历史学家会从不同角度选取自己所需要的史料。其次计量史学还存在大量尚未解决的理论和技术问题，比较突出的技术问题是研究成果的不可检验性。但计量史学仍兴起于 20 世纪 50 年代中期的欧洲，后来风靡欧美各国。目前美国已有几十所大学设有专门机构，研究计量历史学，也成立了不少组织，出版和发表了不少有关著作和论文。而在我国，公开专门从事计量历史学研究的科研机构尚未出现。

　　但盐亭传说的盘古、嫘祖、岐伯，求真推动计量史学的发展，不像当代西方和国内其他地方那样注重著书立说，而是强调办"存古学堂"，口头宣讲，实地指认----因为历史上有"文字狱"，怕抓"黑材料"。因此站在史学发展史的角度看，这种计量史学对考古学的改造比其他史学流派要

"顺其自然"得多，不是"有为"而是"顺势而为"。如采用自然科学的部分方法研究人文科学，能把《山海经》看成是"涵海古卷"，并可通过对四川嘉陵江等流域发现的大围坪盆塞海海啸遗迹地貌，和伴生的嫘祖文明遗存结合起来作考证。

其意义不但能说明中华文明是"海洋文明在先，农耕文明在后"的文明，而且采用计量历史学或计量地质学的技术创新，如借助"遥感考古"、"喻传赞曲线"和青藏高原东缘南北向河流系统及其伴生古堰塞湖的野外考察，沉积、构造及年代学等研究方法，能整合三星堆-金沙遗址、九寨沟-黄龙寺原生态、阆中-雅安伏羲-女娲遗存、盐亭嫘祖-盘古遗存等路线跨越，给予中华文明的探源以帮助。

2、高能物理学家喻传赞曲线计量历史学

云南大学的天文高能物理学家喻传赞教授，用高能实验测定湖泊沉积等材料，得出的我国近一万年间气候变化曲线的峰值图，给予了盐亭传说的盘古、嫘祖、岐伯求真以帮助。

1992年9月28日至10月4日，全国数学、物理、力学高新技术第四届学术研讨会在平武召开，开幕式后的第二天大会就先组织100多位代表，到近邻的黄龙寺、九寨沟考察。从平武到黄龙寺、九寨沟路上，100多位代表看到松潘毛儿盖前后百余公里地的时隐时现的山崩地裂景观，历历在目----延绵数十里不见一只飞鸟、不见一棵草木的怪石嶙峋的大山，像刚发生过大地震的景象，使人震撼。

这引起云南大学高能天体物理学家喻传赞教授的极大兴趣。有人告诉喻教授：这是一本解读上古史的"第四部书"，上至盘古王开天劈地、女娲补天、洪水朝天、伏羲兄妹造人烟、共工怒触不周山、刑天舞干戚、廪君西迁，到大禹治水等上古神话，下至1933年茂汶迭溪大地震，都与此有关。喻传赞教授等代表返回平武后，大会继续作学术报告，喻教授就放弃了原先准备好的发言稿，在大会上拍案而起，专讲"喻传赞曲线"，公布了他曾完成国家课题对近一万年我国的气候变化曲线研究的信息；我们称他完成的国家课题为"喻传赞曲线"。

原来他说这是存在女娲突变纪和大禹突变纪的科学认识

方法————他在完成国家交给他的昆明湖泥芯柱"近万年的气候变化曲线"的高能实验测定项目中，发现分别在 4000 年以前和 6000 年以前的两个阶段的坐标位置，有两个不同于其它处的很大峰值，大大超过曲线全段其他地方的峰值。他虽不是研究历史的，但在惊异之余，终于在远古女娲补天大禹治水的传说中找到了答案，即中华远古文明传说中有真实成分。证明我国的古代女娲补天和大禹治水等神话联想的类似大地震灾害，有很大的可信成分。后来引发从三星堆迁移到云南的少数民族的考察：盆塞海干涸后，远古联合国拥护"多数规则"的人群甚至核心的部族中也发生了分化，这是很正常的。

正因为如此，他们中主张与时俱进迁出盆塞海，到中原地方图发展的核心的部族分化成为"多数规则"新的多数，首先迁移出去了。

3、地质学家张岳桥等伴生古堰塞湖计量历史学

近代地质学在中国传播，还不到两百年的历史。中国地质学者研究或传播关于因近万年大地震产生地裂等地质局部灾变，造成从堰塞湖到盆塞湖和盆塞海一类的特殊地貌结构等知识，是有空白的。

2008 年汶川地震发生后，温总理亲点将张岳桥研究团队，在岷江、青衣江、大渡河、白龙江等长江上游水系作野外考察。他们选取岷江上游、青衣江上游、大渡河上游 3 个古堰塞湖进行沉积、构造及年代学研究，结果发现岷江上游，在史前 7-1 万年（主湖期可能是 3~4 -1 万年）期间，存在一些长约 30Km，河道堵塞近 10 公里大型的堰塞湖，对比 5•12 大地震，其规模远远大于唐家山堰塞湖。更为有趣的是，这些堰塞湖在大约 1 万年左右全部溃坝了，其水量足以淹没整个四川盆地，可映证盘古、嫘祖求真首创的盆塞海猜想。

2010 年第 4 期《第四纪研究》杂志，发表了李海龙、张岳桥、李建华的《青藏高原东缘南北向河流系统及其伴生古堰塞湖研究》论文。中国地质科学院李海龙博士曾告诉我们：这只是张岳桥教授领军作的青藏东缘工作之一。2008 年汶川地震发生后，张岳桥是温总理亲点的科学家之一，也是其中最年轻的科学家。李海龙博士是张岳桥教授的助手，各方面的工作都是由张岳桥来安排。李海龙的工作集中在岷江

和大渡河内，他为川西特殊的地貌及神秘的历史吸引。

正是在 2009 年做完了川西的工作之后，李海龙博士对四川产生了浓厚的兴趣。但他苦于没有做研究的一个很好的入手点，这时他从互联网上搜索堰塞湖，看到了绵阳市对古盆塞海、大围坪及盘古王表等研究的报道，就更觉神往。他感到绵阳市盐亭大围坪地貌、嫘祖历史，或许是解开这些问题的一把金钥匙。然而历史久远，这把钥匙或也已经锈迹斑斑了，他只能希望这把钥匙今后越来越亮。

李海龙博士说，如果地质能和四川盆地特殊的历史联系起来，会不会有一点突破？盐亭离三星堆很近，但不属于岷江下游，而是嘉陵江的中游。如若是岷江等上游水系众多的堰塞湖，在大约 1 万年左右全部溃坝，造成的四川盆塞海，那么盐亭等嘉陵江的中下游的大围坪地貌，也许就是此时期盆塞海的海啸造成留下的。

4、地震地质学家李德文争论海啸遗迹计量历史学

远古地震---堰塞湖---盆塞海---大围坪----海啸有关联吗？中国年青的地震地质学家李德文博士，是中国地震灾害防御中心的研究员。1986-1990 年就读华东地质学院地质系本科；1990-1994 年在核工业 208 大队从事地质调查工作；1994-2000 年攻读北京大学地貌与第四纪专业硕士和博士研究生；2000-2004 年为南京大学博士后/教师；2004-2007 年调中国科学院青藏高原研究所副研究员/硕士生导师；2007 年至今为中国地震灾害防御中心研究员。2008 年任中国地震局地壳应力研究所硕士生导师。主要从事地貌与第四纪地质学基础理论及其在活动构造探测方面的应用研究。

他先对我们说："A、从来就没有过海啸地貌学，更不会有什么内蕴海啸地貌学。B、四川盆地如果有过海啸留下的证据，那也只能是沉积证据而不大可能是地貌证据。C、讨论问题最重要的是证据以及证据和结论之间的逻辑关系。作为新观点的支撑，对论据的科学表达是很重要的。不能指望每个人都去亲自查看吧？D、海啸是专指由津波-tsunami 引发的自然过程，是一种与潮汐完全不同的地貌营造力。也就是说，海啸证据这种说法本身就包含了它的成因意义，用潮汐理论来解释海啸证据是自相矛盾的"。

但后来李德文教授却改口了，他说，海啸的成因有多

种，常见的是地震断层引起的，另外还有海底滑坡，海底火山塌陷和外星撞击洋面等类型。李德文教授是在得知澳大利亚伍伦贡大学地理系布赖特教授等科学家的资料提示下改口的，这丰富了他爱的地貌学教程和最新的地貌学百科全书的定义。他说：布赖特教授是研究海啸的，并在剑桥和伦敦地质学会出版过这方面的经典文献，但他主要的工作，是致力于外星撞击地球引起的海啸。李德文教授谈到为何人们保守时说：发现还有神秘的古陨石引发古代海啸的异常的地学现象是好事儿，但是如何合理解释这些现象却不是一件容易的事情，应根据在用海啸解释所发现的现象时，最好能够明确一下属于哪种成因类型。

这里涉及形成远古堰塞湖到远古盆塞海的间断变化的景观，是类似外星陨石撞击地球引起的海啸和地震断层引起的海啸以及海底滑坡、塌陷等因素的概率组合都有。李德文教授会说，国内民间学者关于此研究如果在构造地震成因与地外成因之间游离，将无助于问题的深化和解决；而且他借布赖特已这样暗示了，所以李德文教授感到困惑，要求国内民间学者提供有关布赖特建立海啸地貌学的支持性文献。

其实李德文教授可以自己亲自到澳洲去一趟，不是更可信？至于李德文教授说："地貌学研究无外乎两个主要的方面：历史地貌学和过程地貌学。海啸地貌学无疑是面向过程的，应属于过程地貌学。在讨论学之前，应该优先解决史的问题。在史料悬而未决的情况下讨论建立史学，很容易成为无源之水、无本之木"的问题。

这种问题李德文教授就可以亲自与布赖特教授讨论，不至于在国内难找齐国际上无论是最新的地貌学教程还是最新的地貌学百科全书等可信之东西，因为李德文教授似乎不爱找国内民间学者在国家出版社出版的有关对四川盆地地貌演化历史著述的东西的。

也许正像《计量历史学》一书的翻译者 1985 年说的那样：在国外，计量历史学已有一、二十年的实践，而在我国出现的速度却异常缓慢。但海啸地貌学在我国没有，不等于在澳大利亚没有。海啸地貌学是由澳大利亚伍伦贡大学地理系的布赖特教授等科学家建立----他们经计算发现海啸袭击海岸的大滑坡，可导致对邻近岛屿产生高出海面达约 375 米的巨浪。于是他们在澳大利亚南部海岸寻找海啸的遗迹，发现有力的证据来自岩石台地：这些台地通常盖有年龄达约 10 万年以上的沙堆层，然而高度不到 40 米的山岩都已经变得光秃，处于未经风化的原始状态，有一处地方显示曾有许多布满棱角且重量约 20 吨的岩块从岩石表面被冲刷掉。这种清晰刻蚀的形状，只有在岩石被至少每秒 10 米的急流冲刷才会产生，并让岩石改变面貌。

以新南威尔士洲为例，那里许多海岬的北面是悬崖，没有零散岩石块，而南面则缓慢倾斜入海。在过去，有人把沙丘的消失归因于暴风雨或者河水的冲刷。但布赖特等科学家不同意这种看法，认为即使是带有 7 米高巨浪的大风暴，也无法强制把岩石台地磨光。地貌类似记录、档案。澳大利亚海啸地貌学给予的启示是，海啸学也能当作一种地貌来讨论，即可以把地貌的很多特定参数和能构成海啸的所有可能的地方的特定参数，以及干涸了的盆塞海自身可确定的特定参数等结合，运用布赖特海啸地貌学方程，计算位于某种远古特定条件形成的内陆盆塞海原有的海水、力源，推证四川远古盆塞海及其后来干涸了的四川盆地大围坪盆塞海海啸遗迹的内蕴海啸地貌。

我们之所以受启发，是内蕴海啸地貌学成为盐亭本地性科学，是因我们出生在四川盆地盐亭县天垣盘垭村袖头山大围坪，那里从榉溪河畔到梓江、涪江流域，存在数百座密集寨子山的古生态景观与寨子山下半坡的大围坪台地。大围坪是地处半山腰，在山头与山头之间，即使有河流、山沟相隔，台地相对一致，水平线可延伸数十数百公里。

20 世纪初盐亭学人何拔儒馆员有过盆塞海的推证，但海啸与潮汐靠星球引力营造地貌力完全不同的地方。然而正如潮汐在全世界到处都有，为什么只有钱塘江潮汐现象有此规模之大和奇特？这是潮汐从长江口的宽阔海面上溯到越来越窄的钱塘江面的一些特定的条件形成的————如果还原盆塞海，就像钱塘江潮汐由一些特定的条件形成的一样，是否沿嘉陵江、涪江和梓江流域到榉溪河畔，几千年中多次发生的海啸，形成类似近海沟和俯冲带的一种巨大的海浪，当其接近榉溪河畔丘陵山地的浅水区时，波速变小，振幅陡涨，瞬时入侵沿岸山地，骤然形成的"水墙"一次次冲刷掉山腰表面的岩石和泥土，就能刻蚀出现在还可考的台地大围坪海啸地貌呢？

这也可以根据榉溪河畔现在自身可确定的特定参数，用类似布赖特海啸地貌学方程大致能计算出的。即需要求出从远古堰塞湖到远古盆塞海的水要多大？震级要多大？形成在多少年？海沟和俯冲带多在什么方向？地史知识讲，上扬子海时期的海盆是大约距今5.7亿年前到4.4亿年前，到志留纪晚期才变成巴蜀湖。巴蜀湖干涸以后，就成了四川盆地。第四纪的地壳运动造成了三峡的对外通道，同时也极大疏通了巴蜀湖的残余水，这个时间大约距今200万年前。

但这仅是远古堰塞湖到远古盆塞海能产生的基础，距今7万年前到5000年前的第四纪最后一次冰期的后期，多次大地震发生的大规模泥石流、山体滑坡和崩塌，才是形成我们说的盆塞海本身。因此，这已经不属于巴蜀湖的残余，这是要分清楚的----中国没有不等于国外没有海啸地貌学。而盆塞海四川不但有地貌证据，也有沉积证据。

中国近代的地质知识，学西方才不过百多年，很多东西，中国地质学界并没有系统研究。直上世纪七十年代发生唐山大地震，才知道大地震会有山崩地裂的情况。如果说何拔儒馆员竟然是凭空想当然地臆造出一个8000年前的"盆塞海"，由此来个海洋文明，那么我们可以告诉，从"5·12"大地震普及的"堰塞湖"及其溃坝地质知识，到四川省盐亭县有此"盆塞海"的大海啸的遗迹，如大围坪地貌，任何人都可到那里作长期地质测量，再作结论。

这里看看海啸的定义吧，我国的旧地貌学教程说海啸是一种巨大的海浪，主要是由海底地震、火山喷发、海岸崩塌、滑坡等海底地形大规模突变所引发的具有超长波长和周期的一种重力长波，而遗漏特别是还有神秘的古陨石引发古代海啸之说。即海啸是一种巨大的海浪，主要是由海底地震、火山喷发、海岸崩塌、滑坡等海底地形大规模突变所引发的具有超长波长和周期的一种重力长波。海啸在大洋中的传播速度虽然很快（720～900公里/时），但浪高不大，通常为几十厘米至1米左右；而当其接近近岸浅水区时，波速变小，振幅陡涨，有时可达20～30米，骤然形成"水墙"，瞬时入侵沿岸陆地，造成极大危害。据本世纪以来有仪器记录资料的统计，我国占全球大陆地震的 33%。本世纪以来，全球因地震而死亡的人数为 110 万人，其中我国就占 55 万人之多，为全球的一半。

我国从古至今都是地震灾害最深重的国家；到 19 世纪末 20 世纪初，用大地震引发堰塞湖到盆塞海的非高斯性古史"精确研究"，就已经在中国本土"生根发芽"。据统计，大部分海啸由深海地震引起，这类海啸称为地震海啸。地震时造成海底发生激烈的上下方向的位移，从而导致其上方海水的巨大波动，海啸因此而发生。另外还有火山海啸和滑坡海啸。海啸引起海水从深海底部到海面的整体波动，蕴含的能量极大，因此有强烈的危害性，是一种严重的海洋灾害。

海啸的形成条件是，海啸作为一种特殊的海洋浅水波，其形成需要如下三个主要条件。震源较浅的大地震是先决条件。全球典型海啸统计分析表明，只有里氏 7.0 级以上的大地震才可能引起海啸，且震源较浅，一般小于 20～50 公里。值得指出的是，海洋中经常发生大地震，但并不是所有的深海大震都产生海啸，海啸的产生与海底地震的震级大小、震源机制、震源深度和破裂过程等地震物理机制有关。一般来说以倾滑为主（上下错动）、破裂过程持续长且震源深度较浅的海底大地震能引发海啸。第二是海啸源区的水深较大，多孕育于深海。如果地震释放的能量要变成巨大水体的波动能量，那么地震必须发生在深海，因为深海才有巨大的水体。发生在浅海的地震产生不了海啸，往往形成海洋激浪。第三是具有开阔并逐渐变浅的海岸条件。

海啸要在陆地海岸带造成灾害，该海岸必须开阔，具备逐渐变浅的条件。海啸波在大洋中传播时，波高不到 1 米，不会造成灾害；但进入浅海后，因海水深度急剧变浅，前面的海水波减慢，后面的高速海水不停地前涌，从而造成波高急剧增加，形成巨大的破坏力。特别是，对于那些外侧宽广内侧狭窄的"三角型海湾"，越向海湾内侧，海啸的海浪越容易加剧升高，造成更大破坏。海啸的类型与特点是，根据海底地震震中距的远近，可把海啸大致分为近海海啸与远洋海啸两类。近海海啸也称本地海啸。海底地震发生在离海岸带几十公里到 200 公里内，海啸波到岸的时间很短，只有几分钟或几十分钟，这类海啸较难防御，造成的灾害大。远洋海啸是从远洋甚至是跨洋传播过来的海啸波。由于到岸的时间较长，有几小时或十几小时，早期海啸预警系统能有效减轻该类海啸的灾害。虽然海啸与风暴潮和海浪一样，都属重力波，且历史上的风暴潮记录往往被误认为是海啸。

但相比风暴潮和海浪，海啸主要有如下特点。第一是波长非常长。研究表明，海啸的波长一般为几十到几百公里，如2004年12月26日发生的印度尼西亚海啸的波长为500公里。普通的海浪或风暴潮的波长一般为百米量级。第二是传播速度快。海啸波的速度与水深有关，每小时可达700~900公里，和波音飞机速度相当。海浪速度较慢，风暴潮要快一些，而最快的台风也只有200公里/时。

5、地质学家常健民实测盐亭计量历史学

李海龙博士说：如果地质能和四川盆地特殊的历史联系起来，会有突破：盐亭离三星堆很近，但不属于岷江下游，而是嘉陵江的中游。如若是岷江等上游水系众多的堰塞湖，在大约1万年左右全部溃坝，造成的四川盆塞海，那么盐亭等嘉陵江的中下游的大围坪地貌，也许就是此时期盆塞海的海啸造成留下的？而这真有地质学家去实测。

"5•12"大地震前的2008年3月28至30日，西南石油学院的地质学家常健民教授，专程到盐亭考察"大围坪地貌"，即了解盆塞海及海啸遗迹的地点、地貌、地物、传说。常健民教授1944年生于南充市，1962年进入北京地质学院地质测量及找矿系地质测量及找矿专业学习。毕业后在内蒙、川北和西昌等地从事野外地质技术工作多年。到1980年才调入西南石油学院地质系任教，2004年退休。

他在盐亭踏勘了盘古圣地的天垣盘垭村袖头山、五面山以及嫘祖故里的云毓山、烟鼎山、嫘村山，回龙山、公子山等山寨城邦文明遗址，和观看了多处收藏的文物后认为，从玉龙镇、西陵镇、嫘祖镇等地区密集的古山寨遗址景观看，盐亭存在远古文明事实的可能性很大，特别是烟鼎山脚下申家沟台地上露出的民间俗称为"石条球"的约七米高竖立的方形"石柱"，有可能是这个远古文明留下的建筑物遗存，值得发掘。但常教授也认为："大围坪地貌"是地质学的常态，类似山区测量图中的"等高线"，即作为海啸遗迹不可靠。这也许也是我国大多数地质学家的意见。但这也是何拔儒馆员早就预料到的事，所以他才在天垣盘垭村鼓动建起了小场镇，以此地作为"大围坪地貌"研究的一个典型平台。在这个平台上，常健民教授也显露出分不清"丹霞地貌"和"大围坪地貌"的区别。

例如在盘垭村袖头山脉，大围坪地貌像一条大章鱼包围在榉溪河的巨形弯弓中，不是"常态"的证据是，王家坪和黄家湾已是袖头山脉一个垭口相隔的两边围坪地貌，但两处的地平面几乎在一个水平面上，显露出"大围坪地貌"并不是"常态"的证据。常教授对此没有作答复。半个世纪以来石油勘探在盐亭这块地面上已进行过无数次的测量，"大围坪地貌"在石油人的眼里已见惯不惊，但即使在盐亭，玉龙镇地区的"大围坪地貌"和紧临的黄甸镇地区的地貌也有区别，但一些石油人并没有看出"大围坪地貌"形成的特定性。因此我国半个世纪以来地质学和田野考古学，对"大围坪地貌"研究仍然是一个空白。何拔儒馆员当然也相信中原文明中心论，并且知道从西汉四川文人杨雄讲巴蜀远古蛮荒以来，有谈"盆塞海"先进文明不雅驯的类似古代传下来的"新闻纪律"，所以他更看重田野考古的硬证据。

6、本地性科学盐亭何拔儒计量历史学

从近代"湖广填四川"到今天，"对人体、人生、人群、人类的价值、意义的思考与探索"，盐亭县本土出生的一些很聪明的爱钻研的年轻人，对"问君根从何处来？湖广麻城孝感乡"的寻根热度很高-----"湖广填四川"是一种"回流"吗？即如果追求人类命运共同体、追求人类全球化来历的"寻根"，远古巴蜀盆塞海山寨城邦海洋文明，如果是徐道一教授、李后强教授等说的-----"珠峰辐射原理"产生的----青藏高原是全球最高的一个巨型构造地貌单元，被称为"世界屋脊"、"地球第三极"。中国未来的出路，世界未来的出路，也许都寄托在青藏高原对人类/文明起源三大孵抱期的大历史统一认识上----黄河文明近五千年是先进的，但它之先的文明源头在哪里？

再议何拔儒（1861--1955）这位盐亭榉溪珠瑙沟人，1952年他被聘为四川文史研究馆。自幼家境贫寒而自励刻苦读书，他1882年30岁一举考中前清秀才，1885年因其成绩优异而补为廪生，一时名噪盐邑，誉满潼川。当时榉溪河两岸距今 8,000 年左右的山寨聚落遗址犹存，它们规模宏伟，气势壮观；围绕山寨的处于半山腰的大围坪，延伸数百里，境内文物古迹众多。这些与他读遍的古书记载的蛮荒历史无一相似。好在 1902 年他又被清庭颁布的新政选派日本留学，1906 年在日本弘文师范毕业。1907--1909 年在成都高等师范学校任教（在此期间朱德曾就读此校）。1913--1917 年应陈润霖、杨怀中之邀，先后去长沙第四和第一师范校任教（在此期间毛泽东曾就读该校）。后受张澜召唤，于 1917 年由长沙返回四川南充，在张澜开办的存古学校担任校长兼教习，常与张澜探讨教育革新，工业改革，古文明遗址保护等家乡建设问题。1918 年以后他曾任过保宁中学校长，1955 年以 93 岁的高龄辞世。人们传说他留学归乡，一生未做官，以受聘教学维持生计；他支持革命；鼓动乡绅贤达办机械化的丝绸厂。

另外传说他的奇谈趣论很多，如他猜想四川盆塞海的城邦文明和海洋文明先于古希，如果把当时中国西部的部落大联盟比作抗战时建立的联合国，那么 5,000 年前联合国的总部就不在美国东部的纽约，而是在中国西部的绵阳；如果绵阳市 5,000 多年前的人类自然文化遗址不遭破坏，又有一批本土出生的杰出历史人才，绵阳建成世界自然文化遗产之地当之愧；传说著名历史学家蒙文通年青时曾请教过他。

本地性科学盐亭计量历史学出自他，而引起丹霞地貌与大围坪地貌之争，他说是：人们有时过高地估计了人类社会自组织的力量。

有关盆塞海的水平面遗迹的计量，作田野考古不能忘记全球古气候及地质灾变和当地地貌的可能联系。"丹霞地貌"是距今约 1·9 亿至 1·6 亿年的一种湖河海沉积岩，在中国南方形成的一种红色岩系发育的特殊地貌。而"大围坪地貌"只是距今约 100 万年至 5000 年的某些盆塞海时期，因地震海啸才在盆周山区特定条件下，形成的一种半山腰山坪遗迹地貌。以四川盆地为例，丹霞地貌形成在第一个海洋期，而且需要的海洋期要很长，时间也在造山运动之前。

在盐亭农村，人们称这种红色岩系为"洋港子土"。时间坐标是，距今约 2 亿年发生的印支造山运动，形成四川盆地构造轮廓。距今约 1 亿年开始的燕山造山运动，四川盆地北部、东部和中部再次上升成为陆地，从而结束了漫长的沉积历史。距今约 2300 万年发生的喜马拉造山运动，四川盆地内沉积盖层普遍褶皱，形成了今天的构造格局。距今约 1000 万年开始的新构造运动，四川盆地又发生多次间隙性缓慢抬升，从而形成今天的丘陵起伏、沟谷纵横，以及江河两岸多级的台地地貌特征。这就是一些地质学家说的"常态大围坪地貌"。

"海啸大围坪地貌"是形成在第二个内海期。这种遗迹不是上面说的新构造运动和暴风雨，以及人力所能作为。联系大海和陆地的水平面、地平面、地平线等类概念，何拔儒馆员等学者在半个世纪作田野考古过程中，把从桦溪河畔到梓江、涪江流域的数百座密集寨子山的古生态景观与寨子山下半坡的大围坪台地终于结合了起来。以从盐亭境内盘古圣地的天垣盘垭村袖头山、五面山以及嫘祖故里的云毓山、烟鼎山、嫘村山出发，如目角寨、新寨山、大牛山、寨子山、仁和寨、保和寨、大碑寨、母猪寨、子母寨、四面山、罐子寨、猫儿寨、麒麟寨、凤凰寨、锣锅寨、毛达寨、金铧寨、点灯山、古龙山、炎台山、大佛寨、长生寨、摩天岭、烽龙寨、四方山、佛贡寨、金垭寨、蚕丝山、水丝山、马鞍山、太皇山、石马山、阳鹳山、白象山、丝源山、王岗咀、打鼓山、铜钟山、笼子寨、玉龙山、高粱观、仁广寨、江家寨、大寨山、伏龙山、刘家寨、白虎寨、青龙寨、登高寨、南瓜寨、水秦寨、二龙寨、太阳寨、七庙寨、空相寨、天生寨、狮子寨、金凤寨、金龙寨、观台山等 60 多处古山寨，它们一般相距 3 至 4 里，海拔约 600 米，上下相差约 80 米。它们的主要特征是，山寨半坡的大围坪一般在海拔约 450 米处，弯月形包围山寨，或背靠山寨。

现在 95% 以上的农户已从不当道的大围坪搬家到沟坝或靠近沟底的不规则的台地居住。何拔儒最早提出，这些大围坪的山头与山头即使有河流、山沟相隔，水平线延伸数十数百公里如此一致，不是明清或更早年代乱世时抗土匪、元军、清军、农民起义等修建工事的人力所为；此外长期受雨水、洪水等自然外力侵蚀、切割、冲积，也难形成连同城墙腰带似的山崖，而是一种海啸遗迹。当然，大围坪更不是解放后改田改土、学大寨的人力所为。用历史计量学方法看四川盆地第二次海洋期，盐亭大围坪地貌是被海水海面的侵蚀，再加上海啸海浪的冲击，搬走了原先类似"金字塔"山形的大山腰岩石外水平面上的土坡，才留下初具规模的城墙腰带似的山崖和大围坪地貌的。

而反证就有丹霞地貌：因为这种"洋港子土"，今天多出露在台地与山崖交界的地段，说明是第二次海洋期的泥土搬迁，才能把它们从埋藏很深的地层里暴露了出来。何拔儒馆员早在半个世纪以前就一针见血指出是"大围坪地貌"。而研究人类起源于何处的国外科学家，也才是在上世纪八十年代对非洲的乍得、肯尼亚和埃塞俄比亚等地区的人类祖先的遗址作田野考古时，才提出了类似"大围坪"的古人类活动生存地貌概念。当然何拔儒也不是"先知"。

一百多年前在他的家乡榉溪河畔到梓江、涪江流域，数百座寨子山上的为了宗教的、政治的或者战争的原因，而特别建造的类似"礼仪建筑"的古建筑密集群还存在，类似传说的蝌蚪文的有古文字的界碑、器物随时有发现。四川盆地地处祖国西部或西南，是中国黄河、长江两条大河上游的交汇处，也是东、西人类文明的交汇处，还是远古云南元谋人、陕西兰田人、广西柳州人、重庆巫山人等的交汇处。

如果一万至五千年前四川盆地因地球局部地质大灾变，曾经形成过盆塞湖（或盆塞海），古梁州有过山寨城邦文明和海洋文明，而区别于同时期其他地区的人类文明，是它具有先进的原始生产力、先进的原始文化、先进的原始方向的话，那么以盘古文明为代表的四川盆塞海（盆塞湖）山寨城邦文明和海洋文明的人类社会，是如何称呼现代人理解的部落、联邦、联盟、国家、氏族等社会组织的？又是如何称呼现代人理解的国王、皇帝、酋长、头人等领袖人物的？

而且何拔儒的"人类文明起源于大地震假说"，实际还是在"水"上做文章，并首先冲击了"尧前无黄河说"。何拔儒认为，帝尧时黄河的河床是有的，当然更谈不到东面的大海倒灌淹没到太行山。何拔儒说，约公元前８０００－３１５０年，现在的川、甘、陕是一个大地震多发地区，长江三峡和剑门关山峡因大地震的山崩地裂有合有开，在川西北地区造成过无数的堰塞湖。如果其中有的大地震的山崩地裂，造成长江三峡山崩堵塞而剑门关山峡地裂分开的组合，引起长江断流，黄河通过渭河与嘉陵江连接的剑门关山峡分开的峡谷流入四川，那么四川盆地就有可能从堰塞湖演变为盆塞海。

到约公元前４１７０－公元前２０７０，如果相反的组合----其中有的大地震的山崩地裂，造成长江三峡地裂溃坝而剑门关山峡山崩堵塞的组合---即引起盆塞海下面的长江三峡溃坝，盆塞海上面的渭河与嘉陵江连接的通道剑门关山峡的重新堵塞，黄河重新向东流入大海，那么四川盆地的盆塞海就会干涸，发达的盆塞海文明大部分就会向中原转移。那么帝尧时代，黄河淹没了陕西、山西两省大部分面积的洪水从何而来？何拔儒说，以此类推除长期的暴雨成灾外，可能此次还有类似造成长江三峡地裂溃坝而剑门关山峡山崩堵塞组合的大地震，同时造成黄河三门峡的山崩堵塞，黄河才能够如此成灾。此时何拔儒实际是进一步完善了他的"远古联合国假说"。

从水、治水文化到水从何来？头绪纷繁复杂。５•１２四川大地震后，人们想起浙江学人钟毓龙的《中国上古史神话演义》巨著。钟毓龙写作《中国上古史神话演义》是在1933年８月25日发生茂汶迭溪的8•0级大地震之后。那次大地震迭溪镇地区在剧震发生的几分钟之内，几乎笔直地隐落，呈单条阶梯状下滑距离达500—600米。强烈的地震引起岷江两岸山崩，河道堵塞，形成地震堰塞湖。崩塌的山体在岷江上筑起的银瓶崖、大桥、迭溪三条大坝，把岷江拦腰斩断，使流量为每秒上千立方米的岷江断流。截断了的江水立即倒流，扫荡田园农舍，牛马牲畜。经过30多天的倒流，因迭溪超过银瓶、大桥两坝的高度，注入迭溪坝内的江水又倒淹银瓶崖、大桥两坝，使三座地震堰塞湖连成了一片。湖水随群山回旋绕曲，逶迤四五十华里，最宽处达四五华里。同时松平沟、水磨沟、鱼儿寨沟等地山崩数处，形成大小海子十一个，迭溪城及附近21个羌寨全部覆灭，死亡6800多人。震后第45天，即10月9日，岷江上游阴雨绵绵，白腊寨公棚地震堰塞湖崩溃，江水猛增。傍晚，高160多米的迭溪坝崩溃，积水倾湖而出，夹带泥沙巨石，沿江而下，江中浪头高达20丈许，吼声震天，10里之外皆闻。沿江村镇、田园一扫而光，数万亩农田庄稼被毁。人畜逃避不及者，尽被卷人水中，又有 2500 多人丧生。

地震罕见水灾引发钟毓龙研究众所周知的大禹治水。他研究了五百余部中国古籍后发现，现在的黄河在帝尧以前是没有的。道理是，尧、舜、禹时代的洪水，淹没了现在陕西、山西两省大部分面积。如果黄河已有河床，最多只是把沿河两岸淹没，何至于陕西、山西两省大部分面积受灾？四川盆地，地处祖国西部或西南，是中国黄河、长江两条大河上游的交汇处，也是东、西方人类文明的交汇处，还是远古云南元谋人、陕西兰田人、广西柳州人、重庆巫山人等的交汇处。如果一万至五千年前四川盆地因地球局部地质大灾变，曾经形成过盆塞海（堰塞湖的扩张版），古梁州有过山寨城邦文明和海洋文明，那么说明五千年以后的东、西人类的海洋文明，已在五千年以前的四川盆塞海演习过了几千年。即如果最后一次大冰期结束时的一万年前至五千年前，是四川上古盆塞海现象的海洋文明和山寨城邦文明，那么在这一段上古四川盆地盆塞海干涸前的多次盆开和盆塞的变故时期，就有可能迫使这段时期那里产生的人类顶尖文明，随着有人向西方和我国中原及东部地区迁徙而最终转移。

作为这种文明整体的分裂，就是人类文明的大爆炸。这也是世界古文明为什么都大致形成于 1 万年至 5 千年的原因。而远古联合国不是联邦、邦联，也不是联盟，而类似今天的联合国，且是强化了的类似维和、维稳机构。至于从远古堰塞湖到远古盆塞海的机制，类似霍伊斯勒介绍的模型：中亚吉尔吉斯斯坦天山地区的伊塞克冰川，是目前世界上最长的高原冰川，有 80 公里长；这个巨大冰川也存在融化问题，这里会定期出现一个高山湖，且这个湖几乎每年都会造成洪水泛滥。这是否可联系存在类似大禹治水和女娲补天的传说吗？

类似榉溪河龙潭"龙脚印"，盐亭境内的现在的举溪河及梓江河，其河床石底还留有不少冰川冰臼遗迹之处。这不是张文敬教授说的距今约 1 万年后的现代冰川冰臼遗迹，而是韩同林教授说的这之前的冰川冰臼遗迹。韩同林教授的《发现冰臼》一书中，已提及榉溪河境内的冰川冰臼遗迹情况。这还是"高岸为谷，深谷为陵"才保护了这些遗迹的，而河床能保护干涸的盆塞海沉积物遗迹，只因在河中才无人去破坏。例如，解放后的修小水库、围河造地、养鱼等社会造势，这类沉积物遗迹很多已在遭到破坏。

2001年我们曾带四川科普协会主席董仁威高工组织的科考队，到盐亭县榉溪河龙潭村河段的河床察看冰臼遗迹；因为上世纪50年代，我们亲自看过那里有约一里路长、半里路宽的石板河滩大面积，全是像砂锅大小不等的壶穴状凹坑，但此间看到的，已在围河滩造地、造养鱼池下面目全非。在盐亭，从北面柏梓地区到南面玉龙地区，沿梓江河流域，有既连续，又间断的高山鹅卵石延伸带，说明在丹霞地貌造山运动之后，还有过特大地震，使盆塞海之前的地貌变成了高山。

其次说明在盆塞海之前的地貌，有过大河，是黄河还是嘉陵江最早的古河床？只能存而待论。1970年大学毕业，我们被分配在綦江铁矿地区参加大打矿山之仗，綦江铁矿在土台乡。从綦江铁矿矿部到土台乡政府要上一座大山，土台乡政府就在大山顶上的"小平原"上。

盐亭玉龙镇是我们的家乡，又因工作在重庆綦江铁矿区，有近五年间多数是沿嘉陵江、涪江和梓江流域，从重庆经遂宁坐长途客车探亲回家。从綦江小渔沱土台山到盐亭玉龙镇西仔山相距千里，以两地的山顶"平原"作标杆，从长途客车外似乎可以望见沿嘉陵江、涪江和梓江流域两岸，有连成一线的大围坪台地时隐时现。因为在榉溪河畔玉龙镇政府旁的西仔山，山顶上也类似有一个"小平原"。

据原玉龙区粮站站长石云龙老先生介绍，西仔山后面的红石坝，他找到过大量的古桑化石。还有家在西仔山的网友介绍，西仔山烧砖和修公路，发现有大量的干涸沉积层。何拔儒的计量历史学还对"汉族"的"汉"字来源的做过解释：现代科学语言所谓的"汉族"，或"群体决策的不可能性的多数规则"，在远古的华夏语言中，"汉族"有"汗毛"---形容多的意思，载以"多数规则"的信息。

"汉"字包含从"汗"音以及"汗牛充栋、大汗长流"等意思的劳苦、劳累、勤劳、下层大众，两者都宝藏"多数原则"、"大汉、汉族"等引申。如果说"大多数原则"，是对一种提案或选举表决的判定程序，那么它同中华民族为什么在世界上是人类中的最"大多数"群体，是有文化基因关联的。有文化基因关联为什么在世界上人类中的最"大多数"群体是"汉族"？例如有人说，2025 年印度人口将超过中国，但印度有 200 多个民族，中国才 50 多个，汉族仍是世界的"大多数"群体。它是如何起源的？

"第二孵抱期说"讲过：在围绕青藏高原和古四川盆塞海经历的海洋文明自然灾害，如超强大地震、大火山、陨石、海啸、台风、龙卷风、暴雨、泥石流等，造成地质的山崩地裂天翻地覆的磨练，团结抗灾，才奠定了团结抗灾中心活动地区的"远古联合国"，和形成了以"多数"原则的"汗牛充栋"族群中华的"汗族"之来历。

即"汉族"是起源于约公元前 6390 年开始的法天法地时期，支持国家共同体模式的政权及政权人物的多数邦族、邦国、部落。但主干的"多数"与支干的"少数"，仍然是在一个多元一体的古联合国内部。这个远古模式可称为"世界原始共产社会联合国"，或简称"古联合国"。它不同于今天的"联合国"，但是更具有统一国家的权威性。这个远古国家共同体模式的政权，就是所谓的"盘古开天地"。

八千多年来，经过无数次内部社会大的改朝换代，这种"多数规则"至今都没变。"汉族"和古氐羌族、古彝族、古苗族等，从"盘古开天地"起，就是中华民族。那些所谓古氐羌族、古彝族、古苗族等等少数民族，是远古华夏国家共同体政权之外民族的说法，都是不实之辞；相反，他们还可能是"古联合国"的铁杆群落，不改类似居"山寨"之古志，才反有今天的"少数民族"现象。

上海同济大学朱大可教授的《华夏上古神系》一书中，虽说人种基因、语言基因、神话基因等三大原创，都起源于非洲，但反过来也能证明与第二个孵抱期有关。原因是巴蜀盆塞海古智人，不但因他们是来自青藏高原的雪山，有耐氧和不怕严寒的基因，而且更重要的是，他们是最早吃熟食的古人，如吃烧烤的笋子虫。而烧烤的"苏、苏"声，使巴蜀盆塞海古智人兴奋得常学着"苏、苏"叫嚷。

这是人类语言起源原语中的一个集体语音。"蜀"人-----吃"熟"食的人-----吃"苏"食的人----脑子会变得聪明的人----这就是类似联系最早的苏美尔人和最早最高苏美尔文明的起源----而"蜀"人、"熟"人、"苏"人，与

"丝"、"瓷"的古读音相近----"丝"人与嫘祖养蚕联系；"瓷"器与陶器联系盘古陶场文明大爆炸，等等。所以当后来古蜀人的非洲杂交后代，成为全球移民、世界贸易以及神话与宗教等交流的领跑者，是其原因之所在。20 世界风雷激荡，弹指一挥间，直到 1998 年我国才将（古阿拉伯）马苏第的《黄金草原》翻译出版；此时，榉溪河两岸数十座山寨城邦遗址已败落得荡然无存，绵阳第一宝的天垣盘古王表石龟碑以及盘母石等文物古迹已无处可寻。

7、杜钢建和朱学渊等学者论述远古巴蜀文明

湖南大学杜钢建教授等推动的"人类文明起源于湖南热"，杜钢建教授说："从历史文物看，关于有巢氏记载的历史文物有四川绵阳地区盐亭天垣盘垭村的盘古王表龟碑。该碑相传是禹王时期所立的盘古王表石碑"----杜钢建教授的《文明源头与大同世界》一书，揭示华夏文明是世界文明的源头，也推翻了 20 世纪考古发现所带来的判断，即北非与亚洲，包括西亚两河流域、东亚大陆的中国，同属于世界农业起源中心。再有是 2020 年 8 月 25 日收到朱学渊博士的来信，我们感到很突然，也很高兴。

2014 年我们写过一篇文章：《评朱学渊的上古史大统一》，这是回答 2014 年 8 月 9 日北京联合大学自动化学院陈其翔教授，转给我们一封电子邮件，他说这是朱学渊的《秦始皇是说蒙古话的女真人》和《夜郎国在哪里？》两篇论文，"或许有兴趣"；其意思是叫我们评说看看。想不到 6 年之后，朱学渊博士真回信了。

朱学渊博士 1942 年生于广西桂林，父亲朱其培是铁路工程师，朝鲜族的母亲宋莲卿是一个敏于思考的知识妇女。朱学渊 1965 年毕业于华东师范大学，曾于四川、南京等地任中学教师十余年。1978 年考入中国科学院研究生院，师从世界著名力学家谈镐生院士，并曾亲聆彭桓武、李政道、黄昆、李佩等著名科学家的教诲。1980 年朱学渊移学美国。1983 年在美国蒙大拿州立大学，以多篇论文获得物理学博士学位。1985 年前曾在美国能源部属下的实验室作博士后，研究理论固体物理学等问题。1987 年起在美国经商，并以其自然科学之学力，切入人文科学的探索----从中国史料中的星星寥寥的语言记载，要理清争论不休的历史、语言、人类科学的难

题。

到 2001 年中华书局出版朱学渊博士的《中国北方诸族的源流》一书的初版；2002 年中华书局再次出版他的《中国北方诸族的源流》一书的修订版；2010 年华东师范大学出版社出版他的《中国北方诸族的源流》一书的新版；看 2020 年 8 月 25 日朱学渊博士寄来的修订完毕的《中国北方诸族的源流》的电子本，在该书的《初版序言》中，朱学渊教授说："大量的证据表明，北方诸族是从中原地区出走的。中原居民因开始农耕而实行定居的生活，继续游牧的北方民族的迁徙能力则在草原地带获得了广阔的机会；而'西戎'又是'北狄'的同类。北狄、西戎与中原民族间的这种同源关系，正是今世通古斯、蒙古、突厥语的成分，在汉语中有举足轻重的历史原因"。

8、石云龙站长访高翔院长对满天星斗处理的提示

2019 年 8 月间 92 岁退休老干部的盐亭县玉龙区粮站站长石云龙，亲自到北京找中国历史科学院高翔院长，汇报他的探源研究----石云龙站长是出生在盐亭赵蕤故里北岩村，即今高团村西部花都葱柏岭。他说："这里有古墓群，人们寻觅上古遗迹挖古墓，挖出一块四五千年前黄帝时期的石碑，人们称为蛮碑。碑上刻有类似文字的刻划符号，无法认识。是我本家堂祖父石文星，苦读儒书，对出土的蛮碑，如获至宝，秘密收藏。1995 年北京大学出版社出版的《中国汉字文化大观》一书中的石碑刻划符号拓片，就是我国最早收集甲骨文学者王襄老先生从四川盐亭石文星那里得来的"。

高翔的父亲高天奖局长，曾任盐亭县文教局局长，是盐亭文化系统颇有声誉的好局长。他虽是南部县人，但在盐亭中学毕业后曾在盐亭县玉龙区高灯乡（现叫西陵镇）任教。高翔的母亲任志珍老师是西陵镇人，高翔就出生西陵镇任家山----任家山任家坪对面就是嫘祖镇长平山嫘祖陵墓。石云龙站长从北京回来后对我们讲，高翔院长的秘书转告院长的话说："黄帝和嫘祖的诞生地目前争论很大，为了避其嫌，万丈高楼从地起，最好在基层从县市开始大力宣传，加大力度、扩大影响"。2023 第五届世界考古论坛在上海大学开幕，中国社会科学院院长、中国历史研究院院长高翔院长在致辞中说："考古学界要积极推动学科融合，开展多学科联

合攻关，不断以中国考古学新发展为世界考古学带来新动力、新机遇……从考古学的视角为人类社会可持续发展建言献策，为全球繁荣发展作出积极贡献"。

考古学是一门"科学"，也是一门"被科学"————有考古人才，有工程建设，或偶尔发现了古文物遗存，就是人类古文明之地；缺乏考古人才，难遇工程建设，偶尔发现了古文物遗存也没有报导，也就不是人类古文明之地。这里有个讳莫如深不好谈的事情，也有上面提到类似土改以后天垣地区很多远古文物，由于革命斗争的需要，有意无意地销毁了。盐亭县的远古文明由于得不到的承认，至使大量的远古文物流失、破坏。但解放后盐亭很多地方修桥筑路、改田挖堰，仍有又发现远古文物的。但由于远古，自然它的粗朴和无人辩识，收交到县文化馆也难于保管。如上世纪 80 年代县文化馆修办公楼，这类粗朴文物被搬到一个露天旧舞台。后来舞台房顶垮塌出现大洞，刮风下雨使远古文物和破瓦残壁混在一起，再后也被作为废料抛弃。

【8、与周光华等学者东亚是中华文明起源之争】

1、与周光华教授文明起源地之争

我们写《探源工程二十八年回顾与刍议————中华文明是失落盆塞海洋文明的文明》，已经说得太多了。我们从本地性科学计量历史学求真盘古、嫘祖、岐伯……就连我们在家乡读高中时的同学中，有人当面提醒我们："你认为是爱家乡，其实是自私的表现"。

我们自私了吗？我们说远古盆塞海洋文明曾存在于四川，连接 28 年探源工程从文物古籍解码"何以中华民族何以为共同体"？何以能伟大复兴？感到仅从述说过去，重温中华民族共同体历史；影响当下，推动共同体理念浸润人心；启迪未来，讲好中华民族共同体故事，也许面对当下俄乌冲突、巴以冲突、红海冲突……的单极与多极霸权冲突的现实，可能还难以独善其身？例如，如果是"自私"，求真嫘祖，是支持如今盐亭搞的嫘祖旅游文化————其实盐亭确实投入已也很大，当然收获的成果也很多，但搞旅游困难的现实也很多。

其次如上世纪 80 年代，盐亭搞起来的栽桑养蚕、缫丝织绸轰轰烈烈，没有战争、没有运动，但如今盐亭已见不到这种景象？

　　我们认为从人类文明大爆炸钟形图看，如果说非洲是现代人种的起源之地，正如在非洲，生产、科学并不发达；那么说远古巴蜀盆塞海洋文明是人类文明大爆炸的孵抱期，并不等于盐亭搞起来的栽桑养蚕、缫丝织绸轰轰烈烈，就永远会继续发展下去。28年探源工程的目的，也还有了解这方面的原因----2019年5月18--31日我们到"北欧四国丹麦、瑞典、挪威、芬兰+爱沙尼亚+俄罗斯"的旅游期间，一路上听北京国际旅行社领队李志杰导游（留学俄罗斯，生于哈尔滨），瑞典导游段博士（已入瑞典籍，留学澳大利，生于山东省）等讲古"维京人"，其海盗行为如何富民强国。在圣彼得堡和莫斯科博物馆参观，听导游宋美博士（生于哈尔滨，圣彼得堡大学留学）等讲18世纪中后期叶卡捷琳娜二世统治时期，俄罗斯如何达到鼎盛----因这位不起眼的德国公主，嫁给俄皇做妻子后，敢于杀丈夫自当俄皇去强国扩土。

　　为这类行为叫好----"维京人"一边反面说"黄祸论"，又一边正面宣传"白祸论"，难道也是28年探源工程需要解码的任务？

　　这使我们想到与周光华教授等学者的东亚是中华文明起源之争。

　　这是发生在2015年12月12日周光华教授亲手给我们，送他的第二本书《远古华夏族群的融合----〈禹贡〉新解》的时候。这是在北京参加第二届全国自然国学研讨会期间，这也是他第一次给我们送书10年后，才首次的相见，都很高兴和亲热。10年前的2005年初，我们收到山东淄博市社科联寄来参加当年9月份淄博社会科学联合会主办的"齐文化《管子》国际学术研讨会"的邀请函，同时还寄有周光华教授的新书《远古的华夏族》。我们猜想自己的信息，也许是办北京"天地生人学术讲座"的宋正海教授告诉周光华教授的。

　　因为"天地生人学术讲座"也曾邀请我们去作"讲座"；因自己还没有退休，"讲座"与办报无关，怕报社不同意没去。而2005年4月我们要退休，所以看完《远古的华夏族》一书，很快写出《从齐文化看远古华夏族的政权及政权人物----评周光华先生的新著》一文，给周光华教授邮寄过去。但2015年这次相见的好气氛，很快被双方交谈打破--

--针对我们猜想说的"世界人类起源和文明第二个孵抱期，与青藏高原--喜马拉雅山世界第三极有关"，周光华教授立马反对说："山东泰山地区才是人类起源和文明起源之地"。

他列举了山东和泰山历史上记载古文化及古文明中的一些亮点，说明它们的全国性和世界性。而我们心里明白：泰山古文明起源即使成立，与青藏高原--喜马拉雅山也是"流"和"源"原的关系。

正如前面讲的丁维兵教授认为：华夏第一人盘古原点在东北黑龙江，从"黑龙江"到"良渚"的这一大段历史可分为三段。其实从人类文明大爆炸钟形图看，都是从远古巴蜀盆塞海洋文明时期搬迁到东北、山东和良渚的远古联合国人群。其次，2005 年我们写评论《远古的华夏族》期间，周光华教授曾打过电话告诉：他父母出生上海，抗日战争时期参加陈毅元帅在苏北领导的新四军，后又跟陈毅元帅到山东参加解放战争；刚解放又参加志愿军到朝鲜。抗美援朝结束，他的父母亲回到山东淄博工作。他读高中遇"文革"，后参军到兰州部队，在那里作为工农兵学员他上了大学。后来因父母在淄博，就从部队调回作了一所学校的校长。他的特长是喜欢文史，又转到淄博市社科联工作。2015 年在北京见面后，所以我们一开口向周光华教授的父母问好，他才说，他曾说过的背景材料，不要再说。

他已改口说：他是 1964 年考入北京大学中文系，毕业后参加的工作。我们这时才明白：书刊、口说的"真实"，与"实在的真实"，对远距离没有亲身交往的人来说，这种差距是搞不清楚的----类推探讨争论人类的古史，也许存在类似的现象。

但我们对周光华教授的学术成就，是很敬佩的；而且他关于"人类文明起源于泰山"的话，我们还没有看见他在公开的书刊和网络论坛上说过，也就没有过多地与他解释争论。为了印证"实在的真实"，我们将 10 年前----2005 年 4 月 10 日就收到的周光华教授的电子邮件，全文抄录如下："您好！很高兴您真诚支持帮助，写出《远古的华夏族》专著的研究评述，这对我是很好的鞭策和启发，使我看到研究需要深入，探索需要继续，问题需要展开剖析，方可见到清晰的前途。希望您的评述见著省级以上报刊和学术中心期刊。谨此"。

周光华教授还说：他很愿到我们那里及四川考察调查研究，届时会给添麻烦，请帮助；对不厌弃孤陋相助真诚致谢。他大致的安排是：5月份他到河南大学、南阳师范学院讲座"东夷齐文化与华夏文化的早期文明"。如果没有变化，大致考虑借这次机会到我们那里及四川考察调研。因为6月份他要插手准备中宣部批办，淄博社会科学联合会主办的"齐文化《管子》国际学术研讨会"，9月份开会。所以再往后，就得在9月以后才能找机会时间来四川的。

周光华教授又说："话说到这里，您可以试探性地帮我宣传宣传，可否寻找您那里及四川感兴趣的大专院校或学术单位，聘请我并安排'东夷齐文化与华夏文化的早期文明'或类似讲题的讲座课，这样对我到四川调研考察会更方便的，也有利于我们在远古文化历史文明研究领域可能的合作提供好的方便。恭候您佳音回传。您的评述文说'一部探索远古政权及政权人物现象的巨著'，我冒昧动粗删改，主要把我的背景删掉，把一些政治色彩的言说调整掉，保持学术研究的面貌，个别字句做些调整和删改，希望您能满意，希望您的文章原意突出。谨此，把我修改后的'一部探索远古政权及政权人物现象的巨著'评述文，发回给您，请雅正。恭候回信----周光华2005.4.10"。

但2005年5月周光华教授没有到四川调研考察，而周光华教授修改后的评述文，我们和中国物理研究院工学院金鑫教授再作修改后，2007年发表在绵阳市科学城工学院学报《教学与科技》第2期上。

2、《远古的华夏族》书中揭秘巴蜀盆塞海

2004年山东人民出版社出版淄博市社科联周光华教授的《远古的华夏族》一书，在该书第四章"华夏补说"中，周光华教授却在无意中，揭开了中国西部远古盆塞海存在的秘密----如果中国西部远古盆塞海是以巴蜀盆地或巴蜀为中心，这个盆塞海能淹没或能沟通淹没的省份，当然只能是巴蜀盆地及临近巴蜀周边的其它省、市、县了。

但事情有变化，是2015年我们与周光华教授相见，交谈"世界人类起源和文明第二个孵抱期，与青藏高原--喜马拉雅山世界第三极有关"，周光华教授立马反对说："山东泰山地区，才是人类起源和文明起源之地"。如果按周光华教授的这类观点，再用杜金与索罗斯的定义："开放社会"是对应"海洋文明"，联系沿海港口城市多的沿海地区。那么中华文明，就应该算"开放社会"，而不是"封闭社会"、"陆地文明"、"多极世界"（多极化）。即不是只联系位于内陆腹地的类似"山寨社会"吗？显然这又是一个悖论。

其实解答周光华教授的靠太平洋的山东泰山，与青藏高原--喜马拉雅山世界第三极之争，只需理顺"流"和"源"的关系，还可以约 20 万年前冰川期开始结束，从非洲走出的现代人向东，一直走到中国东面大海边才停住前进，也许在东北、泰山和良渚等地区留下来过少部分的现代人----但他们的大部队寻找的真正归宿点是青藏高原--喜马拉雅山东面的巴蜀盆地及其堰塞湖--盆塞海。这是他们曾经的一部分祖先，带着保留青藏高原--喜马拉雅山的耐寒耐氧基因，在约 200 万年前因第四纪冰川的严寒，迁徙到非洲前的栖息地。即从巴蜀远古盆塞海山寨城邦文明和海洋文明，揭示了远古华夏族开创全球多元一体国家模式实践的理想，也揭示了远古科技、经济、文化的交流与进步改变了战争的形式，其结果也改变了政权及政权人物现象的特征。

如在远古的华夏语言中，"汉族"载有以"多数规则"的信息。这也解释了后远古联合国文化的三星堆文明，有一部分来源于中原，但中原文明也来源于远古联合国文化的难题。"汉族"和古氐羌族、古彝族、古苗族等从"盘古开天地"起，就是中华民族。那些所谓古氐羌族、古彝族、古苗族等等少数民族，是远古华夏国家共同体政权之外民族的说法，都是不实之辞----也许我国今天的各个少数民族，还是远古联合国掌管各山寨城邦和远途去作贸易人物的后裔----类似今天说的"官二代"、"富二代"。从巴蜀远古盆塞海山寨城邦文明和海洋文明，中国开创多元一体的国家模式起，都联系着这一永恒的主题。《远古的华夏族》一书，翻开了这一进程的第一页。

如《远古的华夏族》凸显《山海经》的多面意义----古今中外研究《山海经》的人很多，把周光华教授《远古的华夏族》里的《山海经》研究，和胡太玉教授在 2002 年由中国言实出版社出版的《破译〈山海经〉》比较，客观地说，《破译〈山海经〉》的学术规范性不如《远古的华夏族》的学术规范性强----理论追寻年表和王表，成为记述人类社会远古史的一种要求，周光华是努力在做着。相比之下，《破译〈山海经〉》缺环太大。这是一件难事。不说四川省盐亭县何拔儒老馆员破译的天垣《盘古王表》和他的中华文明是盆塞海文明在先、农耕文明在后的观点，就拿周光华教授说的"稷作文化"与"稻作文化"，即所谓远古长江文化是源生文化，并且是后来接受远古黄河文明的渐浸文化，在目前也难于取得共识。

无容讳言，《远古的华夏族》是以整体剖析《山海经》为基础，尊重《夏商周探源工程》的合理衔接，尊重《史记三家注》提供的历史年代线索，结合古籍和学界、考古界的研究成果，但还需实地考察全面综合研究华夏族。即周光华教授对学界争论的敏感问题、应该提出商榷的问题，没有做大的争辩，是尽量避免"稷作文化"与"稻作文化"之争。从全书来看，由于周光华是工作、生活在山东，更多了山东本地的情况，所以也过多地描绘了远古黄河文明的渐浸和源生。

胡太玉教授的《破译〈山海经〉》与《远古的华夏族》有很多相同之处，但胡太玉不是立足于周光华的山东，也不是立足于周光华的远古大黄河文明渐浸长江文化。相反，胡太玉是立足于成都平原，立足于长江文明的源生文化，不但对国内黄河文明作了渐浸，而且对美洲、西亚、非洲和欧洲，早在6000年前已作了开拓，证明了天府之国可能就是人类史前文明的"母国"，成都与东方伊甸园有着密切的联系。但胡太玉教授为了说明《山海经》是一部上古世界联合国史志，写得更像报告文学。我们不知道胡教授是不是在四川工作，当然我们不是说在四川工作的人，就一定偏重四川或"稻作文化"。

因为还可举两个反例。一是祖籍在山西，在成都出生，在广元市宣传部任职的白剑部长，2002年出版的《文明的母地》一书，就偏向于周光华教授工作的山东，说三星堆发掘的远古青铜器，原本是山东泰山大庙夏朝祭祖、祭天的铜器。由于掌管泰山大庙的夏朝功臣有缗氏部落，不满夏桀的暴政，西迁逃到四川的三星堆，这才是三星堆著名青铜器的来历。白剑部长的理性是，他反对人类起源于非洲撒哈拉说，而类比提出戈壁滩人类起源说，于是远古的华夏族是从戈壁滩走出，由西向东经过甘肃、陕西、河南到山东，再向长江开拓的。

而在北京出生、工作的王红旗教授，从20世纪70年代初开始从信息传输角度研究《山海经》，用了差不多20年时间，才完成了对《五藏山经》地理方位的全面系统考证，2003年他出版了《经典图读山海经》，是立足于北京而偏爱四川。他认为神农、炎帝族源生于北京桑干河谷，而不是陕西；他认为帝尧时，东海已淹没到了太行山。2002年他在《文史杂志》第1期发表文章说，蚕丛发明了望远镜。理由是三星堆遗址的两个与商代同时期的"祭祀坑"里，出土有54件青铜纵目人像及面具，它们或两眼角向上翘，如同竖眼一般，或眼球向外突出。其中一件青铜人面像，阔眉大眼，双眼斜长，眼球极度夸张，据此眼球突出的纵目青铜人像，他认为其文化和族属渊源蜀人的先祖蚕丛氏，可解释为这是远古蜀人关于望远镜的使用和崇拜。

著名历史学家蒙文通教授早就说过，《山海经》是远古巴、蜀、楚人最初完成的著作。但他论证何为"山海"，何用"山海"？没有说清楚。何拔儒馆员说："山海"就是"盆塞海"，《山海经》就是以"盆塞海"文明为中心的古联合国史地志书。真是画龙点睛。但蒙文通和何拔儒都是四川省盐亭县本地人，有"稻作文化"人之嫌。《远古的华夏族》虽给"稻作文化"留有余地，但主要维护的还是黄河大文明和"稷作文化"，所以也不讲何为"山海"，何用"山海"。但在该书无意中揭开了中国西南部远古盆塞海，以巴蜀盆地或巴蜀为中心能淹没或能沟通淹没临近巴蜀周边的其它省、市、县，是四川、重庆、陕西、青海、河南、湖南、湖北、贵州、云南、西藏、甘肃等地。

如果把这个盆塞海内的山寨城邦文明和海洋文明史地志称《海内经》，这个盆塞海周边东、南、西、北的城邦文明史地志称《海内东、南、西、北经》，临近这个盆塞海周边东、南、西、北城邦文明外边的东、南、西、北的陆地文明史地志称《海外东、南、西、北经》，再远离这个盆塞海周边的陆地文明的东、南、西、北的农牧文明史地志称《大荒东、南、西、北经》，那么不管周光华教授对《山海经》里诸多"国"的推说或考证是否正确，他在该书266页至267页提供的《海内经》、《海内东、南、西、北经》、《海外东、南、西、北经》、《大荒东、南、西、北经》等各处邦国地域位置涉及的详细省份，都可作参考。如果这个介说能够接受，那么他说的《海内经》的邦族地域位置，涉及到青海、四川、重庆、陕西、河南、湖南、江苏等7个省、市，其中只有江苏是远离四川省的，不合符"海内经"的设定。至于贵州、云南、西藏、甘肃等省没有涉及到，这是不奇怪。

因为对于远古的发达文明，这个设定的省份只能是少，不可是多。其次，我们还可以反求之，看四川省是不是混在周光华推说或考证的其他各类山经中？结果四川省只在他的《海内南经》推说或考证中一处出现。把四川和重庆放在《海内南经》的地域位置，也是正确的。因为盆塞海内发达的山寨城邦文明和海洋文明，主体是在四川省北面绵阳地区。以此作参照，四川省南部及重庆、贵州、云南、西藏等省、市，当然是在《海内南经》的地域位置了。其中还没有涉及到的甘肃一省，是在《海内西经》和《海内北经》两处提及的。可见周光华的推说和考证，是很合符《山海经》的原著，且准确概率也很高。

其他的问题还可能存在着《山海经》在成为纸版书之前，因为古人是写在竹简线编的书上的，后来出土或发现时，竹简因线编已经腐烂而散乱，是后人根据竹简散乱的具体情况和文句的联接，重新整理出来的。所以即便是周光华推说和考证现存的《山海经》上的邦族地域位置正确，也难免《海内东、南、西、北经》、《海外东、南、西、北经》和《大荒东、南、西、北经》中，各邦国地域位置涉及的省份有混淆之处。但四川省又是不能太混淆的，因为中国远古盆塞海的主体是四川盆地，盆塞海内发达的山寨城邦文明和海洋文明就只能是四川省一个，这个概率是很小的。反之散乱和联接生错的概率也很小。

周光华教授正是在这个基础上，以他的造诣和认真负责的精神，从历史文献的角度第一次科学地证明了华夏远古盆塞海文明在中国的存在。从"先进治国"论的意识形态，就能揭示中国远古盆塞海文明与山寨城邦文明，较同期其他地方，有更先进的生产力和先进文化的表现，这才是中国优秀的传统文化之源。这里，中华民族的开山先王，在开创人类文明的搏斗中，已感悟和树立起"传播发明，天下大同，幸福共享"的原始意识形态。即使后来一些部落和王朝的"落后侵略了先进"而取代了前王朝，这种"天下大同"的中华民族开创性的意识，仍然保存了下来。这说明真正产生过具有先进意义的意识形态文明，是不会消亡的，是能够传播的。这才是"中国主义"优秀的传统文化的真正内涵，并且以此"传播发明，天下大同，幸福共享"的"中国主义"，推进世界大同。

周光华的《远古的华夏族》，是他自觉地运用新的"先进治国"论的思想，来研究远古华夏族的政权现象及政权人物现象，揭开了人类社会邦族或邦国内部政权交接的社会现象。例如，《远古的华夏族》中166页至190页，作者用了近两万字的篇幅，全方位地描述了炎帝蚩尤氏族的发展和先进性。作者由衷地写道："研究认为，炎帝蚩尤氏在中国地域的东部，奠定华夏文明的物质地域基础。随着使用青铜兵器能力的提高，炎帝蚩尤氏的经济生活能力和军事治政能力同时得到增强壮大，古'中冀'黄河北岸乃至今天的山东广大地域，成为当时炎帝蚩尤为代表的，华夏族发达经济文化治政中心地域，成为华夏民族兴旺发达的地域根基地，代表着当时华夏文化进步发展的时代主流"。这样从蚩尤、黄帝、炎帝之间的战争，是内部争夺领袖权的战争来看，就觉得这是人类社会邦族或邦国内部政权交接的一种程序编码。周光华用蚩尤氏代表着当时华夏文化进步发展的时代主流，回答了蚩尤为什么要同黄帝大战的这个社会进程的程序或编码问题----战争与改朝换代必然且自然地遵循的法律程序，周光华教授暗示，国家内部社会大的改朝换代，存在着必然且自然的规律程序或法律编码。

毛主席就说得很直白："枪杆子里出政权"。说明从远古到如今，国家内部社会大的改朝换代至少存在两形式。第一种是"发明创造出政权"，第二种就是"枪杆子里出政权"。"枪杆子"是一种科技武器，不同于远古黄帝以前的先王，用自然物简单加工制作出的原始工具，进行的这类"战争"，因为它的残酷性、死人的数量是有限的。从青铜器、铁器到"枪杆子"，这是人类社会用自己发明的科技原理，创造生产出的"高科技"工具武器。所以，国家内部社会大的改朝换代进行的这类战争，是更残酷的"内战"，是人类的"自残"。

这类更残酷的"内战"，是从蚩尤战黄帝划分时代的，它是人类社会"科技"出现发生的不可避免的必然"程序战争"或"战争编码"，它深刻地说明了政权现象与科技现象的关系。但民主与独裁并不是对立的，例如那些缺乏强大的原始创新科技力量的国家，它们即便有了民主的政权，也是不强大的。所以科学和民主不能一手软、一手硬，两手都要硬才行！这就是 21 世纪里强调和谐社会，强调科学发展观的内在联系，以及它的先进意义和正确性。

战争与科技武装后的政权及政权人物，代表着当时华夏文化进步发展的时代主流的蚩尤，为什么会被黄帝打败？其实内战是很复杂的。对此，周光华教授作了一类"声东击西"的提示。《远古的华夏族》158 页上说："夏商周秦汉，虽然在西方立国，其源头却在东南，而处于上古时期的神农氏也正兴起于南方"。周光华是以古籍预言"东方物所始生，西方物之成熟"为依据，作的发挥。这个古籍预言，其实也适合当今联合国或欧盟这类现代国家模式，虽落脚或成熟于西方，但却源生于东方远古的中华盆塞海文明。

其原因是，在原始共产主义社会中，由于原始部落强调集体思维，就把破坏部落整体效应的个别爱"发明创造"的人物，看成是"叛逆者"。东、南、西、北、中的原始群落内的大量"叛逆者"、犯人，被放逐到四川盆地的盆塞海边，他们倒集成了一种"新人类"。这是一批重视"发明创造"，重视"新创见"实践的人。所以盘古王国不是从原始部落政权及其政权人物现象展开的，而具有原始超前的民主性、科学性。真所谓是"浑沌"初开，开天辟地，人类文明大爆炸。

"盘古王表"记述，这渊源于约公元前 6390 年开始的法天法地时期，四川盆地的盆塞海内初现的山寨城邦文明和海洋文明，迫使盘古王把类似动物世界的蜂王、蚁王到猴王、狮王模式的四方或五方邦族、邦国、部落政权及政权人物现象，集合成一种远古国家共同体模式的政权及政权人物现象。其政权现象的核心动力，是远古的市场交换、物品流通，长途交易、商品生产。

其"古联合国"或"古共同体"政权人物现象的选举办法，是以促进社会和谐发展的"发明创造"竞争国王。当然，这不是到1789年才出现的类似华盛顿"普选多票当总统"的模式，而是在原始群落内个体偏好的适当限制下，以多数规则应用于一个广泛的群体决策的和谐社会方法。翻译成现代科学语言，就是所谓的"汉族"，或"群体决策的不可能性的多数规则"。动物社会知道要有蜂王、蚁王、猴王、狮王，如果进化到高等动物的人类，不知道要有人王，只知其母、不知其父的所谓"母系、父系"进化规则，以代替智力或体魄竞争称王的"多数规则"，其结果是如苏三出书，说中国人是以色列人，远古的文明仅是向东、向东、向东、向东。

其实，要说言必称"母系社会、父系社会"的学者，才类似"以色列人"。因为以色列至今还是"母系社会"。但以色列也不是仅选女性当"人王"。其次，人类社会一旦建立起了国家共同体的政权模式，就具有很大的传承性。而接近这种国家群体的任何人或任何一方，不会因不是"国王"，就不具有传承性。相反，只要最终争夺到了这个"王位"的任何人或任何一方，都是先接近这种国家共同体的，而后也就代表着这种国家共同体政权的传承性。

由此来看，远古的政权及政权人物现象就是一只"不死鸟"。那么黄帝的"共同体"政权，是从哪里来的？大家也能猜到是从"西陵氏"来的。"盘古王表"记述，"西陵氏"共有5代"国王"：文昌、夸父、歧伯、金二伯、嫘祖，他们分别是在远古教育、地理、医药、天象、蚕丝方面的大创造或大发现家，争夺到了"王位"的。这是约公元前4170--3150年城邦之美最后一个时期，由于他们掌握了这时发达的山寨城邦文明和海洋文明的"政权"，其先进的生产技术和经营方法，也许如今天的跨国公司，敢于到外面去建厂。这也类似今天一些发达的国家，把工厂建在国外，而把研究所、实验室、大学、金融等清洁而高智力的场所，建在国内一样。

相对中国后来的北方、南方以及海外的远古顶尖优势文明，这些都是它的"后院"了。正是在"古联合国"内部科技、经济、文化的交流，使得处在有利地缘的北部黄帝邦族、东北部蚩尤邦族、东南部神农邦族，比西部、西北部、西南部的邦族进步更快、更大。《嫘祖研究》一书认为，掌权"古联合国"的嫘祖西陵部落，与炎黄部落以及蚩尤部落的接触，改变着当时战争的模式，并十分频繁地在这些落后地区激化着战争。这是为什么？这是因为嫘祖发明养蚕治丝，类似高新科技，也联系类似黄金、货币经济、文化，而更加发达，强烈冲击着临近的部落。其主要是他们在与周围部落的交往中，将丝绸、舟船、养殖、编制、刀具等技术传入，改变了当地人的整个生活方式。

由于蚩尤部落与西陵部落接触，而发展出的铜制工具比炎黄部落的石斧功效高出数倍，又十分珍视与"古联合国"主干的物品交换，于是激发炎黄部落一次又一次地把他们的村庄搬迁到新地方，力图取得与西陵贸易团体进行接触的好机会。因为在这样的地区，势力大的一伙人能得到比较充足的物品，所以那些控制着与西陵部落接触机会的人，政治和军事方面的声望和地位均得到提高。因此，先前的炎黄部落，虽然也曾偷袭过西陵部落的定居点或其它村落，藉此获得所需物品和人才。但是比这更好的办法，还是移居到西陵部落贸易团体的前哨地点附近才好。北部的黄帝邦族捷足先登，因此不但控制着物品的交换交易，而且还得到通常是装备精良的西陵部落人的支持。

特别是嫘祖故里盐亭县传说，黄帝因为发明战车，原本是"古联合国"选的王储，并与嫘祖有婚约，是北部邦族抢劫了年少的王储和退位的歧伯后，金二伯和嫘祖都力图解决这一争端。后来"古联合国"的政权没有通过"竞选"，由嫘祖让给了黄帝。在这种情况下，远离西陵但也很先进的蚩尤部落，用战争的武力阻止"古联合国"政权的竞争对手或潜在的政权人物，压制自己的"竞选"，或粉碎对手妄想控制自己区域的企图，不失为一种法律程序或法律公正。然而据盐亭县传说，这本身却是嫘祖王的千古设计————因中华巴蜀盆塞海终将要干涸，远古的民主终将要被专制所代替，战争选在中原打有好处。

事实证明，直到清代，政权人物还在坚持"天下莫非王土"的"古联合国"观念。是近代科技粉碎了"古联合国"之梦，并在第二次世界大战中，又才部分恢复和重建了"联合国"。关于意识形态与远古政权及政权人物，《远古的华夏族》145页上说："后世思想家，特别是地主经济时期的思想家，为完成……帝王治世理论，对上古传说，加以撷采，而形成治政理论根据"。周光华教授没有明说无产经济时期的思想家，也是对上古传说加以撷采而形成治政理论根据的，但暗示是不言而喻的。这涉及从古至今的意识形态规律和讲政治。

3、没有反面的白祸论就没有反面的黄祸论

历史上所谓黄祸论是指成形于19世纪的一种极端民族主义理论，该理论宣扬黄种人对于白种人是威胁，白种人应当联合起来对付黄种人；那么欧洲人曾炮制出黄祸论，中国人为何不以白祸论针锋相对？

28年探源工程，如果要解码"维京人"一边反面说"黄祸论"，又一边正面宣传"白祸论"，理顺当代世界两极或多极的争霸，落实毛主席说的宏图："而今我谓昆仑：不要这高，不要这多雪。安得倚天抽宝剑，把汝裁为三截：一截遗欧，一截赠美，一截还东国。太平世界，环球同此凉热"，就要说明没有反面的白祸论也就没有反面的黄祸论。

由于历史上蒙古曾经西征欧洲，19世纪末20世纪初，"黄祸论"甚嚣尘上。这主要指欧洲人炮制出的第三次"黄祸"，发生在13世纪蒙古第二次西征攻占布达佩斯后，前锋攻至维也纳附近的诺伊施达，主力渡过多瑙河，攻陷格兰城。随后窝阔台大汗去世的消息传来，统帅拔都因汗位继承问题撤军东归。这次蒙古西征在欧洲大地引起一片恐慌。而一般认为，"黄祸论"首先出现在沙俄，最早俄国无政府主义者巴枯宁宣称中国是"来自东方的巨大危险"。在1873年他出版的《国家制度和无政府状态》一书，书中他认为：这种危险首先来自于人口与移民："有些人估计中国有四亿人口，另一些人估计有六亿人口，他们十分拥挤地居住在帝国境内，于是现在越来越多的人以不可阻挡之势大批向外移民……这就是来自东方的几乎是不可避免地威胁着我们的危险。轻视中国人是错误的。中国人是可怕的"。这种理论被炮制出后，西方的政客们在政治上采取一些相应的措施。

17 世纪被文艺复兴等欧洲先进文明唤醒的俄罗斯人，从沙皇时代开始奋起直追。在大航海时代，面对西方风起云涌的文明大潮，为便于学习西方先进文明，1703 年在重重阻力之下他们把首都搬到最西边位于北纬 60°的彼得堡，这是刚刚从瑞典人那里抢来的土地。

这里成为世界上超过百万人口的最大极地城市，它也是俄罗斯水陆交通的一个核心。殖民时代的彼得大帝（1672-1725 年）为这个超级大国，敏锐地选择了一个正确的方向：西化。他抓住了文明大趋势，所以俄罗斯在他的任内，从一个名不见经传的小国，迅速成长为令人瞩目的大国。除了派遣学习使团，彼得甚至亲自装扮成普通船员，到西方学习先进文明，不难看出他的决心与雄心，真可谓卧薪尝胆。

彼得大帝先后在荷兰和英国等地学习造船和航海技术，并聘请大批西欧知识分子到俄罗斯工作。回国后彼得积极开始一系列洋务运动，俄罗斯的工业基础是在彼得手下开始建立的，同时他还加强了中央集权，不惜处死皇太子以稳固政权。可以说，近代俄罗斯的政治、经济、文化、教育、科技等方面的发展无不源于彼得大帝时代。

民主，在俄罗斯没有地位。从 18 世纪初开始，为夺取波罗的海出海口，俄罗斯发动多次战争。1721 年俄罗斯击败北方熊瑞典，惊醒整个欧洲，从此俄罗斯成为欧洲显著的一位成员。沙皇彼得大帝被俄罗斯元老院授予"全俄罗斯皇帝"的称号，副皇帝成为真皇帝，从此俄罗斯开始走上全新的扩张强国之路。大航海时代里任何一个缺乏港口的国家，或者远离大西洋的国家，都会是非常被动的，所以俄罗斯开始做一系列拼死挣扎，从南北两个方向寻找出海口，在波罗的海与北欧人战斗，南方则为了进入黑海与土耳其人结仇，最终无果，他们转而从东方找到了一个突破口：从陆地扩张殖民。

18 世纪中后期叶卡捷琳娜二世统治时期，俄罗斯达到鼎盛。19 世纪国土面积最大时为 2280 万平方公里，至今俄罗斯也是世界上本土连续面积最大国家。俄罗斯本来是个名不见经传的小国，自 17 世纪后突然膨胀为世界第一地理大国，尽管从文明角度俄国比西方国家落后，但这里却突然产生了一系列璀璨的文明之光，比如在科学、艺术方面产生了大批的国际性代表，他们分别散布在音乐、舞蹈、文学、数学、生物学、化学、物理学等领域。从俄罗斯到苏联的发展成就可以发现，一个地区的文明发展与国土与人口数量之间可能有着密切的关联，因为他们可以举国之力办大事----就文明发展而言，大国优于小国。而国家制度，比如专制还是民主，却并不一定影响其科学艺术的发展。俄罗斯与苏联的发展都已经给出答案，美国以及日不落的英国也都给出了答案。优势中包含劣势，劣势又可能转换为优势，重要的是如何利用。俄罗斯就是这样的一个典型。

尽管处于欧洲的最不利地缘，但最终却活成了一个巨无霸。到近代，拼命学习西方的俄罗斯因为开放的心胸而开始占据文明上风。俄罗斯的近代扩张之路，实际上是欧洲殖民大战的一个有机组成部分，只不过他们属于就近殖民，而非越海殖民。与其他欧洲国家到美洲殖民不同，俄罗斯走了完全不同的一条道路，日本实际上也想学习俄罗斯的殖民扩张道路，不料殖民时代已经过去，反殖民运动高潮已经来到，所以他们偷鸡不成蚀把米，反倒成了战争罪人，其实它们的行为与之前的殖民侵略者相比不过是小巫见大巫。

俄罗斯尽管占据了巨大的地理面积，但问题在于，他们所侵占的土地多数为冰原；另外，身处东欧，在工业革命之后，从传播序列看他们本身也已成为欧洲的落后国家，所以对于资源的开发利用严重不足。所以，最初的扩张并没有带来如同欧洲其他国家那样的经济利润，他们甚至还在 1867 年以 720 万美元将北极圈上的阿拉斯加卖给了美利坚合众国，今天这块土地占美国 20%国土面积。

殖民不是仅仅侵占掠夺就可以，而是一种特殊的"文明现象"----看维持的时间，蒙古帝国只维持了几十年，俄罗斯尽管维持了 3 百年但依然是欧洲最落后国家，英国却是工业革命的发起者，而且连续 300 年都是全球最先进发达国家。之所以阿拉斯加易手美国，有一个原因阿拉斯加相距当时的首都彼得堡 1 万多公里，军事上很不容易控制，有可能被英国抢夺。看来远距离殖民需要一定文明水平支撑。阿拉斯加的丢失就是俄罗斯的第一次小崩溃，苏联解体是不是他们的第二次大崩溃？起码是 20 世纪全球殖民地纷纷宣布独立的一个尾声。

白祸论的另一种，指对西方白人和西方文化的一种恐惧和反抗的态度。一般来说，白祸论主要出现在 19 世纪到 20 世纪初，当时西方国家大规模地侵略、殖民和剥削亚洲国家，造成了无数的苦难和灾难，同时也激起了亚洲国家的反抗和觉醒。无论是"黄祸论"还是"白祸论"，都是出自西方之口。比较白祸论和黄祸论的异同，白祸论和黄祸论都是一种基于种族、文化和政治敌对的一种对他者的偏见和歧视。2019 年 10 月 15 日"知乎"网上，发有"真空管朋克 2077"的一篇《白祸论和印度大起义（五）》的文章中说：尽管"白祸论"的起源众说纷纭，但有一个一致的共识，是 1855 年上海的《申报》的一篇文章，叫《白种洋人之患》使它这种意识形态得到大规模推广的机会。这篇文章引用了最新的考古资料殷墟"妇好墓"中出土的文物和甲骨文中，声称调查其中资料显示在三千年前有一次冰河期导致各种游牧的白皮洋人南下，商朝曾和北方的蛮夷"鬼方"有一场大战。

在女英雄妇好将军的指挥下，粉碎了白种的雅利安洋人妄图征服中国的企图。而与黄河文明相邻的另一个文明"古印度文明"就没有那么幸运了，白种的雅利安洋人在入侵古印度时，印度没有出现属于它的妇好，最终白种洋人征服了印度的黄种人，并发明了种姓制度，将黄种人世世代代变成了白种人的奴隶，一群低种姓人。

文章论证东西文明之争，实际上是延续了三千年的"东方王道"与"西方霸道"之间的宿命的对决。说西方所谓的"文艺复兴"、"工业革命"，都是建立在有作为足够劳动力的奴隶上的，而为了保证他们有足够的奴隶，他们会把所有的技术都变得暴力化。

当我们把四大发明送给西方时，指路的指南针被他们用来寻找殖民地，放鞭炮的火药被他们用来屠杀原住民，写书法的纸被他们用来画军事地图，印刷术被他们用来推广圣经，洗脑人民。这篇文章的作者后来被记者查明，这篇文章是清朝咸丰年间经过宗社党的授意后写的----1856 年资政院大选，宗社党毫无悬念的成为了执政党。

宗社党本想对四年前"维新起义"时的人进行清算，但被皇帝奕訢制止了，让青年党党魁李鸿章和保皇党党魁曾国藩入阁，李鸿章担任了协理大臣，曾国藩担任佐理事务大臣。以上内容，该文作者说是"本文纯属架空，切勿当真"。那么有个叫"路生"的，写的文章《历史上，欧洲人曾炮制出黄祸论，中国人为何不以白祸论针锋相对？》中说：如今"黄祸论"这种极端民族主义理论，已经是"一页风云散，变化了时空"，而我们还是要说，在过去圈块地，搞搞所谓的民族理论，也许还能有一定的市场，但在一切都讲共享与融合的当今社会，这么搞恐怕很快就会被孤立起来，行不通了。

该文提到王桐龄对中国民族史的研究说：王桐龄（1878-1953年），我国现代著名的历史学家，清末考取秀才，后留学日本，1912年毕业于东京帝国大学文学系，获文学学士学位，是我国第一个在国外攻读史学而正式毕业的学人。1928年王桐龄教授所著《中国民族史》脱稿，他说中国为东方大国，境内为一大平原，人民眼光阔大，不褊浅，不妒嫉。其所产生汉族之风俗习惯，结婚自由，信教自由，殖产兴业自由，对于一切异民富于同情心，法律上，政治上，经济上，教育上，一切平等，无差别待遇……最终之目的在于平天下，无国界，无种界，四海之内皆为兄弟，一切民族皆平等。王桐龄教授详细介绍历史上汉族与满、蒙古、回、藏、苗等族共同融入中原的事迹，借以阐明当前中国境内各族"皆为中国民族组成之主要分子"、"中华民族为汉、满、蒙古、回、藏、苗六族混合体"的重要史实。

【9、大语言模型探源三星堆文明中的失落之争】

最后再说一点28年探源工程，从人类文明起源大爆炸钟形图解码"三星堆造型奇特的人像青铜器等，何以有来源失落之争"？

我们说三星堆造型奇特的人像青铜器，不是沿自中原或埃及、中东，而是远古巴蜀盆塞海山寨城邦文明自产的。中原或埃及、中东有这类相似的青铜器，反而是远古巴蜀盆塞海溃坝或者干涸发生，远古联合国的这类文明向它们扩散造成的。

这种研究方法，类似上海交通大学科学史研究院首任院长江晓原教授，与观察者网作者岑少宇教授交流他和穆蕴秋教授出版的新书《地外文明探索————从科学走向幻想》的心得————江晓原教授说："晚清有不少中国人写过科幻作品，我们的新书是作为科学前沿在讨论的。这种情况和晚清作者自己明确是写科幻小说不一样的；科学与科幻的边界在哪里？特别现在什么脑科学、人工智能里头的很多前沿理论探讨，在未来可能又会被视作科幻，这个可能性仍然存在。这与你脑子里有没有把这两个东西区隔开，没有必然关系"。

类似江晓原教授搞科学研究、科学探索的情况，我们搞人类远古文明语言、文字起源统一与分化的研究，心里明确是搞科学研究、科学探索，和大多数类似搞嫘祖文化研究的人，只把嫘祖传说作为基础、素材编历史是讲故事不一样的。看重《盘古王表年表》，看重三星堆青铜面具与盐亭发现的黄帝时代青铜像的科学对比鉴定，是追求搞清真实的中华民族历史。例如，1995年北京大学出版社出版著名汉文字学专家何九盈教授等主编的《中国汉字文化大观》一书，首次披露绵阳市盐亭县曾发现一个完整的上古界碑，上面刻有五十多行类似文字的符号，与六千年左右的半坡彩陶刻划符号相类似。为啥？

这里打造一系列的科学原理，论证广汉三星堆遗址周围远古巴蜀盆塞海山寨城邦海洋文明及远古联合国消亡的原因，原理类似有：英文←→中文；能懂←→不懂；整体←→还原；统一←→分开；打墨水←→后写字；学习←→实践，科学←→技术；设计←→制造；"水平分工"←→"垂直生产"；相长←→相消；先生←→先死……等问题。在三星堆遗址出土的文物，尤其是青铜器，鸟或者似鸟的东西，占了大部分。也正因为看到青铜器中大量的鸟，反过来才有类似影视人类学者杨干才这种人，又把三星堆遗址跟阿卡人联系起来。

杨干才猜想：有些古蜀的先民可能是一个位于四川西北的青海、新疆地区的古老的游牧羌人的一支，为了生存迁徙南下，到达水草丰美的成都平原后定居了下来，但是后来在与其他部族发生战乱，被打败，所以毁掉了象征着他们财富和辉煌的成果，带领族人继续南迁，最终到了云南边镜。这里杨干才把青海、新疆的游牧羌人迁徙南下，定居成都平原就能创造辉煌的文明成果，也许想得过于简单。

拟设游牧羌人从青海、新疆迁徙南下到四川盆塞海是实，而且成为这里山寨城邦文明和海洋文明"多数规则"的核心部族也是实，但三星堆和金沙等遗址文化宝物昭示的转移，是"先生先死"的那个远古盆塞海山寨城邦文明和海洋文明"多数规则"共同成果的传承。

如果以四川三台郪江镇为中心，到广汉三星堆的距离为半径画圆，那么圆弧西边圈线外靠近成都金沙遗址；圆弧东边圈线内靠近盐亭金孔区的嫘祖故里和临近的盘古故里----三星堆的文物与此地转移有关吗？传闻远古巴蜀盆塞海山寨城邦时，郪国都城郪江镇主要从事远古联合国的青铜器等生产制造、发放销售、回收。

这部分先民早来往于郪国和阿拉伯地区----来来往往，"郪"同音于"妻"，与妻子回娘家的习俗相似，也许"郪国"得名，就源于郪王城住着的是大多数家庭是远古联合国上层的内亲，掌握着贵重交易品的制造、发放和远洋贸易。但在盆塞海遇自然灾害不断，并干涸后随着权力中心的转移，和在人类第二次分散向世界各地的迁徙转移时期，郪王城的大部分能工巧匠和生意人，成为指导指引一批一批的蜀人，并跟随进入缅甸，沿印度的恒河水，横穿印度出海进入波斯湾，再沿海峡到达阿拉伯半岛和幼发拉底河流域，以及又从埃及和两河流域渡过地中海，先后在克里特岛和西西里岛等，去复制"远古联合国"的巴蜀盆塞海山寨立足起的城邦文明和海洋文明的向导。

斗转星移，阿卡人的离开，是他们同族中主张与时俱进先迁出盆塞海的新多数杀了回来，打败了坚守原来山寨城邦文明和海洋文明"多数规则"中的少数的结果。从古到今，全球化的人类命运共同体都存在敌我矛盾和内部矛盾的斗争。如果以古史有记载的郪江古镇为"圆心"，把分若干不同半径之长所作"圆"包围的所在地区的文明，对比相同半径以广汉三星堆遗址为"圆心"作的"圆"所在地区的文明，判断谁在先？那么把广汉三星堆遗址考古发现的古青铜器等遗物，不看成全是当时三星堆用的祭祀器物或当地上层使用的东西，而是之前早期远古巴蜀盆塞海山寨城邦海洋文明遗物，被当时郪江先民等收购转移，先后集中在三星堆境内后才销毁或转移或被埋藏留在成都地区的，由此的计量历史学的本地性科学也能验证"先生先死"的。

如三星堆发现的金面罩、金面具出自哪里？以铜为例，考古学家发现以色列在 7000 年前有采铜矿坑----在铜石混合时代或者红铜时代，红铜是比较纯的铜，质地软，熔点高（1084.62 °C），不适合做切削工具，但做一般面具、面罩适合----《山海经》有很多奇奇怪怪的人形，这有一部分是远古联合国各地节庆、舞蹈风俗等带面具表演化了的人物、动物和植物，以后被传说演化成真人真事。

1、三星堆考古铜矿产地在巴蜀提示

四川是我国历史上产金较多的省区之一，全川 180 多个县，除少数几个以外，都产过金。不少河流，例如嘉陵江、涪江、白龙江、金沙江、岷江等，都因为产砂金丰旺而享盛名。今天发掘出的三星堆金面罩、金面具，其黄金是否和川内青川、平武、江油等地出产的黄金微量元素相同，一是可以用多元统计分析放射性微量元素示踪，作为一个判断标准。这里先说三星堆青铜面具铜矿，在巴蜀，三星堆考古之外为何还有大批类似的祭祀地址？

这需懂得回族在远古巴蜀盆塞海干涸后，自然灾害仍频繁，加之远古联合国的权利中心转移到中原，那些没迁出盆塞海山寨城邦留在郪国和西陵盐亭等境内数百座古山寨顶上，类似小议事厅、观象台、祭祀神庙内的青铜等祭祀器物，以及山寨半山腰大围坪作坊店铺和居民住宅内的青铜、玉器等用具，留下已失去原有意义和价值。

这时曾是铁杆的古郪国和远古联合国上层内亲的回族先民，不走，收拾残局就成了意料份中之事----收购转移、埋藏销毁曾掌握过从事贵重交易品的制造、发放和远洋贸易的古青铜器等遗物，他们是内行，也是寄托哀思。例如，在郪王国这片土地的西南边境，约 50 公里的资阳市黄鳝溪，1951 年曾发现"中国新人化石"，考古学家命名为"资阳人"。人要是活动的，在距郪王城 50 公里的射洪柳树镇，也曾发现过古人类头骨化石。在郪王城北 50 公里的县城牛头山下，1971 年修人民旅社曾发现新石器时代的经过人工打磨过的石斧。在郪王国城北 50 公里的火烧沟，曾发现战国时的铜戈。

从古人类化石和古人类遗迹遗物看，郪王国是古人类活动的地方。再从古蜀国疆土看，《华阳国志》说："七国称王，杜宇称帝，号曰望帝，更名蒲卑。自以功德高诸王，乃以褒斜为前门，熊耳、灵关为后户，玉垒、峨眉为城郭，江、潜、绵、洛为池泽，以汶山为畜牧，南中为园苑"。由此可见蜀国领土，东南以江、潜、绵、洛为界。

2、三星堆青铜器冶炼需要矿料、数量在巴蜀

鄨国境内还有丰富的矿产资源，据记载鄨王国产铜的地方很多，《元和郡县志》说："飞乌县，本汉鄨县地，哥郎等八山，并出铜矿"。"铜山县，本汉鄨县地，有铜山，汉文帝赐邓通蜀铜山铸钱，此盖其余峰也。历代采铸。调露元年，因废监置铜山县"。在商周时期，鄨人的祖先濮人曾参加周武王伐纣的战争。如果以鄨江镇为中心，到广汉三星堆的距离为半径画圆，那么圆弧西边圈线外靠近成都金沙遗址；圆弧东边圈线内靠近盐亭金孔区的螺祖故里和临近的盘古故里----三星堆的文物与此地转移有关吗？

据《元丰九域志》记载：北宋时铜山县都还有"一铜治"。再次是铁，铁在鄨王时可能才开始采用，其境内蕴藏有铁。通泉县，有"三铁治"。东关县（后并入盐亭），有"一铁治"。以《山海经》载"有赤国鄨氏，有双山"为据，参考《盘古王表年表》，那么从公元前6390--6210年"法天法地时期"的盘古王开始，到公元前316年秦国大夫张仪、都尉司马错伐蜀灭鄨国，在建立蜀郡的约6000年中，这里以炼制"红铜"开始闻名的"赤国鄨氏"这支回民先祖，有人说："在三星堆遗址出土的众多青铜器中数量就超过了一吨，为啥按照当时冶炼技术进行统计即便是在附近有矿石的地方，也需要几千吨"的这种能力。对这种怀疑分析远古巴蜀的能力，为啥还是足足有余呢？

一是三星堆出土的众多青铜器，不是一齐在三星堆同一地点同一时间生产的，而是古鄨国的回回先民在古西陵国和鄨国等境内众多已衰落的山寨城邦收集到三星堆的。如果不是同一地点，也不是同一时间生产的，就不需要大的铜矿场，也不需要大的青铜器生产作坊。

二是在盐亭不远的中江、北川、彭县等地都有铜矿。虽然现在看来开采价值不大，但古西陵国和鄨国制造铜器时却正适合。《山海经》载"有赤国鄨氏"，这是以炼制"红

铜"闻名的"赤国郫氏"中的一支回民先祖，即古郫国的回回先民，是在古西陵国和郫国等境内众多衰落山寨城邦，收集到三星堆的。

虽然铜可能是人类最早冶炼的金属，是古文明的一个重要的判别指标；现在公认的世界四大古文明都拥有灿烂的青铜文化，但人类最先使用的金属应该是在自然界中能直接找到的。自然铜虽然储量比自然金，和自然银大很多，但是分布范围很局限，是富铜流体遇到大量还原物质时出现的，我国峨眉山，也只有少量自然铜产出。

3、三星堆青铜器冶炼需燃料、方法在巴蜀

据《嫘祖研究》一书中介绍，嫘祖养蚕和炼铜技术联在一起，首先是炼铜燃料"杠碳"的发现----在川北地区天生柞蚕的青杠树，木头很硬。把青杠树棒埋土作封闭的窑中经过燃烧炭化，就称为"杠炭"。

我们1956年曾在玉龙镇罐子沟完小上学，路过玉龙中峰寺一处青杠林山坡，就看见这种大规模燃烧炭化的方法，很惊讶。问其起源，这里有人把我们带到青杠林半坡一处裸露的石崖下，这里有一个被开挖像小屋大的石腔，崖层是片状叠加的。在叠缝之间不时露出的一小片小片的煤炭板块。我们后来明白，古西陵国的先民是受此得天独厚启发的发明，还使上古冶铜技术也发生了一场革命----"杠炭"比木炭是一种燃烧时间长并能产生较多热量的燃料，且不说添加那一小片小片的煤炭块一起燃。其次，这里很早就采用桐籽树把心挖空做成大口径的封箱，大大改善用嘴吹风的肺活量限制。

4、打造青铜面具等制造代工水平在巴蜀

今天在北川县，羌族群众跳"锅庄舞"，就还保持带怪状面具的习惯，可见一斑。其实历史上我国很多少数民族的工匠，都能打造精美的金银首饰，特别是藏族地区的金银首饰工艺品，至今还是一项促进旅游的产业。掌握这些工艺制造，从远古巴蜀盆塞海山寨城邦文明时期的上层圈子及后裔，与今天的少数民族，多少也有联系。

类似三星堆对青铜器的考古，铜同位素分析法是一种新兴的考古示踪法。尽管自然界铜同位素的变化较为复杂，且铜同位素地球化学还处于形成发展阶段，但铜同位素分析法在含铜器物的产地研究中，随着铜同位素地球化学研究的深入及分析技术的进一步提高，铜同位素分析法在考古研究中，深度学习，就能显示出较好的应用前景。

今天三星堆"祭祀坑"等，发掘出的青铜器出自哪里？是否也来自川内？这个问题也需要类似用多元统计分析放射性微量元素示踪检测金面罩、金面具的办法，先查验三星堆出土每件的金属文物，再普查检测川内各县、市地方上曾报告发掘发现的、且至今还保存、能找到的远古金属文物————这里难度不在检测，而在普查的动员组织的认真细致负责。但这里一个还值得注意的是，类似青铜，是红铜与锡及铅、锌的合金，相对于红铜，青铜的熔点大幅度降低、易于熔融铸造。与红铜不同，青铜不仅需要冶炼铜，还需要冶炼锡、铅、锌等金属。目前公认青铜时代始于6000年前的两河流域的苏美尔，其实是古郪国先民传到那里及以色列的。

5、铜同位素示踪法比较三星堆及古郪王国

如果说1995年3月18日盐亭县金鸡镇农民岳大登、杨华茂、岳树伦等人，在金鸡镇烟台山顺天寨挖出一尊十分古朴的高约60厘米的青铜跪俑，后被四川省博物馆雕塑院名誉院长叶毓山教授鉴定，是比三星堆更远古的青铜像，那么就可以用来验证青铜面具代工在巴蜀。因用铜同位素示踪法作初探，是可行的。

例如从三星堆遗址中出土的众多青铜器，应该把它们一件一件分门别类，单独采用放射性微量元素示踪法，列出其矿料元素和成品制造时间。再对在盐亭、三台、中江、北川等县境内已知道的铜矿场，以及发掘收藏有的上古青铜器，也应分门别类，单独作放射性微量元素示踪法，搞清楚矿料或青铜器成分，和成品制造时间，以便和三星堆出土的众多青铜器作对比，才算有争辩底气，才算科学。

而且发表这种考古论文后，要允许有这种能力的实验室作检验。因为青铜器的考证，其实有严格的报道————从考古发现的铜器，提取类似铜的同位素类型和含量，在对标查找巴蜀和全国、全世界发现铜矿地点的铜的同位素类型和含量。对上号的，就能说明青铜器出自哪里，以及制造的时段————如说三星堆造型奇特的人像青铜器，不是沿自中原或埃及、中东，而是远古巴蜀盆塞海山寨城邦文明自产的。即中原或埃及、中东有这类相似的青铜器，反而是远古巴蜀盆塞海溃坝干涸发生，远古联合国的这类文明向它们扩散造成的。

6、巴蜀古郪王国为啥上古时代有回民？

郪王国在上古时代，当是万国中的一个。在商周时，当是千国中的一个。从郪王国这块土地最早的人类活动说起----在郪王国这块土地上，多处发现古生物化石，如在郪王城东2公里的鼓楼山上，有古代杉木化石，化石直径约半米。在郪王城东20公里的干坝王，1958年也曾发现恐龙骨化石，直径约二十公分。在郪王城西北七十公里的中江县城东，唐代人曾在玄武山，发现恐龙化石群。在郪王城北五十公里的印盒山挖绵纺厂基脚，在十多米深的羊肝石岩层中发现猛象齿化石。在郪王城东北50公里的双乐乡因修人民渠渡槽，在挖基脚时，在三米深处发现犀牛齿、骨化石。这些都说明在郪王国这片土地上，在远古时代，林木茂密，恐龙爬行，巨兽成群。

在郪王国这片土地上，除古代动物外，还有古人类活动的遗迹。在郪王国西南边境约五十公里的资阳县黄鳝溪，1951年曾发现"中国新人化石"，考古学家命名为"资阳人"。人要是活动的，在距郪王城50公里的射洪柳树镇，也曾发现过古人类头骨化石。在郪王城北50公里的县城牛头山下，1971年修人民旅社曾发现新石器时代的经过人工打磨过的石斧。在郪王国城北五十公里的火烧沟，曾发现战国时的铜戈。从古人类化石和古人类遗迹遗物看，郪王国是古人类活动的地方。再从古蜀国疆土看，《华阳国志》说："七国称王，杜宇称帝，号曰望帝，更名蒲卑。自以功德高诸王，乃以褒斜为前门，熊耳、灵关为后户，玉垒、峨眉为城郭，江、潜、绵、洛为池泽，以汶山为畜牧，南中为园苑。"由此可见蜀国领土，东南以江、潜、绵、洛为界。刘琳教授注云："江，岷江。潜水，一说西汉水，一说潜溪河。绵水，流经的绵远河。洛水，即什邡石亭江。今之中江、郪江以及涪江中游地区都不属蜀国土地，而是郪国领土"。

郪国境内有郪江贯通郪国西南部；五城水（亦名玄武江、中江）贯通西部，至北伍城（今三台）汇入涪江；梓潼水贯通郪国中部、东南部。这些河渡两岸都是大小不同的冲积平原。在渔猎时代，有充足的鱼类、鸟兽，足以养活郪国人民。在农牧时代，有充足的粮食和畜产品养活郪国人民。郪国境内还有丰富的矿产资源，首先是盐。《华阳国志》说："郪县有山原田，富国盐井"。富国，当是郪国的产盐丰富区，赵宋时，置"监"就是以《华阳国志》所说的富国命名。监在今三台县南 90 里，即今安居镇。据《元和郡县志》记载，郪县有盐井 26 所；通泉有盐井 13 所，以赤车盐井为最著名。

盐亭县也因近盐井而得名。蓬溪县有盐井 13 所。现在再来看郪江古镇，位于四川三台县城南 47 公里处，南临郪江，东滨锦江，建于两江汇合处，向来为兵家必争之地。这个有 7000 多年历史的老镇，在远古巴蜀盆塞海干涸后，随之游牧的郪国和双山族的西陵国上层之间，即使曾经有过小摩擦也被淡忘。这时还有《资治通鉴》卷八十五载：很早以前，郪人先祖还有从云南迁徙来到巴国和蜀国之间的回民濮人，在郪江河边建立了郪王国。这时古郪国在巴国和蜀国之间的蜀国东南边。《三台县志》载：商周时期，郪国人的祖先濮人曾参加周武王伐纣的战争----周武王伐商的公元前 1066 年，武王姬发载着文王木主去伐纣，二月底攻入朝歌城灭商。

濮人参加武王伐纣战争后得到封赏，势力和支系都有很大发展，大部分人留在今天的三台、中江县一带。在春秋战国时，这里也仍还是郪国的都城。但在公元前 316 年秦国大夫张仪、都尉司马错，奉秦惠王之旨从石牛道南下伐蜀，途中"顺便"灭了郪国。

秦以蜀国土地建立蜀郡，以成都为郡治，郪为蜀郡所辖之地，不再是一个独立王国。再到西汉高帝的公元前 201 年，又置郪县，以郪国首都为县城，以郪国的郪为县名。后西汉又析郪县，建立广汉县。到东汉，析广汉县地置德阳县（即今遂宁）。晋又析德阳县，置小溪、巴兴二县。到两魏，以小溪为方义；改巴兴为长江县（今蓬溪）。到三国时，蜀汉建兴的公元 224 年，又分广汉郡，建立东广汉郡；东广汉郡城治所，初设在郪县。后蜀汉时，又析郪县置北五城县、盐亭县，建立五城县（隋改玄武即今中江）；改原广汉为通泉。到西魏，析郪县地置射洪县（治今金华镇）。到晋朝开始的公元 265 年灭魏后，仍置郪县，县城也在今郪江镇。南北朝时，南朝刘宋时仍设郪县。到隋朝开皇的公元 593 年，改郪县为飞乌县，治所在郪江镇。后移县治于今中江县南飞乌镇。到元代时，古郪江镇还作过四川的省府。清雍正的公元 1734 年，郪江镇遂由中江县划归三台县。

把今广汉三星堆遗址考古发现的古青铜器等遗物，不看成全是当时当地用的祭祀器物或当地上层使用的东西，而定位于是在远古郪国境内回族先民收购转移，先后集中在三星堆境内。直到公元前 316 年秦国大夫张仪、都尉司马错伐蜀灭郪国建立蜀郡，以成都为郡治等各种社会、自然原因，才停止销毁、转移而被埋藏留在今广汉地区的。

如果懂得回族在远古巴蜀盆塞海干涸后，自然灾害仍频繁，加之远古联合国的权利中心转移到中原，那些没迁出盆塞海山寨城邦留在郪国和西陵盐亭等境内数百座古山寨顶上，类似小议事厅、观象台、祭祀神庙内的青铜等祭祀器物，以及山寨半山腰大围坪作坊店铺和居民住宅内的青铜、玉器等用具，留下已失去原有意义和价值；这时曾是铁杆的古郪国和远古联合国上层内亲的回族先民，不走，收拾残局就成了意料份中之事----收购转移、埋藏销毁曾掌握从事贵重交易品的制造、发放和远洋贸易的古青铜器等遗物，是内行也是寄托哀思。

7、王红旗推证三星堆青铜纵目人像传奇

更有启发的是，北京专家王红旗教授在 2002 年第 1 期《文史杂志》发表的文章说：三星堆遗址的两个"祭祀坑"里，出土有 54 件青铜纵目人像及面具，它们或两眼角向上翘，如同竖眼一般，或眼球向外突出极度夸张----对那直径 13.5cm，凸出眼眶 16.5cm。前端略呈菱形，中部还有一圈镯似的箍，宽 2.8cm，眼球中空的纵目青铜人像，他分析认为：有人解释为某种眼疾的病态再现，有人猜测是某种未知习俗的夸张等不对，而是远古蜀人关于望远镜的使用和崇拜。

为啥？王红旗教授的道理是：这种用在眼睛上的测量仪器，用今天的话来说即是古代真的望远镜，已经被发掘出来却没有被认出来。《庄子•秋水篇》就记有"有管窥天"的说法。《淮南子•泰族训》称："欲知远近而不能，教之以金目则射快"。冯立升教授在《中国古代测量学史》中指出，"金目"在汉代又称"深目"，并推测"金目"可能也是窥管一类的测望工具。它是一种有刻度的两节窥管，能够自由伸缩的用于测量距离远近和山峰高低的仪器，它的前身应当就是三星堆青铜面具上的纵目。事实上中国远古时代的测量仪器，可以追溯到伏羲、女娲手中持着的规和矩，如伏羲画卦可能也与方位的判断有关；所谓女娲用绳"造人"的绳，实际上也是一种长度测量尺。

四川阆中有伏羲母亲的传说和有关伏羲、女娲的汉砖画像发掘。川西雅安碧峰峡有女娲的传说。伏羲、女娲故乡有传说在甘肃天水。从甘肃天水到四川阆中、雅安的可行性，是在"立足山海时期"的公元前 5070-4170 年，属于远古巴蜀盆塞海山寨城邦文明，他们都类似远古联合国秘书长的伏羲和女娲，也是盆塞海商船队伍的头人、大老板。航海商贸需要"望远镜"，有需要又有独天得厚的材料----川北平武等地有水晶矿石，浙江学者钟毓龙先生的《上古神话演义》一书认为，上古黄河曾因地震地裂从剑门关流入四川。

可以设想在形成盆塞海之前，随河流冲涮水晶矿石有大小鹅卵石类似水晶镜片，被伏羲和女娲的航海商队人员收购获得，有水晶镜片和竹管，做望远镜不难。2015 年借参加北京炎黄研究会自然国学讨论会，我们采访过他。王红旗，1946 年生，河北桑干河畔人。1965 年考入中国科技大学近代物理专业。改革开放后他不但与画家妻子孙慧芳，出版多部《山海经全集精绘》等书画外，他个人还出版了 81 部（其中专著 66 部，2000 篇学术论文共分为 15 部）其他学科的专著。2015 年他对我们所问的回答是：他从小听到家乡有黄帝与蚩尤涿鹿之战、炎黄阪泉之战的传说。涿鹿和阪泉就在桑干河地区，他关注海洋变迁，认为东海曾上涨到过西边的太行山。

但 1993 年《嫘祖研究》出版，盐亭嫘祖故里传说黄河曾流入四川，有过远古巴蜀盆塞海山寨城邦海洋文明。书中《嫘祖年谱初编》定公元前 3133 年轩辕与蚩尤战于涿鹿；公元前 3127 年炎帝与黄帝战于阪泉，他觉得靠谱，就联系盐亭籍川大蒙文通教授 1962 年发表的《略论〈山海经〉的写作时代及其产生地域》，结论出《山海经》的《大荒经》、《海内经》诸篇均以四川西部为"天下之中"。而《山海经》里的烛龙，为司日月的纵目神，与三星堆青铜纵目人像是联系的，那么作为观测天象使用的窥管或类似工具，在三星堆时期已经出现是有可能的。他又举《庄子•秋水》篇中的"井底之蛙"、"以管窥天"及《淮南子•泰族训》"金目射准"为证。

成语"坐井观天、井底之蛙"----"蛙"也是凸出眼睛的，是否有看得远的愿意----如果远古巴蜀人挖水井，发现类似扁圆鹅卵石样子的水晶石，加之打井吸水用有长管竹筒，久而久之发明"以管窥天"类似今日的望远镜，是完全有可能的事。中华文明作为全世界唯一有过"远古巴蜀盆塞海山寨城邦海洋文明"，和跟其稳定的农耕文明，长期是有争论的----落下闳创制的《太初历》是中国历史上第一部优良历法；落下闳生活在公元前156年--公元前87年，在同乡人谯隆及太史令司马迁的推荐下，被汉武帝召为待诏太史，主持《太初历》的制订工作。盐亭的远古传说讲，落下闳是约公元前3151年前远古联合国的嫘祖时代，衣落山一位"观天司"逃亡者金落下的后代。

该家族虽已改姓埋名130多代，但仍受祖先金二伯谋图射杀黄帝所累。因此他自己只有埋名乡里继承祖传，只做不说，将天文学、数学知识传给后代的份。

【10、结束语】

我们写《探源工程二十八年回顾与刍议》，解码"中华文明是失落盆塞海洋文明的文明"，最后我们想到中国工程院院士、中国抗癌协会理事长樊代明教授讲的，要想加快适应时代的需要，必须对整合加以重视："一是自主生成力，二是自相耦合力，三是自发修复力，四是自由代谢力，五是自控平衡力，六是自我保护力，七是精神统控力"。这说得非常对。有人说，各种遗忘远古巴蜀盆塞海洋文明链的形成，除了今天盆塞海已经干涸，遗迹荡然无存，其中还既有社会的因素、历史的因素，也有个体认知的局限等因素。

而且今天的学科呈现出明显的交叉特征，如自然学科之间的互相交叉，自然科学与工程学科、技术科学的交叉，理工学科与人文历史的交叉等等。交叉带来新知，而要将新知变成新的科学认识，需要每一个参与实践的人，化身为科普工作者，同时也成为接受科普和科学教育的学习者和受益者。因此，探源工程最终收尾的科学教育，应该是一个广泛的、全员的事业，人人都有机会、人人都应负责。

　　如果不是远古巴蜀盆塞海的干涸，我国中原、东北、东北亚的面貌，请问会是今天发展的那个样子吗？远古巴蜀盆塞海干涸后，放弃和转移了原先发达的人类文明，供中原、东北、东北亚等地后来文明发展的参考与再创新，就该被看不起吗？

附录：

中国元朝蒙古族命运动力学初探

---其它被蒙古帝国征服过的国家史书承认是他们的一个王朝吗？

【0、引言】

中华文明与世界是失落远古盆塞海洋文明的文明，深深地映在其它被蒙古帝国征服过的国家史书上有承认是他们的一个王朝的命运动力学中。如果有承认的，原因是此；没有承认的，原因也是此。作为今天世界的镇海神针，从远古联合国盆塞海山寨城邦海洋文明地形，到今天联合国整个世界地形海洋与大陆板块分布结构高度相似，民心相通是其社会根基，也贯穿命运动力学的机制：可以明确来自宇宙能量能大爆炸，人类文明也能大爆炸。这种从远古联合国盆塞海山寨城邦海洋文明地形，与今天联合国整个世界地形海洋与大陆板块分布结构高度相似的证据，可以解释一些人们想不通的问题。

【1、蒙古教科书自招统一于1206年之后】

蒙古教科书主张蒙古的历史文明源自草原，而中国的历史则根植于农耕文明。在古代蒙古崛起的过程中，与古代中国展开了一场争夺蒙古草原控制权的竞争。蒙古各个分裂部落在成吉思汗的统一下达到了前所未有的强大。因此，蒙古与中国之间的争夺局势多次胜利，少数失败。同时，在蒙古建国初期，他们成功地殖民了中国，并建立了元朝。蒙古教科书对于元朝的描写如下：

1206年，成吉思汗统一了蒙古各部，创立了蒙古帝国。在随后的连续征战中，成吉思汗的后代们征服了几乎所有欧亚大陆上除东罗马之外的古代文明国家。在13世纪，蒙古帝国的疆域横跨中国、俄罗斯、朝鲜、中亚、西亚和东欧等地，是历史上最庞大的帝国之一。

这个巨大的版图使蒙古成为了当时历史上最辉煌的时期。

据此书中记载，历史上蒙古曾统治中国长达一百年之久，而中国对蒙古的控制仅仅持续了两年。关于清朝时期的历史，描述如下：满洲人通过武力霸占了蒙古草原，并在迫使蒙古实行和亲政策后，依旧不守信义，入侵蒙古并进行分裂和瓦解。所述的和亲，指的是漠南蒙古的博尔济吉特氏公主与皇太极的婚事。蒙古人认为清朝对他们实施了人口控制，限制了他们的自由迁徙，并进行奴化教育等。蒙古将这段时期称为满洲国殖民蒙古国的时代。

当时的中国和蒙古国都遭受了满洲国的殖民统治，它们被视为满洲国所平等对待的两个殖民地。在书中描述了蒙古历史博物馆展示了康熙皇帝的军威碑，这是作为蒙古耻辱的象征，用来激励蒙古人民振奋精神，重建伟大的蒙古帝国。

在此教科书中，指出清朝灭亡后，中华民国倡导着五族共和的理念。然而，蒙古人并不愿意加入其中。随后，蒙古重新获得了独立的地位。与蒙古人曾一同处于清朝统治下的中国人，则毫无根据地声称蒙古是中国的一部分，并派遣北洋军队侵略蒙古。漠南蒙古很快被攻破，就在漠北部分即将失守之际，俄国人毫不吝啬地伸出援手，与蒙古人一起勇敢地击退了北洋侵略军。然而，在俄国发生剧变的时候，中国的徐树铮趁机入侵蒙古，使得蒙古政府无力反抗，成为中国的附属国。蒙古教科书还声称，根据基因和语言的角度来看，蒙古人属于阿尔泰系，与多种突厥系民族，如韩国人、北方日本人等存在联系。

然而，他们与中国人毫无关联，而中国人则与南太平洋地区的马来波尼西亚人有关。在蒙古与中国的历史中，蒙古教科书将元朝形容为蒙古帝国的组成部分，并且被看作是蒙古对中国进行殖民的时期，同时也是蒙古历史上最辉煌的阶段。历史是过去发生的真实事件，不同的人立足于不同的阶级利益角度，对历史有不同的看法。

【2、蒙古人和中国人对历史有不同的看法】

蒙古人和中国人对于元朝的描绘在历史书中存在着一些差异。

在蒙古国的教学书中，强调了许多王朝在蒙古历史上的出现，如匈奴、鲜卑、柔然、突厥和契丹等。这些王朝都被视为蒙古历史的一部分。中国古代是农耕文化，而蒙古则是草原文化。整个古代蒙古人将大部分时间用于与中国争夺草原控制权。据蒙古国的历史教科书记载，契丹帝国灭亡后，蒙古部落在合不勒汗的领导下建立了强大的蒙兀儿汗国，并多次成功击退金朝的侵略，维护了国家和民族的独立。

然而，在合不勒汗去世后，蒙兀儿汗国也遭到分裂，最终被金朝统治。蒙古各个部落也受到金朝的压迫。随后，铁木真成年后统一了各个部落，建立了强大的蒙古帝国，并开始了领土扩张之路。

在铁木真以及他的几代子孙的努力下，蒙古帝国打败了包括南宋在内的许多亚洲国家，建立了横跨亚欧大陆的帝国，这是蒙古历史的黄金时期。当时，蒙古帝国分为五大国，如察合台汗国、窝阔台汗国、钦察汗国、伊尔汗国和元。尽管蒙古帝国后来分裂，但无论中国、俄罗斯还是波斯，都像蒙古帝国的一个省份一样，是其版图的组成部分。

蒙古国的历史观念显示，元朝只是他们统治中国（以及欧亚大陆）的一个时期，成功地抵制了中原农耕文化的影响。在当时，元朝是殖民者，而南宋在中原大陆被视为殖民地。明朝的兴起标志着蒙古元朝失去中原领土的一个历史阶段。蒙古的教科书也继续着这样的叙述：1917年沙皇被推翻后，中国北洋政府军队企图重新占领蒙古，将其变成殖民地。当时我们的政府也是腐败无能的，与中国北洋政府签订了出卖国家的条约，使蒙古沦为一个附庸。直到1921年，伟大的苏联红军建立起来并驱逐了北洋军阀，蒙古才重新获得了独立。

事实上，在1919-1921年期间，蒙古只被苏联统治了两年。最后，在1945年得到苏联的援助下，蒙古成功获得了独立，并成为一个拥有主权的联合国成员国，终于摆脱了殖民统治的历史。

因此，在蒙古的历史教科书中记载着这段历史：我们必须时刻保持警惕，防止再次受到侵略。根据蒙古的教科书记载，我们可以得知蒙古在苏联的支持下宣布独立，并对苏联怀有深深的感激之情。然而，这也是苏联将蒙古视为自己卫星国家的一部分的结果。实际上，苏联对蒙古进行了奴役。

【3、从成吉思汗建立四个汗国说起】

蒙古从成吉思汗在亚洲和部分欧洲建立了四个汗国：

钦察汗国从 1243 年一直延续到 1420 年前后，主要在东欧。

察合台汗国，1241 到 1346 年，主要在西亚。

伊利汗国，在十三世纪中叶至十四世纪中叶统治波斯一带。

窝阔台汗国时间较短，范围主要在新疆一带。

他们中的大多统治时间很长，对本国造成了深远的影响，如印度的泰姬陵就好像是一个蒙古的皇帝建造的，因为莫卧儿王朝就是蒙古人的汗国，至于欧洲，看看他们的评价就知道了：

拿破仑说：我不如成吉思汗。不要以为蒙古大军入侵欧洲是亚洲散沙在盲目移动，这个游牧民族有严格的军事组织和深思熟虑的指挥，他们要比自己的对手精明得多。我不如成吉思汗，他的四个虎子都争为其父效力，我没有这种好运。

黑格尔谈及成吉思汗时说，蒙古人用马乳做饮料，所以马匹是他们作战的利器，也是他们营养的食品。他们长期的生活方式虽然如此，但是他们时常集合为大群人马，在任何一种冲动之下，便激发为对外的活动。他们先前虽然倾向和平，可是这时却如洪水一般，泛滥到文明的国土上，一场大乱的结果，只是满目疮痍。这样的骚动，当这些部落由成吉思汗和帖木儿做领袖时，就曾经发生过：他们从高原横冲到低谷，摧毁了当前的一切，又象一道爆发的山洪那样退得无影无踪——绝对没有什么固有的生存原则。

英国史学家韦尔斯在他的《世界史纲》中说："蒙古人的征服故事确实是全部历史中最出色的故事之一。亚历山大大帝的征服，在范围上不能和它相比。在散播和扩大人们的思想以及刺激他们的想象力上，他所起的影响是巨大的……作为一个有创造力的民族，作为知识和方法的传播者，他们对历史的影响是很大的"。

1970 年出版的《全球通史(1500 年以前的世界，)》同样强调蒙古的侵略"促进了欧亚大陆间的相互影响"，书中举了不少事例，最后说："由这种相互影响提供的机会，又被正在欧洲形成的新文明所充分利用。这一点具有深远的意义，直到现在，仍对世界历史的进程产生影响"七八百年过去了，成吉思汗的影响并没有因时间的推移而黯淡。对整个世界来讲，他去世以后的影响远比生前更大，而且渗透到了政治、军事、经济和文化等各个领域，出现了世界的成吉思汗热。

德国嘉桑大学教授费朗索儿·冯·额尔多满称成吉思汗为"不屈之王铁木真"，在他所著《不屈之王铁木真》中写道："在欧罗巴也与西部亚细亚同样，不重新树立自然的秩序是不行的。那样无论在欧洲和亚洲，使他们从沉睡状态中苏醒过来，需要一只强有力的手去摇动他们是迫切必要的。这样唤醒他们的强有力的手出现了，这就是不屈之王铁木真及其后裔。那样，他们是完成支配世界的至上命运后不久撤离了历史舞台的。俄罗斯人和德意志人及其他西欧诸国民，能够达到现在这样强大和文明无疑是蒙古人和蒙古军征服的刺激和赐物。"

德国前总理施密特说：类似一体化在人类历史上，只有成吉思汗等人的时代出现过。

《国际先驱导报》驻柏林记者郑汉根曾经在一篇报道中写道:"……但是另一方面,欧洲过去上千年的历史也是一部出现的危机,之后危机又得到解除的历史,目前欧洲一体化面临的危机也将得到解除。所以,也可能在 50 年之后出现能力的欧盟。那么这将是人类历史上一个辉煌的成就。这种辉煌成就相当于亚洲国家成为一个联盟。类似这样的一体化在人类历史上还没有出现过,只是在一些征服者的时代出现过,比如成吉思汗、亚历山大以及拿破仑等,但是自愿形成的联合还没有出现。所以这种联合是很难得,即使可能形成,那么也需要很长的时间,我也不会活那么长,所以也就不去做预测了。"

再看看普希金笔下的成吉思汗吧:俄罗斯人民掩护了西欧,使西欧免受蒙古人压迫的灾祸。鞑靼人不像摩尔人,他们征服俄罗斯后,既没有给予它代表,也没有给予它亚里士多德。崇高的使命落到了俄罗斯身上;他那一望无际的平原吞噬了蒙古人的力量,使他们的侵略停止在欧洲的边缘。俄罗斯人眼中的成吉思汗,前苏联著名藏学家尼古拉•列里赫说:亘古开天辟地以来没有一个民族如此强大。

美国五星上将麦克阿瑟经曾经号召军人向成吉思汗学习。他在给陆军部长的一份报告中说:如果有关战争的记载(除了成吉思汗的战争记载以外)都从历史上抹掉,只留下成吉思汗战斗情况的详细记载,并且被保存得很好,那么军人将仍然拥有无穷无尽的财富。从那些记载中,军人可以获取有用知识,塑造一支用于未来战争的军队。那位令人惊异的领袖(成吉思汗)的成功使历史上大多数指挥官的成就黯然失色。他的成功证明了他有充分的、准确无误的本能作为指挥一支军队的基本资格。他发明了一种适合当时条件的编制,把部队的纪律和士气提高到一个其他军队从未有过的水平(也许克伦威尔的军队达到了这个水平),利用每一个和平时期,提高下属指挥官的能力。他的部队的运动速度与他同时代其他部队相比,几乎令人难以置信。

虽然他以当时亚洲所能产生的最好的进攻和防御装备来武装士兵,却不愿使军队负荷过重,失去机动性。他的庞大兵团从很远的地方运动得如此神速和神秘,使得敌人惊慌失措,实际上失去了抵抗的能力。他渡江河、翻高山,攻克城池,灭亡国家,摧毁整个文明。在战场上,他的部队运动得如此迅速和巧妙,横扫千军如卷席,无数次打败了在数量上占压倒优势的敌人。虽然他毁灭了一切,残酷无情,野蛮凶猛,但是他清楚地懂得战争的种种不变的要求。

美国前总统罗斯福高度赞扬《蒙古人的历史》。

蒙古学学家杰里迈•柯廷(1835~1906 年)曾经写了 3 本大部头的有关蒙古学的著作。第一部书《蒙古人的历史》,于 1908 年在伦敦出版。当时的美国总统罗斯福以优雅的笔文为该书写了长达 7 页的前言,高度赞扬该书的出版。《蒙古人的历史》,共 19 章,426 页,写法十分紧凑。书的开头部分,首先概述了俄文、汉文、波斯文中关于蒙古人的起源、发展的传说和故事,铁木真的成长和他的业绩,接着分别论述了花子模之战、成吉思汗之死、成吉思汗死后的波斯、旭烈兀的统治、对金朝的战争、窝阔台之死、忽必烈汗和宋朝、妥欢帖睦儿和蒙古人被逐出中原。

联合国秘书长安南谈到成吉思汗时说:"游牧民族的文化是全人类伟

大的文化。13世纪成吉思汗统一蒙古部落，建立了世界上举世无双的庞大的蒙古帝国。他所建立的政权和法律，至今对世界各国和地区仍然有积极意义。我早就有个愿望，很想到具有悠久历史的成吉思汗家乡去看看。"

【4、只有穆斯林教等国家历史书上不承认】

有人认为："可能只有穆斯林国家在历史书上不承认，但是历史不会改写。而蒙古在中国统治时间比较长，影响力却很低，因为中原的文化比他们发达，而且比较排外，但是中国也是承认的。我想欧洲国家可能会承认被蒙古占领过，但多半不会承认这是他们的王朝"。

因为在欧洲可不像在中国，皇帝轮流做，国家不改变。他们那儿，一块巴掌大点地，今天是你家，明天归他家，儿子结婚做聘礼，女儿出嫁当嫁妆，没准一个地儿还二个王。毕竟占领的王朝多了，也就没什么王朝不王朝的。要说王朝也是按血统、按家族划分，不是一定按时间段划分。至于统治哪个国家，多大国家，只要收入差不多，也没什么意见。何况对欧洲人而言，你一蒙古帝国也就昙花一现，转眼就没了，对他们的历史影响也不大，也没必要作为王朝记录下来。

如果是亚洲国家就难说了。相比于西方国家，东方的集权程度更高；受蒙古人统治的时间也较长；再加上风俗习惯较为相似，对该地的影响应该是非常深刻，所以应该会作为历史上的一个重要的王朝记录下来。而欧洲被征服国，普遍只是说蒙古人是侵略的蛮族，原因不外乎在军事侵袭后，忽必烈挂了蒙古就撤军了，没有建立殖民地或代理政府，而是彻头彻尾的离开了欧洲。

印度的卧摩尔帝国在历史书上有记载，其余的像伊利汗国什么的，总之是在中亚和东亚、东南亚分封了四个汗国。这部分国家承认了蒙古人的统治，其实标准都一样，就是政府建立与否。

亚洲的汗国应该承认了，欧洲曾组成反蒙联盟，而且最后打败了蒙古，还从俘虏那里得到了四大发明之一的造纸术，所以他们会将蒙古当成侵略者，不会承认。不说欧洲联军被打得什么都不是，只是讴歌太大汗驾崩，才使得欧洲没被占领。如说的印度莫卧儿帝国有记载，实则是因为这个帝国就是蒙古人的后裔建立的，所以当然会承认。

如果要看现在那些国家，是否还有大量蒙古族后裔？像我们国家，就就有个内蒙古自治区，蒙古人也算中国人，自己国家的人建立的王朝，没理由不承认。不是所以的国家都能和中国相比较的，中国要的是知耻而后勇，别的国家就搞不明白了（没有在它的土地上干过什么好事，或者委屈求全受尽侮辱最后被灭亡，或者不是敌人太厉害就是自己人搞内耗被敌人搞掉了）。一般不承认蒙古帝国的最辉煌时期被记载在外蒙古历史教科书中，这段历史被分为四个主要部分，讲述了蒙古与中国的古代关系。此教科书明确表达了一个观点：即不认同中国曾统治过蒙古草原，并声称蒙古帝国曾统治过中国长达一百年。说蒙古帝国起源于蒙古高原，当他们壮大后，他们入侵的第一个地方是中东的花拉子模王朝。最后，他们来到了中国北方的金朝和西夏。他们征服了中国北方以后，再也走不远了。他们只能把重点放在中东、俄罗斯、欧洲和其他地区。

有人说，从当时的情况看，我们和俄罗斯以及其他国家一样，都处于被侵略的状态上。即使我们被侵略的时间比这些国家晚，但他们都没说蒙古帝国是他们的历史王朝，我们从哪里来声称蒙古帝国是我们的历史王朝呢？我们历史上真正的王朝之一是元朝，它是从蒙古帝国分裂出来的。元朝是成吉思汗的孙子忽必烈在成为蒙古汗之后建立的。原本，元帝国是蒙古帝国，但由于蒙古帝国其他领导人不想服从忽必烈的命令，他们从庞大的蒙古帝国中分离出来了。分离之后，辽阔的蒙古帝国崩溃，分裂为五个部分，其中最强大的是中国的元帝国。

元朝之所以成为我国历史上的王朝，就在于它与蒙古帝国存在不同之处。元朝面积1372万平方公里，是中国历史上统治区域最大的王朝。除元朝外，中国历史上的统治区域第二大的王朝是清朝，面积1316万平方公里，居中国历史第二位。但说到实际统治区域，清朝可以排在第一位。清朝是我国历史上皇权最集中的王朝。为了保住自己的江山，不被赶回东北老家，他们对整个帝国的掌控是非常严密的。

元朝开国皇帝忽必烈，是按照蒙古帝国分封制继承法严格选出来的。这是要承认的，哪怕其他汗国敌视忽必烈和他打仗，可是嘴上必须承认他是蒙古帝国大汗。如果不承认忽必烈的正统，那么他们的正统也会动摇。元朝是忽必烈把蒙古帝国名称改成元朝行秦汉制度，这是他作为一位蒙古帝国大汗的权利，也就是说忽必烈的元朝其实是蒙古帝国的中心区域。其他汗国是蒙古帝国的分封王国，也就是说元朝有其他汗国的一半主权法理。元朝从国号到统治制度均为汉制、按相关规定受天命，是中国朝代。蒙古高原属于唐朝都护范围，自古以来就是中国领土，对中原的战争名义上是内战。

可以往前倒腾：蒙古部落都是金国人，女真部落都是辽国人，契丹部落都是唐朝人。唐朝之前，那里属于高句丽，是扶余人。而扶余部落之前是属于鲜卑管辖，鲜卑部落是属于汉朝管辖。汉朝管辖之前，这里是属于匈奴。而史记记载：匈奴是夏之苗裔；现代考古：辽宁红山文化。最终结论：大兴安岭两侧的胡人就是中国人。就像德国人是欧洲人，法国人也是欧洲人一样。最终中华民族是集合成了一个超级统一体，所以，成吉思汗是中国人，因为成吉思汗起兵反金的理由就是：金朝皇帝是个傻子，我铁木真不服，要取而代之。

然后开始征服金国，结果就是把金国打趴下了，接着才开始西征。元朝从建国开始就依照着中原王朝那一套，定都中原，自称中国，全套班子都在中国的国境之内，承认在他之前的所有王朝均是合法的，自己是继承的，帝位是由尧舜传下来的，这就相当于把自己的历史作为一个曾经的旁枝跟中原王朝的历史融合起来，承认自己是中国的一部分。绝大部分外国史学家都认为元朝历史是中国史的一部分，但没有史学家认为大蒙古国是元朝。即，中国的元朝是大蒙古国的一部分。

【5、法统上说大元大蒙古国的称号】

大元大蒙古国的称号，从法统上来说只有33年，即使在这33年里元朝与其他蒙古汗国，更像是宗主国与仆从国之间的关系。

世界上从没有任何一个国家将元朝算作蒙古史，连蒙古国自己都把元朝归入中国史。西方的征服王朝论不适合中国历史，因为不论是诺曼王朝相较于英国、托勒密王朝相较于埃及、留里克王朝相较于俄罗斯、莫卧儿王朝相较于印度，其建立者不论在古代还是现代都是实实在在的外国民族。而不论是元朝还是清朝，或者是北魏、辽朝、金朝等，都是中国本土民族在中国境内建立的政权，最后又亡于其他中国政权之手，怎么能和外国那些"征服王朝"相提并论呢？

只因为这些政权的统治者是少数民族，征服汉人建立的政权就要叫"征服王朝"吗？信奉了外国"征服王朝"论这一套东西，就是中了外国人的圈套，就等于默认"中国"等于汉族地区，等于承认"中国"和满洲、蒙古、西域、吐蕃等地区属于并列关系的不同国家。

元政府高层有很多宋官僚，文化程度高，对汉文化对元政府高层中起到了很好的影响力。比如赵孟，从侧面影响了元皇帝对汉文化的不反对。最主要的，几千年汉文化确实博大精深，对异族异域文明的同化能力超强。元代的文明，基本上在宋基础上延续得很好。

元瓷器，戏曲，书画，文学，科学，等等各方面并未落后和断层，宋的影响历历在目。《沁园春雪》里"一代天骄，成吉思汗，只识弯弓射大雕。"这就给元朝的属于中华民族历史的定位。

中国封建王朝，从秦始皇建立秦朝开始一直延续到清朝灭亡。尽管我们认为这几千年的历史都属于中华民族，但实际上并非每一个王朝都是汉人建立的。有一些王朝是由北方游牧民族推翻汉人政权后建立的。这就引发了一个问题：成吉思汗和元朝到底算不算中国历史呢？虽然承认了南宋时期蒙古帝国为外国，但并不意味着同样承认元朝为外国。毕竟元朝在中国境内的北京建立了政权中心，并且他们自己也承认自己是中华正统的继承者。

不仅如此，明朝还曾为元朝修史。修史指的是正式修改元朝的历史，这意味着明朝承认元朝是中华正统朝代。既然修史已经进行，就意味着元朝和蒙古帝国已经划清了界限，两者不能混为一谈，它们已不是同一概念。因此，从这个角度来看，尽管蒙古帝国不是中国，但元朝是中国，而作为元太祖的成吉思汗也算是中国人。

蒙古国主张认为历史上的蒙古国并不属于中国。根据他们的观点，南宋时期，中国历史只承认南宋作为正统政权，将蒙古帝国视为外国。不同于金国等传承了中华文化的政权，蒙古帝国并没有被汉化，因此他们认为蒙古帝国并非中国历史的一部分。这一点事实已被证实，当时只有金国和辽国被承认为华夏政权，而蒙古帝国一直被视为外国。因此，按照这个观点来看，成吉思汗并非中国人。

但从文化传承的角度来看，元朝虽然曾是外族，然元朝建立后，却继承了汉族的文化，并在统治过程中汉化，设立汉人官位，按汉人制度来统治。元朝在中华文化传承中扮演着重要的角色。我们不能否认他们在文化传承中的重要贡献。因此，从这个角度来看，元朝和成吉思汗也是中国的一部分。对于同一个问题，不同的观点和角度会得出不同的答案。一种是从政权问题来看，另一种是从中华文化传承的角度来看。中华文化之所以能够流传至今，元朝的重要贡献是不可忽视的。如果元朝在其中缺失，中华文化也不会是我们今天所见到的样子。蒙古帝国，是在 13 世纪由蒙古乞颜部铁木真建立的的政权。

蒙古帝国形成于 13 世纪初，后成为横跨欧亚大陆的大帝国，为元朝与四大汗国的联合体。蒙古帝国 1294 年国土面积达 3300 万平方公里，占世界土地面积的 22%，超越了五分之一，为 20 世纪时苏联的 1.5 倍，现今俄罗斯的 1.9 倍，涵盖了当时版图内的 1 亿人口，吉尼斯世界纪录等官方机构和国际史学界均承认蒙古帝国是仅次于大英帝国的人类史上第二大帝国。

1970 年出版的《全球通史》中提到：历史上第一次，也是唯一一次，一个政权横跨亚欧大陆。蒙古帝国三次西征至今依旧是欧洲人心中挥之不去的梦魇。然而，西方的一些历史学者认为：元朝不算中国历史。理由竟是，现在的蒙古和中国是两个独立主权国家，当年元朝的统治者也都是蒙古人？这不对吗？

战斗民族俄罗斯后来有东正教，也因被蒙古人统治三百年。其他穆斯林、基督教国家，也因被折磨得很惨，似乎这段历史不光彩，抹掉也能理解！公元 1206 年，蒙古帝国开始对外扩张，到公元 1259 年，蒙哥汗去世，蒙古帝国已经分裂而亡。

公元 1271 年，蒙古族元世祖忽必烈建立元朝，到公元 1368 年秋，明朝攻陷大都，元朝灭亡，前后共计 98 年。在蒙古帝国全盛时期，国土面积 3300 万平方公里，也有说超过了 4400 万平方公里，疆域最大时东起朝鲜半岛，西达波兰，北到北冰洋，南至太平洋和波斯湾，包括几乎整个亚洲和大部分欧洲。元朝统治国土面积达 1372 万平方公里，主要区域包括原来的蒙古本土及金国、南宋等土地，疆域东起日本海、南抵南海、西至天山、北包贝加尔湖，是传统中原王朝的扩大版。蒙古帝国始终把漠北草原作为统治中心和国家本位的地位，而将中原农耕地区只看作帝国的东南一隅，没有因地制宜，采用历代中原王朝的典章制度对汉地加以统治和管理。

元朝定都大都（北京），改行汉法，创立行省制，启用汉人为官，主动融入汉人社会，将统治政策由草原本位变为汉地本位。蒙古帝国受西藏的佛教、金国的道教、中东的伊斯兰教影响较多，对中原的儒教理学兴趣不大，主要还是延续北方游牧民族的萨满教信仰。

元朝更具有华夏文化特性，政治经济中心在黄河和长江流域，经济上靠这两个区域支撑，对各种宗教采取兼容并蓄的态度，儒家文化的社会地位进一步提高。另外，最重要的是元朝的统治者也认同自己是中国人，而元帝国就是如假包换的中原王朝！

忽必烈为稳固江山，接受汉人意见，废弃"蒙古"国号改为"大元"，并昭告天下：制以当然，于朕心乎何有。可建国号曰"大元"，盖取《易经》"乾元"之义。而"乾元"寓意是对无始无终、无边无际的浩大宇宙的赞叹，也表示对国家走向繁荣昌盛的美好向往。

元初忽必烈下诏修前朝史。《宋史》是一部纪传体史书，完成于元朝末年，全书共计四百九十六卷，约五百万字，是二十五史中篇幅最大、文字最多的一部官修史书。明太祖朱元璋也十分重视修史工作，即位当年便下诏编修《元史》。《元史》是一部纪传体断代史书，全书二百一十卷，记述了从蒙古族兴起到元朝建立再到元朝北逃蒙古高原的历史。不管西方学者如何辩解，元朝都是中华五千年辉煌灿烂历史的一部分，尽管它带来了杀戮和愚昧，但也带了辽阔的疆域和放眼世界的胸怀！蒙古人起源于额尔古纳河流，是生活现我国东北地区的室韦人的一支。后来迁徙扩张到到外蒙古，逐渐形成诸多的蒙古部落。

所以不管是外蒙还是内蒙，在古代都是中国的一部分。在唐朝时，漠北草原是安北都护府管辖，在辽金时期蒙古各个部落先后臣服于辽国和金国。在元朝和清朝时期，蒙古更是中国不可分割的一部分。

【6、结束语】

蒙古帝国的疆土版图非常大，超过今天的中国，但它不在当今任何一个国家的体系中。但是"元"不一样，它虽然是蒙古帝国旗下的一个子帝国，但是从疆域上来看"元"和今天的中国是高度重合的。

并且"元"的统治中心，大都在今天的北京，是中国典型的城市，所以"元"的历史肯定是囊括在今天中国历史上的。实际上蒙古帝国并不承认"元"是其历史的一部分。我们要注意的一点是，历史的上的国家，它们的归属权要取决于当代国家的历史边界。所以"元"即使是蒙古帝国的一部分，但是蒙古帝国已经不存在了。而"元"和当代的中国地图有着"高度重迭"，所以"元的历史"就是属于中国史。

中国和西方的民族观，历史观不一样。西方人是以种族和血缘来划分民族和政权。而中国是以文化来划分，只要接受中国的文化，认同中华文明，那么你就是中国人，你就是中国的正统。

比如，拥有胡人血统的汉武帝刘彻，为了巩固自己权力，认李耳（也就是老子）作为自己的先祖，以华夏正统自居，自称是炎黄子孙。

忽必烈及其继承者一直是以华夏正统自居，自称是炎黄子孙。

甚至连明朝的皇帝朱元璋，他是正统汉人建立的最后一个封建王朝，朱元璋在建国初期就承认前朝的元朝是正统和合法性的，所以元朝是中国正统的王朝，这是毋庸置疑的。

参考文献

[1]乌鸦校尉，巴基斯坦和伊朗在玩一种很新的"联合反恐"？观察者网，2024年1月29日；

[2]范勇鹏，"全球南方"是伪概念？西方学者解释不了就否定问题，观察者网，2024年1月28日；

[3]理查德•帕内克，成就宇宙的暗能量，环球科学，2024年1月号；

[4]王立，盘古王表读，Academ Arena，November 25, 2023；

[5]王德奎，三旋理论初探，四川科学技术出版社，2002年5月；

[6]孔少峰、王德奎，求衡论----庞加莱猜想应用，四川科学技术出版社，2007年9月；

[7]王德奎、林艺彬、孙双喜，中医药多体自然叩问，独家出版社，2020年1月；

[8]王德奎，解读《时间简史》，天津古籍出版社，2003年9月；

[9]王德奎，自旋曲线过所有基本粒子质量点证明----复杂曲线拆分成易理解计算的基本曲线方法，金琅学术出版社，2023年4月；Academ Arena，October25, 2023；

[10]王德奎，环境能物联网与抗核武器系统，金琅学术出版社，2023年6月；Academ Arena，September 25, 2023；

[11]王德奎，中国与世界秘史，金琅学术出版社，2019年11月；

[12]王德奎，中国层子模型六十年分析回顾，金琅学术出版社，2022年11月；Academ Arena，April 25, 2023；

[13]王德奎，聊天手机本质上是人工智能拓扑序----中文智能聊天手机模型数学初探宣言；金琅学术出版社，2023年9月；Academ Arena, September 25, 2023;

[14]林河，黄帝是哪里人？民族艺术，1994年第3期；

[15]金识，本地性科学初探----中国前沿科学检视与西方科学之争(1－3)，Academ Arena，March 25, 2015;

[16]金识，本地性科学初探----中国前沿科学检视与西方科学之争（4－7）；Academ Arena，March 25, 2015;

[17]叶眺新，李珣研究的"现实主义"----读刘文传新书《李珣研究》，Academ Arena，August 25, 2021;

[18]王德奎、赵均中，嫘祖研究，成都科技大学出版社，1993年7月；

[19]岳定海、王德奎、李照明，嫘祖故里大揭谜，伊犁人民出版社，1998年3月；

[20]叶眺新，中国气功思维学，延边大学出版社，1900年5月；

[22]田云华，国家文物局发布中华文明探源工程最新成果，观察者网，2023年12月9日；

[23]赵立广，他为量子科研"化缘"18年，"板凳"焐热后把机会留给年轻人，中国科学报，2023年12月7日；

[24]脱畅，黄令仪：只为一颗跳动的"中国芯"，中国科学报，2023年12月9日；

[25]李后强，《黄帝内经》是扁鹊原创和仓公完善定型的科普读物，方志四川，2023年9月8日；Academ Arena，March 25, 2024;

[26]常炳功，人类文明的时空阶梯，Academ Arena，February 25, 2024。

太阳系波动方程的建立以及心心相印指数的计算

　　时空阶梯理论是一个崭新的理论，是综合了经典物理和量子物理之后的一个综合理论。这个理论认为，微观原子的收缩与宇宙的膨胀正好是一对矛盾关系，也就是说，宇宙越膨胀，原子越收缩。也就是说，物质世界的形成，正是宇宙膨胀的原因。从另外一个角度看，正是宇宙的膨胀，导致物质世界的形成，原子的形成，生命的形成。心心相印指数的计算，是基于人出生日的太阳系的八大行星的引力势总和，与恋人之间的余弦夹角值就是两个人的心心相印指数。其原理就是两个人的心灵的量子纠缠项的余弦夹角部分，只要余弦值大，两个人的量子纠缠项就大，就说明两个人相互来电，相互电到对方，就是一见钟情。时空阶梯理论，不仅可以解释宇宙的暗物质和暗能量，而且可以解释人与人之间的爱情是如何发生的，更能解释每天的心情变化。简单说，宇宙是气本源，只有气，没有别的，在希格斯机制下，逐渐形成形而下时空和形而上时空，而且两个时空相反相成，构成矛盾统一体，没有形而下的物质，就没有形而上的精神。形而上时空分为：气时空，神时空，虚时空和道时空，而形而下时空分为：引力时空，弱力时空，电磁力时空和强力时空。其中，气时空是暗物质，神时空，虚时空和道时空构成暗能量。其中，道时空就是道教的道，佛教的佛，基督教的上帝，伊斯兰教的真主。

时空阶梯有两大预言：

1.时空阶梯预测基本粒子为 79 种，而标准模型只给出了 61 种。2.哈勃常数不是常数，而是逐渐增大，每 1 年增加 3.03mm/s/Mpc，这个数量级的变化，假如严格控制，是可以测出这个增加量的。宇宙的膨胀来自原子的形成和星系的形成，凡是有收缩的地方，必然提供宇宙膨胀的力量，所以，宇宙膨胀必然有自己的极限，到了极限，宇宙必然收缩，相对应的，就是原子的膨胀和星系的膨胀。

时空阶梯理论与属相和星座都有关系，但是，时空阶梯理论的计算有了科学性，不是猜测和演绎了。

其中，每个人的生命时空初值可以划分为理性、中性和感性：

生命时空初值：

60.36-61.4 感性 A 范冰冰

61.4-62.44 感性 B 王菲

62.44-63.48 感性 C 汤唯

63.48-64.52 感性 D 唐嫣

64.52-65.56 中 B 偏感 章子怡

65.56-66.6 中 A 偏感 林青霞

66.6-67.65 中 A 偏理 刘涛

67.65-68.69 中 B 偏理 巩俐

68.69-69.73 理性 D 辛晓琪

69.73-70.77 理性 C 杨幂

70.77-71.81 理性 B 徐静蕾

71.81-72.85 理性 A 赵薇

我们可以看到，理性和感性的划分与星座和属相有些类似，都是分为十二。

补充：这个理论，最初主要是为了寻找暗能量是什么而建立起来的。能量是光速的平面展开，就是光速的平方，当建立宇宙模型的时候，发现宇宙的等角螺旋展开之后，一个参数是光速的三次方，马上意识到，这个可能是中医讲的气，而气功修炼有精气神虚空，在等角螺旋展开的公式中，可以看到有光速的 9 次方，27 次方，以及 81 次方，而这些可以定义为神，虚，和道。我们把气，神，虚，道，定义为形而上时空，而物理研究的四种力，可以分为引力时空，弱力时空，电磁力时空，以及强力时空，而形而上时空和形而下时空分别有四个时空，总共有八个时空，而把这个八个时空代入先天八卦，神奇出现了，就像变魔术：见证奇迹的时刻到了，这个八卦正好是宇宙的结构，在这个结构中，气时空是暗物质，而神时空，虚时空和道时空可以解释为暗能量。至此，宇宙暗能量的理论问题就解决了。其实，这个理论回头看，群速度和相速度的区分与联系，就是时空阶梯理论的雏形，当时，主要是有太多的反对声音，所以，就没有发展起来。主要原因恐怕是那个时候还不知道什么是暗能量。这个理论建立起来之后，再考察爱因斯坦的理论，尤其是爱因斯坦的场方程，发现场方程可以解释为气时空的极化，产生引力势和能量。这与时空阶梯理论解释宇宙的形成一脉相承。验证这个假说的就是在太阳系内，建立了以太阳系引力势为基础的爱情波动方程，这个方程一旦建立起来，就有大量的鲜活的例子符合这个爱情波动方程，有一些爱情不符合，经过分析，原来，太阳系也有量子化的东西，就是行星的自传周期的量子化，这个量子化的发现，解释了另外一部分人的爱情，同时，也可以解释中医的子午流注的周期为什么是两个小时，以及金星自转逆行以及天王星横向自转的原因。至此，时空阶梯理论，从天上走入人间，成了可以预测我们心灵的一个理论。这个理论，在解释人的心灵结构方面，大部分是对的，但是，也有一部分，很难用这个理论解释，这也是这个理论的局限性。至于什么原因，估计这个原因超出了太阳系，超出了我们的知识范围，期盼未来的发现，可以修改和提升这个理论。

　　林丹出轨事件女主发文：一个女人来背锅 我认了！

　　林丹　生命时空初值＝63632.5744（感性 D）

　　赵雅淇　生命时空初值＝68030.92002（中 B 偏理）

　　心心相印指数＝97.1563645% 经典

　　心心相印指数＝98.4652177% 量子

　　林丹与赵雅淇的爱情指数是神仙眷侣指数，难怪！念念不忘啊！

　　王宝强再婚遭抵制？马蓉扬言敢公布婚讯就开闹（2020-07-08 10:22:20）

　　王宝强　生命时空初值＝65125.20689（中 B 偏感）

　　冯清　生命时空初值＝70832.83511（理性 B）

　　心心相印指数＝66.6770421% 经典

　　心心相印指数＝99.9507615% 量子

　　经典心心相印指数很高，祝福！！！

　　王宝强　生命时空初值＝65125.20689（中 B 偏感）

　　马蓉　生命时空初值＝70315.86004（理性 C）

　　心心相印指数＝75.7760349% 经典

　　心心相印指数＝99.9939900% 量子

　　经典心心相印指数也很高。

　　宋喆　生命时空初值＝62676.57676（感性 C）

　　马蓉　生命时空初值＝70315.86004（理性 C）

　　心心相印指数＝99.5476734% 经典

　　心心相印指数＝96.5662927% 量子

　　两人是神仙时空配对和神仙眷侣指数，太可怕。

　　性侵 12 岁男生？当年轰动全美 西雅图女老师病逝（2020-07-08 11:19:18）下一个

　　勒都诺　生命时空初值＝69637.98335（理性 D）

富拉劳　生命时空初值=64253.02413（感性D）
心心相印指数=94.8882936% 经典
心心相印指数=99.9327356% 量子
理性D对感性D，天生的一对。两人是神仙眷侣指数，真爱！！！！！
不幸的黄奕：霍思燕痛骂她，被两任前夫家暴，称为淫猫，事业尽毁
（2020-07-10 06:34:00）
黄奕　　生命时空初值=69255.59062（理性D）
黄毅清　生命时空初值=66820.4315（中A偏理）
心心相印指数=81.8279089%经典
心心相印指数=70.5382799%量子
黄奕　　生命时空初值=69255.59062（理性D）
姜凯　　生命时空初值=72086.66465（理性A）
心心相印指数=85.8772497%经典
心心相印指数=74.4086211%量子
黄奕的不幸，来自爱情指数都不高，可见，爱情指数也是很重要的。
因为爱情，事业尽毁，所以，选择爱情，需要谨慎。
他娶大38岁美国老太，妻子去世继承70亿遗产，回国后每天捐出7
万（2020-07-13 19:33:26）下一个
李春平　生命时空初值=67148.7365（中A偏理）
女明星　生命时空初值=62261.1861（感性B）
心心相印指数=69.2556457%经典
心心相印指数=99.9947926%量子
量子心心相印指数几乎100%，是真的爱李春平！！！！！
用李春平的话说，这位比他大整整38岁、年近七十的美国老太太，
"第一眼看到他就爱上了他"。
秦岚霸气谈生育观：我的子宫使不使用　关你什么事（2020-07-15
07:55:23）
秦岚　　生命时空初值=66906.72808（中A偏理）
黄晓明　生命时空初值=68735.68233（理性D）
心心相印指数=89.6079489%经典
心心相印指数=57.5729748%量子
秦岚　　生命时空初值=66906.72808（中A偏理）
陆川　　生命时空初值=63320.12103（感性C）
心心相印指数=82.5148419%经典
心心相印指数=92.376716%量子
秦岚婚恋不顺，是因为没有找着对的人。以上心心相印指数都不高。
秦岚是中A偏理，适合秦岚的是中A偏感，或者感性A或者理性A：
秦岚　　生命时空初值=66906.72808（中A偏理）
李晨　　生命时空初值=65788.76639（中A偏感）
心心相印指数=99.9790393%经典
心心相印指数=42.7199263%量子
秦岚　　生命时空初值=66906.72808（中A偏理）
鹿晗　　生命时空初值=65594.72963（中A偏感）

心心相印指数=99.9598998%经典

心心相印指数=47.8789289%量子

秦岚　　　生命时空初值=66906.72808（中A偏理）

钟汉良　　生命时空初值=72346.83716（理性A）

心心相印指数=39.8426846%经典

心心相印指数=99.9160808%量子

秦岚　　　生命时空初值=66906.72808（中A偏理）

彭于晏　　生命时空初值=61307.35952（感性A）

心心相印指数=44.7799211%经典

心心相印指数=99.9405217%量子

预祝有好的结果。

费玉清刘嘉玲合唱《初恋的地方》，刘总秒变迷妹，网友：太浪漫了！（2020-07-17 07:50:54）

刘嘉玲　生命时空初值=68192.20880（中B偏理）

费玉清　生命时空初值=63627.69393（感性D）

心心相印指数=98.0123012%经典

心心相印指数=99.1641573%量子

两人是神仙眷侣指数，从互动中可以感觉出来。

最佳属相配对（2020-07-18 11:16:34）

最佳属相配对：

鼠与马，

牛与羊，

虎与猴，

兔与鸡，

龙与狗，

蛇与猪。

以上配对都是典型的神仙眷侣指数配对，就是经典和量子心心相印指数都很高。

还有自属相配对也是最佳配对（鼠鼠，牛牛等等，但是比较以上配对，少了高量子心心相印指数，只有经典心心相印指数很高。）

什么属相相克，相克的属相在一起不好吗？_

最佳配对：上位（鼠、牛、虎、兔、龙、蛇）配对下位（马、羊、猴、鸡、狗、猪）都是最佳配对。也就是说：

鼠与马，牛与羊，虎与猴，兔与鸡，龙与狗以及蛇与猪都是最佳配对。

以上分析只是一个大概，具体到一年中的月日，需要详细公式计算才能得出结论。

由于存在岁星超辰（看下面解释），所以不同的历史阶段，有不同的配对，比如唐朝和宋朝的不同：在唐朝牛与兔可能是神仙眷侣指数，但是到了宋朝，牛与兔可能是一般指数了。好在天文学软件让这种差异，缩小到了很小，所以现在的计算才是真正准确的。

以下分析以及类似分析都是不对的，别信：

（例子太多，仅选择一个）

常炳功　王德奎

大千世界，万事万物，都存在着相生相克的原理。尤其是在十二生肖之中，不同的属相之间，可能都会出现相克的情况。如果对这方面没有过多了解，可能会造成婚姻不顺，或是朋友疏离。所以下面就给大家介绍一下，什么属相相克，快来看看吧。

猪与猴

猪比较懒散，追求安逸平静的生活，而且没有太多的经济头脑，对待金钱也没有太大的执念。不论是赚钱，还是花钱，都不会做出严格的规划。而猴性格活泼外向，喜欢追求冒险和刺激，讨厌平庸乏味的生活，所以二者倘若在一起的话，生活中会出现很多矛盾，大多数都是不可调和的。另外猴也特别喜欢赚钱，并且会花很多时间在寻找商机这方面，这与猪相比，简直是格格不入的。

狗与鸡

狗很顾家，特别忠诚，不管对待朋友，还是爱人，都是很专一的。而且狗大多数为人憨厚，给人一种很靠谱的感觉，非常能够博得他人的信任。但是鸡性格非常浮躁，做事比较冲动，遇事爱出风头，不是特别向往稳定的小家庭生活。所以狗和鸡的结合，注定不会很美满，在面对很多现实问题的时候，双方都会在岔路口分道扬镳。狗和鸡不但不适合做恋人，做朋友也不是很恰当，迟早会因为一些摩擦，而闹翻脸。

羊与牛

乍一看的话，羊和牛性格似乎有些相似，但其实二者差别还是挺大的。羊性格温柔，崇尚浪漫，脑子里有很多不切实际的幻想。他们往往不希望通过一点一滴的努力，慢慢得到想要的东西，而且期盼能够出现某种契机，一步登天。而牛比较务实，为人老实，做事中规中矩，缺乏浪漫细胞。所以羊如果和牛在一起，彼此不会吵架，只会默默冷战，各自在心中，都会产生各种唠叨和埋怨，时间长了，感情只会越来越冷漠。

龙与虎

俗话说，龙虎相斗，所以二者是注定不能和平相处的。龙和虎，有太多相似的地方了，甚至彼此都能在对方身上，看到自己的影子。二者事业心都很重，对其他任何事情，都不是很上心。而且性格暴躁易怒，不能接受他人对自己的反驳或是挑衅，为人处世往往以自我为中心。龙与虎倘若在一起的话，每天的生活都将战火频繁，难以享受甜蜜的美好生活。

马与鼠

马天生爱自由，对任何事情都怀有淡然处之的态度，喜欢到处旅游，理财观念也比较淡薄。虽然赚钱的能力还是有的，但基本攒不住钱，花钱特别大手大脚。而对于鼠来说，他们是天生的理财专家，会耗费大量心血在金钱的积攒之上，在开销方面，比较节省。有时候，在外人看来，可能会觉得属鼠人，有些吝啬，不是很好相处。这点对于属马人来说，是不能忍的，他们天生爱结交朋友，并且喜欢慷慨解囊。所以马与鼠，最好还是不要在一起，否则结局可能也不是很美好。

岁星超辰

岁星超辰指《三统历》在中国天文学史上，首次提出了岁星超辰的计算方法。岁星就是木星，岁星超辰即：它在恒星背景上约每 11.86 年自西向东运行一周。

岁星超辰：《三统历》在中国天文学史上，首次提出了岁星超辰的计算方法。岁星就是木星，岁星超辰即：它在恒星背景上约每 11.86 年自西向东运行一周。由于 11.86 年与 12 年很接近，我国古代就认为它是 12 年一周天，因此把周天分为 12 分，称为 12 次，认为木星每年行经一次，12 年正好运行 12 次，完成一周天。由于 11.86 年的周期较 12 年要快一点儿，因此经过若干年后，岁星的实际位置就较按 12 年一周天计算的位置超前一次，这就叫岁星超辰。设岁星经过 X 年超辰一次，按 12 年一周天计，岁星运行了 X 次；按照 11.86 年一周天计，岁星运行了 12X/11.86-1 ，列成方程： x=(12x/11.86)-1 ，解这个方程，X=84.71，就是说，岁星每 84 年到 85 年超辰一次。

我国在春秋时代已经发现了岁星超辰问题，但是没有提出超辰计算法。刘歆分析了《左传》等史书中关于岁星位置的记载，提出了岁星每 144 年超辰一次，数值虽然并不准确，但这是历史上第一个用科学的态度探索岁星超辰规律的十分宝贵的尝试，为在思想上实现天文学从神学向科学的伟大转变奠定了坚实的基础。

心心相印指数决定命运：水平太烂的杨超越的关键时刻（2020-07-21 11:25:54）

火箭少女 101 女团的初选阶段，杨超越本来水平很烂，但是，靠很高的心心相印指数，险胜过关。

陈嘉桦（被逗笑）:好可爱。

黄子韬（被逗笑）：你是你们村的村花是吗？

黄子韬（被逗笑）：很可爱。

罗志祥：我觉得你有一个观众缘的感觉。你要对自己有信心。

胡彦斌：水平太烂。

黄子韬：实力是可以提升的。

杨超越的水平太烂，是如何产生的？

杨超越 生命时空初值=71580.71520（理性 B）

胡彦斌 生命时空初值=63124.59222（感性 C）

心心相印指数=86.4874495%经典

心心相印指数=90.543213%量子

胡彦斌与杨超越的心心相印指数一般，没有感觉到杨超越的可爱。

假如评审团只有胡彦斌，杨超越也就打水漂了。

但是，杨超越与黄子韬、陈嘉桦、罗志祥和张杰的心心相印指数都不错：

杨超越 生命时空初值=71580.71520（理性 B）

黄子韬 生命时空初值=60685.45416（感性 A）

心心相印指数=99.617518%经典

心心相印指数=49.6021159%量子

杨超越 生命时空初值=71580.71520（理性 B）

陈嘉桦 生命时空初值=61192.80665（感性 A）

心心相印指数=99.9196217%经典

心心相印指数=60.247443%量子

杨超越 生命时空初值=71580.71520（理性 B）

罗志祥　生命时空初值=66844.66600（中 A 偏理）

心心相印指数=37.0726156%经典

心心相印指数=98.8424296%量子

杨超越　生命时空初值=71580.71520（理性 B）

张杰　　生命时空初值=62166.74946（感性 B）

心心相印指数=95.9655752%经典

心心相印指数=77.8028545%量子

杨超越与黄子韬、陈嘉桦、罗志祥和张杰的心心相印指数都不错。

从视频中可以看出，决定杨超越命运的积极推动者是黄子韬和陈嘉桦，而两人与杨超越的心心相印指数最高。所以，水平太烂的杨超越的命运转折点，就是靠高的心心相印指数被拯救了。

心心相印指数，不仅仅是对爱情有决定力量，而且在职场也是很重要的参数。假如你去应聘，或者在某一老板手下工作，先偷偷算一算心心相印指数，也是很有帮助的。最后你会发现，你喜欢的人，与你合得来的人，都是心心相印指数高的人。

杨振宁和李政道为什么分道扬镳？

杨振宁　生命时空初值=61272.06671（感性 A）

李政道　生命时空初值=69717.01669（理性 D）

心心相印指数=0.917659158 经典

心心相印指数=0.887206174 量子

王朔为什么与金庸过不去？

金庸　生命时空初值=62865.11966（感性 C）

王朔　生命时空初值=60825.70128（感性 A）

心心相印指数=87.1341808 经典

心心相印指数=72.0579199 量子

本来指数就不高，一旦关联，就分裂。不是谁是谁非，而是心心相印指数不高。

鲁迅为什么与梁实秋矛盾重重：

鲁迅　　生命时空初值=71649.70928（理性 B）

梁实秋　生命时空初值=69333.77902（理性 D）

心心相印指数=83.5143736 经典

心心相印指数=64.0423566 量子

两人的指数非常低，心不和是肯定的。

命运相位（2020-07-21 12:35:03）

在算爱情相位的时候，也感觉到，这个心心相印指数，不仅仅适合爱情关系，也适合人与人的社会关系，未来就集中精力算一算这个命运相位。

其实，之前早就算好了王朔与金庸的心心相印指数，很好奇这两个年龄悬殊的人，应该成为忘年交，但是，为什么互怼上了呢？当时算了一算，知道两人是普通指数，就是一点好感都没有。但是，那个时候的重点是爱情关系，就匆匆而过了，没有深究。

今天又算了一算杨振宁和李政道，两人的心心相印指数也是一般指数，就是一点好感都没有，又算了一算鲁迅和梁实秋，也是一般指数。总之，心心相印指数，代表着人与人之间的关系，不仅仅限于爱情关系，也适合一般的人与人之间的关系。

凡是两个人的心心相印指数不高的关系，都容易导致矛盾冲突，或者根本都不想去发展关系。

命运相位，一下子把局部的爱情关系，扩展到了庞大的社会关系。其实，这个命运相位，才是我们每个人，每天都会遇到的一个问题关系。

最酷"跨国恋"：61 岁知名画家娶小 29 岁黑人妻子，在非洲一见钟情！（2020-07-22 14:00:45）

杨彦　生命时空初值=61300.74233（感性 A）

爱达　生命时空初值=66527.49515（中 A 偏感）

心心相印指数=35.9068999%经典

心心相印指数=99.9945033%量子

量子心心相印指数几乎 100%，祝福！！！

潘玮柏宣布结婚，女方空姐小他 13 岁，吴昕就该可怜吗？（2020-07-27 10:31:27）

潘玮柏　生命时空初值=62000.26338（感性 B）

宣云　　生命时空初值=61069.52619（感性 A）

心心相印指数=97.2733102%经典

心心相印指数=47.3113336%量子

经典心心相印指数不错，祝福！！！

潘玮柏　生命时空初值=62000.26338（感性 B）

吴昕　　生命时空初值=62316.64859（感性 B）

心心相印指数=99.6836496%经典

心心相印指数=30.1939376%量子

与吴昕的经典心心相印指数也很好，有缘无分。

甩了 12 年的地下情老公，新恋情曝光，男友竟是婚礼上的伴郎？（2020-07-28 06:16:06）

张靓颖　生命时空初值=66086.35104（中 A 偏感）

陈秋莳　生命时空初值=70868.72797（理性 B）

心心相印指数=46.1012097%经典

心心相印指数=99.2455360%量子

两人量子心心相印指数很好，祝福！！！

张靓颖　生命时空初值=66086.35104（中 A 偏感）

冯轲　　生命时空初值=62812.29148（感性 C）

心心相印指数=68.839000% 经典

心心相印指数=89.253476% 量子

两人的指数不是很好。

科比离开 182 天 妻子疑似新恋情曝光 "别装了 你根本不爱他"（2020-07-28 10:38:47）

瓦妮莎　生命时空初值=61444.34168（感性 B）

利瑟姆　生命时空初值=66487.76142（中 A 偏感）

心心相印指数=38.3321619% 经典

心心相印指数=99.8712829% 量子

量子心心相印指数很高，祝福！！！

科比　生命时空初值=66416.261199（中Ａ偏感）

瓦妮莎　生命时空初值=61444.34168（感性Ｂ）

心心相印指数=36.6653370% 经典

心心相印指数=99.9520226% 量子

新的恋情，似乎延续了与科比同样的爱情模式，都是与中Ａ偏感，祝福！！！！！从而也证明，瓦妮莎真的是爱科比！！！！！

瓦妮莎可以回答："没有装，我爱的还是他。都是中Ａ偏感，一样的灵魂。"

美国祖孙恋：76岁老妇与22岁男子忆新婚夜美好（2020-07-28 14:15:07）

哈德威克　生命时空初值=70695.75153（理性Ｃ）

阿尔梅达　生命时空初值=63064.47827（感性Ｃ）

心心相印指数=95.8748192%经典

心心相印指数=96.8455617%量子

两人是神仙眷侣指数，真爱，祝福！！！！！！感性Ｃ对理性Ｃ，天生的一对！！！

蓝盈莹发文回应与曹骏分手，男方大气在评论区留言让网友泪崩（2020-07-30 07:12:06）

蓝盈莹　生命时空初值=65612.42384（中Ａ偏感）

曹骏　生命时空初值=70656.35450（理性Ｃ）

心心相印指数=60.6557913%经典

心心相印指数=99.9190104%量子

量子心心相印指数非常高，可以想象当初的甜蜜。纵使分手，依然可以回忆当初的甜蜜和珍贵。

威廉王子与凯特，哈利王子与梅根，哪一对爱情指数高？（2020-07-30 10:09:18）

威廉王子与凯特，哈利王子与梅根，哪一对爱情指数高？

凯特王妃　生命时空初值=61344.32179（感性Ａ）

威廉王子　生命时空初值=61455.20335（感性Ｂ）

心心相印指数=99.961126%经典

心心相印指数=27.021942%量子

哈利王子　　生命时空初值=66012.2866（中Ａ偏感）

梅根马克尔　生命时空初值=61265.74585（感性Ａ）

心心相印指数=36.82745%经典

心心相印指数=99.962406%量子

两对的爱情指数都不错，威廉王子与凯特王妃是经典心心相印指数高，而哈利王子与梅根是量子心心相印指数高，而且都高达99.9%。

经典心心相印指数注重传统，而量子心心相印指数注重新颖，所以，在这里也可以体会，什么是经典心心相印指数和什么是量子心心相印指数。最初的定义：周恩来与邓颖超的爱情代表着经典心心相印指数，而萨特和波伏娃的爱情代表着量子心心相印指数。

这里的结论就是，两对的爱情指数不分伯仲，都是很好的。假如是同一类型，我们可以轻易分辨出谁高谁低，但是，这两对不能分辨，因为是不同类型的。而且都很好，都高达 99.9%，有选择余地，总能选择到最好的。

从银河系找到经济大萧条和 2020 年众多灾难的原因（2020-08-03 12:36:57）

经济大萧条（英语：Great Depression）是 1929 年-1933 年之间全球性的经济大衰退、第二次世界大战前最为严重的世界性经济衰退。大萧条的开始时间依国家的不同而不同，但绝大多数在 1930 年起，持续到 30 年代末，甚至是 40 年代末。

对于经济大萧条，经济学界有各种各样的商业循环理论，在分析大萧条的原因时，众说纷纭，莫衷一是。

在算心心相印指数的时候，发现太阳系在 1929 年那一年经过的银河系内的暗物质就少了。

那么，怎么发现 1929 年那一年，太阳系经过银河系的时候，暗物质少了呢？

这还得益于肯尼迪的爱情故事：

按照真实年代计算的心心相印指数：

奥黛丽·赫本　生命时空初值=69689.71199（理性 D）

约翰·肯尼迪　生命时空初值=71580.38341（理性 B）

心心相印指数=88.9082425% 经典

心心相印指数=53.9386463% 量子

杰奎琳·肯尼迪　生命时空初值=69236.58677（理性 D）

约翰·肯尼迪　　生命时空初值=71580.38341（理性 B）

心心相印指数=83.1268781% 经典

心心相印指数=64.7941007% 量子

玛丽莲·梦露　生命时空初值=68606.24672（中 B 偏理）

约翰·肯尼迪　生命时空初值=71580.38341（理性 B）

心心相印指数=73.3101160% 经典

心心相印指数=77.8901373% 量子

以上计算的心心相印指数都不高，与事实有出入。我们按照邓超也孙俪的例子，猜想银河系内的暗物质多少，经过计算和推算发现，只有赫本，杰奎琳和梦露的生命时空初值都减去 3000，才能得到更好的解释，而且与经济大萧条相对应。

修改之后：（赫本，杰奎琳和梦露的生命时空初值都减去 3000，因为经济大萧条。）

奥黛丽·赫本　生命时空初值=66689.71199（理性 D）

约翰·肯尼迪　生命时空初值=71580.38341（理性 B）

心心相印指数=33.4341940% 经典

心心相印指数=99.4369142% 量子

杰奎琳·肯尼迪　　生命时空初值=66236.58677（理性 D）

约翰·肯尼迪　　　生命时空初值=71580.38341（理性 B）

心心相印指数=25.9389417% 经典

心心相印指数=99.9579567% 量子

玛丽莲·梦露　　生命时空初值=65606.24672（中B偏理）

约翰·肯尼迪　　生命时空初值=71580.38341（理性B）

心心相印指数=40.8587271% 经典

心心相印指数=99.9158926% 量子

算爱情指数，居然能算出经济大萧条的真正原因：气时空减弱了，就是气不足了。气不足了，瘪了，自然就萧条了。

"网红收割机"王思聪又换暗恋对象？这次符合择偶标准了（2020-08-12 07:01:54）

王思聪　生命时空初值=70661.41116（理性C）

鞠婧祎　生命时空初值=61775.49019（感性B）

心心相印指数=99.9016479% 经典

心心相印指数=84.2792674% 量子

两人爱情指数的确很高，说是暗恋可以！！！！！

孟美岐做客《天天向上》，全程和王一博没交流，都是绯闻惹的祸（2020-08-12 08:23:25）

王一博　生命时空初值=69484.99039（理性D）

孟美岐　生命时空初值=71904.08534（理性A）

心心相印指数=86.5844496%经典

心心相印指数=65.9581912%量子

（零交流）

王一博　生命时空初值=69484.99039（理性D）

程潇　生命时空初值=71559.17919（理性B）

心心相印指数=86.7018104%经典

心心相印指数=58.5029326%量子

（零交流）（之前的吐槽）

从以上计算可以知道，虽然王一博和孟美岐有绯闻，但是，两人爱情指数真的不高，零交流合理。

但是，孟美岐与郑元畅的心心相印指数很高：

郑元畅　生命时空初值=61450.87956（感性B）

孟美岐　生命时空初值=71904.08534（理性A）

心心相印指数=99.9727577%经典

心心相印指数=59.5431954%量子

徐梦洁和王一博的心心相印指数也很好：

王一博　生命时空初值=69484.99039（理性D）

徐梦洁　生命时空初值=61464.97185（感性B）

心心相印指数=91.370548%经典

心心相印指数=92.9347778%量子

两人是低配版神仙眷侣指数。

她离婚获得24亿分手费，二婚嫁给张嘉译，如今50岁被宠成公主（2020-08-12 11:18:25）

张嘉译　生命时空初值=62235.31721（感性B）

王海燕　生命时空初值=61885.59758（感性B）

心心相印指数=99.6135216%经典

心心相印指数=30.9208939%量子

两人经典心心相印指数非常高，祝福！！！

感性B对感性B，天生的一对！！！

那个时候的张嘉译不仅没钱，而且也没什么名气，但她却不在乎，带着24亿家跟他结婚，婚后还为他生了一个可爱的女儿。

王一博吴宣仪恋情曝光？博君仪笑2.0版正式诞生，细数两人之间的暖昧细节（2020-08-13 06:36:03）

吴宣仪和王一博～～～，虽然水深千里，但是，心心相印指数的探针，已经深入到海底，有了一个彻底的清晰扫描：

王一博　生命时空初值=69484.99039（理性D）

吴宣仪　生命时空初值=62675.13996（感性C）

心心相印指数=99.3491225%经典

心心相印指数=99.7276172%量子

两人是神仙眷侣指数，而且是超高配版！！！！！

（神仙眷侣指数低配版：

心心相印指数=90-93%经典

心心相印指数=90-93%量子）

神仙眷侣指数中配版：

心心相印指数=93.4-96.6%经典

心心相印指数=93.4-96.6%量子

神仙眷侣指数高配版：

心心相印指数=96.67-100%经典

心心相印指数=96.67-100%量子）

宋氏三姐妹的心心相印指数：

宋霭龄　生命时空初值=66523.88998（中A偏感）（84岁）

孔祥熙　生命时空初值=72353.34299（理性A）

心心相印指数=29.3168230% 经典

心心相印指数=99.9492883% 量子

宋庆龄　生命时空初值=71571.15724（理性B）　（88岁）

孙中山　生命时空初值=71151.67794（理性B）

心心相印指数=99.4441169 经典

心心相印指数=85.5213197% 量子

宋美龄　生命时空初值=61609.70293（感性B）　（105岁）

蒋介石　生命时空初值=66049.42869（中A偏感）

心心相印指数=43.8841674% 经典

心心相印指数=99.2837591% 量子

都很好。

"水果姐"生了！与"精灵王子"相爱多年 这狗粮太甜！'雏菊盛开'！（2020-08-27 10:46:45）

水果姐　　生命时空初值=66151.03873（中A偏感）

精灵王子　生命时空初值=71006.05235（理性B）

心心相印指数=41.5355960%经典

心心相印指数=99.4570844%量子

　　两人量子心心相印指数很高，祝福！！！！！

　　相差十岁的姐弟恋，51 岁的她凭啥进了总统家族？（2020-08-31 06:19:39）

　　吉尔福伊尔　生命时空初值=61939.75430（感性 B）

　　小唐纳德　　生命时空初值=68442.28186（中 B 偏理）

　　心心相印指数=84.6560906%经典

　　心心相印指数=99.9776746%量子

　　两人量子心心相印指数很高，祝福！！！！！

　　19 岁小伙带 29 岁寡妇和 4 个孩子私奔　隐居深山 50 年（2020-08-31 09:00:57）

　　刘国江　生命时空初值=64832.69024（中 B 偏感）

　　徐朝清　生命时空初值=69849.23119（理性 C）

　　心心相印指数=86.7811729%经典

　　心心相印指数=99.9526569%量子

　　量子心心相印指数很高，经典也不低，接近神仙眷侣指数！！！！！

　　爱因斯坦与希尔伯特的恩恩怨怨（2020-09-03 07:36:53）

　　爱因斯坦　生命时空初值=70205.03067（理性 C）

　　希尔伯特　生命时空初值=62072.82314（感性 B）

　　心心相印指数=99.6427629%经典

　　心心相印指数=92.5142365%量子

　　两人指数很高，心灵相通是肯定的。最后没有反目成仇，也全靠这个心灵相通指数支撑着，否则，历史上又多了一对敌对。

　　到了现在，我们总可以得出一个比较可靠的推论：

　　（可能就是事实本身）

　　爱因斯坦在建立场方程的时候，有些不自信，就经常写信与希尔伯特讨论，其中的含义就是让希尔伯特在数学上指点一二，或者从中获得灵感。但是，最后的信件交往变味了，数学家希尔伯特想自己写出这个很重要的物理学方程。这个时候，爱因斯坦有些后悔和生气了，他写信给朋友仓格尔说："只有一位同行真正理解它，他正试图以巧妙的方式'侵占'（亚伯拉罕的用语）它。在我的个人经历中，从未有比这一理论及相关一切所遭遇的更好地让我见识到了人性的卑劣。""侵占"（nostrifizieren）一词曾经被哥廷根的数学物理学家马克斯·亚伯拉罕使用过，指的是一种承认学位的活动，即德国大学将其他大学授予的学位变成他们自己的学位。

　　在这里的潜台词是："我（爱因斯坦）把所有的我的研究成果都与你分享了，想让你在数学上帮我一下，你不仅在信件的交流中不给我任何有用的帮助，反而想自己写出这个很重要的方程。这就好像我交了一个非常漂亮的女朋友，让你欣赏欣赏，并提出一些宝贵意见。而你却说：我想娶她。"

　　最后，希尔伯特并不怠慢，真的首先写出了场方程，并且在信件中暗示爱因斯坦："我要先写出场方程。"

　　1915 年 11 月 20 日，希尔伯特寄给哥廷根的一家科学杂志一篇论文，宣布了他本人给出的广义相对论方程。他为这篇论文选的标题并不谦虚，称之为《物理学的基础》。

这个时候，假如爱因斯坦真的坐以待毙，那么爱因斯坦的伟大真的要打折了。

希尔伯特写出场方程是水到渠成，因为希尔伯特的数学根底深厚。但是，在短时间内在没有看见希尔伯特场方程的情况下，爱因斯坦也写出了自己的场方程，真的是了不起。但是，到了这里，有人也不给爱因斯坦活路，说爱因斯坦参照了希尔伯特信中或者明信片的场方程公式。从最后的结果看，两人和好了，一切看似完美了。其实，隐藏着的以下事实，才让两个人各自心理平衡：

1.场方程首先是我希尔伯特写出来的。不管你说什么，我都平衡了。

2.场方程是我爱因斯坦独立写出来的，没有参看你的，虽然你早我写出来，但是，这一方程的理论基础是我创建的。我也平衡了。

那些说爱因斯坦参看了希尔伯特明星片上的场方程后写出自己的场方程，不符合日后的进程和心安理得。

最后想说的是，假如没有希尔伯特的帮助或者刺激，或者更多的是激发，爱因斯坦不可能在那么短的时间写出场方程。假如没有爱因斯坦提供这么多的理论基础，希尔伯特不可能在短时间内写出场方程。两人的互动的最终效果是就是更早地写出了场方程，是件可喜可贺的事情。

两人虽有恩怨，但是，很快烟消云散，因为两人在自己各自的领域各自辉煌。爱因斯坦的伟大就是把自己的所有成果毫不保留地与希尔伯特分享，虽然这里有贪心，就是想得到希尔伯特的帮助。希尔伯特的伟大就是承认爱因斯坦的前期理论成果的优先权，虽然这里也有贪心，就是想自己在场方程上在自己已经成名的基础上更加有名。两人虽然都有自己各自的贪心，但是，最后两人都有收心，退一步海阔天空，把两人互动的成果发扬光大，走上了一条正确的和平友好道路。在这里，真为爱因斯坦捏一把汗，假如爱因斯坦始终写不出来怎么办？有人可能给出这样的答案：不用这么着急考虑，因为希尔伯特也对物理原理持有模糊概念，没有爱因斯坦的肯定，希尔伯特也犹豫不决。

所以，对于场方程的建立，希尔伯特给了爱因斯坦数学自信，而爱因斯坦给了希尔伯特物理自信。本来两个人都有片面的不自信，由于两人的互动竞争合作，最后，都自信了。

所以说，场方程是两人合作的完美成果。任何偏向一个人独得的分析都是片面的，不符合事实本身。他们的合作犹如他们的心心相印指数：完美！！！！！

既然如此完美，为什么还有怨言？因为人间的完美就是断臂维纳斯，不断臂，怎么看都感觉缺少点什么，但是，断臂之后，完美了。夫妻之间有怨言也完美？完美！！！夫妻之间没有任何怨言，不完美，像机器人在生活！！

杨振宁　生命时空初值=61272.06671（感性A）

李政道　生命时空初值=69717.01669（理性D）

心心相印指数=91.7659158%经典

心心相印指数=88.7206174%量子

两人指数差一点。

细读牛顿与胡克、莱布尼茨间的"恩怨情仇"，科学界也没那么简单（2020-09-04 07:40:21）

牛顿　生命时空初值=71707.51319（理性B）

胡克　生命时空初值=62500.68267（感性C）

心心相印指数=92.2941442%经典

心心相印指数=81.1434000%量子

牛顿　　　生命时空初值=71707.51319（理性B）

莱布尼兹　生命时空初值=66455.44847（中A偏感）

心心相印指数=24.7428125%经典

心心相印指数=99.9999344%量子

牛顿与胡克的指数偏低，两人心灵不同，怨恨从来没有消除。

牛顿与莱布尼兹的指数不错，心灵相通，所以，牛顿对莱布尼兹比较大方。

相反，莱布尼兹有些心虚，反诉牛顿抄袭他的研究成果。

总起来讲，牛顿对胡克有愧疚，因为胡克真的对牛顿的研究有帮助，有提醒，有刺激。正因为如此，牛顿才避而不谈。

同样的，莱布尼兹的研究，很多来自牛顿的成果，所以，莱布尼兹为了自己的名誉才反诉牛顿抄袭自己的，真的是有所心虚，否则不会出此下策。

到了爱因斯坦和希尔伯特的优先权问题，希尔伯特很快站出来支持爱因斯坦的优先权，避免了反目成仇，但是，希尔伯特也不是吃素的，首先把场方程写出来，置爱因斯坦于死地，幸亏爱因斯坦受到激发而后生。科学研究的优先权充满凶险，就像现在的网络发展，你跑不到最后，你就死在半路上，而最后的胜利者，坐享其成，也包括死在半路上的许多成果。

当麦克斯韦遇见法拉第：他们就像伽利略和牛顿一样，相辅相成（2020-09-04 08:37:21）

法拉第　生命时空初值=61591.03686（感性B）

麦克斯韦　生命时空初值=69661.41253（理性D）

心心相印指数=94.1945882%经典

心心相印指数=92.6174863%量子

两人指数不错，心灵相通。

法拉第首先提出场的概念，而麦克斯韦把场的概念数学化，从而建立了伟大的麦克斯韦方程，统一了电和磁。法拉第也有失势A的概念，麦克斯韦也有方程描述，但是，后来为了简化，在麦克斯韦最终方程组中省略了。但是，到了规范场，又出现了。标准模型是现代物理的基础，而标准模型的基础是规范场，而规范场来自麦克斯韦方程组，而麦克斯韦方程组，来源于法拉第的实验描述。

不同的报道：

1.

1855年，麦克斯韦发表论文《论法拉第的力线》，这是对法拉第研究的数学描述，法拉第看到论文后大喜过望，立刻寻找这个年轻人，可是麦克斯韦却杳如黄鹤，不见踪影。

1860 年，孤独的法拉第终于等来了麦克斯韦，两位伟大的物理学家一见如故，法拉第的观点和麦克斯韦的数学完美地结合在了一起，1865 年，麦克斯韦推导出了优美的麦克斯韦方程。

1867 年，看到了电磁学完美证明的法拉第了无遗憾地离开了人世。

2.

一个偶然的机会，麦克斯韦读到了法拉第的著作，立刻被其中准确实在的思想吸引住了，不过有人开玩笑地说过，法拉第的著作是在做实验报告而不是在写论文。事实确实如此，法拉第没有能以数学的形式进行抽象和归纳。

1855 年，麦克斯韦发表了第一篇有关电磁学的论文———《论法拉第力线》。在这篇论文中，麦克斯韦用数学的方法对力线进行了阐述和研究。他认为，电和磁不能单独存在，二者互不可分。

法拉第也见到了这篇论文，这时他已结束了自己的磁学研究。1860 年，这是一个值得纪念的时期，物理学上相当于伽利略和牛顿的两个人会面了。法拉第与麦克斯韦相差 40 多岁，法拉第年已 70 岁，麦克斯韦正当壮年。在法拉第的家中，二人相谈十分契合，有着广泛的共识，共同的语言。

麦克斯韦是电磁理论的集大成者。他首先提出"涡旋电场"的假设，指出即使不存在导体回路，变化的磁场也能在周围空间激发起一种电力线是闭合曲线的电场，也就是涡旋电场。麦克斯韦指出，所谓感生电动势正是来源于这种假设的涡旋电场。这是麦克斯韦为建立统一的电磁理论作的第一个重大假设。第二个假设是"位移电流"。麦克斯韦认为，安培定律可以把范围应用到非稳恒情况。这样一来，麦克斯韦扩大了安培定律的范围。总电流能够在非稳恒状态下保持连续。电流可以激发磁场，而变化的电场也可以激发磁场。位移电流的概念是麦克斯韦整个电磁理论的核心内容。

1865 年，麦克斯韦发表论文《电磁场动力学》。就是在这里，他总结出一组描述电磁现象的完整方程，这就是麦克斯韦方程组。麦克斯韦方程组揭示了电磁场内的矛盾和运动。将光、电、磁三者相统一，只表现为优美而简洁的四个基本方程。麦克斯韦用数学方法，从麦克斯韦方程组中直接推导出电磁场的波动方程，推算出电磁波的传播速度和光速相等。他预言了电磁波的存在。麦克斯韦写道："电磁波的这一速度与光速如此接近，看来我们有充分的理由断定，光本身是以波动形式在电磁场中按电磁波规律传播的一种电磁振动。"

1865 年，麦克斯韦因病回家静养，把他的时间用在了整理著作上。1873 年，麦克斯韦最重要的著作《电磁学通论》问世了。在这里，麦克斯韦对电磁场理论作了系统的阐述，证实了方程组解的惟一，建立了完整、严密的电磁理论。这是一部电磁学的百科全书，是电磁理论的集大成之著。人们被这种玄奥、奇妙的观点吸引住了。19 世纪下半叶中后期，著名物理学家赫兹的实验证明了麦克斯韦预言的电磁波，人们更加缅怀这位英年早逝的天才。

为什么感觉张雨绮在乘风破浪的姐姐成团的七人中如鱼得水，自由自在？（2020-09-07 09:12:56）

　　为什么感觉张雨绮在成团的七人中如鱼得水，自由自在？

　　除了性格之外，我们算一下人际关系的润滑剂——心心相印指数：

　　张雨绮　山东　　1987 年 8 月 8 日　　（33 岁）　　　第 5 名
70910.37134（理性 B）

　　宁静　　贵州　　1972 年 4 月 27 日　（48 岁）　　　第 1 名
66094.03086（中 A 偏感）

　　　　心心相印指数=44.9970013%经典

　　　　心心相印指数=99.3543706%量子

　　张雨绮　山东　　1987 年 8 月 8 日　　（33 岁）　　　第 5 名
70910.37134（理性 B）

　　万茜　　湖南　　1982 年 5 月 14 日　（38 岁）　　　第 2 名
61407.03313（感性 B）

　　　　心心相印指数=99.7218286%经典

　　　　心心相印指数=75.3413157%量子

　　张雨绮　山东　　1987 年 8 月 8 日　　（33 岁）　　　第 5 名
70910.37134（理性 B）

　　孟佳　　湖南　　1990 年 2 月 3 日　　（30 岁）　　　第 3 名
66173.45707（中 A 偏感）

　　　　心心相印指数=43.2043938%经典

　　　　心心相印指数=99.0577093%量子

　　张雨绮　　山东　　1987 年 8 月 8 日　　（33 岁）　　　第 5 名
70910.37134（理性 B）

　　李斯丹妮　四川　　1990 年 4 月 26 日　（30 岁）　　　第 4 名
65483.75730（中 B 偏感）

　　　　心心相印指数=58.1198967%经典

　　　　心心相印指数=99.8527465%量子

　　张雨绮　山东　　1987 年 8 月 8 日　　（33 岁）　　　第 5 名
70910.37134（理性 B）

　　黄龄　　上海　　1987 年 2 月 13 日　（33 岁）　　　第 7 名
70872.32177（理性 B）

　　　　心心相印指数=99.9954222%经典

　　　　心心相印指数=9.18139730%量子

　　张雨绮　　山东　　1987 年 8 月 8 日　　（33 岁）　　　第 5 名
70910.37134（理性 B）

　　郁可唯　　四川　　1983 年 10 月 23 日（36 岁）　　　第 6 名
63685.45883（感性 D）

　　　　心心相印指数=87.8365221%经典

　　　　心心相印指数=98.9565341%量子

　　张雨绮与每个人的心心相印指数都不错，与郁可唯的最低，也是高达
98.9565341%量子，可见，在七人中是多么自由自在！！！！！

　　搞好人际关系，一方面是性格因素，一方面是努力方面，另一方面就
是心心相印指数。

　　快乐大本营，作为核心人物的何炅与其他人的心心相印指数都很高，

这大概就是快乐大本营持续存在的基础吧。

何炅和谢娜

心心相印指数(经典)：99.982%

心心相印指数(量子)：69.254%

何炅和维嘉

心心相印指数(经典)：99.92%

心心相印指数(量子)：7.186%

何炅和吴昕

心心相印指数(经典)：97.117%

心心相印指数(量子)：85.461%

何炅和杜海涛

心心相印指数(经典)：99.559%

心心相印指数(量子)：12.899%

何炅　　生命时空初值=71426.8871　（理性B）

谢娜　　生命时空初值=61328.99748（感性A）

维嘉　　生命时空初值=71372.72927（理性B）

吴昕　　生命时空初值=62317.97263（感性B）

杜海涛　生命时空初值=70802.15696（理性B）

配对指数好的还有铁三角：

张国立、王刚、张铁林，从《铁齿铜牙纪晓岚》开始一起合作，后来在数部电视剧中都由这三个担任主演，被观众称为铁三角。

张国立与王刚

心心相印指数(经典)：97.265%

心心相印指数(量子)：54.935%

张国立与张铁林

心心相印指数(经典)：42.473%

心心相印指数(量子)：99.684%

王刚与张铁林

心心相印指数(经典)：20.285%

心心相印指数(量子)：99.899%

王菲去了网购平台与马云合唱 气氛却尴尬到诡异（2020-09-09 10:37:43）

王菲　　生命时空初值=61848.36925（感性B）

马云　　生命时空初值=70715.69292（理性C）

心心相印指数=99.9920910% 经典

心心相印指数=84.6080595% 量子

王菲与马云，经典心心相印指数几乎100%，两人心灵相通！！！！！

38岁杜星霖产女，69岁张纪中疑再当爸，樊馨蔓28年情感落幕（2020-09-12 10:36:14）下一个

张纪中　生命时空初值=71623.58688（理性B）

杜星霖　生命时空初值=61372.42274（感性A）

心心相印指数=99.6506501% 经典

心心相印指数=63.0344447% 量子

两人经典心心相印指数很高，祝福！！！

张纪中　生命时空初值71623.58688（理性B）

樊馨蔓　生命时空初值65464.89316（中B偏感）

心心相印指数=43.0988677%经典

心心相印指数=99.9990039%量子

张纪中与樊馨蔓的量子心心相印指数也很高，当初非常想爱是肯定的。

谁说男女没真友情，看看姚晨和李健，这样的友情"必须点赞"（2020-09-12 12:32:32）

李健　生命时空初值=72076.80772（理性A）

姚晨　生命时空初值=66476.37396（中A偏感）

心心相印指数=19.9524532%经典

心心相印指数=99.9551689%量子

两人的量子心心相印指数真高，相互欣赏，心灵相通是肯定的！！！

姚晨、李健《传奇》两人配合得天衣无缝 水平连王菲都自愧不如。

揭秘诸葛亮与黄月英的爱情神话：神仙眷侣（2019-10-04 10:50:52）

诸葛亮　生命时空初值70040.90606 （理性C）

黄月英　生命时空初值63065.60887 （感性C）

心心相印指数=99.2341978% 经典

心心相印指数=99.4769811% 量子

诸葛亮是理性C，黄月英是感性C，两人是神仙眷侣指数，不用别的解释了，两个是天生的一对，地造的一双，是上天的安排。

女模指控特朗普性侵曝细节：他摸遍了我所有地方（2020-09-18 14:15:57）

杜瑞斯　生命时空初值67303.26393（中A偏理）

特朗普　生命时空初值62376.07639（感性B）

心心相印指数=73.9804152%经典

心心相印指数=99.9998451%量子

两人的量子心心相印指数几乎100%！！！！！太高了！！！！！

她是北大学霸，故意"低俗"给人看，却撩到了吴亦凡火了（2020-09-20 20:42:30）

李雪琴　生命时空初值=64147.10170（感性D）

吴亦凡　生命时空初值=64116.34445（感性D）

心心相印指数=99.9970087%经典

心心相印指数=19.4188824%量子

感性D对感性D，是时空双胞胎！！！！！心灵相通！！！！

女诗人写性爱一炮走红，高调表白：我就是荡妇，你怎么着（2020-09-24 05:40:02）

李建　生命时空初值=72076.80772（理性A）

余秀华　生命时空初值=72406.47381（理性A）

心心相印指数=99.6565489%经典

心心相印指数=0.92383593%量子

理性A对理性A，时空双胞胎，心灵相通！！！！！有心灵感应！！！！

诗人应该是自信的：

"我见青山多妩媚，料青山见我应如是。"

余秀华：我一哭，世界就鼓掌。谁在消费谁，我心里很清楚。

SuperJunior 金厉旭承认恋情并道歉 女方比他小 7 岁 （2020-09-30 06:58:51）

金厉旭　生命时空初值=70876.59347（理性 B）

金英善　生命时空初值=61468.33674（感性 B）

心心相印指数=99.7710338%经典

心心相印指数=76.8409215%量子

理性 B 对感性 B，神仙时空配对，而且经典心心相印指数也非常高，祝福！！！！！

心心相印指数：差之毫厘谬以千里 （2020-10-02 08:01:53）

刘涛　生命时空初值=66733.57387（中 A 偏理）

秦海璐　生命时空初值=66461.19574（中 A 偏感）

心心相印指数=99.7655016%经典

心心相印指数=19.90853832%量子

中 A 偏理对中 A 偏感，神仙时空配对，就是这么亲密！！！！！

刘涛　生命时空初值=66733.57387（中 A 偏理）

蒋欣　生命时空初值=62681.25415（感性 C）

心心相印指数=69.3445804%经典

心心相印指数=96.8842631%量子

两人的量子心心相印指数还可以，但是，不惊艳。

演员姜梓新、董力在中秋这个全家团圆的日子里带来情景歌舞《有点甜》，为千家万户送去甜蜜（2020-10-02 14:25:11）

姜梓新　生命时空初值=65410.86146（中 B 偏感）

董力　生命时空初值=60788.27817（感性 A）

心心相印指数=39.7072403%经典

心心相印指数=99.8687091%量子

两人量子心心相印指数很高，配合很默契！！！！！

记者：你和张国立王刚怎么没再合作？李保田：有的人不可能再合作（2020-10-03 11:42:10）

张国立　生命时空初值=65062.36978（中 B 偏感）

李保田　生命时空初值=62811.80823（感性 C）

心心相印指数=84.4072299%经典

心心相印指数=73.0859371%量子

两人指数一般。

马国明汤洛雯怎么在一起的 马国明汤洛雯恋爱始末被扒（2020-10-14 06:22:47）

马国明　生命时空初值=71096.99666（理性 B）

汤洛雯　生命时空初值=70902.04478（理性 B）

心心相印指数=99.8798474% 经典

心心相印指数=0.86762961% 量子

理性B对理性B，时空双胞胎，祝福！！！！！

许志安　生命时空初值=64003.84805（感性D）

郑秀文　生命时空初值=66969.74586（中A偏理）

心心相印指数=91.6104353% 经典

心心相印指数=83.6719278% 量子

两人爱情指数一般。

马国明　生命时空初值=71096.99666（理性B）

黄心颖　生命时空初值=68932.47268（理性D）

心心相印指数=85.5475923% 经典

心心相印指数=61.4671321% 量子

两人爱情指数一般。

许志安　生命时空初值=64003.84805（感性D）

黄心颖　生命时空初值=68932.47268（理性D）

心心相印指数=99.6718277% 经典

心心相印指数=99.9317294% 量子

两人爱情指数是神仙眷侣指数，太好（世间少见！），情不自禁啊！

金瀚张芷溪官宣恋情：没偶像包袱没什么不敢承认（2020-10-26 12:26:09）

金瀚　　生命时空初值=60679.96311（感性A）

张芷溪　生命时空初值=70828.13255（理性B）

心心相印指数=99.3470698%经典

心心相印指数=63.5872178%量子

两人经典心心相印指数很好，祝福！！！

欧阳娜娜陈飞宇恋情实锤？二人用小号对话内容曝光，男方还会撒娇（2020-10-30 07:31:26）

欧阳娜娜　生命时空初值=71475.04196（理性B）

陈飞宇　　生命时空初值=71722.01915（理性B）

心心相印指数=99.9881857%经典

心心相印指数=8.63712320%量子

理性B对理性B，时空双胞胎，有心灵感应是肯定的，而且经典心心相印指数很高。

玖月奇迹王小玮和王小海为何不合适？徐子崴的一番话说到点上了（2020-10-31 10:59:11）

王小玮　生命时空初值=68453.41281（中B偏理）

王小海　生命时空初值=62083.03485（感性B）

心心相印指数=86.6586915%经典

心心相印指数=99.9923568%量子

两人量子心心相印指数非常高，当初非常相爱是肯定的。指数再高，也抵不过柴米油盐酱醋茶的慢慢折腾。唏嘘不已！！！

《幸福三重奏3》于谦妻子首秀 奚梦瑶产后初亮相（2020-11-02 11:08:44）下一个

于谦　　生命时空初值=62111.29728（感性B）

白慧明　生命时空初值=68206.53453（中B偏理）

心心相印指数=83.7856610%经典

心心相印指数=99.8067326%量子

吴京　生命时空初值=71207.53277（理性B）

谢楠　生命时空初值=63748.50862（感性D）

心心相印指数=83.1524539%经典

心心相印指数=98.0764974%量子

奚梦瑶　生命时空初值=68555.57819（中B偏理）

何猷君　生命时空初值=62523.72731（感性C）

心心相印指数=92.643799% 经典

心心相印指数=99.925063% 量子

三对心心相印指数都不错，祝福！！！！！

郑爽之殇，应铭记在心（2021-01-20 06:25:57）

张恒　生命时空初值=63965.49391（感性D）

郑爽　生命时空初值=62290.57813（感性B）

心心相印指数=91.2598100% 经典

心心相印指数=62.2430865% 量子

马天宇　生命时空初值=70097.54039（理性C）

郑爽　　生命时空初值=62290.57813（感性B）

心心相印指数=99.8386021% 经典

心心相印指数=95.2294118% 量子

　　当郑爽与张恒谈恋爱的时候，就计算过两人的心心相印指数，当时张恒的生日月份不清楚，但是，就算最好的月份也不是很好，应该说，两人的心灵隔着一段距离或者隔着一层雾，不是特别合适，当时想，人的直觉肯定可以觉察出来，不久就可以分手了。之后的结果，也是如预见一样。也肯定了直觉的作用。但是，万万没有想到的是，还有这么一出大戏。假如两人之前就有这样一个计算，知道两人不太合适，也许可以避免现在的尴尬或者悲伤，但是，一切都晚了。

　　遗传学的研究，让近亲结婚逐渐减少，心心相印指数的计算，也许可以让类似的郑爽之殇逐渐减少。许多人认为心心相印指数计算多此一举，因为人的直觉更直接，但是，现在看来，人的直觉也只有经过很长时间的考察，才能做出判断，而时间长了，什么都做了，后悔晚矣，就像近亲结婚把病态婴儿降生了一样，所以，心心相印指数的计算，还是有必要的。郑爽之殇，应铭记在心。

　　郑爽和陈翔都想多方位沾点便宜：结果都翻车了（2021-01-31 08:28:29）

　　郑爽和陈翔，一手好牌，打得稀巴烂，都想多方位沾点便宜，结果一败涂地，惨不忍睹。真的是机关算尽太聪明，反误了卿卿前途。

　　郑爽与张恒，陈翔与毛晓彤，从心心相印指数看，都不合适，好聚好散，该多好，但是，不行，非要抗下去，非要作下去，结果如何？翻车了。

　　心心相印指数，马后炮，给点建议（有益于后来者，非当事人，当事人已经糊了，没法救了）：

　　郑爽就不应该与张恒谈恋爱（两人指数不好），直接与马天宇好上并

结婚（两人是神仙眷侣指数），结局比现在好一万倍。后悔晚
矣！！！！！

　　陈翔本应该先与毛晓彤结束恋爱关系（两人指数不好）（猴急，等不
了了），然后再找江铠同恋爱并结婚（两人是神仙时空配对），结局比现
在好一千倍！！！（心急吃不了热豆腐，切记！）

　　有人继续看不起心心相印指数的计算，谩骂是胡编乱造（首先声明不是
在文学城，是在别的网站，可见文学城的素养有多高了！！！！），继续等
着瞧！！！

　　张恒　　生命时空初值=63965.49391（感性 D）
　　郑爽　　生命时空初值=62290.57813（感性 B）
　　心心相印指数=91.2598100% 经典
　　心心相印指数=62.2430865% 量子
　　马天宇　生命时空初值=70097.54039（理性 C）
　　郑爽　　生命时空初值=62290.57813（感性 B）
　　心心相印指数=99.8386021% 经典
　　心心相印指数=95.2294118% 量子
　　胡彦斌　生命时空初值=63043.50829（感性 C）
　　郑爽　　生命时空初值=62290.57813（感性 B）
　　心心相印指数=98.212786%（经典）
　　心心相印指数=40.49921%（量子）
　　张翰　　生命时空初值=66102.35621（中 A 偏感）
　　郑爽　　生命时空初值=62290.57813（感性 B）
　　心心相印指数=58.629%（经典）
　　心心相印指数=95.287038%（量子）
　　张翰　　　生命时空初值=66102.35621（中 A 偏感）
　　古力娜扎　生命时空初值=61246.23406（感性 A）
　　心心相印指数=34.2517553% 经典
　　心心相印指数=99.9994561% 量子
　　毛晓彤　生命时空初值=70540.99449（理性 C）
　　陈翔　　生命时空初值=66598.52182（中 A 偏感）
　　心心相印指数=54.748573% 经典
　　心心相印指数=93.365959% 量子
　　江铠同　生命时空初值=66923.29825（中 A 偏理）
　　陈翔　　生命时空初值=66598.52182（中 A 偏感）
　　心心相印指数=99.666656% 经典
　　心心相印指数=20.798138% 量子

　　贾玲左拥言承旭，右抱刘德华，人生完美了（2021-02-18 07:12:36）
　　贾玲执导影片【你好，李焕英】，票房直奔 50 亿，不仅可以搞笑，也
可以才华横溢，祝贺！！！！！下面我们看看贾玲与喜欢的艺人的心心相
印指数如何。

　　贾玲　　生命时空初值=61412.80867（感性 B）
　　刘德华　生命时空初值=67871.91508（中 B 偏理）
　　心心相印指数=66.9505147% 经典

心心相印指数=99.9720046%量子

贾玲　　生命时空初值=61412.80867（感性B）

言承旭　生命时空初值=71119.57336（理性B）

心心相印指数=99.9788982%经典

心心相印指数=72.222524%量子

贾玲与刘德华的量子心心相印指数几乎100%，与言承旭的经典心心相印指数几乎100%，在节目中都表达了好感，假如可以左拥右抱，人生完美了，经典和量子都齐了，爱情无遗憾。

而且，贾玲与言承旭是感性B对理性B，是神仙时空配对，男未娶女未嫁.....

成功追星！刘德华请贾玲演自己夫人，偶像迷妹秒变人生赢家。

我将失去记忆，因为我找到了美：74岁的歌德与19岁的乌尔莉克（2021-03-03 06:29:02）

歌德　　生命时空初值=70875.96465（理性B）

乌尔莉克　生命时空初值=61884.63476（感性B）

心心相印指数=99.9321209%经典

心心相印指数=83.1156404%量子

理性B对感性B，两人是神仙时空配对，而且经典心心相印指数非常高，难怪！！！！！

跟乌尔莉克在一起，他像是一个情窦初开的少年，整个人都变得神清气爽起来。

而这段绝世的爱恋最终没有抵挡过世俗的眼光。

乌尔莉克也到了该结婚的年纪，不过她并没有结婚，选择过了一辈子的单身生活。有一个姑娘问她，如果可能，会不会嫁给歌德。她笑了笑，说会。

57岁尼古拉斯·凯奇第五婚！26岁日本娇小妻子曝光（2021-03-06 11:54:25）

尼古拉斯·凯奇　生命时空初值=71368.42794（理性B）

柴田梨子　　　生命时空初值=60947.44429（感性A）

心心相印指数=99.9457050%经典

心心相印指数=59.1786817%量子

两人经典心心相印指数非常高，祝福！！！

尼古拉斯·凯奇，1996年凭借《离开拉斯维加斯》中扮演的酒鬼一角夺得当年度奥斯卡最佳男主角奖。

首富贝索斯前妻再婚嫁中学老师 捐185亿分手费（2021-03-08 09:43:36）

麦肯齐　生命时空初值=62236.99504（感性B）

朱伊特　生命时空初值=70848.60665（理性B）（1974年1月15日）

心心相印指数=99.2977871% 经典

心心相印指数=88.0079331% 量子

感性B对理性B，两人是神仙时空配对，祝福！！！！！！

贝佐斯　生命时空初值=71350.08001（理性B）

麦肯齐　生命时空初值=62236.99504（感性B）

心心相印指数=97.021326% 经典
心心相印指数=82.019219% 量子
贝佐斯　生命时空初值71350.08001（理性B）
桑切斯　生命时空初值62065.11004（感性B）
心心相印指数=97.977514% 经典
心心相印指数=79.470525% 量子

贝佐斯与桑切斯的恋爱指数与麦肯齐的类似，都是理性B对感性B（都是神仙时空配对），看来恋爱倾向一致。通过计算可以知道，婚变都是平移，心心相印指数没有本质的改变。

从细节上看，这次麦肯齐与朱伊特的心心相印指数最好，算是找到了真爱！！！！！

张雨剑承认与吴倩结婚生子！自曝两人早已领证，曾被骂不是个男人（2021-03-16 07:43:57）
张雨剑　生命时空初值=66079.44718（中A偏感）
吴倩　　生命时空初值=60904.13877（感性A）
心心相印指数=26.6083104%经典
心心相印指数=99.9883571%量子

两人量子心心相印指数几乎100%，祝福！！！！！

李雪琴和王建国：千年难遇的爱情　（最甜东北CP雪国列车！）（2021-03-16 12:10:56）
李雪琴　生命时空初值=63531.40838（感性D）
王建国　生命时空初值=69671.88170（理性D）
心心相印指数=98.9042331%经典
心心相印指数=99.9119689%量子

两人是千年难遇的爱情指数。
神仙眷侣指数之翘楚：经典和量子心心相印指数都在95%以上。
感性D对理性D：神仙时空配对！！！！！
李雪琴和王建国：千年难遇的爱情　（最甜东北CP雪国列车！）

（爱情心心相印指数，总共有三个最佳：神仙眷侣指数（经典和量子都很高），神仙时空配对（感性A对理性A等，），和时空双胞胎（感性A对感性A等，），李雪琴和王建国独占两个，不多见。）

上综艺遇到骗婚渣男gay，离过两次婚的黄奕谈场恋爱有多难？（2021-03-18 13:15:24）下一个
黄奕　　生命时空初值69255.59062（理性D）
黄毅清　生命时空初值66820.4315（中A偏理）
心心相印指数=81.8279089%经典
心心相印指数=70.5382799%量子
黄奕　　生命时空初值=69255.59062（理性D）
姜凯　　生命时空初值=72086.66465（理性A）
心心相印指数=85.8772497%经典
心心相印指数=74.4086211%量子

黄奕的不幸，来自爱情指数都不高，可见，爱情指数也是很重要的。因为爱情，事业尽毁，所以，选择爱情，需要谨慎。

网友偶遇杨幂拍戏，向许凯不停撒娇十指相扣，杨幂笑容羞涩甜美！（2021-03-30 08:39:39）

杨幂 生命时空初值=70380.33703（理性C）

许凯 生命时空初值=62801.10555（感性C）

心心相印指数=98.9838511%经典

心心相印指数=96.9847746%量子

两人指数非常好，爱情大满贯，三个占两个：（应该说是爱情中最好的配对）

神仙时空配对（理性C对感性C）

神仙眷侣指数（经典和量子心心相印指数都很高）

杨幂笑容羞涩甜美！有恋爱的感觉！！！

人生厚势只有在与对手博弈中才能获取最大利益，单独发展从来都是孤独衰老（2021-04-03 11:01:39）

微软在与苹果的竞争中，逐渐获得优势，从此走上了比尔盖茨的辉煌年代。

马云在与ebay的竞争中，逐渐占据优势，从此走上了马云的辉煌时代。

苹果在与诺基亚的竞争中，逐渐占据高端市场，从此走上了苹果的辉煌时代。

相反的例子：索尼当年不可一世的Walkman，没有人去竞争类似的产品，2010年10月22日，索尼公司(Sony Corp.)宣布，由于录音带随身听Walkman销售凝滞低迷，已正式决定停止生产。

同样，一个人的厚势，也是需要在人生的竞争中发挥自己的特长，从而在与对手的博弈中，逐渐建立自己丰满的人生。这里所谓的人生厚势，就是天赋和经历，有独特的天赋，有独特的经历，就形成自己独特的厚势。而这些厚势，不是闭门造车，而是走出去在竞争中丰满自己，扩大自己，成就自己。

厚势的围棋理论：

所谓厚势就是无后顾之忧且对其势力所在范围内发生的战斗有积极影响的一块棋。

厚势是攻击的主力，还能转化为实地。

如何运用厚势，和中盘作战能力有关，中盘作战和计算能力有关，多做死活，提高计算力，在实战中运用厚势压制对方取利，不然厚势就不发挥了。

攻击是为了获利，不一定要打死对方，打成植物人就可以了。

在出手打击前一定要想好以后的作战方略，一般喜欢运用厚势的人，构思都非常宏大，换句话说就是大局观好，这种棋手计算一定也很深远。

也就是说，要想运用好厚势，良好的大局观和精深的计算是缺一不可的。

高手可能不是离你的厚势很近，你围空不甘心，杀又不好杀，这才是最痛苦。总而言之，厚势的作用只有两个：一是围大模样，让敌人进来，再强攻获利而不是杀死人家，也就是人家活了也要他输棋。二是借厚势攻击旁边的弱子得利，不过这种技巧掌握起来有些难度，经常出现把敌人赶进自己空中做活。当务之急是多做死活题提高算力，以及增强大局观，增强棋的内涵，避免鱼死网破般的直白攻击。

最后总结：厚势只有在攻击中才起最大的作用。

围棋的厚势是用来攻击和威胁对手的，切忌用来围空。

要最大限度发挥厚势的作用，就是逼迫对手的棋向自己的厚势行棋，最大限度地抑制对手棋子的效率，自己从攻击中获利所得会远远超出直接围空所得。

厚势围空——下下策

对一些围棋初学者而言，最容易犯的错误之一，就是"厚势围空"，即直接将厚势通过围地盘的形式进行"变现"。为何笔者说厚势围空是下下策呢？在围棋中，有一句俗语，"金角，银边，草肚皮"——深入分析，指的是棋子效率的问题。只要花两手棋便可在角上围地 12 目左右，但要花三手棋在边处围近 10 目地，却需要花四手棋在中央围地不到 8 目。从每一个棋子的效率来说，中央围地的效率是最低的。可见，厚势围空，效率极低。

厚势——羊毛出在猪身上乃上策

厚势的优势，在于棋都在外围，虽然牺牲了一定的实地，然而，由于棋都在外围，所以对后续全局的影响力要远大于走在里面的棋子。使用厚势的上策，笔者可归纳为"羊毛出在猪身上"，即借助厚势的影响力，通过攻击对方的孤棋，来实现价值的变现；亦或是借助厚势的优势，在其它战场上，通过强硬的手段让厚势发挥其远大于牺牲实地的作用，通过战斗的优势实现价值变现。

王子文刚官宣恋情（2021-04-05 06:47:09）

王子文　生命时空初值=70833.50884（理性 B）

吴永恩　生命时空初值=71330.25436（理性 B）

心心相印指数=99.2207654%经典

心心相印指数=15.8687709%量子

理性 B 对理性 B，两人是时空双胞胎，而且经典心心相印指数也很高，祝福！！！！！

日本第一美女主播！嫁给身高只 158cm 的男人...（2021-04-08 05:47:15）

大石惠　生命时空初值=68594.18163（中 B 偏理）

hyde　　生命时空初值=62096.60636（感性 B）

心心相印指数=88.5298095%经典

心心相印指数=99.9867102%量子

两人量子心心相印指数非常高，祝福！！！！！

历史总是这么惊人的相似，与木村拓哉和工藤静香的心心相印指数完全一个模式！！！！！！都是中 B 偏理对感性 B！！！

木村拓哉　生命时空初值=67709.80295（中 B 偏理）

工藤静香　生命时空初值=62295.00235（感性 B）

心心相印指数=79.2334504%经典

心心相印指数=99.9843089%量子

可以预测的是，这两对夫妇，假如在一起，将是非常和谐的。工藤静香与 hyde，木村拓哉与大石惠都是时空双胞胎。

《妻子的浪漫旅行5》阵容曝光，四对嘉宾无惊喜，魏大勋再度缺席（2021-04-08 06:34:07）

陈建斌　生命时空初值=62470.60831（感性C）

蒋勤勤　生命时空初值=72363.86195（理性A）

心心相印指数= 99.779713%经典

心心相印指数=64.018327 %量子

秦海璐　生命时空初值=69461.19574（理性D）

王新军　生命时空初值=64058.73187（感性D）

心心相印指数=97.4165422%经典

心心相印指数=99.9627724%量子

林峯　　生命时空初值=66184.42464（中A偏感）

张馨月　生命时空初值=65931.16104（中A偏感）

心心相印指数=99.7972486%经典

心心相印指数=20.5973167%量子

周捷　生命时空初值=61943.62771（感性B）

邹凯　生命时空初值=70508.27133（理性C）

心心相印指数=99.9168470%经典

心心相印指数=88.1870281%量子

心心相印指数都很好，节目组真是慧眼识英雄！！！！！其中，秦海璐与王新军是神仙时空配对和神仙眷侣指数，林峯与张馨月是时空双胞胎，最好的三种爱情模式都在里面。（下面的记者不知道惊喜在颇具内涵的爱情指数上，不具体接触，感受不到。）

绝配 奥斯卡导演赵婷的超级搭档男友（2021-04-26 06:15:50）

赵婷　生命时空初值=61382.69732（感性A）

男友　生命时空初值=66679.33390（中A偏理）

心心相印指数=41.3289739%经典

心心相印指数=99.9977021%量子

两人量子心心相印指数几乎100%，祝福！！！！！

类似萨特和波伏娃，都是量子很高：

萨特　　生命时空初值=70412.51247 （理性C）

波伏娃　生命时空初值=64383.48911 （感性D）

心心相印指数=85.320148%经典

心心相印指数=99.999793%量子

李谷一初婚嫁给恩师，二婚嫁给粉丝，如今丈夫离她而去（2021-04-26 11:29:36）

李谷一　生命时空初值=62960.82878（感性C）

金铁霖　生命时空初值=72260.56727（理性A）

心心相印指数=93.3254246%经典

心心相印指数=80.5358675%量子

金铁霖　生命时空初值=72260.56727（理性A）

马秋华　生命时空初值=60476.61764（感性A）

心心相印指数=99.9520800%经典

心心相印指数=35.6448815%量子

李谷一与金铁霖的指数算一般，而金铁霖与马秋华是理性 A 对感性 A，是神仙时空配对，而且经典心心相印指数几乎 100%。

更为惊艳的在后面：

李谷一　生命时空初值=62960.82878（感性 C）

肖卓能　生命时空初值=69959.67841（理性 C）

心心相印指数=99.7032307%经典

心心相印指数=99.3938616%量子

李谷一与肖卓能，感性 C 对对理性 C，是神仙时空配对，而且心心相印指数也是神仙眷侣指数，可谓是天作之合。

从李谷一的婚变中，我们可以看出，人还是寻找最初的那种吸引力，因为这种吸引力是天生的，不是后天培养的，所以，相对牢固。

凤凰传奇现状：合作 25 年没成夫妻（2021-04-28 11:30:23）

玲花　生命时空初值=64582.70349（中 B 偏感）

曾毅　生命时空初值=66346.77445（中 A 偏感）

心心相印指数=91.1599987%经典

心心相印指数=60.2295957%量子

两人指数一般。没有成为情侣或者组成家庭，可以理解。

玲花　　生命时空初值=64582.70349（中 B 偏感）

徐明朝　生命时空初值=68215.15021（中 B 偏理）

心心相印指数=99.8932229%经典

心心相印指数=91.7945291%量子

中 B 偏感对中 B 偏理，是神仙时空配对，而爱情指数是神仙眷侣指数。这个可以一见钟情，祝福！！！！！

放视频实锤！18 岁都美竹承认和吴亦凡恋爱，称感情被背叛（2021-07-12 06:14:10）

吴亦凡　生命时空初值=64116.34445（感性 D）

都美竹　生命时空初值=65515.48105（中 B 偏感）

心心相印指数=93.8736704%

心心相印指数=52.7528067%

两人指数一般。

指数好，结局往往好聚好散，指数不好，结局往往是稀巴烂。有时候，不是做法和人品不行，而是两人指数不行。两人指数不行，必定矛盾重重，死缠烂打。慎重！！！！！指数强调多年无人信，悲剧发生也认倒霉。

黄奕的悲剧，郑爽的悲剧，现在又是吴亦凡的悲剧，当然，悲剧还要继续下去，直到有一天，恰似近亲结婚被承认不好，才能结束。历史上的悲剧更多，首推林肯与玛丽，其次是鲁迅与朱安，还有更多。

张含韵恋情曝光，为何都在劝她快跑？（2021-08-09 06:32:08）

张含韵　生命时空初值=71383.70946（理性 B）

佟梦实　生命时空初值=60752.34127（感性 A）

心心相印指数=99.9555882% 经典

心心相印指数=54.8632132% 量子

两人的经典心心相印指数几乎 100%，祝福。

蒋勤勤首次公开陈建斌求婚流程：拎两箱子直接同居（2021-08-30 12:07:09）

陈建斌　生命时空初值=62470.60831（感性C）

蒋勤勤　生命时空初值=72363.86195（理性A）

心心相印指数= 99.779713%经典

心心相印指数=64.018327 %量子

两人的经典心心相印指数真的很高，祝福！！！

邓颖超谈张若名：周恩来若不坚持独身主义，他们俩很合适（2021-09-19 10:03:01）

周恩来　生命时空初值=60562.97545（感性A）

张若名　生命时空初值=66307.03749（中A偏感）

心心相印指数=36.9858156% 经典

心心相印指数=99.8129535% 量子

周恩来　生命时空初值=60562.97545（感性A）

邓颖超　生命时空初值=71000.51951（理性B）

心心相印指数=99.9607621% 经典

心心相印指数=58.1387178% 量子

都不错，但是，从具体数值上，还是邓颖超更好一些，最后也走在了一起.

港圈模范夫妻，相爱27年，结婚13年依旧甜蜜如初（2021-10-20 19:50:34）

李克勤　生命时空初值=63424.48290（感性C）

卢淑仪　生命时空初值=70488.28194（理性C）

心心相印指数=94.7141793% 经典

心心相印指数=99.3506063% 量子

两人是神仙时空配对和神仙眷侣指数，祝福！！！！！

自爆初夜給劉德華卻沒被娶 56 岁女星至今未婚（2021-10-25 07:14:11）

喻可欣　生命时空初值=68655.87936（中B偏理）

刘德华　生命时空初值=67871.91508（中B偏理）

心心相印指数=98.0629065%经典

心心相印指数=29.8876233%量子

两人是时空双胞胎。

朱丽倩　生命时空初值=67204.49492（中A偏理）

刘德华　生命时空初值=67871.91508（中B偏理）

心心相印指数=98.5947809%经典

心心相印指数=28.2011678%量子

朱丽倩与刘德华也是接近时空双胞胎，看指数就知道差不多。

周星驰与朱茵往事：三年半的感情，朱茵坦言：我流过的眼泪太多（2021-10-26 14:32:19）

周星驰　生命时空初值=69644.63071（理性D）

朱茵　　生命时空初值=64755.04457（中B偏感）

心心相印指数=90.0865690%经典

心心相印指数=99.7941804%量子

两人是神仙眷侣指数。

《大话西游》大火了，著名的表白场景感动了无数男女，在如今也成为经典语录。

朱茵　　生命时空初值=64755.04457（中 B 偏感）

黄贯中　生命时空初值=71235.16514（理性 B）

心心相印指数=66.0719921%经典

心心相印指数=99.8731729%量子

两人的量子心心相印指数也几乎 100%，祝福！！！

B 站 24 岁男网红娶 B 站 35 岁百亿女老总 网友都惊呆了（2021-11-12 13：55：15）

总裁李旎 生命时空初值=70045.26649（理性 C）

老坛胡说 生命时空初值=69994.17999（理性 C）

心心相印指数=99.99174780%经典

心心相印指数=7.330436300%量子

理性 C 对理性 C，是时空双胞胎，经典心心相印指数非常高，祝福！！！

闺蜜许玮甯闪嫁前男友邱泽 杨丞琳大气说话了（2021-12-14 13：38：07）

张钧甯　　生命时空初值=61683.58246（感性 B）

邱泽　　　生命时空初值=61181.10833（感性 A）

心心相印指数=99.2027131% 经典

心心相印指数=36.3472055% 量子

两人经典指数不错，祝福！！！！！

杨丞琳　　生命时空初值=65145.12527（中 B 偏感）

邱泽　　　生命时空初值=61181.10833（感性 A）

心心相印指数=54.2943950% 经典

心心相印指数=97.0886467% 量子

张钧甯　　生命时空初值=61683.58246（感性 B）

阮经天　　生命时空初值=62010.25204（感性 B）

心心相印指数=97.8340384% 经典

心心相印指数=44.6005157% 量子

李荣浩　　生命时空初值=68027.41010（中 B 偏理）

杨丞琳　　生命时空初值=65145.12527（中 B 偏感）

心心相印指数=99.0154541% 经典

心心相印指数=80.9439526% 量子

两人爱情指数真不错，祝福！！！

中 B 偏理对中 B 偏感，神仙时空配对，天生的一对！！！！！

杨丞琳离开邱泽，找到了神仙时空配对，祝福！

张钧甯离开阮经天，找到了更高指数的邱泽，祝福！

人的感觉太灵敏了，从 97%到 99%，感觉出差别。

揭秘福原爱新男友：疑似渣男婚内就抛妻，小 5 岁，白领收入，很帅

（2021-12-30 14:31:57）

　　福原爱　生命时空初值=69445.90794　（理性 D）

　　横滨男　生命时空初值=63752.38403　（感性 D）

　　心心相印指数=98.9227110%经典

　　心心相印指数=99.7851571%量子

　　两人既是神仙时空配对，又是神仙眷侣指数，爱情关系中最好的一种，遇到就是干柴烈火，简直没有办法！！！！！难怪！！！！！

　　福原爱　生命时空初值=69445.90794（理性 D）

　　江宏杰　生命时空初值=68649.82912（中 B 偏理）

　　心心相印指数=98.002778%经典

　　心心相印指数=28.58132%量子

　　福原爱与江宏杰的经典指数也不错。但是，与神仙眷侣指数一比，还是败下阵来。

　　神仙眷侣指数很难阻挡：

　　这是希拉里的扎心之痛：

　　克林顿　　　生命时空初值=62437.75868（感性 B）

　　莱温斯基　　生命时空初值=69521.50551（理性 D）

　　心心相印指数=98.647257%经典

　　心心相印指数=98.995722%量子

　　这是王宝强的扎心之痛：

　　马蓉　生命时空初值=70314.20332（理性 C）

　　宋喆　生命时空初值=62725.48705（感性 C）

　　心心相印指数=99.427751% 经典

　　心心相印指数=96.887879% 量子

　　（两人既是神仙时空配对，又是神仙眷侣指数）

　　这是国王制度的扎心之痛：

　　温莎公爵　　生命时空初值=68676.32349（中 B 偏理）

　　辛普森夫人　生命时空初值=63046.88866（感性 C）

　　心心相印指数=97.50098%经典

　　心心相印指数=99.826368%量子

　　以上都是神仙眷侣指数，因为很难碰到，所以，一旦碰到就威力无穷。！！！！！！

　　为什么愿望说出来就不灵了？有科学道理（2022-01-04 18:42:13）

　　在生活中我们经常发现，自己的一个愿望说出来之后就不灵了，是心理作用，还是真的？

　　其实，是真的，这个有科学道理。所以，最好的愿望还是藏在内心深处。一定记住，是内心深处。

　　一般的愿望都是有现实基础的，可能会实现，也可能实现不了。而这个愿望就是一个人的波函数，这个波函数就是形而上时空，而我们的人生命运的运转，就是靠我们的形而上时空来控制的，就像电子的运动规律必须用波函数才能完美解释一样。

　　所以，这个愿望的实现，需要这个波函数的参与，而一旦说出来，就像波函数坍塌，或者是量子退相干。一旦说出来，就是波函数与外界发生某些作用，波函数发生突变，变为本征态。本征态的意义在这里就是没有量子态的多种可能性了，尤其是量子隧穿的多种可能性减少了，所以，愿望一旦说出来，实现的可能性减少了。

所以，最好的愿望一定要藏在内心深处，而这个藏在内心深处，就有量子态的无限可能性，而一旦说出来，变成本征态，这些无限可能性就减少了。

有人说，我的愿望就是明天买个蛋糕，我说出来就不可能了吗？可能，这些愿望本来就不玄乎，我们说的愿望是有可能又不可能的愿望，就是悬而未决的愿望。这些愿望看似很遥不可及，但是，似乎又近在眼前的一类愿望，这样听起来就有量子态特点，其实，就是具有量子态特点，所以，这一类具有量子态特点的愿望一定不要说出来，说出来就不灵了。那么什么是量子态特点的愿望？其实，你仔细一琢磨，就知道什么是量子态特点的愿望了。只可意会不可言传，就是懂得量子态特点的重要性，千百年来一直流传，是真理。只可意会就是让波函数飘在内心深处，不可言传就是不要与外界接触，保持量子态，保持无限可能性。

其实，讲了半天，还不如一个形象的比喻彻底：（虽然不是特别贴切）

愿望就像高压线，说出来就是接地了，电压下降了，走不远了。而高压可以让电流走更远。所以，接地气有时候达不到预想的效果，反而误事。有时候曲高和寡反而成就大事。

资料：

波函数坍缩（wave function collapse）指的是某些量子力学体系与外界发生某些作用后波函数发生突变，变为其中一个本征态或有限个具有相同本征值的本征态的线性组合的现象。波函数坍缩可以用来解释为何在单次测量中被测定的物理量的值是确定的，尽管多次测量中每次测量值可能都不同。

在某一些量子物理理论中，波函数的坍缩是量子系统遵守量子定律的两种方法之一。波函数坍缩的真实性并没有被完全地确定；科学家一直在争论，波函数坍缩这个世界的自然现象之一，还是仅是属于某个现象的一部分，比如量子退相干的附属现象。近年来，量子退相干已和波函数坍缩一起成为众量子物理学家极力研究的理论之一。

量子退相干（Quantum decoherence）：在量子力学里，开放量子系统的量子相干性会因为与外在环境发生量子纠缠而随着时间逐渐丧失，这效应称为量子退相干，又称为量子去相干。量子退相干是量子系统与环境因量子纠缠而产生的后果。由于量子相干性而产生的干涉现象会因为量子退相干而变得消失无踪。量子退相干促使系统的量子行为变迁成为经典行为，这过程称为"量子至经典变迁"（quantum-to-classical transition）。德国物理学者汉斯•泽贺最先于 1970 年提出量子退相干的概念。自 1980 年以来，量子退相干已成为热门研究论题。

日本绝美女演员将和地产老总男友领证，全网哀嚎（2022-01-10 11:43:46）

深田恭子 生命时空初值=61949.16470（感性 B）

杉本宏之　生命时空初值=69881.06857（理性 C）

心心相印指数=98.0635102%经典

心心相印指数=94.0514676%量子

两人是神仙眷侣指数，祝福！！！！！

只看新闻就感觉是神仙眷侣指数，果然如此！！！

51 岁李亚鹏和小 19 岁女友婚讯将近！曾倒追周迅王菲（2022-01-14 07：58：33）

李亚鹏　生命时空初值=64664.78312（中 B 偏感）

海哈金喜　生命时空初值=68880.06103（理性 D）

心心相印指数=97.2817168% 经典

心心相印指数=96.9365235% 量子

两人是神仙眷侣指数，祝福！！！！！比较以下的指数，目前最好！！！！！

（海哈金喜的指数经过了银河系修正。+3000，1990 年出生的第一个。）

李亚鹏　生命时空初值=64664.78312（中 B 偏感）

王菲　　生命时空初值=61848.36925（感性 B）

心心相印指数=75.9493494% 经典

心心相印指数=83.9884435% 量子

李亚鹏与王菲的爱情指数一般，不长久，可以理解。

王菲　　生命时空初值=61848.36925（感性 B）

谢霆锋　生命时空初值=61883.45508（感性 B）

心心相印指数=99.996108% 经典

心心相印指数=24.287293% 量子

王菲与谢霆锋的经典爱情指数很高，几乎 100%，而且是时空双胞胎，相爱是肯定的。

周迅　　　生命时空初值=72294.11033(理性 A)

李亚鹏　　生命时空初值=64664.78312（中 B 偏感）

心心相印指数=64.8425823% 经典

心心相印指数=97.7183644% 量子

两人的量子心心相印指数还不错。

王鸥何九华恋情坐实？用情侣手机壳明目张胆，互刻对方名字拼音（2022-01-16 15：13：47）

王鸥　　生命时空初值=61968.46013 （感性 B）

何九华　生命时空初值=70814.60724 （理性 B）

心心相印指数=99.9097112%经典

心心相印指数=85.0137957%量子

两人是感兴 B 对理性 B，是神仙时空配对，祝福！！！！！

王鸥　　生命时空初值=61968.46013 （感性 B）

刘恺威　生命时空初值=72186.970850 （理性 A）

心心相印指数=99.5645743%经典

心心相印指数=64.6886805%量子

杨幂　　生命时空初值=70381.50428（理性 C）

刘恺威　生命时空初值=72186.97085（理性A）

心心相印指数=98.522063% 经典

心心相印指数=50.642035 %量子

胡宇威向陈庭妮求婚成功，二人搂抱灿笑秀钻戒，长跑9年终成正果（2022-01-19 18:05:31）

胡宇威　生命时空初值=61691.64249（感性B）

陈庭妮　生命时空初值=71268.96406（理性B）

心心相印指数=99.6205313%经典

心心相印指数=.74.6701526%量子

两人是感兴B对理性B，是神仙时空配对，祝福！！！！！

三大屌丝逆袭，三大滑铁卢事件（2022-01-22 10:01:05）

心心相印指数，看不见，摸不着，但是，它却让：

1.屌丝逆袭

2.滑铁卢发生。

屌丝逆袭之一：

徐静蕾　生命时空初值=71305.05285（理性B）

黄立行　生命时空初值=72075.23651（理性A）

心心相印指数=99.754892% 经典

心心相印指数=22.275609% 量子

屌丝逆袭之二：

袁立　生命时空初值=69422.87457（理性D）

梁太平　生命时空初值=64289.35566（感性D）

心心相印指数=96.2109460% 经典

心心相印指数=99.9909617% 量子

屌丝逆袭之三：

卓越　生命时空初值=70880.78801（理性B）

周迅　生命时空初值=72294.11033（理性A）

心心相印指数=99.9961627% 经典

心心相印指数=40.0174226% 量子

滑铁卢事件之一：

张恒　生命时空初值=63965.49391（感性D）

郑爽　生命时空初值=62290.57813（感性B）

心心相印指数=91.2598100% 经典

心心相印指数=62.2430865% 量子

滑铁卢事件之二：

王力宏　生命时空初值=72171.09751（理性A）

李靓蕾　生命时空初值=69706.11425（理性D）

心心相印指数=92.9276591% 经典

心心相印指数=66.5462287% 量子

滑铁卢事件之三：

吴亦凡　生命时空初值=64116.34445（感性D）

都美竹　生命时空初值=65515.48105（中B偏感）

心心相印指数=93.8736704%

心心相印指数=52.7528067%

还有三大特异事件：都是神仙眷侣指数：

克林顿　　生命时空初值=62437.75868（感性B）

莱温斯基　生命时空初值=69521.50551（理性D）

心心相印指数=98.647257%经典

心心相印指数=98.995722%量子

林丹　　生命时空初值=63632.5744（感性D）

赵雅淇　生命时空初值=68030.92002（中B偏理）

心心相印指数=97.1563645% 经典

心心相印指数=98.4652177% 量子

许志安　生命时空初值=64003.84805（感性D）

黄心颖　生命时空初值=68932.47268（理性D）

心心相印指数=99.6718277% 经典

心心相印指数=99.9317294% 量子

两大翻车事件：

翻车事件之一：

王宝强　　生命时空初值=64867.42508（中B偏感）

马蓉　　　生命时空初值=70314.20332（理性C）

心心相印指数=79.869100% 经典

心心相印指数=99.941544% 量子

宋喆　生命时空初值=62725.48705（感性C）

马蓉　生命时空初值=70314.20332（理性C）

心心相印指数=99.427751% 经典

心心相印指数=96.887879% 量子

翻车事件之二：

福原爱　生命时空初值=69445.90794（理性D）

江宏杰　生命时空初值=68649.82912（中B偏理）

心心相印指数=98.002778%经典

心心相印指数=28.58132%量子

福原爱　生命时空初值=69445.90794 （理性D）

横滨男　生命时空初值=63752.38403 （感性D）

心心相印指数=98.9227110%经典

心心相印指数=99.7851571%量子

欲穷千里目，更上一层楼：离婚后再结婚，更好了！！！

（心心相印指数不高的完美解决方案，现实就有啊！！！）

李谷一　生命时空初值=62960.82878（感性C）

金铁霖　生命时空初值=72260.56727（理性A）

心心相印指数=93.3254246%经典

心心相印指数=80.5358675%量子

金铁霖　生命时空初值=72260.56727（理性A）

马秋华　生命时空初值=60476.61764（感性A）

心心相印指数=99.9520800%经典

心心相印指数=35.6448815%量子

李谷一　生命时空初值=62960.82878（感性C）

肖卓能　生命时空初值=69959.67841（理性C）

心心相印指数=99.7032307%经典

心心相印指数=99.3938616%量子

她拒绝了英国王子的求婚，王子：全世界都知道我被你拒绝了！（2022-01-30 16:41:15）

哈利王子　　生命时空初值=66012.2866　（中A偏感）

艾玛·沃特森　生命时空初值=68618.82073（中B偏理）

心心相印指数=87.4090281%经典

心心相印指数=74.9964216%量子

两人指数一般，应该说，两人没有心灵感应。

哈利王子　　生命时空初值=66012.2866（中A偏感）

梅根马克尔　生命时空初值=61265.74585（感性A）

心心相印指数=36.82745%经典

心心相印指数=99.962406%量子

两人的量子心心相印指数几乎100%，祝福！！！！！

杨幂跟张大大一起过年，两人身穿情侣装，亲密自拍不避嫌（2022-02-02 09:19:30）

杨幂和张大大同游日本，网友：莫名的想到董洁和王大治

杨幂　生命时空初值=70381.50428（理性C）

张大大　生命时空初值=64118.66127(感性D)

心心相印指数=88.9609149% 经典

心心相印指数=99.8351035%量子

两人几乎是神仙时空配对和神仙眷侣指数，难怪！！！！！

杨幂　　生命时空初值=70381.50428（理性C）

刘恺威　生命时空初值=72186.97085（理性A）

心心相印指数=98.522063% 经典

心心相印指数=50.642035 %量子

两人指数也不错！！！！！

焉栩嘉、张子枫：新年第一波恋爱瓜惊到掉下巴，妹妹的眼光好差啊（2022-02-17 17:43:29）

张子枫　生命时空初值=68750.95753(理性D)

焉栩嘉　生命时空初值=68601.187610(理性D)

心心相印指数=99.9290809%经典

心心相印指数=12.5759965%量子

理性D对理性D，两人是时空双胞胎，而且经典心心相印指数几乎100%！！！！！

玄彬孙艺珍终于结婚了！2022网友们又能相信爱情了（2022-02-17 18:16:35）

孙艺珍　生命时空初值=61353.15430（感性A）

玄彬　　生命时空初值=61795.16247（感性B）

心心相印指数=99.3828673%经典

心心相印指数=34.4320705%量子

甜！徐梦桃和队友王心迪 202202220214 公开恋情（2022-02-21 18:20:11）

徐梦桃　生命时空初值=67958.17417（中 B 偏理）

王心迪　生命时空初值=63211.76666（感性 C）

心心相印指数=93.4776853%经典

心心相印指数=99.7550497%量子

两人是神仙眷侣指数，祝福！！！

夏帆与渡边大知被曝恋情　二人因戏结缘（2022-03-01 17:55:10）

夏帆　　　生命时空初值=62620.74243（感性 C）

渡边大知　生命时空初值=67737.71589（中 B 偏理）

心心相印指数=84.3389938%经典

心心相印指数=99.8971639%量子

两人的量子心心相印指数几乎 100%，祝福！！！

这一对也是受到银河系祝福的一对！！！！！

大 S 结婚了！与他分手 20 年后 宣布"不再浪费时间"（2022-03-08 06:01:55）

大 S　　　生命时空初值=71626.13515（理性 B）

具俊晔　生命时空初值=61875.35198（感性 B）

心心相印指数=97.5202222% 经典

心心相印指数=72.2831433% 量子

理性 B 对感性 B，两人神仙时空配对，祝福！！！！

华晨宇王悦伊恋情曝光后晒照心情好，两人恋爱细节被扒，太甜蜜（2022-03-17 19:08:10）

华晨宇　生命时空初值=69166.30942（理性 D）

王悦伊　生命时空初值=64671.19905（中 B 偏感）

心心相印指数=95.3043317%经典

心心相印指数=98.5349316%量子

两人是神仙眷侣指数，接近神仙时空配对，祝福！！！！！

季羡林最寄予厚望的弟子逝世，两人心心相印指数令人羡慕（2022-04-18 19:02:05）

季羡林　生命时空初值=62767.82772（感性 C）

段晴　　生命时空初值=69737.50435（理性 C）

心心相印指数=99.9626113%经典

心心相印指数=99.4166935%量子

两人的心心相印指数，堪称一绝！！！！！

神仙时空配对和神仙眷侣指数，而且，神仙眷侣指数也太完美了！！！！！！！！！！！！！！

两人心心相印指数令人羡慕，做学术，有很好的心心相印指数，也是非常幸运和幸福的事。

段晴教授祖籍山西，1978-1982 年师从季羡林先生、蒋忠新先生专攻印度学，获得硕士学位。拜入季门是一场缘分，1978 年，段晴考北大德语系研究生，面试时季羡林在场。当时季羡林正想找一个学德语的学生，就挑中了她。

1980 年，中断数十年的中外文化交流重新连接，季羡林时隔 30 多年重返德国访问，带上了段晴。他亲自为她争取到奖学金，送她到汉堡大学学古代于阗语。季羡林是有意布局的，陆续送了好几位学生出国，接受"德国式"训练。

再看刘畊宏王婉霏 22 年的爱情才明白：娶对了女人，会有多幸运（2022-05-01 17:31:08）

刘畊宏　生命时空初值=67299.65052（中 A 偏理）

王婉霏　生命时空初值=67148.70149（中 A 偏理）

心心相印指数=99.9279600%经典

心心相印指数=15.7029937%量子

两人是时空双胞胎，经典心心相印指数非常高，祝福！！！

警匪生死恋，震惊全美国（2022-05-12 06:07:25）

维基·怀特　生命时空初值=68848.22442（理性 D）

凯西·怀特　生命时空初值=63629.37998（感性 D）

心心相印指数=99.9411155%经典

心心相印指数=99.8676088%量子

理性 D 对感性 D，两人是神仙时空配对，而指数是神仙眷侣指数，绝配，难怪！！！！！！

秦霄贤《跑男》火了，白鹿天天上德云社蹭饭听相声，理由超搞笑（2022-06-14 06:53:17）

秦霄贤　生命时空初值=67985.49155（中 B 偏理）

白鹿　生命时空初值=61909.63801（感性 B）

心心相印指数=77.5208554%经典

心心相印指数=99.8074065%量子

两人量子心心相印指数很高，心灵相通，有默契！！！！！

秦霄贤与白鹿有爆炸笑果，与杨超越没有，为什么？（2022-06-30 07:12:49）

杨超越　生命时空初值=71580.7152（理性 B）

秦霄贤　生命时空初值=67985.49155（中 B 偏理）

心心相印指数=61.838162%经典

心心相印指数=88.109787%量子

两人指数一般。

祝贺！50 岁歌手沙宝亮官宣恋情，女方身份曝光曾官宣当妈（2022-08-04 06:36:54）

戴笑盈　生命时空初值=69920.80915（理性 C）

沙宝亮　生命时空初值=65332.71176（中 B 偏感）

心心相印指数=78.7682018%经典

心心相印指数=98.7204254%量子

量子心心相印指数很高，祝福！！！

殷桃黄晓明 cp 感好强："他们俩好配"（2022-08-22 08:27:20）

黄晓明　生命时空初值=68735.68233（理性 D）

殷桃　生命时空初值=63193.59877（感性 C）

心心相印指数= 98.5208529 经典

心心相印指数= 99.9504551 量子

两人是神仙眷侣指数，成为一对，绝对有基础！！！！！

（花边旧闻）孔子与南子：神仙时空配对，难怪！！！！！（2022-08-25 08:56:03）

（花边旧闻）孔子与南子：神仙时空配对，难怪！！！！！

· 孔子 生命时空初值71244.92957（理性B）

· 南子 生命时空初值61436.55591（感性B）

· 心心相印指数=99.9856316%经典

· 心心相印指数=70.6413533%量子

理性B对感性B，两人是神仙时空配对，孔子与南子是心灵相通的，否则，不可能相见。

这个计算，孔子当时 57 岁，而南子小孔子 30 岁，也就是南子当时只有 27 岁，是南子结婚后的第 11 年。

南子接见孔子那天穿戴十分整齐，戴着王后凤冠，佩着玉饰，端坐在帷帐中。

甄子丹庆祝与汪诗诗结婚 19 周年 晒出甜蜜合照（2022-08-31 09:33:42）

甄子丹 生命时空初值=71194.79633（理性B）

汪诗诗 生命时空初值=61304.45674（感性A）

心心相印指数=99.958315% 经典

心心相印指数=69.082062% 量子

经典心心相印指数几乎 100%，祝福！！！

更为关键的是，两人接近神仙时空配对，也就是说，汪诗诗接近感性B。理性B对感性B就是神仙时空配对。

李安儿子李淳官宣结婚，娶大 6 岁素人老婆（2022-09-07 06:17:15）

李淳 生命时空初值=68206.77923（中B偏理）

妻子 生命时空初值=64289.35566（中B偏感）

心心相印指数=99.9560199% 经典

心心相印指数=94.8372017% 量子

两人首先是神仙时空配对，再就是神仙眷侣指数，祝福！！！！！爱情当中，最好的配对形式！！！！！

孟广美：被男友骗走 5 亿，43 岁嫁 60 亿富商，54 岁没有孩子（2022-09-12 06:24:46）

孟广美 生命时空初值=68206.77923（感性D）

吉增和 生命时空初值=64289.35566（感性D）

心心相印指数=99.9629816% 经典

两人是时空双胞胎，祝福！！！！！

陆毅娶了鲍蕾，郭京飞娶了妹妹鲍莉，两个连襟一起去丈母娘家却区别对待（2022-09-12 10:07:31）

陆毅 生命时空初值=72697.51868（理性A）

鲍蕾 生命时空初值=71817.14824（理性A）

心心相印指数=98.893898% 经典

心心相印指数=24.14929% 量子

两人是时空双胞胎，祝福！！！！！

郭京飞　生命时空初值= 64093.90392（感性 D）

鲍莉　生命时空初值= 68201.67562（中 B 偏理）

心心相印指数= 99.6794178% 经典

心心相印指数= 96.4872169% 量子

两人是神仙眷侣指数，祝福！！！！！

而且两人接近神仙时空配对！！！！！（鲍莉接近理性 D）

这姐妹俩实现了心心相印指数的大满贯：

1.神仙时空配对。

2.神仙眷侣指数。

3.时空双胞胎。

宋丹丹儿媳博谷：嫁小七岁巴图生两子，与婆婆当"姐们"幸福美满

（2022-09-15 06:05:31）

- 巴图　生命时空初值=68885.65486（理性 D）

- 博谷　生命时空初值=62530.24723（感性 C）

- 心心相印指数=95.4947812% 经典

- 心心相印指数=99.9653587% 量子

两人是神仙眷侣指数，接近神仙时空配对，祝福！！！！！

秦霄贤的 CP：与白鹿已成过去式，如今与哈妮克孜才是正在进行式

（2022-09-18 16:05:29）

秦霄贤　　生命时空初值=67985.49155（中 B 偏理）

哈妮克孜　生命时空初值=65106.57487（中 B 偏感）

心心相印指数=99.2820036%经典

心心相印指数=80.9194709%量子

中 B 偏理对中 B 偏感，是神仙时空配对，经典心心相印指数也非常高。

他是中国最骚画家，95 岁撩林青霞开法拉利，却独宠初恋 75 年

（2019-03-17 05:33:06）

黄永玉　生命时空初值=63791.14192（感性 D）

张梅溪　生命时空初值=69788.47152（理性 C）

心心相印指数=97.0666118% 经典

心心相印指数=99.9994043% 量子

两人神仙眷侣指数，难怪如此相爱，独宠初恋 75 年！！！！！

周冬雨刘昊然恋情曝光！去年男方夜宿女方家，疑似同居一年多

（2022-09-27 06:20:39）

周冬雨　生命时空初值=61909.63801（感性 B）

刘昊然　生命时空初值=70506.62302（理性 C）

心心相印指数=99.8762944%经典

心心相印指数=87.7987856%量子

两人经典心心相印指数非常高，同时，接近神仙时空配对，祝福！！！！！

全力捧红丈夫却被抛弃，前夫娶了小 7 岁秦海璐，而她 51 岁依旧单身

(2022-10-03 09:52:25)

　　秦海璐　生命时空初值=69461.19574（理性D）

　　王新军　生命时空初值=64058.73187（感性D）

　　心心相印指数=97.4165422%经典

　　心心相印指数=99.9627724%量子

　　两人是神仙时空配对（感性D对理性D），也是神仙眷侣指数（97%和99.96%）. 爱情指数中最好的搭配。

　　唐静　生命时空初值=62544.28719（感性C）

　　王新军　生命时空初值=64058.73187（感性D）

　　心心相印指数=92.8349984%经典

　　心心相印指数=58.2610281%量子

　　两人指数也可以，但是不是很惊艳。

　　刘静尧到底与刘强东的心心相印指数高吗？（2022-10-03 18:35:32）

　　刘强东　生命时空初值=71094.87191（理性B）

　　章泽天　生命时空初值=61036.54963（感性A）

　　心心相印指数=99.264297%经典

　　心心相印指数=65.789717%量子

　　刘强东　生命时空初值=71094.87191（理性B）

　　刘静尧　生命时空初值=65812.07136（中A偏感）

　　心心相印指数=47.1719973%经典

　　心心相印指数=99.9770626%量子

　　两人的量子心心相印指数几乎100%，可以断定，两人有一见钟情的基础。

　　更为关键的是，刘强东与章泽天是经典高(99.264297%)，

　　刘强东与刘静尧是量子高(99.9770626%)，是两种不同的体验。

　　结合录像中的表现，这个心心相印指数比较靠谱。毕竟，这是人际交往的第一润滑剂，其它的都需要时间，唯独这一个不需要时间的培养，碰见就是，所以，才有一见钟情。

　　71岁王石的41岁娇妻近照曝光，豪宅健身大秀好身材（2022-10-10 06:42:16）

　　王石　　生命时空初值=71402.25817 （理性B）

　　田朴珺　生命时空初值=61407.32966 （感性B）

　　心心相印指数=99.879155 %经典

　　心心相印指数=67.518422%量子

　　理性B对感性B，时空神仙配对，而且经典心心相印指数特别高，祝福！！！！！

　　王思聪在日娱火了，与渡边美波和川口春奈一起登上娱乐头版（2022-10-11 08:01:10）

　　王思聪　生命时空初值=70661.41116（理性C）

　　滨边美波　生命时空初值=71115.54672（理性B）

　　心心相印指数=99.3485755% 经典

　　心心相印指数=15.1070244% 量子

　　两人的经典心心相印指数不错。两人接近时空双胞胎，就是滨边美波

接近理性C。

王思聪　生命时空初值=70661.41116（理性C）

川口春奈　生命时空初值=62714.59921（感性C）

心心相印指数=98.1699105%　经典

心心相印指数=94.5392292%　量子

这个更厉害，首先是神仙时空配对，其次是神仙眷侣指数。

这是什么概念？

就是满足心心相印指数的大满贯：

1.时空双胞胎。

2.神仙时空配对。

3.神仙眷侣指数。

这是爱情的最高境界了！！！！！

范冰冰新男友曝光，粉丝直呼"太丑了"：背后真相，和你想的不一样....（2023-02-07 08:58:05）

范冰冰　生命时空初值61123.34957（感性A）

郭岩峰　生命时空初值=61194.10544（感性A）

心心相印指数=99.9841701%经典

心心相印指数=26.5921662%量子

感性A对感性A，是时空双胞胎，祝福！！！！！

范冰冰　生命时空初值=61123.34957（感性A）

李晨　生命时空初值=65788.76639（中A偏感）

心心相印指数=38.716349%经典

心心相印指数=99.890818%量子

两人的量子指数非常高，当初相爱是肯定的。

与潘粤明结婚4年的董洁，为何会看上长相"丑"的王大治？（2023-02-09 07：05：02）

董洁　生命时空初值=62409.45699（感性B）

潘粤明　生命时空初值=71542.13892（理性B）

心心相印指数=94.396389%经典

心心相印指数=81.996399%量子

董洁　生命时空初值=62409.45699（感性B）

王大治　生命时空初值=70863.73146（理性B）

心心相印指数=98.629462%经典

心心相印指数=89.832967%量子

应该说，董洁与两者都是神仙时空配对（感性B对理性B），爱情中的最佳配对。但是，具体分析，董洁与王大治的更高一些。董洁的指数口味没有变，只是更高一些。

当然，潘粤明担心的可能不是王大治，而是下面一位，赫赫有名，两人指数又是神仙眷侣指数。

董洁梁朝伟是什么关系 网曝董洁的儿子是梁朝伟的，可靠吗？

董洁　生命时空初值=62409.45699（感性B）

梁朝伟　生命时空初值=69739.4653(理性C)

心心相印指数=99.316622%经典

心心相印指数=98.033760%量子

60 岁杨紫琼带富豪男友闪耀奥斯卡！穿白裙美得像新娘，太争光了（2023-03-13 06:10:48）

杨紫琼 生命时空初值=69947.69511（理性 C）

让托德 生命时空初值=62275.46258（感性 B）

心心相印指数=99.5171801%经典

心心相印指数=96.1115720%量子

两人是神仙眷侣指数，而且接近神仙时空配对，就是让托德接近感性 C，祝福！！！！！

我叫莫言其实废话很多，贾平凹虽不叫莫言，但是话真的很少（2023-03-13 11:16:27）

莫言 生命时空初值= 64796.61273（中 B 偏感）

贾平凹 生命时空初值=71693.91569 （理性 B）

心心相印指数=56.1302685%经典

心心相印指数=99.9044289%量子

他俩类似"女大三抱金砖"，贾平凹比莫言正好大三岁，文坛佳话！！！！！没有文人相轻！！！！！

文人相轻，往往是指数不对：

金庸 生命时空初值=63097.57378（感性 C）

王朔 生命时空初值=60824.63313（感性 A）

心心相印指数=85.3172301% 经典

心心相印指数=76.3820003% 量子

这个指数，八竿子打不着。

余秋雨娶到宝了，马兰六十岁还是那么美那么优 雅，岁月从不败美人（2023-04-05 09:21:50）

马兰 生命时空初值=69398.74578（理性 D）

余秋雨 生命时空初值=62454.38225（感性 C）

心心相印指数=98.174641%经典

心心相印指数=99.399053%量子

两人是神仙眷侣指数，而且接近神仙时空配对，就是马兰接

近理性 C，祝福！！！！！

柯洁和战鹰在直播间互动为什么这么甜？（2023-04-05 11:55:38）

柯洁 生命时空初值=69486.28386（理性 D）

战鹰 生命时空初值=63011.31147（感性 C）

心心相印指数=99.9571023%经典

心心相印指数=99.9945718%量子

两人是神仙眷侣指数，而且每个指数都接近 100%，当然甜。

另外，柯洁接近理性 C，所以两人也是接近神仙时空配对：

理性 C 对感性 C。

无论如何，光看神仙眷侣指数，已经是一骑绝尘了。

台湾"爷孙恋"音乐人李坤城病逝 小 40 岁女友证实（2023-04-26 07:45:35）

李坤城 生命时空初值=61368.029081（感性 A）

林靖恩　生命时空初值=67439.35218（中 A 偏理）

心心相印指数=57.573428900%经典

心心相印指数=99.797475556%量子

量子心心相印指数非常高，节哀顺变！

洪欣官宣已解除与张丹峰的夫妻关系，毕滢发文劝和，极力撇清关系（2023-05-01 06：34：56）

张丹峰　生命时空指数=61333.75033（感性 A）

洪欣　生命时空指数=64699.95613（中 B 偏感）

心心相印指数=66.259211% 经典

心心相印指数=91.692576% 量子

指数一般。

张丹峰　生命时空指数=61333.75033（感性 A）

毕滢　生命时空指数=61053.81756（感性 A）

心心相印指数=99.7523187% 经典

心心相印指数=31.3381709% 量子

两人是感性 A 对感性 A，是时空双胞胎，难怪！！！！！

武打明星的爱情指数：身具武艺难轻松，心有灵犀一点通（2023-06-06 11：19：14）

成龙　生命时空初值=64245.40124（感性 D）

林凤娇　生命时空初值=69360.50953（理性 D）

心心相印指数=96.9054891% 经典

心心相印指数=99.99566% 量子

神仙时空配对和神仙眷侣指数。

李连杰　生命时空初值=68074.79301（中 B 偏理）

利智　生命时空初值=68622.26214（中 B 偏理）

心心相印指数=99.0537664% 经典

心心相印指数=23.1580507% 量子

时空双胞胎。

甄子丹　生命时空初值=68194.79633（中 B 偏理）

汪诗诗　生命时空初值=61304.45674（感性 A）

心心相印指数=70.8585442% 经典

心心相印指数=99.2260708% 量子

量子心心相印指数非常高。

吴京　生命时空初值=68207.53277（中 B 偏理）

谢楠　生命时空初值=63748.50862（感性 D）

心心相印指数=98.6339392%经典

心心相印指数=98.7037408%量子

神仙眷侣指数和近神仙时空配对。

秦岚低调认爱魏大勋！44 岁生日获超多鲜花，疑已见家长同居试婚（2023-07-18 05：18：32）

秦岚　生命时空初值=63906.69586（感性 D）

魏大勋　生命时空初值=68392.18724（中 B 偏理）

心心相印指数=99.6860302%经典

心心相印指数=98.7649218%量子

两人是神仙眷侣指数，加油！！！！！！

很般配！孙杨晒与张豆豆的婚纱大片（2023-07-20 06:03:03)孙杨 生命时空初值=61957.98098（感性B）

张豆豆 生命时空初值=66457.35323（中A偏感）

心心相印指数=49.2457622% 经典

心心相印指数=99.3858648% 量子

两人量子指数非常高，祝福！！！

小19岁主动追求！42岁金莎陷入恋爱漩涡，是单纯心动还是另有所图？（2023-11-08 06:17:41）

金沙 生命时空初值=61354.1593（感性A）

孙丞潇 生命时空初值=71818.2218（理性A）

心心相印指数=99.9797924% 经典

心心相印指数=59.1604915% 量子

感性A对理性A，两人是神仙时空配对，而且经典心

心相印指数几乎100%，祝福！！！！！

非常类似的：这个模式，就是这么有魔力！！！！！

杨振宁 生命时空初值=61270.98086 （感性A）

翁帆 生命时空初值=71993.51344 （理性A）

心心相印指数=99.837598% 经典

心心相印指数=54.146848% 量子

合作一次，造谣三年！狗仔主动辟谣：王一博和赵丽颖私下没交集（2023-12-02 12:55:15)

赵丽颖 生命时空初值=70836.65578（理性B）

王一博 生命时空初值=69484.99039（理性D）

心心相印指数=94.2783936% 经典

心心相印指数=41.248585% 量子

经典心心相印指数虽然可以，但是，还是有些低。

看看下面的配置，就知道距离有多大了！

王一博吴宣仪恋情曝光？博君仪笑2.0版正式诞生，细数两人之间的暖昧细节

王一博 生命时空初值=69484.99039（理性D）

吴宣仪 生命时空初值=62675.13996（感性C）

心心相印指数=99.3491225%经典

心心相印指数=99.7276172%量子

两人是神仙眷侣指数！！！！！

巩俐张伟丽共同出席活动 二人亲密热聊笑容不断（2023-12-09 09:14:07)

巩俐 生命时空初值=67970.31731（中B偏理）

张伟丽 生命时空初值=64464.28024（感性D）

心心相印指数=99.8981617%经典

心心相印指数=90.4631429%量子

两人是神仙眷侣指数，也是接近神仙时空配对，

因为张伟丽差一点就是中 B 偏感。

这两类人的波函数碰在一起，波函数增大两倍：

（A+B）平方=A 的平方，+2AB+B 的平方，

就是多出了 2AB，波函数就是中医讲的精气神的神。

黄帝内经讲：神有余则笑不休。现代物理和黄帝内经的完美结合。

气场融合，形成一个整体，这就是月经同步的原理（2023-12-09 12:13:03）

气场融合，形成一个整体，这就是月经同步的原理。共同的气场，具有相同的频率，而这个相同的频率导致月经同步。

能量场气场是暗物质，也就是说，共同生活到一定程度，相互融合，导致其暗物质时空趋于相同，具有相同的暗物质频率。暗物质我们看不见，但是，却真的容易我们的生活。

这个非常容易理解：不同浓度的盐水，混合在一起，最后导致一个均匀一致的盐水浓度，这个均匀一致的盐水浓度，就是相同的暗物质频率。这个相同的暗物质频率，导致月经同步。我们的身体是分离的，但是，我们的暗物质却可以相互渗透，容易混合在一起。混合在一起的暗物质，就形成一个相对稳定的整体。

Martha McClintock 的研究："McClintock 效应"

月经同步是指女性在同一环境下，经期会趋于同步。这个现象被称为"McClintock 效应"，得名于 1971 年心理学家 Martha McClintock 的研究 1. 该研究表明，同居的女性会出现月经周期趋近的现象。在这项研究中，McClintock 选取了一所女子大学里的 135 名住校生作为研究对象，将她们分为室友组，密友组，和随机组。在亲密相处半年之后，McClintock 对她们的月经来潮日（即月经的第一天）进行分组统计，发现室友组和密友组的来潮日间隔从 7-10 天变为 3-7 天，周期出现趋近。而作为对照的随机组来潮日间隔则分别为 6-14 天和 5-15 天，基本保持不变。

关于月经同步的原理，目前还没有确凿的证据。有研究者认为，这种现象可能与女性释放的费洛蒙相互影响产生作用的结果 2. 费洛蒙是一种由动物体分泌出来的、具有挥发性的化学物质。费洛蒙主要通过嗅觉传递信息，会引起同种动物的不同个体产生行为或生理上的变化。但是，人类没有犁鼻器，所以费洛蒙在人类面前蒙上了一层神秘面纱。尽管普遍认为人类的汗腺（尤其是腋下）可以分泌出性费洛蒙，如雄二烯酮、雄甾烯醇，但我们到底能不能接收这种信号，长久以来始终是个充满争议的话题.

需要说明的是，每个人可能与整体气场，不融合，或者格格不入，就有不同步现象，这就是为什么有的小组同步，有的小组不同步的原因。

王健林："宗馥莉是我最心仪的儿媳，可惜犬子不争气 "（2024-02-22 06:20:09）

宗馥莉　生命时空初值=61371.06947（感性 A）

王思聪　生命时空初值=70661.41116（理性 C）

心心相印指数=98.9323443% 经典

心心相印指数=78.3904549% 量子

宗馥莉　生命时空初值=61371.06947（感性 A）

王力宏　生命时空初值=72171.09751（理性 A）

心心相印指数=99.6792383% 经典

心心相印指数=52.8542360% 量子

计算完心心相印指数之后的感觉：

1. 王健林的感觉很可靠，可惜王思聪玩心不退。

2. 而八卦消息传出：宗馥莉对王力宏因爱生恨。有点可靠。

曝 53 岁鲁豫与小 19 岁阿云嘎恋爱，两人已同居，更多恋爱细节被扒（2023-12-26 06:03:42）

阿云嘎 生命时空初值=69926.90144（理性 C）

鲁豫 生命时空初值=62317.60363（感性 B）

心心相印指数=99.5684355%经典

心心相印指数=96.5237565%量子

两人是神仙眷侣指数,祝福!!!!!!!

常炳功　王德奎

www.ingramcontent.com/pod-product-compliance
Lightning Source LLC
Chambersburg PA
CBHW071536210326
41597CB00019B/3024